改訂版
切削・研削・研磨用語辞典

公益社団法人 砥粒加工学会 編

日本工業出版

まえがき

　本書「切削・研削・研磨用語辞典」の初版は，平成7年（1995年）に砥粒加工研究会が社団法人砥粒加工学会として文部省に認可されたことを記念して発刊されたものである。昭和31年（1956年）に発足した砥粒加工研究会は，戦後の日本の「ものつくり」に熱心に取り組んだ研究者，技術者により構成され，人材育成と技術の普及に貢献し，日本の生産技術を世界のトップレベルに引き上げたといえる。昭和47年（1972年）に出版した「研削・研摩技術用語辞典」は，英，独，仏，露の4ヶ国語訳を併記したもので，世界の技術を貪欲に吸収する意欲をもって編集された。「ものつくり」技術立国を目指してきた日本が，その目標をある程度達成し，新たな変革期を迎える段階で，「研削・研摩技術用語辞典」を新しく英語訳を主体とした「切削・研削・研磨用語辞典」として発展させ，砥粒加工学会の発足とあわせて出版したのが経緯である。

　砥粒加工学会が法人化して20周年を迎えた平成27年（2015年）に「切削・研削・研磨用語辞典」の改訂が検討され，「ものつくり」の環境が劇的に変貌している状況を考慮して，全面的に見直しを行い，約500語の用語の修正と新たに約150語の用語を追加した改訂版（本書）を発行することとした。加工・生産現場はグローバル化し，使われている用語も常に変化しているため，用語の混乱は避けられない状況が続いている。また，情報化時代における冊子としての辞典の役割は非常に難しいといえるが，技術の発展における用語の重要性はますます増加しており，学会として用語の整理を行うべきと考えている。特に，砥粒加工学会では現場主義を伝統としてい

ることから，現場で利用できる利便性を考慮して，編集・体裁に心掛け，「ものつくり」に従事する技術者および研究者の情報交換の役に立つことを念頭に纏められた。

　本書の改訂に当たっては，切削，研削，研磨，測定など，各分野で活躍している企業，研究所，大学，機関の方々に改訂委員に加わって頂き，また執筆に当たっても該当分野の専門の方々にご協力を頂いた。辞典を編むという煩わしい作業にご協力を頂いた改訂委員，滋賀県立大学の長谷川史江氏，産業技術総合研究所の徳野木綿子氏に厚く御礼申し上げます。

　改訂版発行の構想段階から親身にご対応いただいた日本工業出版㈱の井口敏男氏に深甚の謝意を表します。

　2016年7月

　　　　　公益社団法人 砥粒加工学会「切削・研削・研磨用語辞典」
　　　　　　　改訂委員会委員長　齋藤　義夫（前学会長）

砥粒加工学会『切削・研削・研磨用語辞典』改訂委員会

＜委員長＞
齋藤　義夫　　（東京工業大学　名誉教授）
＜副委員長＞
池野　順一　　（埼玉大学　大学院理工学研究科）
田島　琢二　　（㈱マルトー　代表取締役）
森田　　昇　　（千葉大学　大学院工学研究科人工システム科学専攻）
＜幹事＞
芦田　　極　　（産業技術総合研究所　製造技術研究部門）
山田　高三　　（日本大学　理工学部機械工学科）
＜委員＞
青山　英樹　　（慶應義塾大学　理工学部システムデザイン工学科）
安藤　　学　　（キヤノン㈱　生産技術センター精密要素第二開発室）
磯部　浩巳　　（長岡技術科学大学　大学院工学研究科機械創造工学専攻）
伊藤　伸英　　（茨城大学　工学部機械工学科）
岩井　　学　　（富山県立大学　工学部知能デザイン工学科）
榎本　俊之　　（大阪大学　大学院工学研究科機械工学専攻）
太田　　稔　　（京都工芸繊維大学　機械工学系）
大橋　一仁　　（岡山大学　大学院自然科学研究科産業創成工学専攻）
小川　圭二　　（龍谷大学　理工学部機械システム工学科）
奥田　孝一　　（兵庫県立大学　大学院工学研究科機械工学専攻）
北嶋　弘一　　（関西大学　名誉教授）
熊倉　賢一　　（㈱クマクラ　代表取締役会長）
厨川　常元　　（東北大学　大学院医工学研究科）
坂本　治久　　（上智大学　理工学部機能創造理工学科）
相良　　誠　　（東芝機械㈱　工作機械事業部）
沢田　　学　　（中村留精密工業㈱　技術本部）
篠塚　　淳　　（横浜国立大学　大学院工学研究院）

清水　裕樹	(東北大学　大学院工学研究科)
角谷　　均	(住友電気工業㈱　アドバンストマテリアル研究所)
諏訪部　仁	(金沢工業大学　工学部機械工学科)
仙波　卓弥	(福岡工業大学　工学部知能機械工学科)
瀧野日出雄	(千葉工業大学　工学部機械工学科)
当舎　勝次	(元明治大学　理工学部機械工学科)
友田　英幸	(㈱ネオス　取締役)
西岡　隆夫	(㈱マルエム商会　代表取締役社長)
二ノ宮進一	(日本工業大学　工学部機械工学科)
林　　　寛	(三井精機工業㈱　事業企画本部)
比田井洋史	(千葉大学　大学院工学研究科人工システム科学専攻)
日比野浩典	(東京理科大学　理工学部経営工学科)
松井　伸介	(千葉工業大学　工学部機械電子創成工学科)
水野　雅裕	(岩手大学　理工学部システム創成工学科)
閻　　紀旺	(慶應義塾大学　理工学部機械工学科)
由井　明紀	(防衛大学校　システム工学群機械システム工学科)
吉田　一朗	(法政大学　理工学部機械工学科)
吉冨健一郎	(防衛大学校　システム工学群機械工学科)
吉原　信人	(岩手大学　理工学部システム創成工学科)
吉見　隆行	(㈱ジェイテクト　研究開発本部加工技術研究部)
李　　和樹	(日本大学　理工学部機械工学科)

初版編集委員および執筆者（五十音順）

愛　　恭輔	河村　末久	土肥　俊郎
青山藤詞郎	北嶋　弘一	中島　利勝
明智雄二郎	木村　良彦	中世古政治
新井　初雪	黒部　利次	永田　哲也
飯田　正義	児玉　一志	中安　茂夫
稲崎　一郎	齋藤　義夫	野口　隆世
井上　孝二	佐伯　幸洋	八賀　聡一
今井　智康	相良　　誠	樋口　静一
上田　完次	佐藤　壽芳	広田　明彦
宇田　　豊	柴田　順二	前川　克廣
江田　　弘	島田　尚一	松尾　哲夫
遠藤　幸雄	清水　伸二	水門　正良
大石　　進	庄司　克雄	森　　良克
岡田昭次郎	進村　武男	安永　暢男
岡野　啓作	高木純一郎	山根八洲男
岡本　　登	高嶋　　明	由井　明紀
鬼鞍　宏猷	竹内　芳美	横川　和彦
帯川　利之	田中　克敏	横川　宗彦
河西　敏雄	谷　　泰弘	横山　和宏
金井　　理	堤　　正臣	渡辺　純二

凡　例

1. 第1部に「先頭が日本語表記の用語」を，第2部に「先頭が英語表記の用語」を収録した。
2. 用語の配列は，第1部（先頭が日本語表記の用語）は五十音順とした。第2部（先頭が英語表記の用語）は先頭の英語表記をアルファベット順に並べ，英語表記のあとに日本語が続く混成用語の場合は，アルファベット順を優先させ，さらに日本語の五十音順で並べた。
3. 見出し
   第1部においては，「用語，ひらがなによる読み，（ ）を付けた英語表記」の順に示した。なお用語がひらがな，カタカナの場合は，ひらがなによる読みを省略した。
   第2部においては，「用語，ひらがなによる読み，（'）を付けた英語表記」の順に示した。
4. 同義語のある場合は＝で，関連語がある場合は⇒で，それぞれ説明の末尾に示した。また，同義語，関連語のうち本辞典中で説明を付しているものは，その後ろに（　）を付けて，掲載頁を示した。
5. 異なる意味を複数持つ用語は，見出しの右肩に1, 2, …, を付し，意味ごとに分けて収録した。
6. 用語中，省略可能な語を［　］で囲んだ。
7. 用語中，【　】でその関連の用語であることを示した。

●目次●

〔第1部〕先頭が日本語表記の用語 …………………… 1

〔第2部〕先頭が英語表記の用語 …………………… 253

付録・巻末付図…………………………………… 271

参考文献…………………………………………… 298

欧文索引…………………………………………… 301

〔第1部〕
先頭が日本語表記の用語

〔あ〕

アイドルタイム(idle time)
　動作可能時間のうち,機械装置が動作していない時間。連続したライン作業では,作業が完了してから次の作業の開始までの待ち時間。
⇒サイクルタイム(76)

青竹 あおたけ(malachite green)
　仕上げ面にけがきを行う時,けがき線がよく見えるように工作物表面に塗る青緑色の塗料。ニスを少し混ぜて付着力を高め,アルコールで薄めて速乾性を持たせる。最近はアクリル系塗料をスプレー缶に詰めたものがある。
⇒けがき(50)

青棒 あおぼう(green rouge)
　酸化クロム(Cr_2O_3)の微粉にステアリン酸などの媒体を複数種配合した固形(棒状)のバフ研磨剤。酸化クロムによって緑色を呈し,棒状に成形されているため,この通称が広く用いられるようになった。
　ステンレス鋼,黄銅,クロムめっき面などのバフ研磨の仕上げ研磨工程に賞用されている。
⇒バフ研磨剤(185),酸化クロム(80)

アーカンサスオイルストーン(Arkansas oil stone)
　1815年米国アーカンサス州で発見された精密仕上げ砥石。
　小さな六角形のSiO_2結晶からなり,硬質なものは99.5%がこの結晶である。粒の細かい白色半透明の砥石で吸水せず,油砥石として硬い金属の研ぎや磨きに使用される。

アークハイト(ark height)
　一般的には被加工材の湾曲高さを表すもので,ショットピーニングの場合は,アルメンストリップとよばれる試験板の反り高さをアルメンゲージと呼ばれる測定器を用いて測定する。2倍の時間加工しても増加率が10%を超えないアークハイト値をその加工のピーニングインテンシティと定義し,ピーニングの強さを表す指標として用いられる。アルメンストリップには厚さが異なるC片(2.4mm),A片(1.3mm),N片(0.8mm)があり,アークハイトは0.3mm(A)などと表記される。
＝ピーニングインテンシティ(193)
⇒ショットピーニング(100)

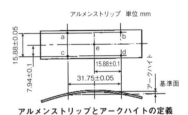

アルメンストリップとアークハイトの定義

アキシャルレーキ(axial rake)
⇒バックレーキ(183)

アコースティックエミッション(acoustic emission)
　固体が変形もしくは破壊するときに発生する音をいう。一般には20kHz以上の超音波を指す場合が多い。材料中に発生するき裂の検出が可能であるため,各種構造物の検査や,材料の性質究明の手段として有効に利用されている。
　AEの検出にはPZTをはじめとする圧電素子が用いられる。これを厚み方向に分極し,直径数mm程度に切断し,測定物の表面に接着したり,ばねや磁石により押し付けて使用する。AEセンサにより検出されるAE信号は,発生原因によって連続形と突発形に大別される。
　構造物の検査だけでなく,溶接,切削,研削加工などのプロセス監視にもしばし

ば用いられるようになっている。研削加工においては，砥石と工作物やドレッサとの接触を検出するギャップエリミネータとして用いられ，また，ドレッシングによる砥石成形状態の監視，研削中の砥粒切れ刃の状態監視やびびり振動の検出などにも応用可能である。
= AE (255)

アジャスタブルリーマ（adjustable reamer）
直径の調整ができるリーマ。巻末付図(13)参照。
⇒リーマ (239)

アスペクト比 あすぺくとひ（aspect ratio）
一般に物体形状の縦横比を指す。砥粒の場合，1粒の研磨砥粒の最大縦径とそれに直交する最大横幅の比で算出する。また穴の場合，アスペクト比（深さ／直径）が10以上の深穴は，機械加工が困難とされている。

圧着分離損傷 あっちゃくぶんりそんしょう（tool wear by pressure adhesion）
圧力により工具表面に工作物の一部が付着し，それがはがれる際に生じる工具損傷。
⇒工具損傷 (64)

圧電素子 あつでんそし（piezoelectric device）
圧電体に加えられた力を電圧に変換する，あるいは電圧が加わると伸縮する，圧電効果を利用した受動素子。ピエゾ素子と呼ばれることが多い。スピーカー，振動センサ，発振回路などのほか，アクチュエーターなどの駆動機構に用いられる。

アップカット（up-cut milling, conventional milling, up-cut grinding）
= 上向き削り (12)，上向き研削 (12)

アッベの誤差 あっべのごさ（Abbe's error）
測定，加工における移動体の位置決めにおいて，位置決めの基準となるスケールの目盛り線と測定点，加工点を一致さ

せることができないため生じる誤差をいう。誤差の原因は移動体の運動によって発生するヨーイング，ピッチング，ローリング方向の姿勢変化である。
⇒ヨーイング (231)，ピッチング (193)，ローリング (247)

穴あけ あなあけ（drilling）
工作物に主としてドリルを用いて穴をあける作業。旋盤を用いて工作物に回転を与えて切削する場合，ボール盤やマシニングセンタを用いてドリルに回転と送りを与えて切削する場合，専用機を用いて切削する場合がある。穴あけ作業では，ドリルによる穴あけのほかに，穴の内面を精密に仕上げるリーマ加工，穴にめねじを切るタップ加工，下穴をくりひろげて高い精度に仕上げる中ぐりなどが行われる。
最近では，微細な穴を6,000個／秒であけるレーザ加工装置もあり，回路基板の穴あけに多用されている。また，透明材料ならばレーザ加工で3次元穴あけ加工が可能になっている。
= ドリル加工 (163)
⇒リーマ (239)，タップ (133)，中ぐり (167)

アーバ（milling head arbor, cutter arbor）
横フライス盤にフライスカッタを装着する軸ユニット。主軸にセットされるアーバ本体，カッタを位置決めおよび固

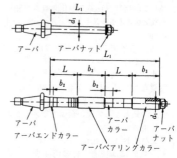

カッタアーバ組み合わせ

定するアーバカラー，アーバ支え部に嵌合されるアーバベアリングカラーよりなる。カッタ，主軸などに応じて各種のサイズがある。
⇒アーバ支え (5), 横フライス盤 (234)

アーバ支え あーばささえ (arbor support)
横フライス盤のアーバを支える部材。アーバ支えはオーバアームに取付けられ，アーバベアリングカラーを介してアーバを支え，切削時のカッタおよびアーバ部の剛性を維持する。

油穴付きドリル あぶらあなつきどりる (oil hole drill)
ボディに油穴を持ったドリル。巻末付図(12)参照。

アブレシブジェット加工 あぶれしぶじぇっとかこう (abrasive jet machining)
加速媒体に気体を使い，その高圧ガス流により砥粒を加速し，材料表面に衝突させ，発生するクラックの集積により材料除去を行う加工法である。英語の頭文字からAJMとも称される。最もよく用いられる気体は空気であるが，その他に窒素，二酸化炭素なども用いられる。通常，噴射加工といえばAJMを指すほど歴史も古く，サンドブラスト，グリットブラスト等の名称で普及している。
＝サンドブラスト (82), グリット噴射 (47), AJM (255)
⇒ AWJM (255), 液体ジェット加工 (13)

アブレシブウォータージェット加工 あぶれしぶうぉーたーじぇっとかこう (abrasive water jet machining)
加速媒体に液体を使い，その高圧噴流により砥粒を加速するものである。この方法はウォータージェット加工の技術から発展したもので，高能率切断加工に用いられる。英語の頭文字からAWJMとも称される。なおウォータージェット加工は噴流中には砥粒が混入されておらず，材料除去のメカニズムがAWJMと異なる。
＝ AWJM (255)

⇒ウォータージェット加工 (11), AJM (255)

アブレシブ摩耗 あぶれしぶまもう (abrasive wear)
硬い表面突起や硬い粒子が軟らかい金属表面を引っかくことによって，表面がミクロ的に切削され，すり減る現象をいう。引っかき摩耗とも呼ばれる。
⇒凝着摩耗 (39)

アプローチ角 あぷろーちかく (approach angle)
切れ刃に接し基準面 P_r に垂直な面と，切込み方向と主運動方向で形成される面のなす角。基準面 P_r 上で測る。ϕ と表記する。バイトでは横切れ刃角，正面フライスではコーナ角，外周切れ刃角ともいう。アプローチ角を大きく取ると，切りくずの接触長さが長くなり，その分切りくずが薄くなるので切削力が長い切れ刃に分散し，工具寿命は長くなる。巻末付図(7)参照。
⇒横切れ刃角【バイト】(233)

綾目 あやめ (criss-cross pattern, cross hatch)
仕上げ面に現れた交差状のしま模様（クロスハッチ）。ホーニングや超仕上げなどでは，工作物と砥石の相対運動が回転と往復運動の合わさったものとなるため，砥粒切れ刃の切削軌跡は正弦曲線となり，仕上げ面にはこれらの重なり合った独特の交差しま状の模様が描かれる。この交差しまの部分を顕微鏡で拡大すると，多数のひし形の凸部が形成されてい

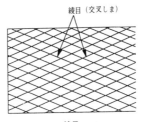

綾目

るのが観察され，その周囲の凹部は油だまりの働きをする。
⇒交差角（交叉角）(66)

粗削り あらけずり（rough cut [ting]）
　主として工作物の仕上げに要する取りしろを残して加工する作業。
⇒仕上げ削り (82)

荒削りエンドミル あらけずりえんどみる（roughing endmill）
　波形の外周刃を持つエンドミル。荒削りに用いる。巻末付図(11)参照。
= ラフィングエンドミル (237)

粗研削 あらけんさく（rough grinding）
　研削による粗仕上げをいい，粗研削（そけんさく）ともいう。一般に精密研削の前段階として行われ，粗さなど加工面の品位よりも加工能率を優先する加工工程となる場合が多い。
⇒精密研削 (116)，重研削 (95)

粗さ曲線 あらさきょくせん（roughness profile）
　断面曲線から長波長成分を遮断して得た輪郭曲線で，粗さパラメータの評価の基礎となる。
= 表面粗さ曲線 (195)
⇒うねり曲線 (11)，実表面の断面曲線 (89)，表面うねり (196)

粗仕上げ あらしあげ（rough finish [ing]）
　各種の加工法において，その加工法で達成可能な精度のうちで一般に精密仕上げの前段階として行われ，粗さなど加工面の品位よりも加工能率を優先する加工工程となる場合が多い。
= 粗研磨 (128)
⇒中仕上げ (141)

荒ずり あらずり（roughing）
　荒ずり皿を取付けた荒ずり機により，比較的粗い砥粒を用いて，あらかじめ切断またはプレスしたレンズやプリズムなどの素材を，あらましの曲率半径や寸法形状にラッピングすること。【ガラス加工】
= 粗ラッピング (6)

荒ずり皿 あらずりざら（rough grinding tool, lap）
　比較的粗い砂でラッピングし，レンズやプリズムを成形するための鋳鉄製のラップ皿。荒ずり仕上げ用の皿は，面を良好に保つことが必要で，初期段階の粗砂用の皿と区別するのが望ましい。【ガラス加工】

荒刃 あらは（coarse tooth）
　普通刃よりも粗い，切れ刃の間隔が広い刃。
⇒普通刃 (201)

荒刃

粗ラッピング あらｒっぴんぐ（rough lapping）
　レンズなどをラッピングとポリシングによって，順次，所定の形状に仕上げていく過程の初期のラッピングであり，粒度 #1,000 より大きな砥粒が用いられる。
= 荒ずり (6)
⇒砂かけ (110)

あり溝 ありみぞ（dove tail）
　案内面の溝が図のような断面形状をしており，移動台の位置を水平および垂直方向に決められるもので，鳩の尾の形に似ていることから，ダブテールともいう。
⇒案内面 (7)

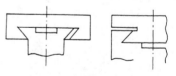

あり溝

アルカリ洗浄 あるかりせんじょう（cleaning with alkaline solution）
　各種加工後の材料表面の脱脂を目的と

して，アルカリ性洗剤で行う洗浄。一方，半導体ウェーハでは表面に付着したパーティクルを除去するため，アンモニア＋過酸化水素水による洗浄が多く使用される。
⇒洗浄（124）

アルミナ（alumina）
＝酸化アルミニウム（80）

アルミナ質研削材 あるみなしつけんさくざい（alumina abrasive）
　アルミナ（Al_2O_3）を主成分とする研削・研磨用の高硬度の物質。通常は粒状で使用されるため，砥粒という。研削砥石や研磨布紙の砥粒の大部分を占め，各種金属の加工に適している。第二成分や添加物により多種多様な性状のものがある。高温で溶融して作るものと焼結して作るものがある。
＝電融アルミナ（156），A系砥粒（255）

アルミナジルコニア研削材 あるみなじるこにあけんさくざい（alumina-zirconia abrasive）
　アルミナとジルコニア（ZrO_2）の溶融混合系の靭性に富む自由研削用の物質。ZrO_2 が40％（Al_2O_3 が60％）の近辺に共晶点があり，微細な結晶構造のため，砥粒の減耗が少ない。ZrO_2 が40％のもののほか，25％のものがある。
＝AZ砥粒（256）

アンギュラ形研削盤 あんぎゅらがたけんさくばん（angular-type grinding machine, angular-type grinder）

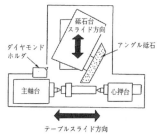

アンギュラ形研削盤

円筒研削盤の中で，砥石台の案内面をテーブルの案内面に対してある角度に設定し，工作物の円筒面と端面を同時に研削するようにしたものである。
⇒研削盤（55），円筒研削盤（16）

アンギュラ研削 あんぎゅらけんさく（angular grinding）
　円筒研削において，工作物に対してある角度に設定した砥石を押し当てることにより，工作物の円筒面と端面を同時に研削できるようにした研削方法。
⇒円筒研削（16）

アングルヘッド（angle head）
　主軸に平行な面削りおよび主軸に直角方向の穴加工を行う装置。中ぐり盤，プラノミラーなどのアタッチメントで，1段取りで四面～多面の加工が可能になる。主軸回転の向きを90°変えるために傘歯車が使われる。潤滑はグリース，オイルバスが普通で，高速化のために強制給油，オイルミストが使われることもある。構造，潤滑方式によって機械本体主軸に比べると出力および回転数は制限を受ける。
⇒ユニバーサルヘッド（231）

安息角 あんそくかく（angle of repose）
　粉末を水平面に自由に注いだ際に形成される山の底角。砥粒の品質管理上の項目となっており，粒子の形状や粒子表面に付着した不純物により変化する。すなわち，角ばった砥粒ほど安息角は大きくなり，丸味を帯びた砥粒は安息角が小さくなる。また，表面の付着物により凝着が生じると安息角は大きくなる。

案内面 あんないめん（guide way）
　工作機械テーブルなどの相対すべり運動を行う部分に幾何学的に正確な運動を与えるための基準面。形状は平形とV形およびその組み合わせが基本となる。案内面の構造としては，すべり案内，静圧油案内，静圧空気案内（エアスライド），転がり案内などが代表的である。案内面材料には，耐摩耗性，低摩擦特性が要求

される。すべり案内面にはターカイトなどの摺動材が，静圧空気案内面にはセラミックス材料などが使用される。平形およびあり溝案内面の隙間を調整するためにギブを用いる。

案内面研削盤 あんないめんけんさくばん（guide-way grinding machine, bed way grinder）

工作機械の案内面を研削仕上げするための大形平面研削盤をいう。工作機械の案面の焼入れに伴って研削が必要になったこと，生産量の増加に伴う生産性向上に対応するため，きさげに代わってマザーマシンとして案内面研削盤が導入された。

マザーマシンとしての高精度，安定性を得るため門形構造をしており，案内面の形状に対応するため強力な横軸研削頭と旋回可能な縦軸研削頭を有している。
⇒案内面（7）

アンローダ（unloader）
⇒オートローダ（21）

〔い〕

イオン打ち込み法 いおんうちこみほう（ion implantation）

金属イオンあるいはガスイオンを数十keV以上の高加速エネルギーで衝突させ，材料内部へイオンを注入することにより合金層を形成する方法。イオン注入法ともいう。注入深さは1μm以下と浅いが，結合が強固で，耐熱性や耐摩耗性の改善に有効。

イオンエッチング（ion etching）
⇒イオンビーム加工（8）

イオン散乱分光法 いおんさんらんぶんこうほう（ion scattering spectroscopy）

固体表面にイオンを照射すると，表面から電子，イオン，光，X線などが放出される。ISSは，低速に加速（数百～数千eV）した希ガスのイオン（He^+やNe^+など）ビームを試料に照射し，表面から反射して出てくる（主として散乱角90°方向）一次イオンのエネルギー（あるいはエネルギー損失）を測定できるようにしている。表面最外層（単原子層）の構成元素を同定することに適している。
＝ISS（261）
⇒ラザフォード後方散乱分光法（235）

イオンスパッタ（ion sputtering）
⇒イオンビーム加工（8）

イオンビーム加工 いおんびーむかこう（ion beam machining）

放電や電子照射により得られる気体状のイオンを電界で加速してビーム状に引き出し，材料表面に照射して付着や除去

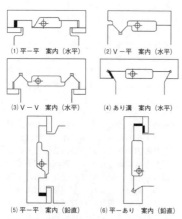

案内面の基本構造例（黒塗りはギブを示す）

(1) 平－平　案内（水平）
(2) V－平　案内（水平）
(3) V－V　案内（水平）
(4) あり溝　案内（水平）
(5) 平－平　案内（鉛直）
(6) 平－あり　案内（鉛直）

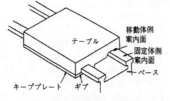

工作機械用案内面の構造例

加工を行う方法。加速エネルギー数十eV以下では表面付着（直接コーティング），数十eV～数keVではスパッタ除去（クリーニング，シンニング，エッチングなど）あるいはスパッタ付着（間接コーティング），十keV以上ではイオン打ち込み（表面処理など）が可能。一般にはブロードビームで利用されるが，フォーカスビームとして微細加工にも使われる。

イオンビームポリシング（ion beam polishing）

イオンビームにより平滑化する手法。イオンビームを照射することで，被加工材を薄くしたり表面を平滑化したりできる。イオンを使用するため，被加工材に加わる力を小さくでき，加工変質層もわずかであることから電子顕微鏡観察用の薄片試料や断面試料の作製に利用されることが多い。

⇒研磨（9）

イオンプレーティング（ion plating）

蒸発物質，または蒸発物質と反応ガスをイオン化し，マイナスに印加した基板に強く衝突させることで，付着性の高い薄膜を形成する方法。物理蒸着法の1つ。

⇒物理蒸着法（201）

位置決め制御　いちぎめせいぎょ（point to point control）

NC工作機械や産業用ロボットを制御するための方式の1つで，PTP制御，あるいは各点制御ともいわれている。作業をすべき特定の点での位置決めだけを制御し，途中の移動経路は問題にしないものをいう。ドリルによる穴あけ加工やスポット溶接を行うロボットの動作制御など，作業を行うべき，いくつかの点での位置決めだけを制御するものである。

位置決め精度　いちぎめせいど（positioning accuracy）

目標位置と実際位置の最大差で定義される。JIS B 6190-2では工作機械試験方法通則の中で，数値制御による位置決め精度試験法を定めている。

位置検出器　いちけんしゅつき（position sensor, position detector）

テーブルや主軸頭の位置を検出して，伝送に便利な信号に変換する機器。ある1つの座標系の座標値で位置を検出する方式（アブソリュート方式）と直前の位置からの増分で位置を検出する方式（インクリメンタル方式）とがある。位置検出器としては，エンコーダ，光学スケール，レゾルバ，マグネスケールなどがある。

一次粒子　いちじりゅうし（primary particle）

最小基本単位となる粒子。多結晶粒子の場合は個々の単結晶粒子が一次粒子と見なされる。粉体の場合，粒子が内部に気孔を持つ特別の場合を除いて粉体の比表面積から計算される粒子径は粉体の分散凝集状態にかかわらず一次粒径を推定する簡便な方法である。一例としてTEMで観察されるコロイダルシリカの球状粒子の大きさは，その比表面積から計算される粒子径とほぼ一致し，これが一次粒子であることが判る。一次粒子の大きさ以下に微粉砕することは非常に困難であり，微粉砕の限界を知る上でも重要である。

一般［砥粒］砥石　いっぱん［とりゅう］といし（conventional [abrasive] [grinding] wheel）

ダイヤモンド，CBNの超砥粒ホイールに対して，従来からのAl_2O_3系（A砥粒，WA砥粒），SiC系（C砥粒，GC砥粒）などの砥粒を用いたものを一般砥粒砥石という。従来（砥粒）砥石，在来（砥粒）砥石，普通（砥粒）砥石，一般砥石ともいわれるが，一般砥粒砥石という表現が一般的になりつつある。

一般砥粒砥石は，主として鉄鋼，非鉄金属，その他の研削加工に使用されるが，そのほか超砥粒砥石のツールイング，ドレッシングにも使われる。

⇒超砥粒（145），［研削］砥石（54）

移動振止め いどうふれどめ (follow rest)
⇒振止め (207)

イニシャルホール (initial hole, start hole)

ワイヤ放電加工において,加工開始点として工作物内部に開ける穴。スタート穴ともいう。この穴にワイヤを通して,この穴から加工を開始することによって加工中の変形を防ぐことができる。
⇒ワイヤ放電加工 (249)

インフィード研削 いんふぃーどけんさく (infeed grinding)

工作物または砥石を砥石軸方向に移動(クロス送り)させないで,切込みだけを与える研削をいう。砥石の断面に所定の形状を与えておき,これを工作物に転写する総形研削はその代表的な例である。「プランジ[カット]研削」がより一般的な用語である。「インフィード研削」は,「送り込み研削」と共に,心無し研削の用語として用いられることが多い。

また,最近は鏡面研削でもよく使用される研削法である。
＝送り込み研削 (19),プランジ[カット]研削 (204)

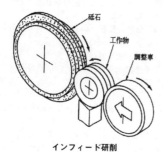

インフィード研削

インプリドレッサ (impregnated dresser)

比較的細かい粒度のダイヤモンド砥粒を均一に耐摩耗性の高い金属で焼結したもので,焼結金属の硬さの違いにより,H(硬),M(中),S(軟)の3種類がある。

⇒ダイヤモンドドレッサ (131)

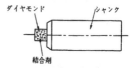

ダイヤモンドインプリドレッサ

インプロセス寸法計測 いんぷろせすすんぽうけいそく (in-process measurement of dimension)

加工中に計測を行うことをインプロセス計測といい,インプロセスで寸法を計測する場合が,インプロセス寸法計測である。円筒研削作業において,いわゆるインプロセスゲージを用いて,研削加工と並行して加工された工作物の直径を測定するのが代表的な例である。

〔う〕

ウェーハ (wafer)

Si(シリコン),Ge(ゲルマニウム),GaN(窒化ガリウム),SiC(炭化珪素)などの半導体の単結晶を薄い板状にしたもの。作製方法としては,単結晶インゴットをマルチワイヤソーなどでスライシング加工して作製する方法と,単結晶基板上にエピタキシャル成長により半導体層を形成し,それを基板から剥離して作製する方法がある。

サファイア基板など,エピタキシャル成長の際に用いられる単結晶基板もまたウェーハと呼ばれる。
⇒ベアウェーハ (210)

上定盤 うえじょうばん (upper lapping plate)

2枚の定盤を擦り合わせる場合の上側

の定盤，両面ラップ盤の上下ラップの上側の定盤，レンズ研磨機による研磨の際の上側の定盤などを指す。
=上ラップ（11），上皿（12），上ポリッシャ（11）

ウェット加工 うぇっとかこう（wet machining）
=湿式加工（88）

植刃工具 うえばこうぐ（inserted tool）
ボデーにブレードを機械的に取付けた工具の総称。植刃タップ，植刃フライス，植刃ブローチ，植刃歯切り工具などがある。

植刃フライス　　植刃歯切り工具

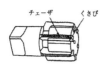
植刃タップ

ウェブ（web[core]）
ランドを結合させるドリル中心部の背骨の部分。巻末付図（6）参照。
⇒ウェブテーパ（11）

ウェブテーパ（web taper）
刃部の後方に向かつてウェブを厚くするテーパ。

上ポリッシャ うえぽりっしゃ（upper polisher, upper tool）
=上定盤（10）
⇒ポリッシャ（218）

上ラップ うえらっぷ（upper lap, upper tool）
=上定盤（10）
⇒ラップ［工具］（236）

ウォータージェット加工 うぉーたーじぇっとかこう（water jet machining）
=液体ジェット加工（13）

後くさび うしろくさび（wedge behind the blade, back wedge）
ブレードあるいはスローアウェイチップに対するくさびの位置が，回転方向において後方にあるくさび。
⇒前くさび（220）

渦電流式変位センサ うずでんりゅうしきへんいせんさ（eddy current displacement sensor, inductive displacement sensor）
コイルに高周波（数MHz）信号を供給することでコイルから発生する高周波磁束により，対向する金属表面に渦電流が発生し，その大きさはコイルと金属との距離により変化する。これによるコイルのインピーダンスの変化を検出することによってセンサコイルと金属表面との相対変位を測定する非接触変位センサである。測定分解能が高いほど変位の測定可能範囲が小さく，センサコイルとのギャップが狭くなる。また，測定対象金属の抵抗率と透磁率によって出力特性が異なるため，材質に応じた校正が必要である。測定の周波数応答はDC～10kHz程度である。
⇒静電容量型変位センサ（116）

内丸フライス うちまるふらいす（concave milling cutter）
外周面に丸くくぼんだ切れ刃を持つ二番取りフライス。巻末付図（10）参照。
⇒フライス（201）

うねり（waviness）
=表面うねり（196）

うねり曲線 うねりきょくせん（waviness profile）
断面曲線から粗さ成分より高い周波数を遮断して得られる輪郭曲線で，うねりパラメータ評価の基礎となる。
⇒粗さ曲線（6），表面うねり（196）

埋込み うめこみ（embedding）
砥粒がラップ工具や工作物などに埋込

まれる状態をいう。乾式ラッピングではラップにあらかじめラップ剤を埋込んでおいてラッピングを行う。これにより，余分なラップ剤は除去され，目の細かいやすりのような作用により工作物表面を仕上げるので，仕上げ面は引っかき傷から構成され，光沢のある面が得られる。また，金属などの軟質材料のラッピングでは，工作物への埋込みが発生しやすく，その程度は砥粒濃度が高いほど大きい。

上皿 うわざら（upper plate, upper tool）【ガラス加工】
= 上定盤（10）

上滑り うわすべり（rubbing）

　砥粒切れ刃は一般に負のすくい角を持ち，微小量切削でしかも研削開始点では緩やかに工作物に喰い込んで行くため，砥粒と工作物が互いに弾性変形するだけで材料の掘り起こしや切削を伴わない領域がある。この現象を上滑りという。なおこの領域を弾性上滑り，掘り起こし領域を塑性上滑りと区別し，切削に至るまでの両者を併せた領域を上滑り領域と呼ぶこともある。
= ラビング[1]（237）

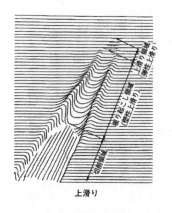

上滑り

上向き削り うわむきけずり（up-cut milling, conventional milling）

　切りくずの厚さが0から始まり，最大となる方向に切れ刃が進む削り方。フライスの回転方向と工作物の送り方向は反対。
= アップカット（4）
⇒ 下向き削り（88）

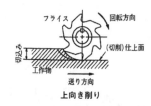

上向き削り

上向き研削 うわむきけんさく（up-cut grinding）

　砥石の回転方向と工作物の回転または

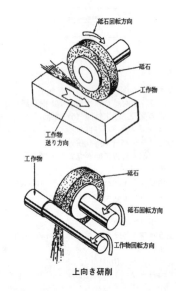

上向き研削

送り方向（平面研削）が対向する研削方式をいう。砥粒切れ刃の研削開始時に上滑りが起こりやすい。
⇒下向き研削（88）

上向き研磨　うわむきけんま（upper tool polishing）
　凸レンズ面を研磨する場合，レンズの凸面を上向きに下軸に置き，凹形状の磨き皿を下向きに凸レンズに被せるように置いて研磨液を供給しながら相対運動させて研磨する研磨法。【ガラス加工】
⇒下向き研削（88）

〔え〕

エアロゾルデポジション（aerosol deposition）
　金属やセラミックスの微粒子をガスと混合してエアロゾル化し，ノズルを通して減圧チャンバー内に設置した基板材料に噴射して皮膜を形成する成膜法の一種である。基板と粒子及び粒子同士の衝突により生じる常温衝撃固化現象によって皮膜が形成されるといわれている。
⇒パウダージェットデポジション（178）

永磁チャック　えいじちゃっく（permanent magnetic chuck）
⇒磁気チャック（84）

液体ジェット加工　えきたいじぇっとかこう（liquid jet machining）
　液体を高圧でノズルから噴射し加工面へ衝突させて，材料を切断したり破砕したりする噴射加工方法の一種を液体ジェット加工という。工具としての液体には主に水を利用することから水ジェット加工，あるいはウォータージェット加工ともいわれる。また，ノズル径を小さくし速度を大きくしエネルギーをビーム状に絞ることにから，エネルギービーム加工と基本的に類似した加工法であり，段ボールや衣料品の裁断や食料品の切断にも用いられており，ウォーターメスとも呼ばれる。
＝ウォータージェット加工（11）
⇒噴射加工（209），アブレシブジェット加工（5）

液体ホーニング　えきたいほーにんぐ（liquid honing, vapor blasting, hydroabrasion）
　細かい砥粒を均一に混合した加工液（水）とともに，圧縮空気などによって工作物表面に高速度で吹き付ける湿式噴射加工であり，表面にミクロな切削作用，クリーニング作用，梨地仕上げ，ピーニング効果を与える。ほかの噴射加工法に比べて微粉を用いることができるため，面精度のよい無光沢梨地面を得ることができるほか，作業環境が比較的衛生的である。
＝リキッドホーニング（238）
⇒噴射加工（209）

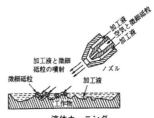

液体ホーニング

液中ポリシング　えきちゅうぽりしんぐ（bowl feed polishing）
　研磨液槽中に研磨定盤を沈め，定盤上でポリシングする研磨方法。研磨液の温度を制御することにより，温度を一定に保持できる。また，定盤の回転により研磨液は攪はんされ，遠心力により研磨剤中の大きな粒子は定盤外に移動，沈澱して，自動的に整粒された研磨剤により研磨できる。このため，加工変質層の少ない再現性の良い研磨が可能となる。

液通研削 えきつうけんさく（internally cooled grinding, internal cooling grinding）
=通液研削（147）

エッジ仕上げ えっじしあげ（edge finishing）
　金属部品では工作物のエッジのばり取り，丸み付けを行う仕上げを指す。半導体基板では，エッジの微小クラックを除去し，丸み付けと鏡面化を目的にした仕上げを指す。具体的な工具としては，研磨砥石，研磨テープ，研磨ブラシ，ブラストなどがある。
⇒エッジポリシュ（14），ばり取り（186）

エッジチップ（edge chip）
=欠け[1]（28）

エッジポリシュ（edge polish）
　ウェーハ面取り部を鏡面加工する方法。ダイヤモンド砥石により研削されたウェーハ周縁面取り部を，一般的にはメカノケミカル研磨により平滑化すること。これにより研削で生ずる加工歪み層を除去しウェーハの強度を向上させ，各工程中に他物体と接触する頻度の高いエッジ部から，粒子の脱落を抑制できる。さらに，洗浄性の改善，熱処理時の結晶転位の低減，酸化膜の剥離防止など，製品の歩留まりに寄与する半導体素子高集積度化に必須の研磨。

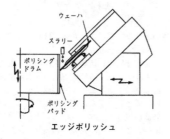

エッジポリッシュ

エッチバック法 えっちばっくほう（etch back）
　半導体デバイスの配線の多層化のために配線間の絶縁分離に層間絶縁膜を形成するが，そのプロセスの途中で，凹凸のある絶縁膜上に，絶縁膜とエッチング速度が同程度のレジストを塗布し，平坦なレジスト膜を形成する。この状態からリアクティブイオンエッチングなどによって全面エッチングを施して，絶縁膜の平坦化を図るもので，層間絶縁膜の平坦化（プラナリゼーション）技術の1つである。

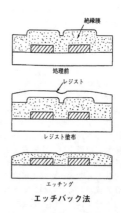

エッチバック法

エッチング（etching）
⇒化学研磨法（27）

エプロン（apron）
　旋盤の往復台の主要部で，側前面に垂れているのでエプロン（前垂れ）といわれる。長方形の箱でこの中を親ねじと送り棒（送り竿）が通り，往復台の縦送りと横送りを内蔵する歯車機構を前面のレバー操作で切り換えることにより，手動ハンドル送りと主軸回転に同期した自動送りとに選択することができるようになっている。

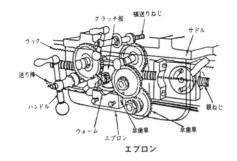
エプロン

エメリー(emery)

天然に産出する鉄分を多量に含むアルミナ質の研削・研磨用の砥粒で,世界各地で比較的多量に産出したため広く用いられた。

コランダム(Al_2O_3)と磁鉄鉱(Fe_3O_4)の混合鉱物で鉄分はFe_2O_3として25%に達することがあり,そのため硬度は低いが美しい仕上げ面が得られる。

エラスチック砥石 えらすちっくといし (elastic wheel)

弾性的性質をもった有機質結合剤を用いた研削砥石。レジノイド研削砥石,ゴム砥石,シェラック砥石の3つに大別される。

⇒レジノイド[研削]砥石(244),ゴム砥石(72),シェラック砥石(83)

エンゲージ角 えんげーじかく(engage angle)

=食い付き角(45)

⇒ディスエンゲージ角(150)

エンコーダ(encoder)

長さや角度または位置を,符号化変換を行ってデジタル表示する装置である。スケールを直線状にしたリニアエンコーダ(長さ)と,円状にしたロータリエンコーダ(角度)がある。重要な方式として,スケールの読み取り方法により,光電式,磁気式に分類できる。スケールに2進法の格子を配置して絶対位置の測定が可能なアブソリュート式と,等間隔格子のメインスケールとインデックススケールによって相対変位を検出するインクリメンタル式がある。

円弧補間 えんこほかん(circular interpolation)

NC工作機械によって望む形状を創成するには工具の動きを指定しなければならない。工作機械では,工具の運動は複数の制御軸を同時に制御することによって実現できる。実際には時間に関する位置関係を記述した時間関数発生器で各軸を動かす。このとき,ある地点から他の地点への移動の仕方を補間といい,円弧運動するように演算するものを円弧補間という。

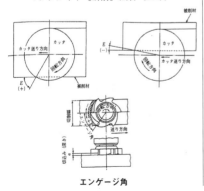
エンゲージ角

遠心バレル研磨機 えんしんばれるけんまき (centrifugal barrel finishing machine)

断面が六角形または八角形のバレル槽を100〜200rpmで回転するタレット上に取り付け，その公転とは逆方向にバレル槽を自転させることによって工作物や研磨メディアなどのマスに遠心力を作用させ，バレル加工を行うバレル研磨機。複数個のバレルが公転，自転の組み合わせで高速回転し，遊星旋回する。この遠心力でバレル内の被加工物とメディアが高圧かつ高速に作用し，効率的な研磨が実現できる。研磨能力は回転バレルに比べて30〜40倍と高いが，バレル槽内における工作物同士の衝突を避ける対策が必要である。
⇒バレル研磨 (187)

円心揺動 えんしんようどう (circular oscillation)
⇒揺動 [運動] (232)

鉛丹 えんたん (red lead)
光明丹（商品名）ともいう。四三酸化鉛を主成分とする赤顔料。きさげ仕上げを行う際にきさげを行う面に塗り，二面をすりあわせて当たり状態を見るために使用する。
⇒きさげ [仕上げ] (38)

円テーブル えんてーぶる (circular table)
⇒テーブル (153)

円筒研削 えんとうけんさく ([external] cylindrical grinding)
円筒形の工作物の外周を研削すること

で，図に示すように，プランジ［カット］研削，アンギュラ研削，トラバース研削などがある。
⇒研削 [加工] (52)，プランジ [カット] 研削 (204)，トラバース研削 (161)，アンギュラ研削 (7)

円筒研削装置 えんとうけんさくそうち (cylindrical grinding attachment)
円筒研削を本来の目的としない平面研削盤などの研削盤のテーブル上に設置して，簡易的に円筒研削加工を行うための装置。両センタと無段変速による駆動装置からなり，切込みや送りは研削盤の駆動機能を用いて行う。砥石も平面研削盤のものをそのまま流用する。円筒研削盤の設備がない場合に有効である。

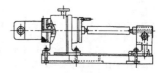

円筒研削装置

円筒研削盤 えんとうけんさくばん (external cylindrical grinding machine, external cylindrical grinder)
円筒形の工作物の主として外周を研削する研削盤で，主軸台，心押台，ベッド，テーブル，砥石台などからなる。
⇒円筒研削 (16)，主軸台 (96)，心押台 (102)，ベッド (212)，テーブル (153)，砥石台 (158)

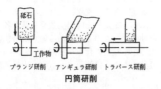

円筒研削

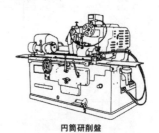

円筒研削盤

円筒度 えんとうど (cylindricity)
　円筒形体の幾何学的に正しい円筒（幾何学的円筒という）からの狂いの大きさをいう。巻末付録 p.296 参照。

円筒歯車研削盤 えんとうはぐるまけんさくばん (cylindrical gear grinding machine)
　平歯車やはすば歯車のようにピッチ円筒をもつ歯車の歯面を研削する研削盤を総称する。ねじ状に研削砥石を成形し，その砥石と工作物歯車をウォームとウォーム歯車のように噛み合わせ相対運動させる形式と，さらに成形砥石と工作物歯車歯面を，歯形を創成するように相対運動させる形式がある。前者は大量に精密な歯車を生産する場合に用いられている。
⇒歯車研削盤 (180)

円筒ラッピング えんとうらっぴんぐ (cylindrical lapping)
　円筒状のラップ工具を用いて，円筒形工作物の外面を仕上げるラッピング加工法。この円筒ラッピング加工法は内面のラッピングにも適用できる。また，両面ラップ盤の上下ラップの間で工作物の転がりと滑りを利用して円筒面を仕上げるラッピング方法。
⇒ラッピング (235), 両面ラップ盤 (241)

エンドミル (endmill)
　外周面および端面に切れ刃を持ったシャンクタイプフライスの総称。巻末付図(11)参照。

エンドレス研磨ベルト えんどれすけんまべると (endless abrasive belt)
　袋織の布を基材とし，その表面に研磨材を塗布した特殊な研磨布。この研磨ベルトは，基材が袋織なので，継ぎ目がないのを特徴とする。
⇒研磨布紙 (58), 研磨ベルト (59)

お

オイルエア潤滑 おいるえあじゅんかつ (oil air lubrication)
　高速転がり軸受用の潤滑方法の1つ。

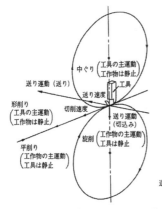

**工具と工作物の相対運動からみた各種加工形態
（単一工具の場合）**[19]

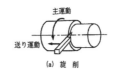

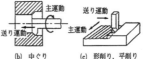

単一工具による加工の例[19]

微量の潤滑油を大量の空気とともに軸受転動体や転動面に直接吹き付けて，潤滑と冷却効果を得るもので，工作機械高速主軸用の潤滑装置として多く使用されている。約 8〜16 分間隔で 1 回に 0.3cc 程度間欠式に吐出される潤滑油が，ミキシングバルブで圧縮空気（1 分間当たり 30〜60L）に混合されて軸受内部へ送られる。空気流でオイルミストよりも小さな液滴に分離し冷却箇所の摩擦点で液滴は吸着するため，オイルミスト潤滑のように潤滑油がミスト状になり浮遊することは無くクリーンである。
⇒オイルミスト潤滑（18），ジェット潤滑（83）

オイルミスト潤滑 おいるみすとじゅんかつ（oil mist lubrication）
　高速転がり軸受用の潤滑方法の 1 つ。ミスト状になった微量の潤滑油を空気流によって軸受内部に供給して，潤滑効果を得るもので，工作機械高速主軸用の潤滑装置としても使用されている。潤滑油がミスト状になって浮遊し，周囲環境に影響を与えることから，近年は同じ微量潤滑方式であるオイルエア潤滑のほうが多く採用されている。
⇒オイルエア潤滑（17），ジェット潤滑（83）

往復台 おうふくだい（carriage）
　旋盤で刃物に送りを与える装置。ベッド上面を摺動し刃物台横送りのガイド面を有するサドルと，サドル側面に垂れ下がるエプロンと，サドル上面を摺動し刃具を保持する刃物台の 3 つの部分から構成されている。この往復台の縦横送り運動は，ベッド側面の親ねじと送り棒（送り竿）にて行われる。
＝キャリッジ（39）

往復台移動量 おうふくだいいどうりょう（carriage travel）
　工作機械の制御軸となっている往復台の移動する距離。通常は公称値を示し，機械的には両端に余裕分を持つ。両端余裕分を超えて動かすと機械の破損につながるので，マニュアル機ではストロークリミットスイッチを設けて衝突を防ぐ。NC 機では指令位置が公称ストロークを越える場合はアラームを出して事前に止める。日本語では移動量をストロークと呼ぶことがあるが，任意位置に停止できる移動は英文では travel という。
⇒コラム移動量（73），テーブル移動量（153），主軸頭移動量（97），クロスレール移動量（49）

送り おくり（feed，feed rate）
　切削加工は，工具と工作物の間に相対運動を与え，工作物を所定の形状，寸法に削り出す加工法である。工具と工作物間の相対運動のうち，切削作用をする方向の運動を主運動といい，主運動に直角な方向の運動を送り運動という。送り運動の速度は送り速度という。また，送り運動の方向への工具の単位移動量を送り量といい，1 切削工程当たり，1 回転当たり，あるい 1 切れ刃当たりで表示する。
　図に，単一工具の場合について，工具と工作物との相対運動から見た各加工形態の違いを示す。また，主運動の軌跡の違いによって加工形態の違いが図のよう

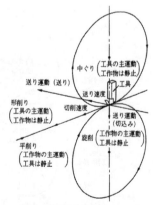

工具と工作物の相対運動からみた各種加工形態（単一工具の場合）

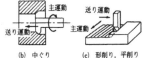

単一工具による加工の例

に変化するが,その概略を図に示す。フライス,ドリル加工のような多刃工具の場合も,基本的には同様に,主運動に直角方向の運動を送り運動という。
⇒送り運動（19），主運動（96），縦送り（134），横送り（232）

送り運動 おくりうんどう（feed motion）
工作物を加工するために工作機械によって与えられる,工具と工作物との間の相対運動で,主運動に加えて工具を工作物に切込んで切削を継続するために必要な運動。送り運動の方向は,工作物が静止し,工具が運動するものとして定義する。送り運動の速度を送り速度と呼ぶ。
⇒主運動（96），送り（18）

送り機能 おくりきのう（feed function）
工作物に対する工具の送り速度または送り量を指定する機能。送り機能はアドレスFに続く数値で指定する。
〈指定量（例）〉
・毎分当たり工具を送る量。
・主軸1回転当たり工具を送る量。
・インバースタイム（1ブロック間の工具の移動時間の逆数）
・1〜9の数値（1〜9に対応した,数値制御装置に設定された送り速度が選択される）。
＝F機能（260）

送り込み研削 おくりこみけんさく（infeed grinding）
＝インフィード研削（10）

⇒心無し研削（104）

送り込み速度 おくりこみそくど（infeed rate）
インフィード研削において,単位時間当たり切込み方向に砥石を送る量をいう。工作物1回転当たりの砥石の切込み量で表現されることもある。
＝切込み速度（43）
⇒インフィード研削（10）

送り軸 おくりじく（feed shaft）
工作機械の送り動力を伝える軸の総称。特に旋盤では往復台の送り動力を伝える送り棒,または送り竿という。また普通旋盤では,主軸に平行な長手の送り軸を縦送り軸,主軸に直角の送り軸を横送り軸という。NC旋盤では,縦送り軸をZ軸,横送り軸をX軸と呼び,送りをX−Z2軸座標で表している。

送り速度 おくりそくど（feed speed, feed rate）
⇒送り（18）

送り速度オーバライド おくりそくどおーばらいど（feed rate override）
⇒オーバライド（22）

送りねじ おくりねじ（lead screw）
回転運動を直線運動に変換する機構にねじがあり,測定機,工作機械などの移動体を動かすのに使用されているのが送りねじである。送りねじとしては台形ねじ（ねじ山の角度は30°，55°）やボールねじが使用されているが,機械効率,剛性が高く,摩耗の少ないボールねじが多く使われている。
⇒親ねじ（23），ボールねじ（218）

送り分力 おくりぶんりょく（feed force）
⇒切削抵抗（119）

送り変換歯車箱 おくりへんかんはぐるまばこ（feed gear box）
旋盤の刃物の送り速度は,主軸の回転に連動しており,主軸と送り棒の間に,複数の歯車を介し速度比を変換できる箱が設けられている。この箱を送り変換歯車箱という。

送りマーク　おくりまーく（feed mark）

送り運動によって仕上げ面に残る切削痕模様。このうち，取付け軸や主軸などの偏心や弾性変形，あるいは切れ刃の不ぞろいなどによるものを回転マークという。金型キャビティ面のボールエンドミル加工では，上述の送りマークのほかに，ピックフィードによって工具経路に沿った送りマークが現れる。研削加工においては，砥粒切れ刃の切削痕である研削条痕が送りマークに相当する。

＝回転マーク（26）
⇒送り（18），ピックフィード（192）

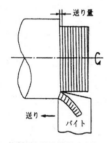

旋削における送りマーク

送り量　おくりりょう（feed per stroke, feed per revolution, feed per tooth）
⇒送り（18）

オージェ電子分光　おーじぇでんしぶんこう（Auger electron spectroscopy）

オージェ電子は，試料（気体や固体）に電子線，イオンビーム，X線などを照射して，元素の内殻（K殻やL殻など）から電子を放出させたとき，それより外殻の電子が空位に落ち込んで安定化する際に放出される電子であり，その発生機構は特性X線と同様である。放出されるオージェ電子は元素固有の運動エネルギーをもっているので，そのスペクトルを測定することによって試料の局部の元素分析をすることができる。この分光法は軽元素（原子番号3まで）の分析に特に効果的であり，深さ1nm程度までを対象とする表面分析に広く利用されている。なお，励起には主として電子線（3keV程度）が使用される。

＝ AES（255）

オシレーション［運動］　おしれーしょん［うんどう］（oscillation［motion］）

機械加工において，工作物の形状精度や表面粗さを向上させるために，加工中に工具と工作物を，相対的に往復運動させることがある。この運動をオシレーション運動またはレシプロ運動という。オシレーション運動は一般に移動距離が小さく，移動距離の大きいトラバース運動と区別される。オシレーション運動せずに切込みを与える加工方法をプランジ加工という。オシレーション運動は高い真直性とスティックスリップのない運動であることが要求される。

＝揺動［運動］（232）

オスカー式研磨機　おすかーしきけんまき（Oskar-type lapping machine）

回転するラップ上でつれまわる工作物を円心揺動させて加工を行うタイプの研磨機。揺動範囲が広い（工具の直径にわたる）ため，形状精度の高い加工ができるのが特徴である。光学原器やプリズムの加工などに用いられる。

⇒光学原器（61）

汚染　おせん（contamination）

機械加工の直後の材料表面は活性度が高く，各種の異物が化学的，物理的に吸着しやすい。このように1つの材料表面に異物の吸着した状態を汚染と呼ぶ。ラッピング，ポリシング後の表面には研磨粒子が化学的，物理的に残留する場合もある。また，加工装置の構成材料成分が研磨液中に溶出してイオン化し，これが材料表面と反応して吸着する場合もある。汚染の除去は化学的，物理的洗浄による。汚染の評価は表面原子に対する同定となるが，蛍光X線分析，SIMS分析

などで行われる。
⇒洗浄（124），蛍光X線分析法（50）

オートコリメータ（auto-collimator）

オートコリメーション法は，コリメータから出た平行光束を試料にあて，その反射光を再びコリメータに入れて，焦点付近の像の状態から試料の傾き，曲率などを測定する方法である。反射平面を用いたこの方法の応用によって対象物の微小角の差，変化，振れなどをきわめて高精度（0.1秒以下が可能）に読み取る測定機である。測定データを処理することにより，真直度，直角度，平行度，平面度などの精度測定が可能である。

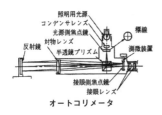

オートコリメータ

オートローダ（auto loader）

工作機械のチャック，または取付け治具への工作物の取付け（ローディング），取外し（アンローディング）を自動で行う装置で，工作機械の自動化，省力化には必要不可欠な装置である。
オートローダの必要機能として，
①連続搬入加工物分離機能（エスケープメント）
②未加工工作物の姿勢を整えて，取付け位置へ搬入する機能
③加工済みと未加工工作物を交換する機能
④加工基準面に工作物を着座させる機能
⑤取外した工作物は必要姿勢にして，搬出する機能
などのほかに，工作物の取付け・取外し時間は直接アイドルタイムになるため，カムやクランクモーションで高速化を図る一方，ロボットなどによる柔軟性も要求されている。

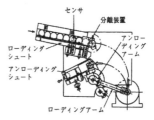

ベアリングレース研磨盤用オートローダ

オーバアーム（over arm）

横フライス盤，万能フライス盤において，コラム上部のガイド部にセットされ，アーバ支えとともにカッタアーバを支える部材。カッタアーバを使用した切削では，アーバ側の切削反力をオーバアームで受けるため十分な剛性が必要とされる。コラム側面にはオーバアームをクランプするレバー，前後させるためのハンドルが用意されており，アーバ支えの位置に合わせて手動で移動を行う。また，各種のアタッチメントの取付け時には，オーバアームのアタッチメント溝がアタッチメントの位置決めに使われる。重切削時にはオーバアーム前端面とニーとの間をブレスで連結し，一層の剛性アップを図ることもある。
⇒フライス盤（202），横フライス盤（234），

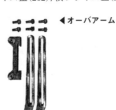

◀**オーバアーム**

万能フライス盤(189),アーバ(4),アーバ支え (5)

オーバトラベル（over travel）
＝オーバラン（22）

オーバライド（override）
NC装置において，指定された切削送り速度，早送り速度，主軸回転速度に対してある割合でそれらを変化させることをいう。切削送り速度オーバライドでは指定された切削送り速度を100％として，たとえば0から150％の範囲で，早送り速度オーバライドでは最小速度から100％の範囲で，主軸オーバライドでは最高／最低回転数内で50％から120％の範囲で，というように変化させられる。

オーバラン（over-run）
（外面）円筒研削・内面円筒研削のトラバース送りのストローク端で，または平面研削の左右方向のストローク端で，砥石が工作物からはみ出すこと，およびはみ出す長さ。また，ホーニング加工においては，往復運動の両端で砥石が工作物からはみ出すこと，およびはみ出す長さをオーバトラベル，またはオーバランと呼ぶ。
＝オーバトラベル（22）

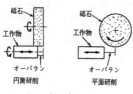

オーバラン

オプショナルストップ（optional stop）
この機能を有効にすれば自動運転を停止させ，無効にすればこの指令が無視される補助機能。この機能の有効／無効は機械側操作盤のオプショナルストップスイッチによって選択される。

オプショナルブロックスキップ（optional block skip）
ブロックの最初に，機能キャラクタ／（スラッシュ）を付加して，このブロックを選択的に飛び越しできるようにする機能。この機能の有効／無効は機械側操作盤のオプショナルブロックスキップスイッチの操作による。ブロックは１つの作業に対するすべての命令を含む指令。

オフセット量　おふせっとりょう（offset）
任意の位置に対するずれ量をオフセット量というが，研削加工の場合は，内面研削加工や円筒研削加工のシュー形心無し研削加工時に使用されるマグネットチャックにおいて，工作物に半径方向の押し付け力を与えるため，シューで規制される工作物の回転中心と工作物を駆動するマグネットの回転中心を一定量ずらして工作物を回転させる。この量をオフセット量という。

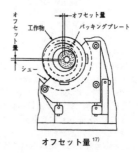

オフセット量[17]

オプチカルフラット（optical flat）
＝光学原器（61）

オープンループ制御　おーぷんるーぷせいぎょ（open-loop control）
自動制御ではフィードバックループを有するものをクローズドループという。すなわち，ある制御の目標値と検出器によって検出された制御量を比較し，常に制御量が目標値と一致するように制御されるシステムを指す。これに対して，オー

プンループ制御とは検出器によるフィードバックループをもたないシステムをいう。NC 工作機械では図に示すようにパルスモータを用いた送り軸制御に典型的なオープンループ制御を見ることができる。パルスモータは入力されるパルス数が回転角に，パルスレートが回転速度に相当し，制御が容易である。しかしパルスモータは外乱に対して脱調を起こしやすく，負荷変動の大きい工作機械ではクローズドループ制御で外乱に強いサーボモータが採用されている。パルスモータは最近では負荷の小さく変動の少ない OA 機器に使用されることが多い。
⇒クローズドループ制御（49），自動制御（90），サーボモータ（78）

指令値	→	アンプ	→	パルスモータ	テーブル
					送りねじ

オープンループ制御

親ウォーム　おやうぉーむ（master worm）
　歯車を加工するホブ盤，ギアシェーパの最終段減速に用いられる高精度のウォームギアを親ウォームギアと呼び，そのウォームを親ウォーム，ホイールを親ウォームホイールと呼ぶ。親ウォームギアと呼ぶ理由は，この精度が加工歯車に縮小転写されるからである。バックラッシを少なくするために複リードになっている場合が多い。
⇒親ウォームホイール（23）

親ウォームホイール　おやうぉーむほいーる（master worm wheel）
　歯形を創成運動で創り出すホブ盤，ギアシェーパでは，創成運動を行うため工具取付け軸とワーク取付け軸とが歯車列で連結されている。この歯車列の最終段には高精度のウォームホイールが用いられることが多く，これを親ウォームホイールと呼ぶ。親ウォームホイールと呼ぶ理由は，この精度が加工歯車に縮小転写されるからである。NC 歯切り盤になってもこの親ウォームホイールは加工精度のため用いられている。
⇒親ウォーム（23）

親ねじ　おやねじ（master screw）
　旋盤のサドルの送りねじは主軸と歯車で連結されており，サドルは主軸回転と同期して移動し，加工が行われ，送りねじが刃物移動の基準となっている。旋盤ではねじ切りも行われるため，送りねじは高精度に作られており，親ねじと呼ばれている。親ねじの単一ピッチ誤差，サイクリック誤差，累積ピッチ誤差を少なくすることによってスケールや補正なしに高精度のねじ加工や位置決めを行うことができる。親ねじは，旋盤やねじ研削盤，ホブ盤では回転部分との同期のため，治具ボーラでは位置決めの基準として使用されている。
⇒送りねじ（19）

オリフィス絞り　おりふぃすしぼり（orifice restrictor）
　流体絞りの 1 つで，固定絞りとして静圧油軸受や静圧気体軸受の給油・給気経路にオリフィスを設けて軸受剛性を与えるための補償要素である。一般に静圧油軸受に使用される。毛細管絞りや静圧気体軸受に使用される自成絞りより高い剛性が得られる。
⇒流体絞り（239），自成絞り（87），表面絞り（196），多孔質絞り（132）

オレンジピール（orange peel）
　研磨加工により工作物表面に生じた，無数の比較的丸みを帯びた凹凸。みかんの皮の表面のように見えるためにこの名称が使われる。研磨が不十分な場合，研磨パッドでの不均一な研磨量が原因で現れる研磨面の模様。
⇒きず（38）

温度ドリフト　おんどどりふと（temperature drift）
　一般に，計測システムなどにおいて，入力に変化がないのに出力が徐々に変化することをドリフトといい，構成材料の

おんど

クリープや温度変化によってゼロ点が変化(ゼロドリフト)したり,感度が変化(感度ドリフト)したりする。温度変化に起因するドリフトの意味で,温度ドリフトという場合もある。 加工との関連でいえば,周囲の温度変化によって工作機械が熱変形し,工作物寸法などが徐々に変化する場合,寸法が温度ドリフトしているという。

〔か〕

外形ラッピング がいけいらっぴんぐ (outer shape lapping, external shape lapping)

栓ゲージ,ピストンピン,ころ軸受のローラ,プランジャなどの円筒の外形を仕上げるラッピング。回転軸を利用したハンドラッピングや両面ラップ盤による方法がある。
⇒ラッピング (235)

解砕形アルミナ研削材 かいさいがたあるみなけんさくざい (mono-crystalline fused alumina)

ボーキサイトまたはバイヤー法で精製されたアルミナから成るアルミナ質原料を電気炉で溶融し,凝固させた塊を解砕し,整粒したもの。主としてコランダムの単一の結晶から成る。
= HA 砥粒 (261)

快削材料 かいさくざいりょう (free-machining material)

快削添加物と呼ばれる元素を添加して,材料の被削性を改善した材料。快削鋼(ステンレス鋼,高マンガン鋼,時効硬化鋼などを含む)や快削黄銅のほかに,快削チタン合金といった特殊なものも開発されている。現在知られている快削添加物としては,硫黄,鉛,セレン,テル,カルシウムなどがある。

快削鋼は最も代表的な快削材料であり,硫黄を添加 (0.08～0.3%程度) した鋼は硫黄快削鋼,鉛を添加 (0.1～0.3%) した鋼は鉛快削鋼,これらを複合添加した鋼は複合快削鋼と呼ばれる。硫黄は鋼中で Mn と結合し MnS となるが,MnS は鋼よりも硬く,工具刃先の先端で工作物が切りくずに変形する際に応力集中点として作用し,切りくず生成過程を脆性化させる。また鉛は切削中に応力集中源として作用する以外に,工具との接触面で潤滑作用を持つとされている。
⇒被削性 (190)

外周削り がいしゅうけずり (peripheral milling, slab milling)

フライスの回転軸に平行,または傾斜面のフライス削り。エンドミルの場合,側削りという。
⇒端面削り (138)

硫黄および硫黄複合快削鋼の化学成分 (JIS G 4804：2008)

種類の記号	化学成分 %				
	C	Mn	P	S	Pb
SUM21	0.13 以下	0.70～1.00	0.07～0.12	0.16～0.23	−
SUM22L	0.13 以下	0.70～1.00	0.07～0.12	0.24～0.33	0.10～0.35
SUM23	0.09 以下	0.75～1.05	0.04～0.09	0.26～0.35	−
SUM23L	0.09 以下	0.75～1.05	0.04～0.09	0.26～0.35	0.10～0.35
SUM24L	0.15 以下	0.85～1.15	0.04～0.09	0.26～0.35	0.10～0.35
SUM25	0.15 以下	0.90～1.40	0.07～0.12	0.30～0.40	−
SUM31	0.14～0.20	1.00～1.30	0.040 以下	0.08～0.13	−
SUM31L	0.14～0.20	1.00～1.30	0.040 以下	0.08～0.13	0.10～0.35
SUM32	0.12～0.20	0.60～1.10	0.040 以下	0.10～0.20	−
SUM41	0.32～0.39	1.35～1.65	0.040 以下	0.08～0.13	−
SUM42	0.37～0.45	1.35～1.65	0.040 以下	0.08～0.13	−
SUM43	0.40～0.48	1.35～1.65	0.040 以下	0.24～0.33	−

外周削り

外周コーナ がいしゅうこーな (outer corner)

ドリルの外周と先端の切れ刃が交わる点。巻末付図(6)参照。

外周刃 がいしゅうは (peripheral cutting edge)

外周にある切れ刃。巻末付図(5)参照。
⇒外周削り (25),側刃 (128)

外周刃切断 がいしゅうばせつだん (outer diameter cutting)

薄い円盤の外周部にダイヤモンド等の砥粒を固着した外周刃砥石を高速回転させて研削切断加工する方法。シリコンウェーハをチップサイズに切り出すダイシングや建設現場で用いられるコンクリートカッタも加工原理は本方法と同じである。
⇒外周刃砥石 (26)

外周刃砥石 がいしゅうばといし (outer diameter blade, outer diameter grinding wheel)

外周に切れ刃のある砥石。切断や溝加工用に使用される。形状の種類が多く,セグメントタイプ,インサートタイプ,コンティニュアスタイプ,ダイシングに使用する極薄タイプなどがある。
⇒内周刃砥石 (166)

外周振れ がいしゅうぶれ (edge-runout)

研削砥石の回転中心軸に平行した外周面の振れ。

回転バレル研磨機 かいてんばれるけんまき (rotary barrel machine)

断面が六角形や八角形のバレル槽を比較的低い6〜30rpmで回転させてバレル加工を行う研磨機。この方式のバレル研磨が一般に幅広く採用されており,バレル槽の回転軸が水平な水平型と傾斜している傾斜型がある。回転によりバレル中の工作物・メディア・コンパウンドが上方から滑り落ちる際のメディアによる流動研磨が主たるメカニズムである。
⇒バレル研磨 (187)

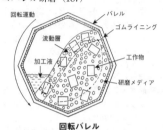

回転バレル

回転試験 かいてんしけん (rotation test, speed test)

研削砥石の回転の速さに対する安全度を測定する試験のことで,研削砥石メーカが自社製品に対して行う試験。最高使用周速度の50%増の周速度で回転試験を行うことが規定されている。

回転センタ かいてんせんた (live center)
⇒センタ (124)

回転テーブル かいてんてーぶる (rotary table, rotating table)
=ロータリーテーブル (246)
⇒テーブル (153)

回転マーク かいてんまーく (revolution mark)
=送りマーク (20)

界面活性剤 かいめんかっせいざい (surface-active agent, surfactant)

切削,研削,研磨などの加工油剤の一部として使用される。砥粒切れ刃の寿命を長くし,仕上げ面と加工精度をよくするために使用される。アニオン(陰イオン)系は潤滑・サビ止め成分として,ノニオン(非イオン)系は浸透性(ぬれ性)・

洗浄性の向上に有効である。
⇒ケミカルソリューション（52），研削油剤（55），切削油剤（120），水溶性ラップ液（107）

外面研削 がいめんけんさく（external grinding）

穴の内面を研削する内面研削に対し，円筒形の工作物の外周を研削する加工法で，円筒外面研削の略である。円筒外面研削は，円筒研削と心無し研削に分けられる。
⇒内面研削（166），円筒研削（16），心無し研削（104）

外面ホーニング がいめんほーにんぐ（external honing）

円筒外面のホーニング。
⇒ホーニング［加工］（216）

開ループ系 かいるーぷけい（open loop system）
⇒オープンループ制御（22）

カウンタバランス（counter balance）

上下方向に運動する移動物にかかる重力に対し逆方向に力をかけて釣り合わせる装置。門型機のクロスレールや横中ぐり盤の主軸頭などのように，移動部が上下方向に昇降する場合，上昇時は重力が抵抗力となり，下降時は推進力となる。上昇時の抵抗力を軽減するため，あるいは上昇・下降の方向反転時の姿勢変化などを防ぐために，移動部にかかる重力とほぼ釣り合う大きさで反対方向の力（バランス力）を負荷して，上昇・下降で駆動力が変化しないようにする。また，操作箱等を昇降可能にアームの先につりさげる時，作業者が操作箱の重力を受けないように支点の反対側にバランス力を掛けておくことも指す。バランス力としては釣合いおもり（バランスウエイト）や油空圧シリンダ（バランスシリンダ）を滑車を介して移動物にかかる重力と釣り合う方向につけることが多いが，ばね・リンク機構などを用いることもある。
⇒釣合いおもり（149），バランスシリンダ（186）

化学研磨法 かがくけんまほう（chemical etching）

工作物を化学薬品中に浸漬して，化学反応を促進することによって，研磨面を平滑にして光沢を付与する方法である。時として前加工の加工歪みを取り除くために適用される。「酸磨き・酸洗い」も同じ操作であるため，これらも化学研磨に含める。化学研磨は，ラッピングや研削の後の艶だしや微細を目的として適用される点で，電解研磨法に似ている。しかし，電解研磨よりも簡便かつ安価で，大きなものや複雑形状の工作物に適する。
＝エッチング（14）

化学蒸着法 かがくじょうちゃくほう（chemical vaper deposition）

揮発性化学物質を加熱，気化したガスを，加熱した物体の表面で，化学反応させ表面をコーティングさせる方法。この方法で，超硬合金などに TiC，TiN，Al_2O_3 などの硬質物質をコーティングすることにより，耐摩耗性，耐熱性，耐溶着性にすぐれた切削工具をつくることが可能。切削工具では，数種の物質を使い，多層のコーティングをするのが一般的になりつつある。
＝CVD（259）
⇒物理蒸着法（201）

化学焼け かがくやけ（chemical burn）

研磨加工において加工液に強酸や強アルカリを使用した際に，工作物表面に見られる黒ずんだ焼け。焼けを生じた部分は，周りの部分に比較して数倍悪い仕上げ面粗さになることが多い。

角テーブル かくてーぶる（square table）
⇒テーブル（153）

確度 かくど（limit of error）

計測用語で，ある決められた条件の下で，計測器の表す値の誤差限界のことをいう。確度は精度と同じ内容をもつものであるが，通常はメーカなり検査機関なりが保証する精度（保証精度）の意味で

用いる。
⇒精度 (116), 正確さ (115), 精密さ (116)

角度フライス　かくどふらいす (angle milling cutter)

2つの切れ刃が，それぞれの角度を持ち，主として溝加工に用いるフライスの総称。巻末付図(10)参照。
⇒フライス (201)

欠け[1]　かけ (chipping, fracture, breakage)

切削工具の脆性破壊機構による破壊形態。欠けはその規模によって，チッピング，欠損，破損に分類される。チッピングは切れ刃部が細かく欠ける状態で切削が続行できるのに対し，欠損は切れ刃部の大きい欠け（切込みの1/10程度以上）であり，切削の続行は困難となる。さらに破損は刃先部を含む大規模な欠けで，切削不能に陥るのはもちろん，研磨などによる再生が不可能となる。また，きわめて小さなチッピングは摩耗との区別がつけにくい。これらの欠けは工具材種の靭性不足のためである。セラミックス，サーメット，超硬合金工具で高送り切削をしたときに発生しやすい。

欠けを防止するために，工具に面取りやホーニングを施し，刃先強度を向上させる。切削工具の脆性損傷には，ほかに剥離とき裂がある。脆性損傷は突発的に発生するのが特徴であり，前駆現象をほとんど伴わないか，またはそれを検出するのがきわめて困難である。
＝エッジチップ (14)
⇒工具欠損 (63), 熱き裂 (174), 初期欠損 (99), チッピング[1] (139), 剥離 (179), 疲労き裂 (197)

欠け[2]　かけ (chipping)

工作物の端部に発生する脆性損傷。工具（砥粒）切れ刃が工作物から抜ける際には，引張応力域が広がるので，ガラスやシリコン単結晶などの破壊靭（じん）性値の低い材料の加工で発生しやすい。
＝チッピング[2] (139)

可傾式チャック　かけいしきちゃっく (tilting chuck)

工作物の設置角度を自由に設定できる機構をもつチャック。角度設定は回転軸の目盛りで行う。主に研削加工に用いる。

加工異方性　かこういほうせい (plastic anisotropy, deformation texture)

加工時の塑性変形によって仕上げ面に生じる異方性。移動硬化による非等方的加工硬化や仕上げ面の非等方的残留応力に起因する。金属組織学的には，集合組織の生成・発達による。
⇒加工変質層 (29)

加工硬化　かこうこうか (work hardening)

一般に，材料に弾性限度以上の応力を与えて塑性変形を生じさせると，材料は硬化し，塑性変形に対する抵抗が増す。この現象を加工硬化または歪み硬化という。
＝歪み硬化 (192)

加工精度　かこうせいど (machining accuracy, working accuracy)

素材を設計通りの寸法・形状・粗さに加工する際に生じる誤差の程度を加工精度という。加工法により加工精度は当然異なり，また要求される精度の種類により加工の難易度は異なる。要求される加工精度は，寸法公差や幾何公差，表面粗さなどで表現される場合が多い。
⇒形状精度 (50), 寸法精度 (114), 公差 (66)

加工セル　かこうせる (manufacturing cell, machining cell)

グループ化された類似の工作物を対象として，必要な加工を行う異機種工作機械あるいはロボットなどの関連装置などを組み合わせた集合体を加工セルという。たとえば，1台あるいは複数台のCNC工作機械とパレットプールラインを結合し，多種類の加工を長時間無人で行うことのできるものをFMC（フレキシブルマニュファクチャリングセル）と呼び，これらを統合した規模のものをFMS（フレキシブルマニュファクチャリングシステム）と称している。
⇒フレキシブルマニュファクチャリング

システム（206），フレキシブルマニュファクチャリングセル（206）

加工歪み　かこうひずみ（residual strain by machining）

機械加工による強烈な塑性変形や加工熱のために発生し，加工表面に残留する歪み。一般に加工歪みを解放した時の試料の変形や加工歪みによる結晶格子のゆがみを測定することが加工変質層の変質度の評価方法の一つとされている。また，加工歪みを有する領域ではエッチング速度が速いことから，エッチング速度を監視することで加工変質層の深さの評価が行われる。

加工表面に加工歪み，特に引張り歪みが残留すると，クラックの発生の原因となるばかりでなく，腐食の原因ともなり，製品の機械的強度に多大の影響を与えることになる。また，加工歪みの残留は光学特性や電磁気特性にも影響を与えるため，後工程で加工歪みを除去することが求められる。

⇒残留応力（82），加工変質層（29）

加工物　かこうぶつ（workpiece, work）＝工作物（67）

加工変質層　かこうへんしつそう（work affected layer, work damaged layer）

加工層は，表面に汚染層，吸着分子層が加工雰囲気による汚染や工具の表皮物質の移着により生成する。この下層が加工による真実の加工層で，過冷却の液体に似た構造をもつ非晶質，つまりベイルビー層で，表面の流動過程で生成，以下，超微細結晶層，酸化物層，さらに下層に繊維組織層，塑性変形，弾性変形，そして未変形の生地組織となる。一般的な加工条件では，約0.3mm以内の厚さをもつ層である。

⇒ベイルビー層（212）

傘歯車研削盤　かさはぐるまけんさくばん（bevel gear grinding machine）

傘歯車の中で，すぐば傘歯車と，スパイラル形，ハイポイド形，ゼロール形などを総称する曲がりば傘歯車は，カップ形砥石を使用して研削仕上げをすることができる。砥石と歯面の相対運動は，フェイスミル形歯切り工具で歯面を削り出す場合と同一である。ピニオンも大歯車も加工できるが，実用上の歯数比に制限がある。

傘歯車歯切り盤　かさはぐるまはぎりばん（bevel gear generator）

傘歯車には，すぐば傘歯車，はすば傘歯車，曲がりば傘歯車，ハイポイド歯車があり，それぞれの傘歯車を加工する歯切り盤がある。また歯形を機械の運動によって創り出す創成歯切り機械と，工具歯形がそのまま転写される成形歯切り機械がある。傘歯車の創成は，ワークの回転とクレードルの揺動運動によってなされる。

傘歯車歯切り盤にはいろいろな種類が

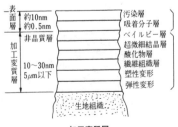

加工変質層

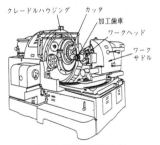

曲がりば傘歯車歯切り盤

ある。すぐば傘歯車を高能率に加工するレバーサイクル機，円錐ホブを用いて曲がりば傘歯車を加工する機械もある。

かさ比重 かさひじゅう (bulk density)

砥粒1cm³当たりの重量（g）。砥粒の形状がブロッキー（球状）のものは大きく，針状や偏平のものは小さい。砥石製造技術上，重要である。

加飾研磨 かしょくけんま (polishing for visual quality)

品物の物理的機能の賦与を目的とするのではなく，人間の感性を満足させるための装飾性や芸術性，希少性など，いわゆる装飾性の賦与を目的とした表面仕上げ研磨。各種アクセサリ，眼鏡枠，ライター，時計バンドなどの加工に応用されている。研磨面の装飾性を支配する因子として，

①研磨面の筋目（スクラッチ）長さ，深さ，パターン
②艶，光沢，鮮映性
③質感

などがある。光沢仕上げ，つやけし，梨地（サテン）仕上げ，ヘアライン加工などが，この加工に該当する。

＝装飾研磨 (128)

カスタムマクロ (custom macro)

ある一群の命令で構成される機能を，サブプログラムのように数値制御装置のメモリに登録する。メモリに登録された機能は1つの命令で代表させ，その代表命令だけをプログラムすることにより，その機能を実行させることができる。この機能をカスタムマクロという。カスタムマクロ機能を使用すると，変数，演算指令，条件分岐などが使用でき，ポケット加工や独自の固定サイクルなどのプログラムを作成できる。

過切削 かせっさく (overcut)

切削において，切れ刃が切削予定面より深い位置を切削する現象をいい，結果として工作物の寸法精度の低下を引き起こす。これは切れ刃への構成刃先の付着や切削熱による工具や工作物の熱膨張などに起因して発生することがある。

⇒構成刃先 (68)

カソードルミネセンス (cathode luminescence, CL)

半導体の表面に電子ビームを照射すると表層部では過剰な電子と正孔が形成される。これらが再結合する際に放出される光をカソードルミネセンスと呼んでおり，光の波長や強さから禁制帯中の局在準位，格子欠陥，不純物の分布など，表面のミクロな構造に関する諸情報が得られる。

⇒フォトルミネセンス (199)

加速度ピックアップ かそくどぴっくあっぷ (acceleration pickup)

測定対象物の表面に取り付けて，振動の加速度を検出する機器。内部に微小なおもりと，これに一体化した圧電素子を有する構造の圧電型がもっとも一般的に用いられる。検出された加速度の値を積分することにより，振動の速度や変位を求めることもできる。研削盤や研磨機の振動レベルや振動方向の検出，砥石の接触検知などに用いられる。

⇒レーザドップラ振動計 (244)

形削り盤 かたけずりばん (shaper)

比較的に小さい工作機械の平面や溝を削り出す工作機械で，バイトの往復運動と工作物の横方向の間欠的運動によってそれを行う。バイトの往復運動はラムに

形削り盤

よって行われるが，ラムの駆動機構には，
① クランクと細窓リンク式
② ウィットウォース早戻り運動式
③ ねじとナット式
④ 油圧式
などがある。また，工作物の送りにはクロスレールがコラム前面に沿って上下に動くものと，サドルとサドルに取付けられたテーブルとがクロスレールに沿って横移動するものがある。
= シェーパ（83）

硬さ　かたさ（hardness）

固体の物質や材料の特に表面または表面近傍の機械的性質の一つで，物体の変形しにくさ，傷つきにくさである。異なる硬さの固体が接触する際に生じる変形や傷の大きさを測ることで，その度合いを表す。その物理的な定義は必ずしも明確ではないが，降伏応力や弾性係数と密接な関わりを有するとされている。比較的簡単に検査できるため，工業的に広く実用されいる。大別すると次の3つに分類され，各種材料に対応した様々な硬さ試験方法が定義されている。
① 押込み硬さ…ロックウェル硬さ HR，ビッカース硬さ HV，ブリネル硬さ HBW，ヌープ硬度 HK，など
② 反撥硬さ…ショア硬さ HS，など
③ 引掻き硬さ…モース硬度，など
= 硬度（71）
⇒ 硬度計（71）

硬さ試験機　かたさしけんき（hardness tester）

硬さを測定する装置であり，硬さの定義に対応した各種の硬さ試験機がある。代表的なものを下に示す。
① 押込み硬さ試験…ロックウェル硬さ，ビッカース硬さ，ブリネル硬さ，ヌープ硬さ
② 反撥硬さ試験…ショア硬さ
③ 引掻き硬さ試験…モース硬度
= 硬度計（71）
⇒ 硬度（71）

形直し　かたなおし（truing）
= ツルーイング（149）

片へこみ形砥石　かたへこみがたといし（recessed one side wheel）

研削砥石の形状についての分類の呼称で，平形砥石で円筒外周使用面以外の片側面に凹みをつけた逃がしのある形状のもの。巻末付図⑮参照。

型彫り　かたぼり（die sinking, die milling）
⇒ 金型加工（33）

形彫り放電加工　かたぼりほうでんかこう（die sinking electric discharge machining）

工作物と，総形または棒状の工具電極との間の放電現象を利用して材料を除去する加工法。
= 放電加工（214）
⇒ 金型加工（33）

片面研磨盤　かためんけんまばん（single-side lapping machine, single-side polishing machine）

工作物を片面ずつ研磨加工するラップ

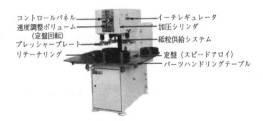

片面研磨盤

盤。工作物に平面を転写するための円形の定盤と工作物を保持するためのリングから構成される。加圧の方法にはおもりを載せる方式，エアを利用した加圧シリンダ方式がある。定盤は鋳鉄製が多くの場合採用され，定盤とリング内の工作物の下面間にオイルや水に混ぜた研磨材を供給し研磨する。定盤平面の管理はリングを定盤半径方向の位置を移動させ修正するものが多い。リングは定盤に従動して回る。
⇒オスカー式研磨機（20）

片面ラッピング かためんらっぴんぐ（single-side lapping）

荒ずり機，オスカー式研磨機，修正輪形ラップ盤などの片面ラップ盤により，平面，球面，非球面などの加工を行うラッピング。荒ずり機では，回転しているラップにラップ剤を散布して工作物を手で押し付け，手操作によりラップの直径方向の運動を与えて加工する。オスカー式では，ラップと工作物の一方が回転運動，他方が揺動運動することによりレンズの加工などに利用される。修正輪形は主に平面ラッピングに利用される。
⇒ラッピング（235），オスカー式研磨機（20）

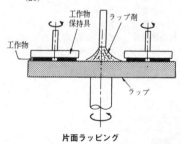

片面ラッピング

片持ち形平削り盤 かたもちがたひらけずりばん（open-sided planing machine, open-side planer）

コラムがベッドの片側に立ち，クロスレールを片持ちで支える構造の平削り盤。
⇒平削り盤（196）

片持ち形平削り盤

褐色アルミナ研削材 かっしょくあるみなけんさくざい（brown alumina abrasive, regular alumina abrasive）

ボーキサイトを溶融精製して作る褐色の研削材。自由研削のほか，精密研削にも使用される最も一般的な砥粒で，含有するチタニア（TiO_2）のため褐色を呈し，高温で焼成することによって黒色，育灰色，黄色に変色する。
＝ A 砥粒（255）
⇒アルミナ質研削材（7）

カッタアーバ （cutter arbor）

カッタスピンドルにカッタを取付けるためのアーバのことを指すが，一般的にはギアシェーパのカッタアーバを指す。ギアシェーパではテーブル上面からの加工歯車の位置に応じてカッタの位置を変えねばならないが，機械側で調整できる範囲が少なく，カッタアーバの長さを変えて対応するので，加工のための重要な要素となっている。カッタ内径との隙間が大きいと加工歯車の精度を悪化させるので，3～4μm の公差で仕上げられている。
⇒カッタスピンドル（33）

カッタ研削盤 かったけんさくばん（cutter grinder, cutter grinding machine）

フライスカッタなどの回転工具の切れ

刃を研削,整形する研削盤。フライスカッタの刃を1枚ずつ研削するための割出し装置や,らせん状の溝を研削するヘリカル研削装置などを備えている。
⇒工具研削盤 (63)

カッタスピンドル(cutter spindle)
　カッタを取付ける主軸を指すが,通常,歯車形削り盤(ギアシェーパ)のカッタ主軸をカッタスピンドルと呼ぶ。歯車形削り盤のカッタスピンドルは,切削のための往復運動と歯車創成の回転運動を行う。回転運動は低速であり,一方往復運動は 2,000strokes/min を超えるものもある。このための軸受は静圧で保持することが多い。なおホブ盤のカッタ主軸はホブスピンドルと呼ぶ。
⇒カッタヘッド (33)

カッタヘッド(cutter head)
　カッタを駆動する装置部分をカッタヘッドと呼ぶが,通常,歯車形削り盤のカッタヘッドを指すことが多く,この中にはカッタ回転駆動用のウォームギア往復運動機構やスパーガイドまたはヘリカルガイドが含まれる。
⇒ワークヘッド (249)

カップ形砥石　かっぷがたといし(straight cup wheel)
　研削砥石の形状についての分類の呼び名で,深い凹みのある側面を使用面とした円筒状のカップ形状のもの。巻末付図(15)参照。

カップリング(coupling)
＝継手 (148)

金型加工　かながたかこう(die manufacturing, mold manufacturing)
　金型は,製品として設計された形態を,プレス加工,射出成形加工などにより具体的な製品部品として再現するための転写工具である。金型の加工は,従来の倣い工作機械,そして手仕上げ加工に頼る技能依存形態から,NC 加工機,型彫り放電加工機,ワイヤ放電加工機などの加工機と CAD/CAM システムを中核技術として利用するメカトロ化された高度な生産方式へと変化した。一般的な金型の設計・製造工程は,製品の意匠設計から基本詳細設計が行われたのち,金型設計,金型の加工と組立,成形試験といった形で金型が製造され,量産現場に納入される。金型キャビティの形状加工に用いられる形状データは,意匠設計,製品設計の段階ですでに作成されているから,CAD/CAM システムを利用して形状データの転送,転写による誤差の累積を少なくし,精度の高い金型を能率的に加工することができる。
⇒金型研削 (33),金型研磨 (33)

金型研削　かながたけんさく(die grinding)
　金型製作を研削によって行うもので,金型形状を創成研削する場合と前加工された金型面を平滑化して仕上げる場合とがある。これには多軸同時制御の NC 研削盤が用いられる。
⇒成形研削,輪郭研削,輪郭研削盤

金型研磨　かながたけんま(die polishing)
　エンドミルや放電加工による型彫り加工後の表面仕上げ研磨。ピックフィード

金型の製造工程[38]

マークや放電クレータ痕を平滑化するスムージングと型の表面性状を生成するポリシング（磨き）に分類できる。
⇒研磨［加工］(57)

金切り帯のこ盤 かなきりおびのこばん (band sawing machine, contour sawing machine)
⇒金切りのこ盤 (34)

金切りのこ盤 かなきりのこばん (metal sawing machine)

金属材料を工作物の必要な長さにのこを使用して切断する工作機械で、のこ盤で切断しただけで製品となることは少なく、一般にはさらに仕上げ加工を施す必要がある。のこの種類により、環状に接合したベルト状の帯のこ刃を2個のプーリに掛け渡して、一方のプーリを回転させながら材料を切断する帯のこ盤、円盤状ののこ刃を高速回転させて材料を切断するのに用いる丸のこ盤、および直線状ののこ刃を普通クランク機構により往復運動させて材料を切る弓のこ盤に分類される。

金切り丸のこ盤 かなきりまるのこばん (circular sawing machine)
⇒金切りのこ盤 (34)

金切り弓のこ盤 かなきりゆみのこばん (hack sawing machine)
⇒金切りのこ盤 (34)

カバレージ (coverage)

カバレージは噴射加工で用いられる場合とレーザ加工で用いられる場合とがあり、それぞれ意味が異なる。噴射加工の場合は、噴射粒子の衝突により生じた多数の痕面積の総和を被加工部分の面積で除して算出するもので、加工の進行の程度を表す。また、ショットピーニングの場合には、アルメンストリップという試験板の反り高さ（アークハイト）から決定するアークハイトカバレージも用いられることがある。レーザ加工（主としてレーザショックピーニング）の場合には、レーザ衝撃により生じる個々の痕の重なる割合を表す。
⇒ショットピーニング (100), 噴射加工 (209)

ガーネット (garnet)

日本語ではざくろ石と言い、二価の金属 M_{II} と三価の金属 M_{III} を含む珪酸塩鉱物で $M_{II3}M_{III2}(SiO_4)_3$ で示される。一般に Mg-Al 系のものと Fe-Al 系のものが、硬度が高くて研削・研磨用に適していると言われている。木工やつや出しには、今なお賞用されている。

カービックカップリング (curvic coupling)

結合部の形状が凹凸状のカップリングをカービックカップリングという。固定式、半自在式、噛み合い式があり、固定式は工作機械のテーブルの割出しなど精

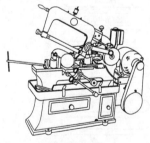

金切り弓のこ盤

カービックカップリング[42]

密割り出しに多く使われる。(「カービック」) は米国グリーソン社の登録商標)。

カーブジェネレータ (curve generator)

球面研削盤とも呼ばれる。光学レンズの球面を創成研削仕上げする機械である。曲率半径などの所要形状は従来、カム機構による倣い方式が主体であったが、近年は NC を使ったものが多くなっている。

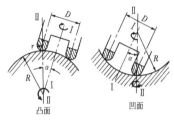

R：レンズの曲率半径
D：ダイヤモンド砥石のピッチダイヤ
$α$：レンズ軸の傾斜角
r：ダイヤモンド砥石の端面丸味半径

カーブジェネレータの方法[24]

カーフ幅 かーふはば (kerf width)

研削切断で加工された工作物の溝幅をいう。工作物の深さ方向、砥石進行方向に切断幅が異なる場合、その切断溝の最大幅を指す。またカーフ幅からブレードの厚さを差し引いたものを、カーフロスということもある。

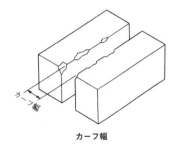

カーフ幅

⇒研削切断 (53)

カム研削 かむけんさく (cam grinding)

カムの輪郭の研削加工。マスターカムに倣って研削する方法と、砥石台と工作主軸の 2 軸同期制御による CNC 創成方法がある。

⇒カム研削盤 (35)

〈倣いカム研削〉

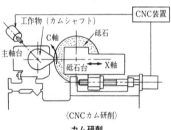

〈CNC カム研削〉

カム研削

カム研削盤 かむけんさくばん (camshaft grinding machine)

カムシャフトなどのカム部の輪郭を研削する研削盤。カムの外面輪郭を研削する研削盤（カム研削盤）と、カムの内面輪郭を研削する研削盤（内面カム研削盤）がある。

⇒カム研削 (35)

カム軸旋盤 かむじくせんばん (camshaft lathe)

親カムをもとにしてカム軸のカムの輪郭を旋削する旋盤。主軸の 1 回転中に刃物の径方向の位置を高速で制御できる機構を有する横送り台を持っている。

渦流バレル研磨機 かりゅうばれるけんまき（rotary barrel machine）
＝流動バレル研磨機（239）

皮バフ かわばふ（leather buff）
円盤状の弾性工具の表面に砥粒を塗布して回転し，これに工作物を押し付けて行なう加工がバフ研磨であるが，その弾性工具に動物皮，皮革を適用するバフ研磨がある。この工具を皮バフと称し，その柔軟性特性によって研磨剤を適当に保持させる効果があり，平均化した平滑面が得られる。
⇒バフ研磨（184）

側フライス がわふらいす（side milling cutter, side and face milling cutter）
外周面と両側面に切れ刃を持つフライス。刃の形状によって普通刃，荒刃および千鳥刃がある。サイドカッタともいう。巻末付図(10)参照。
⇒組み合わせ側フライス（45）

皮むき かわむき（peeling, scaling）
インゴットなどの黒皮を取り去ること。

乾式加工 かんしきかこう（dry machining）
水や切削油などを使わないで加工する方法。加工液タンク設備が不要で廃液処理を行わなくてもよい。しかし，多量の加工熱が発生する加工においては，工具の損耗が激しくなる。
＝ドライ加工（161）
⇒湿式加工（88），セミドライ加工（122）

乾式研削 かんしきけんさく（dry grinding）
研削液を供給せずに行われる研削加工の総称。工具の再研削や成形研削盤での成形研削加工で行われることが多い。乾式研削では，加工時に研削熱による砥石や工作物への影響を抑制する工夫を必要とする。
⇒湿式研削（88），成形研削（115），再研削（76）

乾式仕上げ かんしきしあげ（dry finishing）
⇒乾式ラッピング（36）

乾式切削 かんしきせっさく（dry cutting）
切削油剤などを使用せずに切削加工を行うこと。
⇒湿式切削（88）

乾式ラッピング かんしきらっぴんぐ（dry lapping）
加工面と工具（ラップまたは研磨皿）の間に遊離砥粒を介在させつつ摺動させることによって，工作物をすり減らしてラップ工具の形状を転写する加工法であるが，ラップ面に埋め込まれた砥粒により，湿式のラッピングに比べて，高度の仕上げ，光沢，寸法精度が得られる。
⇒湿式ラッピング（89）

干渉計 かんしょうけい（interferometer）
光が波である性質から，光路を変えた2つの光を重ね合わせると，その強度分布がもとの光の強度の和とは異なるものになる。これを光の干渉という。この特徴を利用した，長さや形状の測定装置を干渉計と呼ぶ。光源からの光は，ビームスプリッタなどで基準面への参照光と，被測定物への測定光とに分けられ，両者の反射光を再び重ね合わせると，光路長の差により干渉縞が生じる。この縞を観察することにより長さや形状の測定ができる。

ガンドリル（gun drill）
切れ刃が1枚または2枚のストレート溝を持つドリル。主として専用機で使用され，工具径の100倍以上の深穴加工が可能。巻末付図(12)参照。
⇒ガンリーマ（36）

γ-アルミナ がんまあるみな（γ-alumina）
アルミナの低温形で等軸晶系。温度を上げるとα-アルミナに変態する。研磨用に使われることがある。

ガンリーマ（gun reamer）
深穴の仕上げに用いるリーマ。一般に溝が1つで，刃部の外周に案内部を持ち，高圧切削油を送る穴が中心部にあけてある。超硬ろう付けのものが多い。巻末付図(13)参照。
⇒リーマ（239）

〔き〕

機械インピーダンス きかいいんぴーだんす（mechanical impedance）

電気系におけるインピーダンスは抵抗とリアクタンスからなる交流抵抗で，その逆数であるアドミタンスは，入力を電圧，出力を電流としたとき，その回路の周波数伝達関数である。電圧と力，電流と速度，電気量と変位といった電気系と機械系のアナロジーを考えると，速度インピーダンス（力／速度）が電気系のインピーダンスに相当する。同様に変位インピーダンス，加速度インピーダンスという概念が定義でき，これらを総称して機械インピーダンスという。

機械加工 きかいかこう（machining）

機械力（機械的エネルギー）を利用して工作物に除去加工を施すことをいう。機械加工には，旋削，フライス削り，穴あけなどを含む切削加工，ならびに研削，ホーニング，ラッピング，ショットブラスティングなどを含む砥粒加工などがある。また加工能率や仕上げ面品位を向上させるための物理・化学的エネルギーを複合した加工法も多く使用される。このうち，材料除去のエネルギー効率および生産性が最も高いのは切削である。

⇒除去加工（99），切削［加工］（117），研削［加工］（52），砥粒加工（162），ホーニング［加工］（216），ラッピング（235）

機械加工	切削加工	切削
	砥粒加工	研削，ホーニング，超仕上げ ベルト研削，バフ加工 ラッピング，ポリシング 噴射加工，バレル加工
	複合加工	放電研削，電解研削，電解研磨，電解ホーニング 磁気研磨 化学研磨，メカノケミカルポリシング メカノケミカルラッピング 超音波研削

機械的研磨法 きかいてきけんまほう（mechanical polishing）

微細砥粒を用いる研磨法において，砥粒の機械的な押し込み・引掻き作用（微小切削作用）を主たる加工機構として鏡面化を達成しようとする研磨方法。化学的効果を伴わない研磨液と硬質砥粒とからなる研磨剤を用いた研磨法に対する一般的表現。

幾何公差 きかこうさ（geometrical tolerance）
⇒公差（66）

気孔 きこう（pore）

研削砥石の3要素の一つで，研削砥石中に存在する空間で，切りくずの逃げを助ける役目をする。
＝チップポケット^2（140）

気孔率 きこうりつ（porosity）

研削砥石全容積中に占める気孔総容積の割合。普通，百分率で示す。

基材 きざい（backing）

研磨布紙の構成要素の1つで，接着剤を伴って研磨材を支持する役割を果たす。通常，基材の材質は布または紙である。布の場合は，ひら織りやあや織りの綿布，ポリエステル繊維などが使用され，紙の場合にはクラフト紙などが用いられる。研磨ディスクにはクラフト紙などが使用されている。さらに，精密仕上げ用として利用される研磨フィルムでは，厚さが25～75μm程度のポリエステルフィルムが使用されている。厚さが均一で，引張り強度が高く，伸びが少ないことが基材として要求される特性である。

最近ではワイヤソーやダイシングソーによる切断の際に，工作物を接着剤で固定する板やテープを指す場合もある。
⇒研磨布紙（58），研磨ベルト（59），研磨ディスク（58）

きさげ[仕上げ] きさげ[しあげ] (scraping)
スクレーパと称する切削工具を用いて金属材料の表面を人力で加工する方法。通常接合部（結合部，取付け接触部）あるいは案内面の仕上げに用いられる。接合面の実際の接触状態（当たり）を調べながら，接触点が増えるようにのみ状の切れ刃で凸部を削り取るため，接触面全体の当たりが増加するので，組立精度が向上する。また，案内面ではきさげ表面の凹凸が油溜めの役割を果たし，摺動特性や耐摩耗性に優れている。

キーシータ (key seater)
＝キー溝盤（38）
⇒形削り盤（30）

きず (flaw)
周辺の表面形状と明らかに異なる形状を持つ凹凸による表面欠陥。きずの発生原因には，材料欠陥によるものと加工によるものがある。加工で発生するきずには，加工時に工作物表面に作用する引張歪みや加工歪みのむらによるもの，加工熱あるいは加工後の収縮によるもの，加工のメカニズムに起因するものがある。機械加工のメカニズムに関連して発生するきずには，引っかき作用によるもの，転動作用によるもの，埋込み作用によるものなどがある。引っかき作用によるものは，切りくずの切れ刃への付着や切れ刃と工作物との相対振動，砥粒切れ刃の脱落などによる切れ刃の過切削現象に伴って生じる。機械的作用により生じた直線状のかなり深いきずはスクラッチと呼ばれる。研磨加工の引っかき作用による無数のきずは磨ききずと呼ばれ，砥粒の非定常的な転動作用により生じるきずには，オレンジピールなどがある。また，砥粒や硬い異物の押し込みにより生じるきずは押しきずと呼ばれる。
⇒加工歪み（29），スクラッチ（109），オレンジピール（23）

機動心押台 きどうしんおしだい (mechanically driven tailstock)
機械的に移動させることのできる心押台。普通旋盤やNC旋盤では手動で移動させる心押台がほとんどであるが，大型のロール旋盤などでは手動で移動させることが難しいために，動力で移動させる。
⇒心押台（102）

機内計測装置 きないけいそくそうち (inprocess measuring system)
加工機内でのワーク精度を維持するための計測装置であり，次の種類がある。
①ワーク計測（旋盤およびマシニングセンタ）：タッチセンサを用いてワークの各種寸法を計測する。計測結果から工具の補正なども行うことができる。
②工具位置計測（旋盤）：工具段取りの省力化，および工具の刃先位置を計測し，工具摩耗の計測とその補正，刃先のチッピング検出を行う。
③工具長計測（マシニングセンタ）：工具段取りの省力化および工具折損の検出を行う。
⇒計測（50），工具位置オフセット（65）

キー溝盤 きーみぞばん (key seater)
⇒形削り盤（30）

ギャッシュ (end gash, side gash)
底刃，または側刃の溝。巻末付図(5)参照。
⇒底刃（128），側刃（128）

ギャップエリミネータ (gap eliminator)
工具の切込み送りの遊びをなくす装置。

キャリア (carrier)
一般に，両面研磨盤の工作物保持用ケージもしくはホルダを指す。外周部にギアを有し，両面機の太陽歯車と内歯車に噛み合うように構成され，内側に工作物を保持するための形状に応じた穴がある。このキャリアが上記2つの歯車と噛み合い，上下定盤に工作物が挟持され加工される。キャリアの規格はモジュールやダイヤメトラルピッチで歯形を規定し，歯数により大きさが決まる。材質も金属，樹脂などがある。
⇒サンギア（81），両面研磨盤（240）

キャリア

キャリッジ（carriage）
= 往復台（18）

球心揺動 きゅうしんようどう（spherical oscillation）
⇒揺動［運動］（232）

球面ホーニング きゅうめんほーにんぐ（ball honing）
球面のホーニング。
⇒ホーニング［加工］（216）

球面ラッピング きゅうめんらっぴんぐ（ball lapping）
ラッピングの対象がベアリング球に代表される完全球体の場合と，レンズのような部分球面の場合がある。この両者ではラッピング方式が全く異なる。前者に対しては，表面にＶ溝などが形成された，あるいは平滑な２枚のディスク状ラップ盤の間に挟んで研磨する量産形のラッピング方式と，複数個（２～４）のカップ形ラップ盤で研磨する個別研磨方式がある。後者では，所定の曲率を持つ凹凸一組の研磨皿の一方に工作物を貼り付け，すり合わせ研磨する量産方式，あるいは工作物を把持，回転させながら所定の運動軌跡を与えたラップ工具を押し当てる個別ラッピング方式がある。
⇒ラッピング（235）

境界摩耗 きょうかいまもう（grooving wear, notch wear）
逃げ面摩耗境界部に生じる溝状の摩耗。原因としては，境界部に生ずる高い応力や酸化などが考えられている。前逃げ面の境界摩耗は仕上げ面粗さに悪影響を及ぼす。
⇒工具摩耗（66）

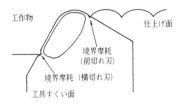

境界摩耗

凝集粒子 ぎょうしゅうりゅうし（agglomerated particle）
= 二次粒子（171）

強制振動 きょうせいしんどう（forced vibration）
機械構造物が系の外から作用する外乱で励振されることによって生ずる振動。外乱は，力の場合と変位の場合とがある。研削加工においては，前者は砥石の不平衡，研削盤の駆動部分から生ずる強制外力が主原因となって生じ，後者は砥石の偏心や床から伝達される振動によるものが主である。発生している振動の周波数成分を明らかにすることによって振動源を特定し，対策をたてることができる。
共振現象によって振幅が増大するので，機械構造系の固有振動数が外乱振動数に近づかない配慮が構造設計上重要となる。
⇒自励振動（100），びびり振動（194），びびりマーク（194）

凝着摩耗 ぎょうちゃくまもう（adhesive wear）
２つの固体表面が化学的な結合力によってくっつくことを凝着という。摺動する２面の真実接触部同士は，高温・高圧となるので，瞬間的に凝着を起こしやすい。凝着摩耗とは，凝着した部分が主に軟らかい金属側の内部で破壊（せん断）することによって，摩耗粉が生じる現象

をいう。
⇒アブレシブ摩耗（5）

強ねじれ刃エンドミル　きょうねじれはえんどみる（high-helix endmill）

ねじれ角が40°以上の外周刃を持つエンドミル。巻末付図(11)参照。
⇒直刃（146）

鏡面　きょうめん（mirror surface）

無数の微細凹凸を有する梨地面に対して，鏡のように物が映るほどよく仕上げた面のこと。鏡面はポリシングやバフ仕上げなどによって得られる。なお，梨地面は，ラッピングによって得られる。

鏡面研削　きょうめんけんさく（mirror grinding）

研削加工によって工作物表面を鏡のような光沢のある面に仕上げることをいう。考え方としては，主に二つある。一つは砥粒の大きさに関係なく切りこみ深さを微小にすることで機械的作用で鏡面を得る方法である。もう一つの方法は，メカノケミカル反応によってダメージレスの鏡面を得るというものである。通常，面粗さは $Rz < 100$ nm の表面を指す。
⇒粗研削（6）

鏡面研磨　きょうめんけんま（mirror polishing）

工作物の仕上げ面を，研磨によって光学的鏡面に仕上げること。
＝鏡面仕上げ（40）

鏡面仕上げ　きょうめんしあげ（mirror finishing）
＝鏡面研磨（40），鏡面切削（40），鏡面研削（40）

鏡面切削　きょうめんせっさく（mirror cutting）

運動精度および剛性の高い工作機械と滑らかな輪郭を持つダイヤモンド工具を用い，母性原理に基づく切削加工によって，金属，各種結晶材料，プラスチックなどの表面をいわゆる鏡面に加工する技術。本技術では，NCを用いて非球面など複雑形状創成が可能であるという特色をもつ。

⇒ダイヤモンド切削（131），超精密切削（144）

切りくず　きりくず（chip, swarf）

切削や研削において，切削工具，研削砥石，砥粒などによって工作物から削り取られた部分。一般に大きな塑性変形を受け加工硬化している。工作物材種，すくい角，切削速度，切削油剤の有無などの切削条件によって切りくずの形態は変化し，流れ形，せん断形，むしれ形，き裂形および構成刃先を伴う形に大別される。
⇒構成刃先（68），切りくず処理（41）

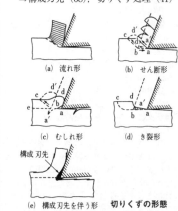

切りくずの形態

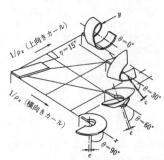

（切りくず流出角 $\eta = 15°$ の場合）
上向きおよび横向きカールの組み合わせによる切りくず形状の変化[8]

切りくず厚さ きりくずあつさ（chip thickness）

実際に発生した切りくずの厚さ。

切りくずカール きりくずかーる（chip curl）

切りくずに生ずるねじれ。切りくずがせん断域での塑性変形によって生成されるとき，切りくず速度の分布が切りくずの厚さ方向に生じれば上向きカールが，また切れ刃に沿う方向に生じれば横向きカールが生じる。この2因子と切りくず流出角によって切りくずの形状は変化する。

⇒切りくず流出角（42）

切りくず処理 きりくずしょり（chip control）

切削方式，切削条件，切れ刃形状，工作物材料などによって種々の形態の切りくずが生じる。長い切りくずは，工作物や工具にからみつき，仕上げ面を傷つけたり，工具刃先の欠損を生じさせる。逆に短い切りくずは摺動部分に入り込む。穴加工においては排出されにくく，つまりやすいなどの障害となる。こうした問題を回避し，安定した切削を行うためには，適当な長さや形状の切りくずを生成させる必要があり，このための操作を切りくず処理と呼ぶ。高速切削で連続した切りくずが生成される場合には，種々のチップブレーカを用いて切りくずを適当な長さに切断する。適切な切りくず処理により，切りくずを工作機械から排出するなどの後処理（chip disposal）も容易となる。

⇒チップブレーカ（139）

切りくず接触長さ きりくずせっしょくながさ（tool chip contact length）

切りくず流出方向に測定した，工具と切りくずの接触長さ。切りくずはすくい面を激しく擦過した後にすくい面から離脱するので，すくい面には接触長さに相当する凝着痕が観察される。

切りくず断面積[1] きりくずだんめんせき（cross-sectional area of uncut chip, area of chip section）

実際に発生した切りくずの断面積ではなく，1個の切れ刃によって除去される部分の切削方向に垂直な断面積をいう。切断断面積ともいう。切りくず断面積に比切削抵抗を掛ければ，切れ刃に作用する切削力が得られる。フライス削りや平面研削，円筒研削などでは，1カット中に切りくず断面積が変化するので，平均値もしくは最大値で議論する。

=切削断面積（118）

⇒切りくず厚さ（41），切りくず長さ[1]（42），切りくず幅[1]（42）

切りくずの形状と切りくず処理性[9]

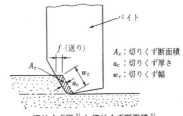

A_c：切りくず断面積
a_c：切りくず厚さ
w_c：切りくず幅

切りくず幅[1]**と切りくず断面積**[1]

切りくず断面積² きりくずだんめんせき (cross-sectional area of chip)
　実際に発生した切りくずの断面積。

切りくずづまり きりくずづまり (chip packing)
　切削中に切りくずが排出されずに溝につまる状態。
⇒切りくず処理 (41)

切りくず長さ¹ きりくずながさ (undeformed-chip length)
　実際に発生した切りくずの長さではなく, 1個の切れ刃によって除去される部分の切削方向に沿った長さをいう。1カット当たりの切れ刃の切削距離に相当する。研削では,「接触弧長さ」とほぼ同じである。
⇒切りくず厚さ (41), 切りくず断面積¹ (41), 切りくず幅¹ (42)

切りくず長さ² きりくずながさ (chip length)
　実際に発生した切りくずの長さ。

切りくず幅¹ きりくずはば (undeformed-chip width)
　実際に発生した切りくずの幅ではなく, 1個の切れ刃によって除去される部分の切削方向に垂直な幅をいう。
＝切削幅 (120)
⇒切りくず厚さ (41), 切りくず長さ¹ (42), 切りくず断面積¹ (41)

切りくず幅² きりくずはば (chip width)
　実際に発生した切りくずの幅。

切りくず流出角 きりくずりゅうしゅつかく (chip flow angle)
　二次元切削などの特殊な場合を除くと, 切りくずは主切れ刃に垂直な方向からある傾きをもって流出する。この角をいう。

切込み きりこみ (depth of cut)
　被削面（機械加工を施す工作物の加工前の表面）と仕上げ面との間の距離をいう。旋盤における外丸削り, フライス(エンドミル)加工, および平面研削では, それぞれ, 図中の a で示される。この値は, 工作物の仕上げ寸法を決める重要な量で, 実切込みが設定切込みからずれる原因としては, 工具または砥石－工作物

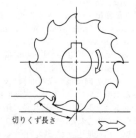

切りくず長さ¹⁾

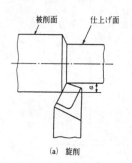

(a) 旋削

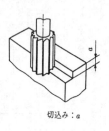

切込み：a

(b) フライス削り

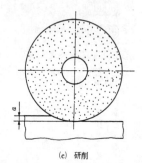

(c) 研削

切込み

系の相対変位,構成刃先および工具摩耗などがある。二次元切削と傾斜切削では,切込みは切取り厚さと一致する。
＝切込み深さ（43）

切込み送り　きりこみおくり（infeed rate, infeed speed）
　砥石に軸方向の送りを与えることを止め,もっぱら半径方向に切込んで工作物（円筒状）を研削するプランジ研削における切込み速度のことを切込み送りという。単位時間あたりの切込み量,もしくは砥石一回転あたりの切込み量で表される。
⇒プランジ［カット］研削（204）

切込み角　きりこみかく（cutting edge angle）
　切れ刃に接し,基準面 P_r に垂直な面と,主運動の方向と送り運動の方向がつくる面 P_f がなす角で,基準面 P_r 上で測る。x と表記する。工具系基準方式では巻末付図(7)に示すようになる。90°からアプローチ角を引くと切込み角になる。
⇒アプローチ角（5）,工具系基準方式（63）

切込み装置　きりこみそうち（cross-feed device, infeed device）
　工作物に切り込みを与える装置。
⇒切込み台（43）

切込み速度　きりこみそくど（infeed rate）
　連続切込みを行う円筒研削などで,単位時間当たり切込み方向における砥石の送り量をいう。工作物1回転当たりの砥石の切込み量で表現されることもある。
＝送り込み速度（19）

切込み台　きりこみだい（cross slide）
　工作物に切込みを与えるもので,構造によって工作主軸台の下または砥石台の下にある。
⇒切込み装置（43）

切込み深さ　きりこみふかさ（depth of cut）
＝切込み（42）

切取り厚さ　きりとりあつさ（undeformed-chip thickness）
　主運動方向または合成切削運動方向（主運動の速度ベクトルと送り運動の速度ベクトルの合成ベクトルの方向）に垂直な平面へ主切れ刃を投影したとき,投影切れ刃に垂直に測った削られる部分の厚さをいう。フライス削りなどでは,切れ刃の位置により切取り厚さが変わる。
＝切削厚さ（117）,切りくず厚さ（41）

切残し量　きりのこしりょう（residual stock removal, accumulation）
　研削では砥石,工作物,研削盤などの弾性変形によって,設定した切込みだけ工作物を削ることができない。つまり,実際に研削された深さは設定した切込み深さに対し小さい。その差をもって切残し量と呼ぶ。研削盤の剛性（特に砥石軸の剛性）や砥石の弾性率が低いほどこの切残し量は大きくなる。また,砥石の摩耗も切残しの原因となる。切残し量を取り除くためにはスパークアウト研削が採用される。
⇒加工精度（28）,スパークアウト研削（111）

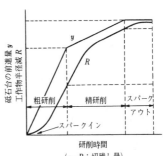

円筒プランジ研削過程における切残し量

きりもみ（drilling）
＝ドリル加工（163）

切れ刃　きれは（cutting edge）

切削工具において，すくい面と逃げ面の作る稜を切れ刃といい，ここで切削が行われる。

研削工具では，個々の砥粒の先端部を切れ刃という。その形状は砥粒の粒径や結晶学性質，施されたドレッシングによって異なるため，幾何学的形状の明確な切削工具のそれと区別し，特に砥粒切れ刃と呼ぶこともある。
＝砥粒切れ刃【研削】（163）
⇒切れ刃密度（44），切れ刃摩耗（44）

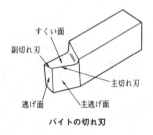

バイトの切れ刃

切れ刃傾き角　きれはかたむきかく（cutting edge inclination）

切れ刃と基準面 P_r とのなす角。λと表記する。工具系基準方式では巻末付図(7)に示すようになる。正面フライスでは，切りくずの流出方向に大きく影響する。
⇒すくい角（108），工具系基準方式（63）

切れ刃のつぶれ　きれはのつぶれ（cutting edge blunting）

切削中に起こる塑性変形と摩耗による切れ刃の鈍化。

切れ刃の丸み　きれはのまるみ（cutting edge roundness）

すくい面から逃げ面につながる角の部分の丸み。あらかじめ付ける丸みと，切削によって生じる丸みがある。前者を切れ刃のころしともいう。

切れ刃摩耗　きれはまもう（cutting edge wear）

砥粒切れ刃の摩耗は，微小破砕によるものとすり減り摩耗，すなわち摩滅によるものに分けられる。切れ刃の微小破砕は，摩滅により鈍化した切れ刃の再生的効果を持つことが多い。それに対して摩滅は切削工具におけるフランク摩耗と同じで，研削抵抗の増加の原因となる。切れ刃全体が摩滅して研削性能が著しく低下した状態を目つぶれといい，ドレッシングによる強制的な再生が必要である。図は，摩滅により平坦化した切れ刃のSEM写真の例である。
⇒目つぶれ（226）

砥粒切れ刃の摩耗

切れ刃密度　きれはみつど（cutting edge density）

砥石表層部における砥粒切れ刃の密度をいい，砥石の単位表面積当たりの個数で論じられる場合と単位体積当たりの個数で論じられる場合とがある。工具表面の砥粒切れ刃はそれぞれ高さが異なるので，奥まったところに位置する切れ刃には加工に直接関与しないものもある。直接加工に関与する切れ刃のそれを，有効切れ刃密度という。有効切れ刃密度は加工条件によって左右される。切れ刃密度の測定は，かつてはすす板に転写する方法などが行われたが，現在は触針による

方法が最も多く行われている。また最近では走査型電子顕微鏡（SEM）による方法も行われている。
⇒切れ刃（44），有効切れ刃（230）

金属顕微鏡 きんぞくけんびきょう (metallographical microscope)
　金属などの不透明な試料を対物レンズ側から照明（落射照明）して観察する顕微鏡である。照明法は，明るく素直な像の正反射光を観察する明視野照明法と，散乱や回折によって段差や傷による反射率の違いによる像を観察する暗視野法がある。

〔く〕

食い付き角 くいつきかく (engage angle)
　正面フライス削りにおいて，フライスの中心と切れ刃の食い付き点を結んだ線と送り方向とのなす角。
＝エンゲージ角（15）
⇒ディスエンゲージ角（150）

食付き部 くいつきぶ (leading part, bevel lead, chamfer)
　工具の工作物に食い付く部分，または切削しながら工具自身を案内する部分。面取りした場合はチャンファとも呼ぶ。

クイル (quill)
　主軸，フライス主軸などを支持し，主軸頭内を主軸方向に移動する丸形の棒状送り台。中ぐり盤，プラノミラーなどにおいて，主軸を繰り出すと，剛性低下や自重たわみが生じるのを防ぐために使う。
⇒ラム（237）

空圧チャック くうあつちゃっく (air chuck)
　旋盤の主軸の後方にエアシリンダを設け，空気圧の切り換えによりチャック面の爪を開閉できるようにしたチャック。加工時間の短い工作物の取付け・取外しの作業能率を向上させるとともに，工作物の把持部に傷を付けにくいことから，同一工作物の量産加工時のチャックとして適している。
⇒チャック（140）

くさび (wedge)
　機械部品間に組み込み勾配面を使って挿し込むことで隙間を詰める部品。工具ではブレードあるいはスローアウェイチップをボディに固着するために圧入する部品。案内面の隙間を調整するためのギブもくさびである。
⇒後くさび（11），前くさび（220）

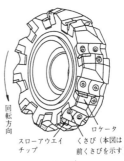

くさび

組み合わせ側フライス くみあわせがわふらいす (interlocking side milling cutter, combination milling cutter)
　左右2個のフライスを組み合わせて幅を調整できるようにした側フライス。巻末付図(10)参照。
⇒側フライス（36）

くもり (cloud, haze)
　極微細な不規則性表面のために光が散乱される状態をいう。これは，メカノケミカルポリシングなどで仕上げられたシリコンウェーハの「外観検査」の際の検査項目の1つとしてあげられている。集光灯を光源として，表面照度20,000〜

100,000 lx でウェーハ全面を目視検査する。なお，コート膜の場合における「くもり」(fogging, haze) は，コート膜の白いくもりを指す。
=ヘイズ (210)

グラインディングセンタ（grinding center
砥石の自動交換（ATC），工作物の自動交換（APC），工作物の自動計測を無人で行い，様々な形状の工作物を1チャッキングで無人加工することができる研削盤をいう。

グラインディングセンタは平面研削盤（成形研削盤）タイプとマシニングセンタタイプに分けることができる。前者はフランジ付きの砥石を自動交換するもので，完全に研削盤の機能を備えている。砥石の種類に応じてツルーイング・ドレッシング装置を選択している。後者は小径の軸付砥石をシャンクごと交換する。周速度を稼ぐために高回転の主軸を利用している。普通砥石は使えないので，超砥粒用のツルーイング・ドレッシング装置を装備している。この両者ともにグラインディングセンタと呼ぶ。
⇒マシニングセンタ (222)

クラウニング（crowning）
歯車や圧延ロールなどにおいて，歯幅方向に接触面を中高にし，当たりを歯幅の中央に付けることをいう。
⇒歯車研削 (179)，歯車研削盤 (180)，歯切り (178)，歯切り盤 (179)

クラウニング装置 くらうにんぐそうち（crowning device）
歯幅方向の歯の接触面を中高にし，両端を逃がす装置。
⇒歯車研削 (179)，歯車研削盤 (180)，歯切り (178)，歯切り盤 (179)

クラスタ（cluster）
数個から数百個の原子または分子の凝集体である。大きさは1nm程度で物質の特性がクラスタでは異なることが知られている。

クラック（crack）
加工き裂。品物の製造，加工過程において，その表面下あるいは内部にミクロなき裂状態の材料欠陥が生じる場合がある。クラック生成の原因としては，結晶・転位というミクロなものから，熱応力や破壊力学など工学的視点のものまで多様である。このような潜在するクラックは，とくにセラミックスなどの脆性材料や耐熱鋼，耐食鋼などの難削材にとって，破壊の起点として品物の破壊・破損に対する信頼性を低下させる元凶の1つとされている。研削加工時に生成する研削クラックは，代表的な機械加工欠陥である。
⇒加工変質層 (29)

クラッシ装置 くらっしそうち（crushing device）
⇒クラッシング (46)

クラッシュドレッシング（crush dressing）
⇒クラッシング (46)

クラッシュフォーミング（crush forming）
⇒クラッシング (46)

クラッシング（crushing）
総形の研削加工では，砥石を工作物と逆の形に成形する必要がある。その方法として，工作物と同一形状に加工した高速度鋼や超硬のロールを砥石に押し付け，砥石またはロールの一方を駆動させながらつれ回りさせ，砥石結合剤の破壊強度よりも高い応力を接触点に与え，結合剤組織を微細に破壊させながら砥石に

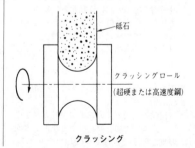

クラッシング

ロールの形状を転写させる作業。このクラッシング作業により砥石表面を成形することをクラッシュフォーミングといい，この作業で砥石表面の切れ味を回復することをクラッシュドレッシングという。また，このクラッシングを行う装置をクラッシ装置と呼ぶ。
⇒ツルーイング（149），ドレッシング（164）

クランク軸研削盤 くらんくじくけんさくばん（crankshaft grinding machine）
クランク軸のピン部またはジャーナル部を研削する研削盤。ピン部を研削するクランクピン研削盤，ジャーナル部を研削するクランクジャーナル研削盤がある。
⇒クランクピン研削盤（47），クランクジャーナル研削盤（47）

クランクジャーナル研削盤 くらんくじゃーなるけんさくばん（crank journal grinding machine）
クランク軸のジャーナル部を研削する研削盤。

クランクピン研削盤 くらんくぴんけんさくばん（crankpin grinding machine）
クランク軸のピン部を研削する研削盤。

クーラントスルースピンドル（coolant through spindle）
切削点にクーラント（切削油剤）を供給するための油穴付き工具を使うため，主軸内部に管路を設け，この穴を通して工具の油穴へクーラントを供給すること。回転する主軸に外部からクーラントを供給するロータリジョイントの技術が必要。主軸先端部では，一旦中心の穴からテーパの外側を経て端面まで出て，ツーリングのフランジ端面につなぐ方法（フランジスルークーラント）と主軸中心部とツーリングのプルスタッド中心を穴でつなぐ方法（センタスルークーラント）がある。
⇒主軸（96），切削油剤（120），クーラント装置（47），フランジスルークーラント（204），センタスルークーラント（125），CTS（259）

クーラント装置 くーらんとそうち（coolant device）
切削油剤や研削油剤などのクーラントを供給する装置。最近では，潤滑，冷却，洗浄のためにクーラントを使用するだけではなく，7～14MPaの高圧のクーラントを切削点近傍に供給することによって，切りくずを細かく切断して工具や工作物に切りくずが絡みつくのを防止したり，深穴加工の切りくずを排出している。
＝研削油剤装置（56）

繰返し精度 くりかえしせいど（repeatability）
定められた条件で，定められた位置まで繰返し位置決め運動をする場合の一致の度合を指す。同一条件で数回繰り返したとき，それらの値のばらつきの幅を繰返し精度という。一般に±0.001mm，または幅で0.002mmのように表す。また，定められた位置からのずれは位置決め精度と呼ばれる。

グリース潤滑 ぐりーすじゅんかつ（grease lubrication）
軸受や案内面などの摩擦部分をグリースで潤滑すること。ほかの潤滑方法に比べて補器が不要であり機械装置の構造が簡単となる。また，一度グリースを封入すると長時間にわたって保守の必要がなく，経済的である。グリース自身にごみや水などに対する密封作用がある。ただし，他の潤滑方式に比べて放熱性が悪いので，高速で運動する案内面や高速軸受への使用は不可である。

グリット噴射 ぐりっとふんしゃ（grit blasting）
多数の砂粒あるいは粒状の工具を加工物表面に衝突させること。通常空気とともに吹き付けることが多い。なお，粒状工具は，衝突させて削ることを目的とする凹凸のある粒をグリットと呼び，表面を削るより変形させることを目的とする球状の粒をショットという。

⇒噴射加工 (209), 吹付け加工 (199)

クリープフィード円筒研削 くりーぷふぃーどえんとうけんさく (creep-feed cylindrical grinding)

⇒クリープ［フィード］研削 (48), 円筒研削 (16)

クリープ[フィード]研削 くりーぷ[ふぃーど] けんさく (creep-feed grinding)

クリープフィード研削とは高砥石切込み深さ，低工作物速度のもとに工作物をワンパス（またはツーパス）で研削するものである。円筒研削の場合もあるが，大部分は平面研削であり，タービン羽根，油圧部品などの溝加工などに応用され，これによって精度の良い加工が能率よく実現できる。一般研削に比べ切込み量が500〜1,000倍大きく，逆に工作物速度（送り速度）が数百分の1と低くとられる。本方式の研削では高い削除量が得られるが，十分な機械の剛性と適切な冷却液供給法に工夫が必要となる。

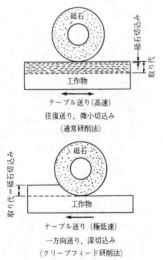

**通常の平面研削と
クリープフィード平面研削の違い**

⇒溝研削 (224), 成形研削 (115), スピードストローク研削 (111)

クリープフィード平面研削 くりーぷふぃーどへいめんけんさく (creep-feed surface grinding)

⇒クリープ［フィード］研削 (48), 溝研削 (224), 平面研削 (211)

クリーンルーム (clean room)

フィルタを通して清浄空気を室内へ送り込み，同時に室内で発生した塵挨を速やかに外部へ排出することにより，空気中の塵挨濃度を十分小さくした部屋。クリーンルームの清浄度は，$1ft^3$の単位容積中に含まれる$0.5\mu m$以上の粒子の許容最大個数で規定され（米連邦規格），1個の場合をクラス1，10個の場合をクラス10などと表現している。シリコンウェーハのポリシングはクラス100レベルのクリーンルームで行われることが多い。

クレータ (crater)

⇒クレータ摩耗 (48)

クレータ摩耗 くれーたまもう (crater, crater wear, cratering)

工具のすくい面に生じるクレータ（噴火口状のへこみ）状の摩耗。工具すくい面の典型的な摩耗形態。摩耗の大きさは工具すくい面からの深さで表す。切りくずが工具すくい面上を擦過する際に生じる高温・高圧が原因。切削速度（切削温度）が高くなるほど著しい。また，フライス切削のような断続切削では大きくなる。仕上げ面に及ぼす影響は少ないが，

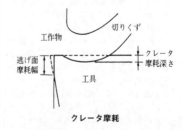

クレータ摩耗

クレータ摩耗が大きく発達すると工具刃先が弱くなり、チッピング（微小な欠け）や欠損の原因となる。
⇒工具摩耗（66），すくい面摩耗（109）

クレータ摩耗深さ くれーたまもうふかさ (depth of crater)
⇒クレータ摩耗（48）

クロススライド (cross slide)
=横送り台（232）

クローズドループ制御 くろーずどるーぷせいぎょ (closed-loop control)

機械的位置や速度などの制御量の値を目標値と比較し、両者を一致させるような動作を常に行う制御系をフィードバック制御系、あるいはサーボ機構という。そのとき、制御量に相当する出力側の信号を目標値である入力側に戻すので、系は閉ループ、すなわちクローズドループを構成することになるためにクローズドループ制御ともいう。

NC工作機械では、入力である位置決め座標値は位置検出器で読み取られた現在値と比較され、その誤差信号がサーボ増幅器で増幅されてサーボモータに与えられ、歯車、送りねじを介して位置決め駆動機構を作動させる。この駆動機構には位置検出器が連結されている。このとき、位置検出器からのフィードバック信号の取り方によって、図に示すようにセミクローズドループとフルクローズドループに分かれる。前者ではサーボモータの回転軸か送り軸のねじに位置検出器が連結され、後者では送りテーブルやサドルなど最終的に位置決め制御される箇所に取付けられる。
⇒オープンループ制御（22）

クロスハッチ (cross hatch)
=綾目（5）

クロスレール (cross rail)

コラムに取付けられた水平のけたで、刃物台または砥石頭を水平移動させるための案内面を持っている。コラム案内面に沿って上下できるものと固定のものがある。

クロスレール移動量 くろすれーるいどうりょう (cross rail travel)

工作機械の制御軸となっているクロスレールの移動する距離。通常は公称値を示し、機械的には両端に余裕分を持つ。両端余裕分を超えて動かすと機械の破損につながるので、マニュアル機ではストロークリミッチスイッチを設けて衝突を防ぐ。NC機では指令位置が公称ストロークを越える場合はアラームを出して事前

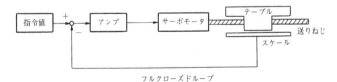

フルクローズドループ

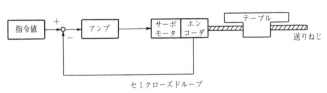

セミクローズドループ

クローズドループ制御

に止める。日本語では移動量をストロークと呼ぶことがあるが、任意位置に停止できる移動は英文では travel という。
⇒コラム移動量（73），往復台移動量（18），主軸頭移動量（97），テーブル移動量（153）

クロートラック（crow track, crows-foot）
結晶方向性をもった定形的なひび割れをいう。特にシリコンウェーハの外観検査の際に着目する欠陥種で、暗室内で集光ランプをウェーハに当て、そのウェーハを回転させながら目視で行う。

群管理システム ぐんかんりしすてむ（group control system）
⇒DNC（259）

〔け〕

蛍光X線分析法 けいこうえっくすせんぶんせきほう（X-ray fluorescence analysis）
物質にX線を照射したとき、被照射物質から放出される元素固有の波長をもった特性X線を蛍光X線という。この蛍光X線を利用する元素分析法を蛍光X線分析法と呼んでおり、分光器にはエネルギー分散形か波長分散形のいずれかが使用される。
＝XFA（270），XRF（270）

経済切削速度 けいざいせっさくそくど（high economy cutting speed, economical cutting speed）
切削加工を一つのシステムと考えると、システムの経済的効率は、一般に加工費が安く、あるいは加工時間が短いほど高くなる。最小の加工費用あるいは加工時間を与える切削速度を、それぞれ最小費用切削速度，最小生産時間切削速度といい、これらを総称して経済切削速度と呼ぶ。また、両最適切削速度で挟まれた領域は高経済性速度域と呼ばれる。

傾斜角 けいしゃかく（inclination angle）
切削速度と切れ刃を含む面内で、切削速度と切れ刃にたてた垂線とのなす角。切れ刃傾斜角ともいう。ドリルでは切れ刃の位置によって傾斜角は変化する。
⇒切れ刃傾き角（44）

傾斜切削 けいしゃせっさく（oblique cutting）
二次元切削の状態から切れ刃を傾斜角だけ傾けて行われる切削。切りくず流出角は傾斜角にほぼ等しい。
⇒傾斜角（50），切れ刃傾き角（44）

形状精度 けいじょうせいど（form accuracy）
機械部品を形成する線、面などの形の幾何学的理想形状からの狂い。真直度，平面度，直角度，平行度，真円度，円筒度，輪郭度などがある。形状精度の許容範囲を定めたものが幾何公差である。
⇒寸法精度（114），公差（66）

計測 けいそく（instrumentation, measurement）
特定の目的をもって、事物を量的にとらえるための方法・手段を考究し、実施し、その結果を用いて所期の目的を達成させること。工業の生産過程において、または生産に関係して行う計測を工業計測という。
⇒測定（128）

けがき（罫書き）（marking-off, marking-out, marking, scribing）
仕上げ加工の基準となる中心線，穴中心，外形線などを工作物表面に描く作業。工作物表面に白墨，胡粉，青緑や紫色の塗料を薄く塗って、先の尖った針（けがき針）やけがきコンパスで線を引き、穴中心にはポンチを打つ。
⇒青竹（3），けがき針（50），トースカン（160），センタポンチ（125）

けがき針 けがきばり（marking-off pin, scriber）
けがき作業において工作物表面に線を

引くための鋼鉄製の針。いろいろな形状のものがあるが,両端は焼入れをした上,鋭く尖らせたり超硬のチップがろう付けされている。一方が直角に曲げられていることが多い。

⇒けがき (50), トースカン (160)

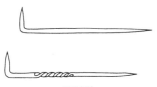

けがき針

ゲージ (gauge)

各種機械部品の工作および検査の基準となるものをゲージという。JIS にも各種ゲージ類が制定されており,ブロックゲージ,各種ねじ用限界ゲージ,穴用限界ゲージ,軸用限界ゲージ,各種テーパゲージなどがある。

欠陥 けっかん (defect)

結晶性材料における格子の乱れ,歪み,他組成の格子内侵入,格子間侵入などを指す。結晶の成長時に発生する本質的(イントリンシック)な欠陥と,表面の加工,外的圧縮・引張り応力,熱変形によって発生する後天的(エクストリンテック)な欠陥がある。

切削,研削,研磨によって発生する欠陥層は加工変質層とも呼ばれる。研削・ラッピングなどによる加工欠陥層の構成は,表面付近のマイクロクラックと超微細結晶粒化した状態(アモルファスに近い)の混合した層と,その下部の転位,積層欠陥の発生した層,さらに下部には格子の歪みを受けた層からなる。加工によって発生した欠陥層は材料物性が変化してもとの機能を発揮することができない。半導体では表面ライフタイムの低下,耐圧の低下,リーク電流の増大などが引き起こされる。磁性材料では磁気ヘッドにおける記録・再生の密度や効率の低下につながる透磁率の低下もある。

また,もともと結晶材料でない光学ガラスでは応力による歪み(ガラス状材料における欠陥といえる)のために屈折率が変化して,レンズなどとして使用できないこともある。構造用材料においても,マイクロクラックや応力歪みなどの欠陥は疲労破壊や経時変形の原因となるので,その発生を防ぐ必要がある。

⇒加工歪み (29), 加工変質層 (29), 残留応力 (82)

結合剤 けつごうざい (bond, bonding material, bonding agent)

研削砥石の3要素の1つで,砥粒と砥粒とを結合・保持する材料。その種類はビトリファイド (V),レジノイド (B),ゴム (R),シェラック (E),シリケート (S),メタル (M) の6種に大別される。

結合剤率 けつごうざいりつ (percentage of bond)

研削砥石容積中に占める結合剤容積の割合。普通,百分率で示す。

結合度 けつごうど (grade, hardness, degree of hardness, grade of hardness)

砥粒の保持の強さをいい,研削砥石の耐減耗性の強弱の程度の段階をいう。アルファベット文字の記号で示し,軟い結合度 A から硬い結合度 Z までの段階で区分される。結合度の測定には大越式結合度試験機による大越式試験方法のほか,ロックウェル式試験方法およびソニック式試験方法などを適用できる。

= 砥粒保持力 (163)
⇒結合度試験 (51)

結合度試験 けつごうどしけん (grade test, hardness test)

研削砥石の結合度を測定する試験をいう。試験方法として,大越式試験方法,ロックウェル式試験方法,ソニック式試験方法がある。

・大越式試験方法…二又ビットを研削砥石面に垂直にあて一定荷重を加えて,

120°回転させた時の喰い込み深さで測定する。
- ロックウェル試験方法…ロックウェル硬さ試験機を使用し測定する。
- ソニック式試験方法…ソニックコンパレータを使用し,超音波が研削砥石を通過する時間で測定する。

⇒結合度（51）

結晶アルミナ けっしょうあるみな(crystalline alumina)

焼結アルミナに対応する用語。結晶状態によって単結晶と多結晶がある。
⇒アルミナ質研削材（7）

欠損 けっそん (tool fracture, fracturing)
=工具欠損（63）

ケミカルソリューション (chemical solution)

硼酸塩,リン酸塩などの無機塩を主成分とする,冷却効果に優れ,防錆能力を付加させた研削液の一種である。脂肪酸含有のソリューブルタイプの研削液に比べ,工作物に対して"食いつき"がよいので,高能率研削に有利である。

ケミカルメカニカルポリシング (chemical mechanical polishing)
= CMP（258）
⇒メカノケミカル加工（226）

ケモメカニカルポリシング (chemo mechanical polishing)

工作物と化学的に反応するイオンを微細砥粒表面に吸着させる。その砥粒と工作物が摩擦すると,イオンは局圧状態となり,化学反応が効率よく生じる。この反応を利用した加工をケモメカニカルポリシングという。

Siを工作物とした場合,微細砥粒(SiO_2)とその表面が接触すると接触部で弾塑性変形に伴う歪みエネルギーや摩擦熱が発生する。Si表面が化学的に活性状態となり,酸化膜と砥粒表面のOH基が反応し除去が促進される。これが加工メカニズムとされている。現在では,本方法は湿式メカノケミカルポリシングに内包されて使用されることも多い。

ケレ (lathe dog, carrier)
=回し金（224）

研削液 けんさくえき (grinding fluid, coolant)
=研削油剤（55）

研削エネルギ けんさくえねるぎ (grinding energy)

研削に要したエネルギであって,接線研削抵抗F_tと砥石周速度Vより,研削エネルギUは$F_t \cdot V$で表すことができる。同じ条件下で所定の工作物の研削を行った場合,この研削エネルギの値が低いほど望ましい。
=研削動力（54）
⇒比研削エネルギ（190）

研削温度 けんさくおんど (grinding temperature)

砥粒研削点温度,砥石研削点温度,工作物（平均）温度,工作物表面温度を総称していう。
⇒砥粒研削点温度（163）,砥石研削点温度（157）,工作物温度（67）,工作物研削面温度（68）,工作物表層温度（68）

研削[加工] けんさく[かこう] (grinding)

砥石を高速回転させて工作物に切込ませることにより,砥石の表面にある多数の不規則な形状をした砥粒の切れ刃によって,工作物から微小な切りくずを削り取って,工作物を所要の寸法,形状および仕上げ面の品質を持つ部品に仕上げる加工法。使用される砥粒（ダイヤモンド,立方晶窒化ほう素,酸化アルミニウム,炭化珪素など）がきわめて高硬度であることと,微小な切りくずとして材料を削り取るため,切削工具では加工が困難な難削材料にも適用でき,かつ寸法・形状精度ならびに仕上げ面粗さの良い部品を加工することができる。
⇒砥粒加工（162）,研磨［加工］（57）

研削［加工］精度 けんさく［かこう］せいど (grinding accuracy)

研削加工によって得られる精度。精度

には寸法精度，幾何学的形状精度，表面粗さ，表面品位などがある。寸法精度としては，指定された寸法公差内に収まっていることが要求される。幾何学的形状精度には，真円度，円筒度，真直度，平面度，直角度，平行度などがある。表面粗さには各種のものがあるが，一般的には算術平均粗さ等が用いられる。表面品位としては加工変質層，研削焼け，研削割れ，スクラッチの有無などがある。
⇒寸法精度（114），表面粗さ（195）

研削剛性 けんさくごうせい（grinding stiffness）

単位砥石切込み深さ当たりの法線研削抵抗の大きさを表す。この値が大きいと研削抵抗が大きく切れ味が悪いことを意味している。これは剛性と同じ次元をもつことからこの呼称で呼ばれるが，静剛性や動剛性と違って変形のし難さを表すパラメータではない。研削剛性が大きいと切れ味が悪いため，切残し量が大きくなり，またびびり振動が発生しやすくなる。
⇒研削粘性（54）

研削材 けんさくざい（grinding material, abrasive）
＝砥粒（162）

研削仕上げ面粗さ けんさくしあげめんあらさ（ground surface roughness）

被加工面の幾何学的な性質を表す特徴量の一つで，短い周期での微小な凹凸成分の振幅に関する表示。各種の表示法があるが，最大高さ粗さ，算術平均粗さなどが代表的である。

研削加工される表面の粗さは，使用する砥石の仕様，ドレッシング条件，研削条件などによって異なり，時間的に漸次増大する粗さによって砥石寿命が決定される場合が多い。仕上げ面粗さは各種機械，電気部品の機能や性能を左右する重要な因子で，良質な仕上げ面粗さを達成するために研削加工が適用される。
⇒粗さ曲線（6）

研削条痕 けんさくじょうこん（grinding streak, grinding mark）
⇒送りマーク（20）

研削代 けんさくしろ（grinding allowance）
研削加工によって削り取る量（厚さ）を研削代と呼ぶ。

研削切断 けんさくせつだん（cut-off grinding, abrasive cut-off）

薄い砥石を用いた研削によって工作物を切断する作業。ノコ，フライスカッタ，メタルソーでは切断できない硬い材料，非鉄金属，そして非金属に対しても能率良く美しい切り口で切断できる。
＝切断研削（122），スライシング（112）
⇒ダイシング（130）

研削速度 けんさくそくど（grinding speed）

研削現象すなわち砥粒切れ刃による切りくず生成現象が生じる速度であり，砥石周速度と工作物速度との和または差によって決定できる。
⇒砥石周速度（157），工作物速度（68），周速度（96）

研削抵抗 けんさくていこう（grinding force）

工作物を研削する時，砥石にかかる力

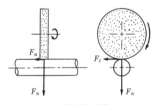

〈円筒研削の場合〉

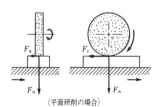

〈平面研削の場合〉

円筒および平面研削における研削抵抗

を研削抵抗という。研削抵抗は砥石円周接線方向に働く抵抗成分F_t,接触面に垂直に働く成分F_n,および砥石軸方向の成分F_aの3分力に分けられる。通常F_aは小さく,特にプランジ研削ではゼロである。F_nは一般にF_tより高く,鋼の研削ではF_nはF_tの1.5～3倍位である。

研削抵抗値は砥石の研削性,研削特性,研削トラブルを知るため,あるいは研削盤の構造設計上の基礎資料として重要である。接線抵抗は研削動力に直接関係する。また,垂直抵抗成分は砥石の切込み方向に作用するので,工作物を押し付け,砥石軸や工作物の弾性変形を生じさせる結果,工作物の切残し量を大きくし,仕上げ精度の低下を招く結果となる。

研削抵抗は切込みや工作物送り速度が高いほど高くなるが,工作物材質により大きく左右される。また,砥石周速や砥石直径,工作物直径,あるいは砥石作業面状態によって研削抵抗は変わる。
⇒比研削抵抗 (190)

研削抵抗接線分力 けんさくていこうせっせんぶんりょく (tangential grinding force component)
＝接線研削抵抗 (121)
⇒研削抵抗 (53)

研削抵抗比 けんさくていこうひ (grinding force ratio)

法線研削抵抗F_nと接線研削抵抗の比(F_n/F_t,またはF_t/F_n)を研削抵抗比といい,この比は砥石の摩耗状態によって変化する。通常F_n/F_tは1.7～3.0であるが,これは切削加工における法線抵抗が接線抵抗の0.3～0.5倍であることと大きく異なる。
⇒研削抵抗 (53)

研削抵抗法線分力 けんさくていこうほうせんぶんりょく (normal grinding force component)
＝法線研削抵抗 (214)
⇒研削抵抗 (53)

[研削] 砥石 [けんさく] といし (grinding wheel, grinding tool, grinding stone, grindstone)

砥粒,結合剤,気孔の3要素から構成される砥粒加工工具で,この選択,組み合わせにより様々な特色が発揮される。

研削動力 けんさくどうりょく (grinding power)

広義には,研削に要する,あるいは研削で消費される動力すべてが含まれるが,通常は研削点において消費される動力,すなわち接線研削抵抗と砥石周速度との積をいう。
＝研削エネルギ (52)

研削熱 けんさくねつ (grinding heat)

研削時に費やされる単位時間当たりのエネルギU (W) は,研削速度方向の分力F_t (N),およびその方向の砥粒と工作物の相対速度V (m/s) の積から$U=F_t \cdot V$となる。

このエネルギは,
①工作物,砥石,切りくずを加熱するエネルギ
②仕上げ面および切りくず中の残留歪みとして消費されるエネルギ
③新表面を創成するエネルギ
④切りくずの運動エネルギ
として消費される。一般に②の残留歪みはUの1％以下,③,④はともに10^{-3}オーダとなり,残り約99％が加熱エネルギとして消費される。これが研削熱として工作物,砥石,切りくずへ流入する。

研削粘性 けんさくねんせい (grinding viscosity)

砥石と工作物が面接触をしているため,振動を伴う研削においては両者の相対接近速度に比例した研削抵抗力が発生する。速度に比例する力という意味からこの係数を研削粘性と呼ぶ場合がある。自励びびり振動の発生を抑制する効果を持つ。砥石と工作物の接触面積にほぼ比例することが幾何学的な考察から明らかにされている。

⇒研削剛性（53）

研削能率 けんさくのうりつ（grinding stock removal rate）

単位時間当たりの工作物の除去体積を示す。研削能率 Z'_ω は研削幅 W，研削長さ L，切込み d，この条件で研削した時間を t とすると，$Z'_\omega = WL \cdot d/t$ となる。

これと対応して，砥石除去率 Z'_s つまり砥石の単位時間当たりの除去体積が求められ，Z'_ω との比 G が研削比 $G = Z'_\omega / Z'_s$ として評価される。難削材料は G が小，易削材は大となる。

＝削除率（53），除去率（99）

研削白層 けんさくはくそう（ground white layer）

主に，鋼が高切込みや強圧的条件で研削が施されると，研削面表皮に白色の層が形成される。特に焼入れ鋼が，オーステナイト γ 相化温度に過熱される厳しい条件になると，再焼入れマルテンサイト相を主相とする γ 相，微細 Fe_3C 相を混相とする白色（腐食液が鋼用液を用いた時）が生成される。

研削盤 けんさくばん（grinding machine, grinder）

研削砥石と呼ぶ工具を高速回転させ，これを回転または直線運動する工作物に切込ませ，円筒や平面を精密に加工する工作機械という。旋盤やフライス盤に比べ，より高硬度の工作物でも容易に加工することができる。研削加工の方式や工作物の形状に応じ種々の研削盤がある。すなわち，円筒研削盤，平面研削盤，内面研削盤，クリープフィード研削盤，心無し研削盤，工具研削盤，ジグ研削盤，ねじ研削盤，歯車研削盤，カム研削盤，クランク研削盤などがある。

⇒工作機械（67），［研削］砥石（54）

研削比 けんさくひ（grinding ratio）

ある時間研削して得られた工作物の除去体積を砥石摩耗体積で除した値，あるいは時々刻々の除去速度を摩耗率で除した値を研削比という。すなわち，砥石摩耗体積の何倍除去したかを示す数値である。この研削比が高いことが望ましい研削条件と言えるが，砥石摩耗量の少ない精密研削では，研削比は比較的問題にされない。しかし，砥石摩耗が著しい高能率研削や重研削においては，砥石コストの低減の意味から，この値は重要な意味を持ち，できるだけ高いことが望まれる。

⇒砥石摩耗（158）

研削火花 けんさくひばな（grinding spark）

研削時の発生熱によって発生直後の切りくずはかなりの高温になっている。鉄鋼研削の場合，約800℃に加熱された切りくずは赤熱状態となり，1,000℃あたりから黄色味を帯びるに至る。研削火花とはこのような火花のことである。

研削面粗さ けんさくめんあらさ（ground surface roughness）

＝研削仕上げ面粗さ（53）

研削焼け けんさくやけ（grinding burn）

研削焼けは，大気中の酸素との酸化反応によって加工表面表皮（surface skin layer）に酸化膜を生じ，この層の成分や厚さによっていろいろな色調を発生する。たとえば鋼の場合，研削焼けは FeO（570℃以下で存在せず），Fe_2O_3（きわめて薄い），Fe_3O_4 からなるが，主成分は Fe_3O_4 である。研削焼けは，薄黄→わら黄→褐→紫→青→藍青→黒へと変化するが，この皮膜は数百Åであり，色が変わるたびに厚みも変わる。

研削油剤 けんさくゆざい（grinding fluid）

砥石の摩耗を低減し，仕上がり精度を向上するために用いられるが，主として

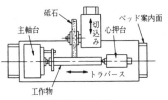

円筒研削盤の構造

冷却，浸透，潤滑および洗浄作用のあることが要求される。研削油剤の種類は，不水溶性研削油剤と水溶性研削油剤の2種類がある。鉱油，動植物油とエステル油などの基油に極圧添加剤，界面活性剤などを添加して合成される。研削では，水溶性研削油剤を使用する場合が多い。水溶性研削油剤は，エマルション形，ソリューブル形とソリューション形の3種類がある。
=研削液（52）

水溶性研削油剤

タイプ	主成分	希釈液形態
エマルション	鉱油＋界面活性剤	白　濁
ソリューブル	界面活性剤	半透明 or 透明
ソリューション	無機塩類	透　明

研削油剤装置 けんさくゆざいそうち（coolant device）
=クーラント装置（47）

研削量 けんさくりょう（volume of material removed）
 研削において，切りくずとして除去された工作物の累積体積。単位時間当たりの除去体積（研削能率）を時間に対して積分することによって求められる。研削量と砥石摩耗体積の比を研削比と呼び，研削能率を評価する際の指標とされている。研削量が増大すると砥石は寿命に至り，目直しが施される。
=除去量（99）
⇒研削比（55）

研削割れ けんさくわれ（grinding crack）
 研削割れは巨視的，研削き裂は微視的な意味に使われるが，物理的な定義によるものではない。研削割れは，非鉄金属に比べて，鋼，特にマルテンサイト組織をもつ場合に多く発生する。
 研削割れは，砥粒の加熱冷却によるミクロ的なき裂発生と，砥石の加熱冷却によるマクロ的き裂発生の総合である。いずれも，砥粒，砥石通過直後の急冷却時に発生する焼割れ現象である。

原子間力顕微鏡 げんしかんりょくけんびきょう（atomic force microscope）
 プローブを試料表面に近接させた時にプローブと試料表面の間に作用する原子間力を一定に保ちながら，プローブを走査することにより試料表面の凹凸を観察する顕微鏡で，微小プローブ顕微鏡の一つ。
= AFM（255）

減衰係数 げんすいけいすう（damping coefficient）
 運動体に作用する抵抗力は一般に，運動体に対して抵抗する流体などに対する相対速度の関数として表せる。この抵抗力は一般にこの関数値と比例関係にあり，この比例定数を減衰係数という。

減衰比 げんすいひ（damping ratio）
 線形粘性減衰系における減衰係数Cと臨界減衰係数C_cとの比。ここでC_cは$2\sqrt{mk}$と表せる（m：振動系の質量，k：振動系のばね定数）。この値が，0と1の間にあるか，1より大きいかにより振動減衰の様子が異なる。
⇒減衰係数（56）

研掃 けんそう（blast cleaning）
 一般に，噴射加工により鋳鍛造品などの砂落し，スケール除去および仕上げを行うこと。ブラッシを使用して同様の作業を行う場合にも，研掃と呼ぶことがある。
⇒噴射加工（209）

原点復帰 げんてんふっき（return to machine datum, reference position return）
 指定された制御軸をレファレンス点に復帰させること。レファレンス点は機械の固定点の1つで，始動のために用いられる点。インクリメンタル位置検出器付きの数値制御装置は，原点復帰（レファレンス点復帰）することにより機械に固有の座標系（機械座標系）を確立できる。

数値制御装置は，機械座標系の確立後，工作物の加工のためのプログラム指令値と機械（工具）の位置とを対応させることが可能になる。

=レファレンス点復帰（244）

研磨圧［力］ けんまあつ［りょく］（finishing pressure）

研磨加工において工作物を工具に対して垂直に押し付ける圧力。一般に研磨圧力が高いほど砥粒切込み深さが増加するため，研磨能率は高くなる。しかし，研磨圧を高くしていくと，砥粒が工作物と研磨板の隙間に入らなくなる領域があるため，研磨能率が一旦下がる領域に注意が必要である。さらに研磨圧を高くすると総じて研磨熱の発生は多くなり，仕上げ面粗さは劣化する。

⇒砥粒切込み深さ（162），研磨能率（58），研磨熱（58），仕上げ面粗さ（83）

研磨温度 けんまおんど（finishing temperature）

研磨加工時に発生する熱により上昇した工作物の温度。研磨温度は発生熱量や冷却作用の差異から工具との接触部分の中央部で最も高くなり，工作物の形状精度を劣化させることになる。乾式研磨では特に注意が必要である。

⇒研磨熱（58）

研磨［加工］ けんま［かこう］（lapping, polishing, abrasive finishing）

「工具に擦り付けて研ぎ磨くこと」で表現されるように，工具のラップ，ポリッシャ，砥石などに研磨剤や研磨液を介して工作物を擦り付ける加工操作の研磨法。研磨法には主に目的別に2つある。一つはラッピングであり，鋳鉄など硬質の研磨板を用いて工作物の形状を整える目的で行われる研磨法である。一般的に使用砥粒は1ミクロン以上の粒径が使用される。研磨面に微小の凹凸がある曇り面に仕上がる粗研磨である。もう一つはポリシングであり，軟質な研磨板を用いて工作物を磨く目的で行われる研磨法である。一般的に使用砥粒は1ミクロン以下の粒径が使用される。ラッピングの後に形状を保ちつつ鏡面を創成する仕上げ研磨である。形状で分類すれば平面研磨，球面研磨，非球面研磨などがある。また特殊な加工機構をもつ電解研磨や磁気援用研磨，電気粘性流体援用研磨，電気泳動研磨，電解複合研磨などがある。

⇒ラッピング（235），ポリシング（218）

研磨クロス けんまくろす（polishing cloth）

=研磨パッド（58）

研磨工具 けんまこうぐ（polishing tool, abrasive tool, finishing tool）

一般的に研磨加工では工作物の形状，表面性状を創成するための工具。具体的にはラッピングにおいて鋳鉄定盤，錫定盤，樹脂と金属の合成定盤など各種研磨板のこと。ポリシングでは，クロスパッド，発泡樹脂パッド，ピッチポリシャなど各種ポリシングパッド（ポリッシャ）のこと。広義には研磨を目的とする砥石，砥粒を含有する研磨パッドを含む。

⇒砥粒加工工具（162），ラップ［工具］（236），磨き皿（224）

研磨材 けんまざい（abrasive material, polishing material）

金属，木材などをすり減らし，または磨くために使用する物質の総称。材料として，セラミック系，ガラス系，金属系，樹脂系，植物系などがある。

=ラップ材（236），砥粒（162）

研磨剤 けんまざい（slurry, lapping compound, polishing compound）

ラッピングやポリシングなどで使用する遊離砥粒を水や油などの研磨液に分散させた溶液状のものの総称。砥粒のほかに微粒固形物の有機物あるいは無機物，固形物からなる増量剤や減摩剤，また界面活性剤が混入される場合もある。ダイヤモンド砥粒など高価な砥粒の研磨剤にはペースト状のものもある。

=ラップ剤（236），スラリー（112）

研磨紙 けんまし(abrasive paper)
⇒研磨布紙 (58)

研磨代 けんましろ(grinding allowance, finishing allowance)
切削などの前加工後,研削・研磨工程において最終仕上げに至るまでに許容される加工代。数十～数 μm 程度が一般である。
⇒研磨[加工] (57)

研磨性能 けんませいのう(finishing characteristic)
研磨加工における表面粗さや変質層特性,研磨工具の寿命,研磨能率などの総称。
⇒研磨[加工] (57)

研磨ディスク けんまでぃすく(abrasive disc, sanding disc)
プラスチック製のディスク表面に短冊状の研磨布紙を放射状に並べて固定した回転研磨工具。電動工具やロボットハンドの駆動装置に研磨ディスクを取り付けて高速で回転させながら工作物に押し付け,表面研磨,溶接ビードの除去,ばり取り・エッジ仕上げなどに利用される。
⇒研磨布紙 (58)

研磨熱 けんまねつ(finishing temperature, polishing temperature)
研磨作業中に工作物表面と研磨工具の間の摩擦によって生ずる熱。この研磨熱はミクロな加工点についてみればかなり高温度になっており,研磨熱の存在によって工作物表面の塑性流動的挙動が促進されて表面の平滑化(鏡面仕上げ)が行われる。超仕上げ,バフ仕上げなどで研磨熱が生じないと鏡面が得にくい。また,研磨熱によって加工部位の化学反応速度が高まりメカノケミカル作用が促進されて,能率的なナノメートルスケールの表面仕上げが可能となることもある。

研磨能率 けんまのうりつ(finishing removal rate)
研磨により単位時間に除去された工作物の量。一般的には除去された表面の厚さにより表記するが,除去された体積や重量により表記することもある。研磨圧力,研磨速度,コンセントレーション,研磨液,研磨材や工具の硬度などにより影響を受ける。
⇒研磨量 (60)

研磨パッド けんまぱっど(polishing pad)
研磨布のこと。研磨材の保持に優れ,一定の摩擦抵抗や工作物に応じた硬度を必要とされ,それに応じた製品が使用されている。特性的には親水性や粘弾性,硬度の均一にも優れていることが求められる。製法から分類するとスエードタイプ,不織布,発泡ウレタンタイプがその主流といえる。

材質としては,ウレタンを基材にしたものが多く,広く利用されている。発泡ウレタンタイプは,発泡したウレタンのブロックをスライスして研磨布としている。比較的均一な気孔を持ちCMP加工やガラス研磨に使用されている。特にガラス用にはセリウムとウレタンを混合,発泡させたものが広く利用されている。これらのパッドには共通して耐薬品性にも優れたものが要求されている。そのほか,植毛したもの,フェルト,ピッチなども特定の研磨に使用されている。
=研磨クロス (57)
⇒スエードタイプ研磨パッド (107),不織布タイプ研磨パッド (200),ピッチ[1] (192),フェルトバフ (199)

研磨比 けんまひ(finishing ratio)
研磨工具の損耗体積に対する工作物の加工体積の比。
⇒研削比 (55)

研磨フィルム けんまふぃるむ(lapping film, coated film)
=ラッピングフィルム (235)

研磨布 けんまふ(abrasive cloth)
⇒研磨布紙 (58)

研磨布紙 けんまふし(coated abrasive)
布,紙などの可とう性に富むシート(基

材と呼ぶ)の表面に研磨材を接着剤で固着した研磨工具の総称。基材，接着剤，研磨材から構成される研磨布紙は，研磨能率に優れて柔軟性があるため，工作物の形状に倣った研磨加工ができる。

研磨布紙は，基材が布の場合を研磨布，紙の場合を研磨紙，ポリエステルフィルムの場合を研磨フィルムと区別され，それらの基材上に(基礎)接着剤を塗布した後，静電法によって研磨材を配列し，その上から(上引)接着剤で研磨材を固着して製造(静電コート法)される。一方，粒径の小さい研磨材では接着剤と混練したものを基材上にローラを用いて塗布・固着して製造(ローラコート法)されたり，塗布後に作業表面に様々な凹凸形状をプレス成形した研磨布紙工具などが製造されている。

塗布される研磨材には，アルミナ研磨材をはじめアルミナ・ジルコニア，ダイヤモンド，CBNなど砥石と同様であるが，研磨布紙特有の柔軟性を発揮するためにその配置や密度を工夫した製品もある。工具形状としては，研磨シート，研磨ベルト，研磨ディスク，研磨ホイール，研磨ロールなどがある。

⇒研磨ベルト(59)，ダイヤモンド研磨布紙(131)，研磨ディスク(58)，研磨フィルム(58)，ベルト研磨(213)

研磨布紙加工 けんまふしかこう(coated abrasive machining)

研磨布紙を各種の形状や機能を持つ工具とし，研削や研磨加工を行うことの総称。ベルト状の研磨布紙を使用するベルト研磨，ディスク状の研磨布紙によるディスクサンディング，ロール状の研磨布紙を使用するドラムサンディングなどがある。

⇒研磨布紙(58)，ベルト研磨(213)，研磨ベルト(59)，研磨ディスク(58)

研磨不織布 けんまふしょくふ (nonwoven polishing pad)
＝不織布タイプ研磨パッド(200)

研磨ベルト けんまべると(coated abrasive belt)

帯状の研磨布紙の両端を継ぎ合わせ(接合)，ベルト状にした研磨工具で，これを使用した加工方法をベルト研磨(研削)と呼ぶ。研磨ベルトの接合方式は，両端をオーバラップさせて接着するラップジョイントや裏面からパットを当てるパットジョイントなどが用いられる。この接合部は他の部分より厚さが増加するので，仕上げ面にジョイントマークが現れるなどの不具合を防ぐため，接合部の砥粒を除去する場合もある。

通常，研磨ベルトと称する場合は，継ぎ目が存在するものを示し，袋織の基材を使用した継ぎ目が無いエンドレス研磨ベルトとは異なる。研磨ベルトには，基材が布，紙，さらにそれらを耐水処理した耐水研磨布(紙)ベルトがあり，使用されている砥粒はアルミナ研磨材をはじめ，ダイヤモンド，CBNなど，研削砥石とほとんど同じである。この工具は工作物と弾性的に接触し，能率が良いことが知られており，金属をはじめ，セラミックス，木材などに適用され，一般の仕上げ加工から，スケール落とし，ばり取り・エッジ仕上げ，曲面加工など広い分野で使用されている。

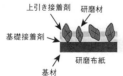

研磨布紙の種類

⇒研磨布紙(58),ベルト研磨(213),基材(37),エンドレス研磨ベルト(17)

研磨変態 けんまへんたい(abrasion transformation)

研磨加工において,砥粒やポリシャとの真実接触点近傍で局所的に発生する高圧や高温のために,研磨面表層が母地とは異なる結晶構造に変化・変質する現象。

研磨メディア けんまめでぃあ(finishing media)

バレル研磨において,工作物間に介在して両者の摩擦作用によって研磨加工を行うもの。ばり取り,表面研磨,スケール除去,下地仕上げなどの使用目的(ばり取り・研磨・スケール落し・みがき・つや出し・荒仕上げ・乾燥)に応じ,研磨メディアの材質,形状,寸法が選択される。材質では,金属・天然研磨材・人造研磨石(溶融酸化アルミニウムなど)・有機質メディア(皮・おがくずなど)があり,形状では,球状,円柱状,円錐状,三角推状,塊状などがある。

=メディア[1](227)
⇒バレル研磨(187)

研磨面 けんまめん(polished surface, lapped surface)

研磨加工を施したままの工作物表面(as-polished surface)。広くは研磨してある表面一般を指す。

研磨焼け けんまやけ(burn mark)

金属材料では加工中に局部的に加熱され,その部分が変色,変質することを焼けとしている。しかし,ガラス研磨で発生する焼けは,表面の化学的侵食による干渉色の形成とされている。

磨き後の面に水分,研磨液,汚れなどが残存すると表面が化学的侵食を受けて,変質し,屈折率,反射率が変化し,干渉色を呈する。これが化学焼けにおける青焼けと呼ばれる現象である。「焼け」を「ヤケ」と表記することもある。

⇒化学焼け(27),研削焼け(55)

研磨率 けんまりつ(finishing rate)

=研磨能率(58)

研磨量 けんまりょう(stock removal in finishing)

研磨加工により除去された工作物の量。一般的には体積で表記されるが,重量により表記することもある。定圧加工で行われる研磨加工の場合には,研磨量はプレストンの法則にしたがうことが知られている。

⇒定圧加工(150),プレストンの法則(207)

研磨力 けんまりょく(finishing tangential force)

研磨加工において工作物を摺動させるのに必要な摺動方向の力。研磨機械の所要動力を決定する物理量であり,工具と工作物の平面度,研磨液の種類や量,砥粒の種類などにより大きな影響を受ける。

研磨ロボット けんまろぼっと(grinding robot, polishing robot)

各種作業のうち,特に研磨作業の省力化,自動化を目的として利用される作業用ロボットを指す。研磨作業では複雑な自由曲面を有する品物を取り扱うケースが多く,作業用ロボットの中では最も実用化の難しい分野の1つとされている。金型磨きロボットはこの代表である。

⇒研磨[加工](57)

〔こ〕

コアドリル(core drill)

ドリルの中心部に切れ刃がなく,下穴加工後の仕上げまたはリーマ加工の下穴加工などに用いるドリル。主として三つ溝および四つ溝がある。巻末付図(12)参照。

高温切削 こうおんせっさく(hot machining, thermally assisted machining)

室温では削りにくい高硬度金属材料や

セラミックスを，高温に加熱して軟化させた後に切削する加工法。これによって切削抵抗の減少，びびり振動の抑制，工具の長寿命化が実現できるので，加工能率が高められる。熱源としては，火炎，レーザなどの高エネルギビームやプラズマアークが用いられる。図のように切削工具の直前を局所的に加熱すると，加工精度などへの熱の影響が少ない。加熱条件や切削条件の設定が難しく，実用化は圧延ロールの再成形などに限られている。
⇒低温切削（150）

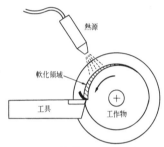

旋削時の高温切削（熱源としては火炎，レーザ，プラズマアークなどが用いられる）[14]

光学原器 こうがくげんき（optical standard gauge）

平面や球面の標準であり，ひずみや気泡のないガラス製のものが多い。この標準面を被測定面と接触あるいは非接触の状態でセットし，両面からの反射光の間で生じる干渉縞の本数や曲がりをもとに被測定面の形状精度を読み取るのに用いる。ここでは「原器」という用語を用いているが，「メートル原器」のように国際的，国家的に決められたものでないので「ゲージ」と称すべきものである。
＝オプチカルフラット（22），ニュートン原器（172）

光学顕微鏡 こうがくけんびきょう（optical microscope）

微細なものの像を拡大して識別する光学装置で，一般的に可視光を用いて観察する。試料の拡大像を得るための対物レンズ，拡大像をさらに拡大して虚像を作り出す接眼レンズによって構成されている。主として対物レンズが顕微鏡の性能を左右する。分解能 γ は，$\gamma=0.61\lambda/\text{N.A.}$ により決定される。λ は使用する波長を示し，N.A. は対物レンズの集光力を表す指数であり，開口数と呼ばれる。可視光では約 200nm が分解能の限界である。

光学研磨 こうがくけんま（optical polishing）

光に対して，表面の散乱，局部屈折のバラツキが少なく，光学的に機能できる状態の面を確保するための研磨であり，ピッチ皿（ポリッシャ）を使用するピッチ研磨が典型的な方法である。

光学式形状測定機 こうがくしきけいじょうそくていき（optical contour measuring instrument）

触針式形状測定機のような接触プローブを用いず，光を測定対象に照射した際に得られる反射光を用いて測定対象の形状を得る測定機の総称を指す。光源としては白色光あるいは単波長レーザ光を用いる場合が多いが，測定面での反射光をもとに結像を得てその形状を得る光学顕微鏡，光の干渉現象を利用して形状を得る各種干渉計，入射－反射レーザ光の幾何的関係からレーザ照射位置情報を得て形状に復元する三角測量法に基づく形状計測など，その測定原理は多岐に渡る。触針式形状測定機とは異なり，非接触かつ高速に測定できる利点がある。
＝表面粗さ測定機（195）

光学倣い研削盤 こうがくならいけんさくばん（optical-type contour grinding machine, optical-type profile grinding machine）

輪郭研削盤と投影機を組み合わせ，研削すべき輪郭形状の拡大図と工作物の加工面を同一面に投影し，工作物の輪郭を

光学倣い研削盤[43]

倣い研削する研削盤。
⇒輪郭研削盤（242）

鋼球ラップ盤　こうきゅうらっぷばん（ball lapping machine）

　機械の形態としては，基本的には平面研磨を用いる立形2面ラップ盤と同じである。この下部ラップ盤にはV溝が回転軸から同心円に形成され，この溝中を移動する鋼球の自転運動をコントロールしながら研磨加工が進められる。
⇒ラッピング（235）

合金工具鋼　ごうきんこうぐこう（alloy tool steel）

　炭素工具鋼にSi, Mn, Ni, Cr, W, V, Moなどの合金元素を1種または2種以上添加した鋼。JISでは表のように定められている。
⇒工具鋼（64），炭素工具鋼（137），高速度工具鋼（70）

工具　こうぐ（tool）

　広義には加工およびそれに付随する作業に用いる刃物，道具，治具・保持具をいう。切削工具（バイト，ドリル，ダイス，ヤスリ），研削工具（砥石，研磨布紙など），研磨工具（ラップ，ポリッシャ），作業工具（スパナ，ペンチ，ねじ回しなど），治具・保持具（チャック，センタ，万力など）の総称。狭義には切削加工用の刃物を指す。

工具位置オフセット　こうぐいちおふせっと（tool offset）

合金工具鋼（JIS G 4404：2015）

種類の記号	摘要
SKS 11[a] SKS 2 SKS 21[a] SKS 5 SKS 51 SKS 7 SKS 81 SKS 8	主として切削工具鋼用
SKS 4[a] SKS 41[a] SKS 43[a] SKS 44[a]	主として耐衝撃工具鋼用
SKS 3 SKS 31 SKS 93 SKS 94[a] SKS 95 SKD 1 SKD 2[a] SKD 10 SKD 11 SKD 12	主として冷間金型用
SKD 4 SKD 5[a] SKD 6[a] SKD 61 SKD 62 SKD 7 SKD 8 SKT 3[a] SKT 4 SKT 6[a]	主として熱間金型用

注 [a] 次回改正時に、削除する。

　工具の制御軸に平行な工具位置に対する訂正のことをいう。工具を基準点より正確な長さにセットすることは困難で，ずれ量を測定してプログラムで訂正できる。

工具機能　こうぐきのう（tool function）

　工具の指定，または指定された工具に関連する事項を指定する機能。工具はアドレスTに続くコード化された数値で指定される。指定された工具に関連する事項は，たとえば次の内容がある。

①工具の大きさや工具の摩耗の補正量の指定

　工具の補正量の指定により，工具の大きさの違いや工具の摩耗などのためにプ

ログラムを加工のつど変更することが不要になる。

②工具の寿命を管理する機能

工具の寿命が尽きると自動的に新しい工具を選択して加工する機能。

= T機能（268）

工具径オフセット こうぐけいおふせっと（tool diameter offset）

⇒工具位置オフセット（62）

工具系基準方式 こうぐけいきじゅんほうしき（tool-in-hand system）

工具の製作，測定，および取付けの便宜上，シャンクまたは工具の回転軸などをもととして，想定した主運動，送り運動，および切込み運動の方向に基づいて，切れ刃の1点を通る基準となる面および軸を設定し，刃部の諸角を定義する方式。切れ刃上の点が副切れ刃上にあることを特に区別する必要がある時は，面，軸および角度を表す記号にダッシュをつける。基準面は主運動方向に垂直になる。

⇒作用系基準方式（79）

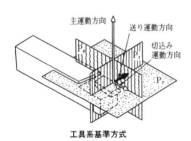

工具系基準方式

工具経路 こうぐけいろ（tool path）

NC工作機械では工具と工作物の相対運動を工作物が固定されていると考え，工具の動きで加工を指示する。この工具の移動軌跡を工具経路という。

工具欠損 こうぐけっそん（tool fracture, fracturing）

切削工具の脆性損傷の一形態。切削工具の脆性損傷には，その規模と形態で分類するとチッピング，欠損，破損，剥離およびき裂の5種類がある。欠損は切れ刃部の大きい欠け（切込みの1/10程度以上）のものである。

= 欠損（52）

⇒欠け[1]（28），熱き裂（174），初期欠損（99），チッピング[1]（139），剥離（179），疲労き裂（197）

工具研削 こうぐけんさく（tool grinding, drill pointing, cutter grinding）

バイトやドリル，カッタ，ブローチ，歯切り工具，ホブなどの刃物や工具の刃面を研削すること。それぞれの刃物または工具によって様々な形状の加工箇所が存在するため，加工は万能工具研削盤と呼ばれる一般的な工具研削盤か，または各々の刃物または工具によって異なる専用の研削盤を用いて行われる。

⇒工具研削盤（63）

工具研削盤 こうぐけんさくばん（tool grinder, tool grinding machine）

切削工具の切れ刃を研削，整形する研削盤の総称。切れ刃の角度を多様に設定できる万能万力を備えた手動式のものから，多軸を同時に制御するNC機まで，多種多様な工具研削盤がある。

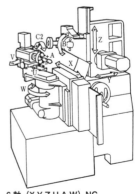

**6軸（X,Y,Z,U,A,W）NC,
3軸（B,V,C2）手動の工具研削盤**[44]

⇒万能工具研削盤 (188), カッタ研削盤 (32)

工具顕微鏡 こうぐけんびきょう (tool maker's microscope)

工具の検査などに用いられる, 長さを中心として角度などの測定が可能な顕微鏡である。顕微鏡で目視しながら, 接眼レンズの焦点鏡十字線測定点に合わせ, この位置（座標）を二次元座標で測定する。観察系の視野内に, 十字線と角度目盛を設定し, 十字線を回転させて角度測定ができる。そのほか, 観察系の視野内に配置したねじ山, 歯形などのテンプレートとの比較測定も可能である。

工具鋼 こうぐこう (tool steel)

金属材料または非金属材料を, 加工または成形するための工具のほか, 加工成形の補助器具や治具用に用いられる鋼。
⇒合金工具鋼 (62), 高速度工具鋼 (70), 炭素工具鋼 (137)

工具寿命 こうぐじゅみょう (tool life)

切削工具の, 使用開始時を起点として寿命判定基準に達するまでの切削時間。通常 "分" で表される。寿命判定基準としては, 刃先が完全に損傷し, 切削の続行が不可能となった場合を寿命とする場合や, 横逃げ面やすくい面摩耗がある値に達した時点とする場合, あるいは工作物の加工精度や仕上げ面粗さがある値よりも悪くなった時点とする場合などがある。工具寿命は工具や工作物あるいは加工条件 (速度, 切込み, 送り, 切削油剤の種類や供給方法, 使用する工作機械など) により左右される。
⇒工具寿命曲線 (64), 工具寿命方程式 (64)

工具寿命曲線 こうぐじゅみょうきょくせん (tool life curve)

切削加工において, 切削速度のみを変化させ, 他の条件はすべて一定とした場合の, 切削速度 (V) に対する工具寿命 (T) の変化を表す曲線。両対数グラフに整理すると切削速度の広い範囲で工具寿命は直線になることが知られている。速度を表す V と工具寿命時間を表す T から V-T 曲線とも呼ばれる。
⇒工具寿命 (64), 工具寿命方程式 (64)

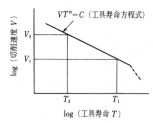

工具寿命曲線の例

工具寿命方程式 こうぐじゅみょうほうていしき (Taylor's equation, tool life equation)

切削速度や切込み, 送りと工具寿命との関係を表す式。切削速度 (V) と寿命 (T) との間には, 多くの場合, ある速度範囲において $VT^n=C$ (n, C は定数) の実験式が成立する。したがって速度と寿命の関係を両対数グラフに描くと直線となる。この式はテーラー (F. W. Taylor) が見つけ出したことからテーラーの寿命方程式とも呼ばれる。

切込みや送りに関しても, 寿命との間に両対数グラフ上で直線関係が成立することが知られている。
⇒工具寿命曲線 (64), 工具寿命 (64)

工具旋盤 こうぐせんばん (tool room lathe)

主としてホブ, タップ類や各種ゲージ (テーパゲージ, ねじゲージ類) の製作, 修理に用いられる旋盤。特に精度が高く, ねじ切り範囲が広く, テーパ削りなどの装置を備えている。

工具損傷 こうぐそんしょう (tool failure)

切削中に工具が受ける損傷。工具の刃先は切削中に高温・高圧にさらされることから様々な形の損傷を受ける。これらの損傷はその発生状況によ

り切削中に突発的に発生する脆性損傷（brittle failure）と漸進的に発達する摩耗（wear），ならびに塑性変形（plastic deformation）に大別される。また摩耗は，発生原因により切削温度（切削速度）に比較的左右されない機械的摩耗（mechanical wear）と，温度に強く影響される熱的摩耗（thermal wear）に分けられる。工具損傷を形態別にまとめると次のようになる。
⇒工具摩耗（66），欠け[1]（28）

工具損傷形態の分類

工具長オフセット　こうぐちょうおふせっと（tool length offset）
⇒工具位置オフセット（62）

工具破損　こうぐはそん（[tool] fracture, [tool] breakage, fracturing）

切削工具の脆性損傷の一形態。ほかにチッピング，欠損，き裂および剥離がある。破損は切れ刃の大きな欠けであり，切削の続行は困難となる。
⇒欠け[1]（28），工具欠損（63），チッピング[1]（139），剥離（179），工具損傷（64）

工具プリセット　こうぐぷりせっと（tool preset）

工作機械で使われる刃具は形状が多様であるため，そのままで直接把持し使用することはできない。したがって，把持部を共通化するために，刃具は工具保持具にいったん取付けて使用されることが一般的である。工具プリセットとは，使用目的に合わせて刃具と工具保持具を組み合わせ（図参照），使用される工作機械の基準位置に対し刃具の刃先位置を所定の寸法に設定，取付けることをいう。1/1,000mm 単位の設定には，工具プリセッタとよばれる専用の工具プリセット装置が多く使われる。

工具マガジン　こうぐまがじん（tool magazine）

複数の工具を収納する装置。マシニン

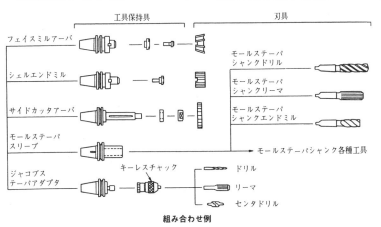

組み合わせ例

グセンタなどの工具交換機能を備えた工作機械に取付けられている。主にドラム式とチェーン式があり，ドラムの円周上またはチェーン軌道上に配置された任意の工具を割出す機能を持つ。
⇒自動工具交換装置（90）

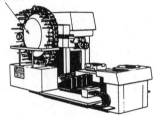

工具マガジン

工具摩耗 こうぐまもう（tool wear）

切削工具の損傷のうち，漸進的に発達する損傷。発生原因から分類すると切削温度にあまり影響を受けない掘り起こしや摩滅（アブレシブ摩耗），チッピングといった機械的摩耗（mechanical wear）と切削温度の影響を強く受ける拡散，組織変化，熱き裂などといった熱的摩耗（thermal wear）および凝着摩耗（adheasion wear）に分類できる。凝着摩耗は高温で急激に発達するので，熱的摩耗と凝着摩耗を区別するのは難しい。また塑性変形と摩耗は異なるが，工具の摩耗量は，形状の変化から測定するので，工具摩耗量には塑性変形も含まれる。また発生箇所により，すくい面摩耗，逃げ面摩耗，境界摩耗，先端摩耗などに分けられる。
⇒工具損傷（64），すくい面摩耗（109），逃げ面摩耗（171），境界摩耗（39），先端摩耗（126）

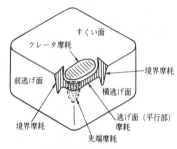

工具摩耗の形態

工具摩耗機構の分類

公差 こうさ（tolerance）

規定された最大値と最小値との差で，互換性確保には欠くことができない。最大許容寸法と最小許容寸法との差を寸法公差（単に公差ともいう）といい，主として2点間測定による長さ寸法に対する規制である。一方，一般に品物は面とか線とかの幾何学的形体をもっており，このような形体に対する偏差の許容値を幾何公差という。幾何公差は，形状公差，姿勢公差，位置公差，振れ公差に分類される。

なお，許容差とは，基準にとった値と，それに対して許容される限界の値との差，あるいはばらつきが許される限界の値をいい，前者の場合は正負が考えられる。

交差角（交叉角） こうさかく（cross hatch angle）

ホーニングした表面に生じる砥粒軌跡の交差する角度（図中の2α）。交差角が40〜50°のとき，仕上げ量が最も大きくなる。交差角をこの程度にするには，

往復運動の速度＝（1/3～1/2）周速度とする。
⇒最大傾斜角（76），ホーニング［加工］（216）

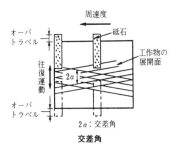

交差角

工作機械 こうさくきかい（machine tool, metal cutting machine tool）

広義には，金属，木材，プラスチックなど各種材料を素材から所要の形状寸法に加工する機械をいう。加工には除去加工，変形加工，付加加工，その他特殊加工がある。通常は狭義の工作機械として，主に金属の工作物を切削，研削あるいは電気，そのほかのエネルギによって不要部分を取り除く除去加工を行うものを指す。

除去加工は工作物と工具を相対運動させ，工具の軌跡を工作物に転写することによって所要の加工面を得るが，これを母性原理という。したがって，加工精度は基本的に工作機械の運動精度に支配される。運動には，主運動（切削運動），送り運動，位置決め運動がある。

工作機械に要求される特性には，加工精度，加工能率，融通性，信頼性，耐久（寿命）性，安全性，保守性などがあるが，最終的にはそれらを総合した経済性で評価される。加工精度は直進，回転の幾何運動精度によるが，それを加工中保持するためには外力に対する変形抵抗として静・動剛性が必要とされる。さらに経済的に安定した加工精度を得るには熱変形特性を考慮しなければならない。加工能率は切削運動動力（主軸モータ出力など）で表されることが多いが，単に加工除去能力だけではなく，加工時間中に占める実切削・非切削時間の割合も考慮に入れ評価する必要がある。

工作機械は構造形態，生産量，加工の多様性などにより分類される。構造形態によるものが一般的でJISも基本はこれによる（下表）。生産量，加工の多様（融通）性からは，汎用，専用，単能，多能などに分けられるが厳密なものではない。汎用工作機械は普通の工作機械で広範囲の形状寸法工作物に対応でき，切削条件も広範囲に選べる。専用工作機械は特定形状，寸法，材質の工作物のみをきわめて効率よく加工するためのものであるが，反面，他の工作物にはほとんど応用できない。単能工作機械は汎用に比べ作業の融通性を限定し，能率と経済性を重視したものである。多能工作機械は１台で汎用工作機械の２種以上の機能をもたしたもので，組合せ工作機械あるいは万能工作機械が含まれる。

工作機械の分類（JISによる）

(1)旋盤　(2)ボール盤　(3)中ぐり盤　(4)フライス盤　(5)研削盤　(6)多軸制御・複合工作機械　(7)表面仕上げ機械　(8)歯切り盤及び歯車仕上げ盤　(9)平削り盤・立て削り盤・形削り盤　(10)ブローチ盤　(11)切断機　(12)特殊加工機械　(13)専用工作機械　(14)その他の工作機械

工作物 こうさくぶつ（workpiece, work）

加工される材料。形状や寸法よりもむしろ材種や材質が重要な場合には，被削材という。機械加工以外では，加工物というのが一般的である。
＝加工物（29），被削材（190）

工作物温度 こうさくぶつおんど（workpiece temperature）

研削熱によって加熱された工作物の温度である。

⇒研削熱 (54)

工作物研削面温度 こうさくぶつけんさくめんおんど (grinding surface temperature of workpiece)

研削表面は，最終砥粒切れ刃の工作物干渉面が形成する。つまり砥石との最終接触表面である。この砥石と工作物の接触が離脱した時の工作物表面の温度が工作物研削面温度である。以下，時間経過に伴って低下していく。図中 θ 軸と研削温度曲線の交点が，工作物研削面温度となる。

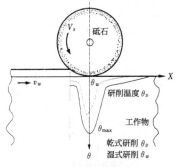

工作物研削面温度

工作物速度 こうさくぶつそくど (work speed, work peripheral speed)

研削される工作物表面の速度（円筒研削の場合は周速）を意味する。この速度は加工能率，仕上げ面粗さに影響するが，砥石周速によりある程度決められており，円筒研削では砥石周速の1/100～1/200が選ばれる。

⇒送り速度 (19)

工作物表層温度 こうさくぶつひょうそうおんど (surface layer temperature of workpiece)

工作物研削面温度と関連した温度である。つまり工作物，砥石および切りくずに発生した研削熱の一部が工作物に流入する。その配分流入熱が工作物表面から材料内部に熱伝導し，温度分布が形成される。この形成された温度分布が工作物表層温度と呼ばれる。

⇒工作物研削面温度 (68)

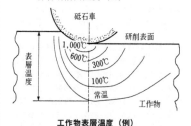

工作物表層温度（例）

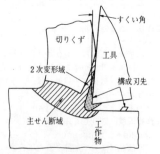

構成刃先を伴った流れ形切りくず生成

合成切削力 ごうせいせっさくりょく (resultant cutting force)
= 切削抵抗 (119)

構成刃先 こうせいはさき (built-up edge, BUE)

鋼などの切削において，工作物の一部が工具面上に堆積し，切れ刃に代わって切削作用を行う場合がある。この堆積物を構成刃先という。炭素鋼の場合には，切削速度が30m/min前後で生成する。構成刃先は，10～200Hzで生成と脱落を繰り返すので，逃げ面摩耗が増大し，仕上げ面精度は悪化する。

⇒ベラーグ (213)

高速研削 こうそくけんさく（high-speed grinding）

普通の砥石周速は最高 1,800m/min 位であるが，これを 2～3 倍高めて研削するのが高速研削である。研削速度（砥石周速）の上昇によって，砥粒 1 個当たりの切込みを一定に保ちながら，砥石の切込み量や工作物速度を増すことができ，研削能率の向上が図れる。同時に研削抵抗の低下や面粗さの向上が期待できる。最近では高強度の砥石や高速に耐え得る研削盤の開発によって，さらに数倍の速さで研削することができ，超高速研削と呼ばれている。
⇒超高速研削（143）

高速切削 こうそくせっさく（high-speed cutting, high-speed machining）

標準的な切削速度以上の速度，通常 200～1,000 m/min で切削を行うことをいう。切削工具材としては，主に，セラ

高速度工具鋼（JIS G 4403：2015）

単位　％

種類の記号	化学成分											用途例（参考）
	C	Si	Mn	P	S	Cr	Mo	W	V	Co	Cu	
SKH2	0.73～0.83	0.45以下	0.40以下	0.030以下	0.030以下	3.80～4.50	a)	17.20～18.70	1.00～1.20	a)	0.25以下	一般切削用、その他各種工具
SKH3	0.73～0.83	0.45以下	0.40以下	0.030以下	0.030以下	3.80～4.50	a)	17.00～19.00	0.80～1.20	4.50～5.50	0.25以下	高速重切削用、その他各種工具
SKH4	0.73～0.83	0.45以下	0.40以下	0.030以下	0.030以下	3.80～4.50	a)	17.00～19.00	1.00～1.50	9.00～11.00	0.25以下	難材切削用、その他各種工具
SKH10	1.45～1.60	0.45以下	0.40以下	0.030以下	0.030以下	3.80～4.50	a)	11.50～13.50	4.20～5.20	4.20～5.20	0.25以下	高難削材切削用、その他各種工具
SKH40	1.23～1.33	0.45以下	0.40以下	0.030以下	0.030以下	3.80～4.50	4.70～5.30	5.70～6.70	2.70～3.20	8.00～8.80	0.25以下	硬さ、じん性、耐摩耗性を必要とする一般切削用・その他各種工具
SKH50	0.77～0.87	0.70以下	0.45以下	0.030以下	0.030以下	3.50～4.50	8.00～9.00	1.40～2.00	1.00～1.40	a)	0.25以下	じん性を必要とする一般切削用・その他各種工具
SKH51	0.80～0.88	0.45以下	0.40以下	0.030以下	0.030以下	3.80～4.50	4.70～5.20	5.90～6.70	1.70～2.10	a)	0.25以下	
SKH52	1.00～1.10	0.45以下	0.40以下	0.030以下	0.030以下	3.80～4.50	5.50～6.50	5.90～6.70	2.30～2.60	a)	0.25以下	比較的じん性を必要とする高硬度材切削用・その他各種工具
SKH53	1.15～1.25	0.45以下	0.40以下	0.030以下	0.030以下	3.80～4.50	4.70～5.20	5.90～6.70	2.70～3.20	a)	0.25以下	
SKH54	1.25～1.40	0.45以下	0.40以下	0.030以下	0.030以下	3.80～4.50	4.70～5.00	5.20～6.00	3.70～4.20	a)	0.25以下	高難削材切削用、その他各種工具
SKH55	0.87～0.95	0.45以下	0.40以下	0.030以下	0.030以下	3.80～4.50	4.70～5.20	5.90～6.70	1.70～2.10	4.50～5.00	0.25以下	比較的じん性を必要とする高硬度材切削用・その他各種工具
SKH56	0.85～0.95	0.45以下	0.40以下	0.030以下	0.030以下	3.80～4.50	4.70～5.20	5.90～6.70	1.70～2.10	7.00～9.00	0.25以下	
SKH57	1.20～1.35	0.45以下	0.40以下	0.030以下	0.030以下	3.80～4.50	3.00～3.90	9.00～10.00	3.00～3.50	9.50～10.50	0.25以下	高難削材切削用、その他各種工具
SKH58	0.95～1.05	0.70以下	0.40以下	0.030以下	0.030以下	3.50～4.50	8.20～9.20	1.50～2.10	1.70～2.20	a)	0.25以下	じん性を必要とする一般切削用・その他各種工具
SKH59	1.05～1.15	0.70以下	0.40以下	0.030以下	0.030以下	3.50～4.50	9.00～10.00	1.20～1.90	0.90～1.30	7.50～8.50	0.25以下	比較的じん性を必要とする高硬度材切削用・その他各種工具

この表にない元素は，溶鋼を仕上げる目的以外に意図的に添加してはならない。
注）[a] 意図的に添加してはならない。

ミックス，サーメット，CBNおよびダイヤモンドが使われる。この切削は，通常の切削と比べて，能率の向上のほか，切削抵抗の減少，仕上げ面粗さの向上および加工変質層の減少などの利点がある。この特性は，それぞれ，工具切りくず接触面積の減少，構成刃先などの付着物の減少および切削抵抗の減少によるものである。また高速になるほど工作物へ流入する熱量割合は減少する。

高速度工具鋼 こうそくどこうぐこう (high-speed steel)

鋼に重量パーセントにしてクロム (Cr) 約4％，タングステン (W) ＋モリブデン (Mo) 約10～30％，バナジウム (V) 1％以上含む鋼。タングステン系とモリブデン系に大別され，タングステン系は高温硬さが高く，主として切削工具に用いられ，モリブデン系は靭性が高いので，ドリルなどの特に靭性が必要な工具に用いられる。JISでは，タングステン系としてSKH2, 3, 4, 10を，モリブデン系としてSKH40, 50～59を定めている。SKH40は粉末冶金で製造される。化学成分と用途は表の通り。
＝ハイス (177), HSS (261)
⇒工具鋼 (64), 合金工具鋼 (62), 炭素工具鋼 (137), 粉末高速度工具鋼 (210)

光沢 こうたく (gloss)

工作物の表面が光を受けて特に輝く状態であり，つやとも称される。光沢は一般に入射光に対する反射率で測定・評価されている。光沢の度合は加工方法，材料および仕上げ面粗さなどの影響をうけ，バフ仕上げ，ポリシング，超仕上げなどの光沢が優れた仕上げ面は，塑性流動ないし熱流動またはメカノケミカル反応による物理的，化学的現象によることが多いと考えられている。
＝つや (149)
⇒光沢度 (70)

光沢度 こうたくど (gloss)

光沢の程度を表す量。JISでは可視波長全域にわたって屈折率が1.567のガラス表面において，規定された入射角での鏡面光沢度を基準とし，100％として表す。入射角は20°，45°，60°，75°，85°と規定されている。記載する際は％を省略してもよく，原則として測定角度・測定機メーカー名・型式を明記する。

行程 こうてい (stroke)

切削行程 (cutting stroke) と戻り行程 (return stroke) があり，切削行程は工具または工作物の進行方向への運動，戻り行程は工具または工作物の戻り方向への運動である。

工程設計 こうていせっけい (process planning)

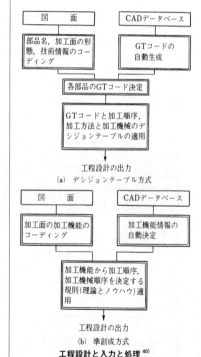

工程設計と入力と処理 [40]

加工すべき部品の形状，精度，表面粗さ，材質などの情報から，加工工程単位の形状領域への分解，工程の加工順序，ならびに工程の工作機械への割付けなどを決定することを工程設計という。一般にある部品の加工可能な工程の解の候補は，複数存在する。これらの候補中から加工コストや加工時間などが最適な工程とその順番を短時間で選び出すことに工程設計の意義がある。最適な工程を選択するためには，各製造現場にある工作機械の加工精度，加工速度，加工コストなどの制約条件を考慮しなければならない。最近では，これらの処理を計算機により半自動的に行うシステム（CAPP）も増えている。
⇒作業設計（77），CAM（256），CAPP（257），GTコード（261）

硬度　こうど（hardness）
＝硬さ（31）
⇒硬度計（71），硬さ試験機（31）

硬度計　こうどけい（hardness tester）
＝硬さ試験機（31）

高能率研削　こうのうりつけんさく（high-efficiency grinding）
　高精度の仕上げ加工を目的とした精密研削に対し，加工量・加工能率に重点を置く重研削があるが，この中間的なものに高能率研削と呼ばれるものがある。高能率研削とは高能率円筒プランジ研削や高速クリープフィード研削に見られるように，高い加工能率で，しかもある程度優れた加工精度が期待できる研削技術の総称である。最近の砥石の高速化によって，高能率研削は円筒，平面，深溝などの研削で著しく普及し，その進歩はめざましい。
⇒重研削（95），高速研削（69）

国際単位系　こくさいたんいけい（international unit system）
　メートル法の後継として国際的に定めた単位系。7つの基本単位，時間（秒 s），長さ（メートル m），質量（キログラム kg），電流（アンペア A），温度（ケルビン K），物質量（モル mol），光度（カンデラ cd）を組み合わせて組立単位が定義される。一部を除いて世界中のほとんどの国で使用が義務づけられているが，一部ではそれまでの単位系の使用が認められている。日本では1991年以降，日本工業規格（JIS）が国際単位系に準拠となり，一般に用いられている。SIはフランス語に由来する略称。
＝SI（267）

黒色炭化珪素研削材　こくしょくたんかけいそけんさくざい（black silicon carbide abrasive）
　炭化珪素（SiC）から成る研削材で黒色のもの。原料は珪砂とコークスで，黒鉛電極で高温に加熱して製造する。耐火物用にも広く用いられる。鋳物や非金属の研削，研磨に用いられる。
＝C砥粒（256）
⇒炭化珪素質研削材（136）

故障診断　こしょうしんだん（trouble diagnosis）
　数値制御機械の機械的・電気的異常または人為的に発生する異常を識別すること。数値制御機械の異常の識別結果は内容分類されてエラーコードとメッセージで表示されることが多い。
〈エラーコードとメッセージの内容分類（例）〉
　① プログラミングミスと操作ミス
　② 検出器に関する異常
　③ サーボ系に関する異常
　④ 主軸駆動系に関する異常
　⑤ 数値制御装置のハードウェアに関する異常

コーティド超硬　こーてぃどちょうこう（coated cemented carbide）
＝被覆超硬合金（194）

コーティドハイス（coated high-speed steel）
＝被覆高速度工具鋼（194）

固定砥粒　こていとりゅう（fixed abrasive, fixed grain, bonded abrasive）
　遊離砥粒に対する言葉で，結合剤で固

定された砥粒のことであり，研削砥石や研磨布紙などがこれに属する。
⇒遊離砥粒（230）

固定砥粒加工　こていとりゅうかこう (fixed-abrasive machining, bonded-abrasive machining)

多数の砥粒を適当な結合剤（ボンド）で固定した砥石状工具を用いた加工法の総称．研削砥石を用いる通常の運動制御方式の研削加工や，研磨砥石などを用いる圧力制御方式，古くからホーニング（平面，曲面，円筒内面など）や超仕上げが代表的固定砥粒加工法である．砥粒をばらばらの状態で使用するラッピングやポリシングと比較して，作業環境がクリーン，高能率で高い加工精度が得られる．また加工の自動化が容易などの利点があるが，目づまりを起こしやすい，スクラッチが残りやすいなどの問題点もある．最近，電気泳動砥石やメカノケミカル砥石など鏡面仕上げに適した固定砥粒砥石や，電解インプロセスドレッシング法など，新しい固定砥粒加工法が進展しつつある．

固定振止め　こていふれどめ（steady rest）
⇒振止め（207）

コーナ（corner, nose）
一つの切れ刃と他の切れ刃とがつながる角の，比較的小範囲の切れ刃区分．ノーズともいう．巻末付図(1)(2)参照．

コーナ半径　こーなはんけい（corner radius）
丸コーナの丸みの呼び半径．刃先先端の強度と仕上げ面の面精度に大きく影響する．通常，送りの2～3倍の値とする．
⇒コーナ（72）

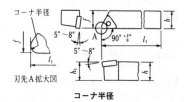

コーナ半径

ゴム切断砥石　ごむせつだんといし（rubber cutting-off wheel）
⇒ゴム砥石（72）

ゴム砥石　ごむといし（rubber [bonded] wheel）
砥粒をエボナイト構造の硬質ゴムにて結合した弾性砥石で，厚みが薄く直径の大きいものを必要とする切断砥石，センタレス用のコントロール砥石，あるいは簡易な鏡面仕上げ用砥石に使用する．いずれの場合も研削熱による過度の軟化を避けるため湿式で行う必要がある．天然ゴムのほか人造ゴムも使用される．
⇒エラスチック砥石（15）

五面加工機　ごめんかこうき（five face machining center）
一般に，ギアボックスのように6つの

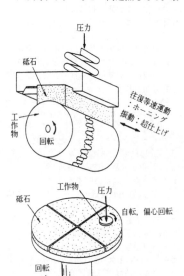

固定砥粒加工

面で構成される箱形形状の部品にミーリング加工・穴加工などを施す場合，部品上面の加工は，主軸が縦方向に配置された立形加工機械によって，また側面の加工は，主軸が横方向に配置された横形加工機械によってなされる。

しかしながら，1台の加工機械に立形と横形の主軸を搭載し，主軸ヘッドを旋回させることにより，1回の素材取付けで部品の上面と4側面の加工を行うことが可能となる。このような加工を実現する加工機械を五面加工機という。

五面加工機では，部品の上面加工と側面加工の際の素材の段取り換えが不要となり，素材の取付け・取外しによって発生する加工誤差を皆無にすることができるため，高精度な加工を実現できる。さらに，1台の五面加工機で立形・横形加工機械，2台分の仕事をこなせるため，機械台数の削減による工場フロアの有効利用，および部品加工の仕掛かり期間の大幅な短縮を実現することができる。
⇒マシニングセンタ（222）

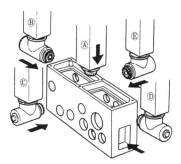

五面加工機における主軸の動作

コラム（column）

ベッドまたはベース上に垂直に固定されて機械の本体を構成する柱。ベッドまたはベース上の案内面を移動できるものもある。上下方向の案内面がついていて，主軸頭，クロスレールなどが上下するものと，案内面を持たないものがある。大形機では，床面にレベリングブロックを介して固定されることが多い。
⇒ベッド（212），クロスレール（49）

コラム移動量　こらむいどうりょう（column travel）

工作機械の制御軸となっているコラムの移動する距離。通常は公称値を示し，機械的には両端に余裕分を持つ。両端余裕分を越えて動かすと機械の破損につながるので，マニュアル機ではストロークリミットスイッチを設けて衝突を防ぐ。NC機では指令位置が公称ストロークを越える場合はアラームを出して事前に止める。日本語では移動量をストロークと呼ぶことがあるが，任意位置に停止できる移動は英文では travel と言う。
⇒テーブル移動量（153），往復台移動量（18），主軸頭移動量（97），クロスレール移動量（49）

コランダム（corundum）

日本語では鋼玉という。アルミナの多くの結晶系のうち，最も安定な Al_2O_3 で，天然に各種岩石中に産出し，非常に硬いため，古くから研削用として重用された。美しい結晶はサファイアなどとして宝石として用いられた。溶融アルミナ研削材は人造のコランダムである。
⇒溶融アルミナ（232）

コールドソー（cold circular saw）

外周刃に切れ刃を持ち，材料の冷間切断に用いるフライスの総称。構造によりソリッドソー，セグメントソーおよびチップソーがある。巻末付図(10)参照。
＝メタルソー（226）

コレット（collet）

工作物の外径を保持する弾性締付け具で，タレット旋盤や自動旋盤などに広く使用される。コレットチャックの，すり割り入りの円筒物をコレットという。コレットの内径を通る棒材などの工作物の外径を，コレットの外径方向から力を加えコレットを弾性変形させることで締め

付けるもので，締付け範囲が狭いので工作物の外径に適したコレットを用意する必要がある。

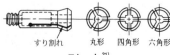

すり割れ　丸形　四角形　六角形
コレット[21]

コレットチャック（collet chuck）

テーパ部をもち，すり割りの入ったスプリングコレットをねじで軸方向に移動させることにより，スプリングコレットを弾性変形させ，工具のシャンク部あるいは工作物を摩擦力で固定する保持具をいう。
⇒スクロールチャック（109），チャック（140），ドリルチャック（164），チャック作業（140）

コロイダルシリカ（colloidal silica）

SiO_2 またはその水和物のコロイドで，一定の構造をもたないもの。ケイ酸塩に希塩酸を作用させてから透析して得られ，常温ではなかなか沈澱しないゾル状で，ある長時間放置するか，水分を蒸発させるか，あるいは電解質を加えると，含水二酸化ケイ素ゲルとなる。コロイダルシリカは，Siウェーハのメカノケミカルポリシングをはじめ，サファイア，GGGなどの最終仕上げポリシング用のポリシ剤として多用されている。

コロイド（colloid）

$\phi 1 \sim 100$nm の大きさの微粒子が他の物質中に分散している状態をいう。分散媒が液体であるものをコロイド溶液（ゾルと同義語）という。分散質の集合状態によって，ミセルコロイド，分子コロイド，粒子コロイドに分類できる。

コロイド粒子は，一般に電荷を有し，電極を入れて直流電圧を加えると，それぞれの電荷に応じて反対側の電極の方に移動する（電気泳動）。また，同符号の電荷を有しているから互いに反発して溶液中に安定して分散している一方，これと反対符号のイオンを加えると，コロイド粒子間の引力が大きくなり，凝集する性質がある。

転がり案内　ころがりあんない（rolling guide way）
⇒転がり軸受（74）

転がり軸受　ころがりじくうけ（rolling element bearing, rolling bearing）

移動体側に設けた軌道と固定体側に設けた軌道の間に玉やころなどの転動体を介在させて荷重を支持する形式の軸受。テーブルなどの直線運動や回転運動を行う部分に使用されるものを転がり案内と呼ぶ。回転体に使用される転がり軸受は，基本的に回転軸に固定される内輪，ハウジング側に固定される外輪，転動体（玉，ころ），保持器によって構成される。工作機械用の転がり軸受は，高剛性と高案内精度を得るために一般に予圧を加えて使用される。

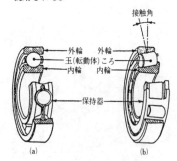

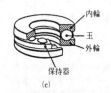

転がり軸受の基本構造[29]

混合粒度 こんごうりゅうど（combination grain size, mixed mesh size）

2種以上の粒度の粒子を混合してなる粒度。

コンセントレーション[1]（concentration）

超砥粒ホイール中に占める超砥粒粒子の割合。ダイヤモンドの重量単位を基準としており，$4.4ct/cm^3$ を100とすることから，体積パーセントの4倍の値となる。集中度とも呼ばれる。超砥粒の価格は一般の砥粒の10倍以上であるため，一般にコンセントレーション100程度のホイールが多用されている。

＝集中度（96）

コンセントレーション[2]（concentration）

研磨剤中における研磨材（砥粒）の割合。コンセントレーションは作用砥粒密度を支配する大きな要因となり，このためコンセントレーションの高い研磨剤を使用すると仕上げ面粗さが良くなる傾向がある。

コンタクトホイール（contact wheel）

ベルト研磨に用いられる道具，あるいはベルト研磨機の要素。研磨ベルトの裏面に接して回転運動し，このことにより研磨ベルトに工作物を押し当てる。ホイールは一般にゴム製か金属製でその表面はそのままか，ゴム，布，皮などを貼って使用する。また，ゴム製の外周表面には一般に溝を掘ることが多く，押し付け状態を変化させ，除去能率や工具寿命を向上させている。

⇒ベルト研磨（213）

コンタミ（contamination）

コンタミネーション（contamination）の略称。

＝汚染（20）

コンタミネーションフリー（contamination free）

何らかの加工や処理において，工作物表面に影響を及ぼさないこと。噴射加工の場合，噴射メディアが工作物に衝突することにより加工が行われるため，噴射メディアの化学成分や表面の汚染層が工作物表面を汚染する場合がある。一般的には，汚染が起こらないか最小限に留まるような条件で加工する。

コンタリング加工 こんたりんぐかこう（contouring machining）

NC工作機械において，工具経路を加工物の輪郭に沿って制御し，所望の形状を高精度に削りだす加工法。エンドミルを用いた円筒加工や自由曲面の形状創成などが挙げられる。

⇒NC（262），輪郭制御（242）

コンタリング研削 こんたりんぐけんさく（contouring grinding）

＝輪郭研削（242）

⇒倣い研削（169），輪郭研削盤（242）

コンパウンド（compound）

バレル研磨において，工作物と研磨メディア間の緩衝作用と潤滑作用を付与しながら研磨作用を促進させる補助剤またはその水溶液。酸性，アルカリ性，中性に大別され，防錆作用や洗浄作用もあるため，その目的や工作物材質に応じて選択される。

⇒バレル研磨（187）

コンピュータ数値制御 こんぴゅーたすうちせいぎょ（computerized numerical control）

＝CNC（258）

〔さ〕

サイアロン(sialon)
　窒化珪素にアルミニウムと酸素が置換固溶した化合物。その結晶構造により，α-サイアロンとβ-サイアロンに分けられる。機械的性能に優れ，切削工具のほか，各種耐摩耗部材に応用されている。

サイクルタイム(cycle time)
　繰り返し行われる作業において，作業の開始から次の作業の開始までの時間。
⇒アイドルタイム(3)

再研削　さいけんさく(re-sharpening)
　一度研削加工を行った加工面を再度研削すること。刃物や工具あるいは板金金型などの刃面は，使用するにしたがい摩耗や欠けが発生するため，刃先の更生をする再研削を行い，性能を維持する必要がある。研削による切削工具類の切れ刃の研ぎ直しである。
⇒工具研削(63)，工具研削盤(63)

最高使用周速度　さいこうしようしゅうそくど(maximum operating speed)
　研削砥石が安全に使用できる最高限度の周速度のことをいい，毎分何メートル(m/min)の単位で表示する。最高使用周速度は研削砥石の種類によって異なる。

サイザルバフ(sisal buff, sisal mop)
　サイザル麻の粗大長繊維による織布またはコード(紐)を用い，回転体として形作ったバフ。強い加工能力を有し，バフ研磨の粗・中・仕上げの各工程に適した構成様式・処理法によるものが多種製造されている。たとえば，バイアスサイザルバフ，ユニットサイザルバフ，オープンサイザルバフ，コードサイザルバフなどがある。
⇒バフ(183)，バフ研磨(184)

最小移動単位　さいしょういどうたんい
(least command increment)
　数値制御装置が軸の移動量を指令できる最小単位。インチ系，ミリ系の機械や直線軸，回転軸により単位が異なる。
〈最小移動単位(例)〉
0.001mm，0.0001inch，0.001deg
⇒最小設定単位(76)

最小設定単位　さいしょうせっていたんい
(least input increment)
　数値制御装置に入力できる言語(フォーマット)で指令できる最小単位。インチ系，ミリ系の機械や直線軸，回転軸により単位が異なる。
⇒最小移動単位(76)

再生びびり　さいせいびびり
(regenerative chatter)
　切削および研削加工において発生する自励振動の主要なもので，再生効果(regenerative effect)が原因となって発生する。再生効果とは，振動によって工作物表面上に残されたうねりが，工作物1回転後の加工において抵抗の変化に影響を及ぼすことを指す。研削加工においては，再生効果が工作物表面だけでなく，砥石作業面にも存在することになり，振動現象は複雑なものとなる。一般的には，工作物速度が速い場合には工作物側の再生効果が重要となり，遅い場合には砥石側の再生効果が重要となる。特に後者による振動の発生は，砥石の寿命判定基準として重要である。
⇒びびり振動(194)，自励振動(100)，びびりマーク(194)

最大傾斜角　さいだいけいしゃかく
(maximum inclination angle)
　超仕上げ加工において，工作物上に生じる正弦波状の砥粒軌跡が工作物の速度方向となす角度の最大値。切削方向角の最大値。最大傾斜角が0〜30°では砥石は目づまりを起こし，30〜70°では砥粒はへき開しながら正常な切削作用を行い，70〜90°では砥粒が盛んに脱落する。

仕上げ量を多くするには最大傾斜角を40～60°とする。鏡面を得るには10°以下にしなければいけない。最大傾斜角が大きい状態で荒加工し，つづいて小さい状態で仕上げる，2段加工も実施される。
⇒交差角（交叉角）(66)

サインバーチャック さいんばーちゃっく (sine bar chuck)

可傾式チャックより高精度に角度設定できるチャック。チャックとサインバーが一体化しており，ゲージブロックを用いて精密な角度出しを行う。高精度な研削加工，精密測定に適している。

作業設計 さぎょうせっけい (operation planning)

工程設計により，加工，組立などの工程順序や加工機械の種類が定められた後に，各工程内での実作業のためのより詳細な情報が決定される。この処理を作業設計という。機械加工の作業設計では，工程内の工作順序の決定，加工工具と加工条件の設定，治具，固定具の決定のような情報が定められる。最近では，計算機により作業設計を行えるシステムも多く用いられている。
⇒工程設計(70)

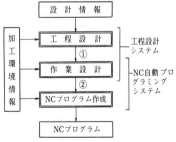

①：工程，工作機械，工具，ジグ，取付け具，作業見積時間（工作機械単位の粗い生産情報）
②：工具，ジグ，取付け具，加工条件，工具経路，作業時間（工程単位の詳細，精密加工情報）

加工のための作業設計の位置付け[39]

削除率 さくじょりつ (stock removal rate)
＝研削能率(55)

座ぐり ざぐり (spot facing)

小ねじやボルトの座を設ける，あるいはねじの頭部を沈める加工で図のように，座ぐり，深座ぐりおよび皿座ぐりなどの種類がある。これに使用する工具は，座ぐりフライスと呼ばれる。
⇒座ぐりフライス(77)

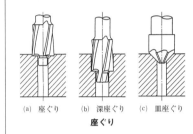

(a) 座ぐり　(b) 深座ぐり　(c) 皿座ぐり
座ぐり

座ぐりフライス ざぐりふらいす (counter bore)

座ぐりに用いるフライスの総称。
巻末付図(10)参照。

サスペンション (suspension)

微粒子が分散媒体に極めて安定に分散して存在する場合，その微粒子は一見して沈降性を持たず，いつまでも浮遊し続けるように見える。そのような状態のこと，またはサスペンションを形成させるための添加剤。

サテンフィニッシュ (satin finish)
＝つや消し仕上げ(149)

差動歯車装置 さどうはぐるまそうち (differential gear mechanism)

2つの回転入力を使って出力回転を定める歯車装置。ホブ盤ではすば歯車を加工する時，ホブとワークテーブルの創成運動の正規回転比に対してホブカッタを歯幅方向に送りを与えた時，加工歯車にねじれ角に応じた補正回転を与える必要がある。この補正回転を与える装置が差

動歯車装置であり，遊星歯車装置が用いられる。この遊星歯車には，傘歯車を用いたものと平歯車を用いたものがある。加工歯車のねじれ角に応じた補正回転を作り出すために，ホブの送りに関連した軸と遊星歯車装置の間に換歯車を設け，歯車減速比を変えることで対応する。この換歯車を差動換え歯車と呼ぶ。

サドル（saddle）

テーブル，刃物台または送り変換機構などとヘッドなどとの間にあって，案内面に沿って移動する役目をする部分。

旋盤では，往復台がベッドの上にのっている部分のことを指し，上から見るとサドルの案内面はH字形をしている。ひざ形フライス盤では，サドルはニーの上にのっており，ニーの前面にある前後送りのハンドルを回転させて前後に動かすことができる。サドルの下面にはニーの案内面があり，上面にはテーブルがのって左右に動くための案内面がある。テーブルの送り機構については，その送りねじ以外はすべてサドルに取付けられている。
⇒往復台（18）

サーフェスインテグリティ（surface integrity）

直訳すれば表面の完全性という意味になるが，この用語で評価される表面特性はかなり曖昧である。当初は，従来の仕上げ面粗さに加えて，疲労強度の支配要因である微小クラックや残留歪みなどの加工変質層の影響を含んだ機械加工面の微視的性状を意味していたが，時には，組織やピットなどのよりミクロな表面構造や物理・化学的な表面特性までも含んで用いられることもある。

サーフェスインテグリティは，図に示すように加工面直下に生じる微小な構造変化，再結晶，硬さ変化，塑性変形層，残留応力などの様々な変質が部材の特性ならびに機能性に影響することを前提とした概念で，加工履歴により部材の特性値が決定されるという観点から考えられた言葉である。同じく部品の特性並びに機能性に大きく影響する表面のみの特性値を表すサーフェステクスチャと併せて検討されることも多い。

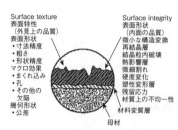

加工表面のサーフェスインテグリティとサーフェステクスチャ

サーボモータ（servo motor）

工作機械，ロボットなどの産業機器において，位置や速度を精密に制御する電動機をサーボモータという。サーボモータの構造は，一般の電動機と同じであるが，高速応答をさせるための工夫がされている。サーボモータ本体として，直流モータ，交流モータ（誘導機，同期機），ステッピングモータなどの電動機が使用されている。ステッピングモータでは検出器が不要である。その他のサーボモータでは，位置や速度などの検出器を持ち，検出器の信号を用いてフィードバック制御を行う。

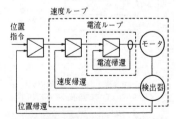

位置制御を行うサーボモータのシステム構成例

サーマルクラック（thermal crack）
=熱き裂（174）
サーメット（cermet）
　広義では金属化合物を金属で固めた耐熱性複合材料。一般的には TiC および TiN を主成分とする Ti(C, N)系サーメットを示すことが多い。代表的な Ti(C, N)系サーメットは，チタンの炭化物，窒化物，あるいは炭窒化物固溶体にニオブ，タンタル，モリブデン，タングステンの炭化物の粉末を添加し，鉄系の結合金属（コバルト，ニッケル）を加えて，焼結した金属である。超硬合金と比べた場合，高温での硬さ，および耐酸化性に優れる反面，強度に劣る。切削工具材料として，Ti (C, N)系サーメットは鉄に対する化学的親和性が低いため，耐溶着性が高く，加工面精度が良好なため，主に仕上げ切削用として用いられる。
⇒超硬合金（142），セラミックス（122）
サーモグラフィ（thermography）
　赤外放射温度計の測定原理により，広い範囲の温度分布を手軽に測定して画像表示する装置である。
⇒放射温度計（214）
作用系基準方式 さようけいきじゅんほうしき（tool-in-use system）
　切削中の主運動と送り運動を合成した合成切削運動の方向をもととして，切れ刃上の1点を通る基準となる面および軸

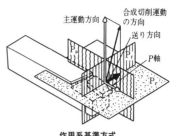

作用系基準方式

を設定し，刃部の諸角を定義する方法。作用系基準方式による場合は面，軸，および角を表す用語の前に「作用系」を付け，記号には添え字 e を付けて，工具系基準方式によるものと区別する。作用系基準面は主運動と送り運動を合成した合成切削運動の方式に垂直な面となる。
⇒工具系基準方式（63）
さらい刃【バイト】 さらいば（flat drag）
　送りによる凹凸を除き仕上げ面粗さを向上させるために設けた副切れ刃部分。ノーズともいう。
さらい刃【フライス】 さらいば（flat cutting edge, wiper insert）
　主に正面フライスにおいて送りマークを除去して平滑な仕上げ面を得るための仕上げ面に平行に設けた第一副切れ刃，あるいは仕上げ面に平行な切れ刃とな

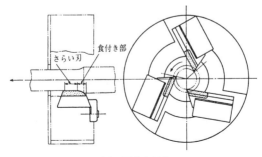

さらい刃【バイト】

る直線，ないし，ゆるい弧状の切れ刃を有するスローアウェイチップで，ワイパーチップあるいはスィーパーチップともいう。

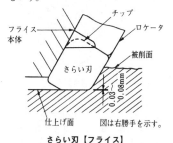

さらい刃【フライス】

さら形砥石　さらがたといし（dish [grinding] wheel）

研削砥石の形状についての分類の呼びで，縁を使用面とした皿形状のもの。巻末付図(15)参照。

酸化アルミニウム　さんかあるみにうむ（aluminum oxide, alumina）

代表的な研磨材料の1つ。単にアルミナとも呼ばれ，種々の形態のアルミナが研磨材として使用されている。溶融アルミナ質砥粒や仮焼アルミナ質砥粒は，研削材，ラッピング用砥粒として大量に使用されている。ポリシング用砥粒としての微粒子アルミナは水酸化アルミニウムを適当な温度で熱処理後微粉砕分級して得られる。α晶に転位する前の遷移アルミナの一定量が残っているものがプラスチックレンズやメモリハードディスク専用ポリシ剤のベースマテリアルとして使用されている。
＝アルミナ（7）

三角測量法　さんかくそくりょうほう（triangulation method）

測定光を測定対象に照射し，測定面から反射光を得た際の，光源，測定光の照射位置，および（散乱を含む）反射光の検出器との間の幾何的関係（三角形）をもとに，測定光の照射位置情報を得る測定方法。測定光としてレーザ光，検出器としてCCDを用いた例が多く，主に測定対象の位置・変位測定に用いられる。
⇒レーザ測長システム（244）

酸化クロム　さんかくろむ（chromium oxide）

重クロム酸塩を硫黄やでんぷんなどの還元剤と共に500～700℃で焼成するか，クロム酸を1,400℃で焼成することにより得られる。結晶構造は$\alpha-Al_2O_3$と同じく菱面体晶系コランダム形で，高融点，高硬度で化学的にも安定である。金属材料のポリシング砥粒として優れた加工能力をもっている。

酸化ジルコニウム　さんかじるこにうむ（zirconium oxide, zirconia）

酸塩化ジルコニウム（$ZrOCl_2・8H_2O$）の水溶液にアルカリを加えて非晶質の酸化ジルコニウム水和物の沈殿を得，これをばい焼すると250℃付近で水の脱離が完了してZrO_2となる。酸化ジルコニウムは，さらに温度により非晶質（250～430℃），準安定正方晶系（430～650℃），単斜晶系（650～1,000℃），正方晶系（1,000～1,900℃），立方晶系（1,900～2,715℃）と変化するが，この中で比較的軟質な準安定正方晶系や単斜晶系のものがガラスや半導体のポリシング砥粒として用いられている。
＝ジルコニア（100）

酸化セリウム　さんかせりうむ（cerium oxide, ceria）

酸化セリウムは稀土類元素の中では最も存在量が多く，主要鉱石であるバストネサイト，モナザイト中には含有希土類の約50％を占める。セリウム研磨材としてはCeO_2含量が鉱石中のレアアース組成と大差のない50％程度のものと，90％程度まで濃縮したものとがある。前者の代表的なものはバストネサイト鉱を原料とし，酸洗後仮焼，粉砕して得られる。後者は鉱石を分解してからセリウム

を酸化して他のレアアースと分離濃縮して得られる。現在，ガラス，石英などのポリシングにはほとんど酸化セリウムが用いられている。

酸化鉄　さんかてつ（iron oxide）
　ベンガラとも呼ばれ，硫酸第一鉄の熱分解による乾式法，または硫酸第一鉄溶液と鉄粉から黄色酸化鉄（α-FeOOH；goethite）とし，これをばい焼して得る湿式法がある。乾式法によるものは粒状であるが湿式法によるものは針状粒子で何れも α-Al_2O_3 と同様のコランダム構造をとる。ポリシング用砥粒としては粒状のものがよいとされる。過去にはガラス用ポリシング材として多く用いられたが現在では酸化セリウムに置き換えられた。しかし，超平滑面の要求される高出力レーザ光学部品やフェライトのファイナルポリシングなどの特殊な用途に対して酸化鉄の有用性が見直されつつある。
　＝ベンガラ（214）

酸化皮膜　さんかひまく（oxide film, oxidation film）
　一般的には金属等が酸化したときに表面に生じる薄い膜のことであるが，腐食などから母材を守る不動態皮膜と同義語として用いられることが多い。不動態皮膜はアルミニウム合金やステンレス鋼などで活用されている。

サンギア　（sun gear）
　両面研磨盤において，加工用キャリアを遊星運動（自転，公転）させるために定盤（工具）中心に位置する歯車であり，太陽歯車とも呼ばれる。研磨盤によっては，サンギアの回転方向を変えることで定盤平面の管理に利用しているものもある。

⇒両面研磨盤（240）

産業用ロボット　さんぎょうようろぼっと（industrial robot）
　自動制御によるマニピュレーション機能（腕，手などの空間的・時間的な動きに関する機能）または移動機能をもち，各種の作業をプログラムによって実行でき，産業に使用される機械。次のような種類の産業用ロボットがある。
　①あらかじめ設定された情報（順序・条件および位置など）に従って，動作の各段階を逐次進めていくロボット。
　②ロボットを動かすことによって順序・条件・位置およびその他の情報を教示し，その情報に従って作業が行えるロボット。
　③ロボットを動かすことなく順序・条件・位置およびその他の情報を数値，言語などによって教示し，その情報に従って作業が行えるロボット。
　④人工知能によって行動できるロボット。
　⑤オペレータが遠隔の場所から操作することができるロボット。

三次元[座標]測定機　さんじげん[ざひょう]そくていき（coordinate measuring machine）
　三次元座標（X, Y, Z）の同定と関連する物理量を求める測定機である。一般的には，直交する3軸のスライド，各軸の移動量を検出する測長器，被測定点を検知するプローブにより構成される。三次元空間を測定できる汎用性がある反面，アッベの原理をみたす測長が困難であるため，構成要素の高精度な運動が要求される。コンピュータ技術の進歩に伴い，測定値を計算処理し，複雑な形状測定が迅速に行えるようになった。
　＝CMM（258）

三次元切削　さんじげんせっさく（three-dimensional cutting）
　切れ刃が切削速度方向に直角ではない傾斜切削の場合や，バイトのように主切れ刃のみでなく，副切れ刃やノーズ部といった曲線も含めた2切れ刃以上が切削に関与する場合を三次元切削という。またすくい面が曲面からなり，すくい角や傾斜角が切れ刃に沿って変化するドリルでの切削なども三次元切削である。いず

れの場合も切りくずは三次元塑性変形によって生成される。
⇒傾斜切削（50），二次元切削（171），ドリル加工（163）

サンドブラスト（sand blasting）
⇒吹付け加工（199）

残留応力　ざんりゅうおうりょく（residual stress）

切削加工や塑性加工を施した金属の表面近傍には残留応力が発生することはよく知られているが，研削加工した金属の表面にも残留応力が発生する。たとえば，焼なまし状態の鋼の薄板の平面研削を行うと，通常，板は凹状に反る傾向があり，切込みや工作物速度が高いほど大きく反ることがわかっている。このような反りは研削加工により表面近傍に発生した残留応力（反りが凹状であれば表面には引張り応力）の発生に起因することは確かである。このように研削による残留応力を研削残留応力という。一般に加工による残留応力の発生原因として，熱による表面近傍の塑性変形，加工による不均一な塑性変形および材料の変態・析出などが挙げられているが，研削加工の場合は最初の2つ，すなわち研削時の表面温度上昇による塑性変形に基づく残留応力（引張り応力への傾向が大）と砥石から受ける高い圧力による塑性変形（傾向としては圧縮応力）による残留応力が重畳されて決まる。
⇒研削割れ（56），加工変質層（29）

〔し〕

仕上げ削り　しあげけずり（finishing）
工作物を所要の寸法，形状および表面粗さにすること。
⇒仕上げ代（82），粗削り（6）

仕上げ研削　しあげけんさく（finish grinding）
同一砥石を用いて細密な表面を得るには，切込みを小さくし，工作物送り速度を低下し，砥石速度を増大して切れ刃密度を向上すればよい。このように条件を整えると，仕上げ研削ができる。スパークアウト研削もその例である

仕上げ研磨　しあげけんま（final polishing）
最終仕上げ工程。一般に形状精度や表面粗さの要求に合うように加工工程を設定するが，研磨量や硬度や面粗度によっては能率的に作業を行うために，工程を荒仕上げ，中仕上げ，仕上げ工程のように分割する場合がある。

仕上げ研磨とは最終的に要求を満たす工程であり，非常に多岐にわたるが，高番手砥粒による加工，ダイヤモンド砥粒による鏡面加工，メカノケミカル加工による鏡面加工などが考えられる。シリコンウェーハの場合，鏡面加工だけでも3工程から一般的に成り立っている。

仕上げ代　しあげしろ（finishing allowance, machining allowance, stock allowance）
通常，鋳造などの一次加工品に機械加工を施して精密な寸法・形状・粗さの製品に仕上げる時の，削り取られる部分の厚さをいう。したがって，一次加工する際には，仕上げの程度や製品の大きさに関係して，仕上げ代に相当する寸法だけ大きく作る必要がある。
⇒仕上げ面（82），仕上げ面粗さ（83）

仕上げ面　しあげめん（machined surface, finished surface）
機械加工を行って生成された工作物の表面をいう。仕上げ面は，寸法，形状，粗さなどの幾何学的品位，および加工変質層，残留応力，クラック，硬さなどの材質的品位によって評価される。
⇒仕上げ面粗さ（83）

仕上げ面粗さ　しあげめんあらさ（finished surface roughness）

機械加工を行って生成された工作物の表面粗さをいう。切削加工では仕上げ面粗さに影響を及ぼす要因として，切れ刃の形状（切れ刃の丸み，コーナ半径，工具表面の粗さ），工具摩耗（逃げ面摩耗，境界摩耗），構成刃先，および工具・工作物の振動などがある。
⇒仕上げ面（82），表面粗さ（195）

仕上げラッピング　しあげらっぴんぐ（final lapping）
⇒仕上げ研磨（82）

ジェット潤滑　じぇっとじゅんかつ（jet lubrication）

高速回転や高温下で使用される転がり軸受に採用される潤滑方法で，一定の温度に制御された大量の低粘度油をジェット状にして軸受内部に直接吹き付けて，潤滑と冷却を行うもの。潤滑効果と冷却効果は極めて良好であるが，潤滑油の粘性抵抗による軸駆動動力の増加や，ジェット潤滑装置の駆動動力が大きく，また潤滑装置自身もかなり大がかりなものとなるなどの欠点もある。ジェット潤滑の応用例として，軸受内輪の軌道面に給油孔を設けて，オイルジェットをこの部分から転動体に吹き付けるアンダレース潤滑法もある。
⇒オイルエア潤滑（17），オイルミスト潤滑（18）

シェーパ　（shaper, shaping machine）
＝形削り盤（30）

シェービングカッタ　（shaving cutter）

インボリュート円筒歯車またはラックの歯面に多数の切れ刃溝を持つ歯切り工具。巻末付図⒀参照。

シェラック砥石　しぇらっくといし（shellac [bonded] wheel）

天然樹脂のシェラックを結合剤とした研削砥石で，ゴム砥石同様に熱可塑性樹脂であるため弾性砥石に属し，主として微粒砥石を用いた鏡面仕上げ専用の研削砥石として使用される。

シェラックはカイガラムシの分泌する虫体被覆物を精製して得られる樹脂状の物質である。セラックともいい，漢字では「紫膠」。
⇒エラスチック砥石（15）

シェルエンドミル　（shell endmill, mill）

外周面および端面に切れ刃を持ち，ボディをシャンクに差し込んで用いるフライス。

シェルドリル　（shell drill）

中空円筒状の刃部をシャンクに差し込んで用いるドリル。巻末付図⑿参照。
⇒シェルエンドミル（83）

シェルリーマ　（shell reamer）

中空の刃部をシャンクに差し込んで使用する組立リーマで，フルート形とローズ形がある。シャンクの形式には，ストレートシャンクアーバとテーパシャンクアーバがある。
⇒リーマ（239）

紫外光電子分光法　しがいこうでんしぶんこうほう（ultraviolet photoelectron spectroscopy）

固体表面に低エネルギの光（紫外線）を照射すると，光電効果によって構成原子の外殻から電子が放出される。UPSはこのような光電子のエネルギ分布を測定するようにしたもので，極表面層（深さ数nm程度まで）における価電子帯の微細構造や配位などに関する情報が得られる。
＝UPS（268）
⇒X線光電子分光法（269）

磁気吸引研磨工具　じききゅういんけんまこうぐ（magneto-pressed polishing tool）

永久磁石と研磨部とから構成される磨き工具。金型などの磁性工作物と永久磁石の間に磁気力が発生し，この磁気力を研磨力とする研磨工具。発生する磁気力は永久磁石と工作物表面との隙間で決定され，隙間が一定であれば定圧研磨加工

が可能となる。工具の小形軽量化が図れるツール。

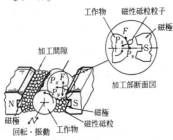

F：研磨抵抗
P_x：磁性砥粒の加工力（磁気力）
P_y：研磨抵抗Fに打ち勝つ磁気力
（加工ゾーンに磁性砥粒を保持する磁気力）

円筒外面の磁気研磨法

磁気研磨法 じきけんまほう（magnetic abrasive finishing）

強磁性体と研磨材とから構成される磁性砥粒（数μmから数百μm径）を用い、磁気を援用して研磨圧力を発生させ、材料表面を精密研磨する方法。工作物に回転および振動運動を与えて、磁性砥粒との間に相対運動を与え、磁性砥粒に含まれる微細な研磨材の微小切削作用を受けて精密表面加工が行われる。磁性砥粒に粒径の大きな磁性粉（鉄粉）を混合して高能率化を図る手法も開発されている。外面研磨以外に、平面、内面、複雑形状部品の精密仕上げにも適用可能な研磨法である。

磁気軸受 じきじくうけ（magnetic bearing）

磁気の吸引力あるいは反発力を利用した非接触軸受である。研削盤などの砥石軸を支持するための磁気軸受は、電磁石と軸の位置を検出する変位センサを使う制御形（能動形）に限られる。在来形の軸受を使用する場合と比較して、高速回転が可能であることと軸受寿命がほぼ無限であることのほかに、軸に加えられる負荷を電磁石電流で検出でき、研削中の砥石軸の挙動を変位センサによって監視することが可能である。

磁気チャック じきちゃっく（magnetic chuck）

磁気の吸引力を利用して工作物を固定する装置。平面研削盤の角テーブルに取付けるものが多く使われている。永久磁石を用いた永磁チャックと、電磁石を用いた電磁チャックがある。

磁気バレル研磨機 じきばれるけんまき（magnetic barrel machine）

ポリプロピレン製の円筒形バレル槽内にステンレス鋼（SUS304）製針状磁性メディア、工作物、洗浄液を挿入し、その下部にある永久磁石の磁極を交互に取付けた磁気円盤を高速回転させることにより、針状磁性メディアに反発・回転・撹拌運動を発生させて工作物に生成した

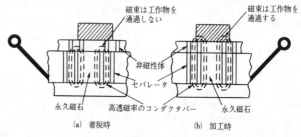

磁気チャック

マイクロばりの除去やエッジ仕上げを行うバレル研磨機。複雑形状の工作物に対しても針状磁性メディアが挿入して振動・撹拌・摩擦運動を行うため、工作物の寸法を変化させることなく、また形状を変形させたり、スクラッチ痕を生じることなくばり取り・エッジ仕上げができる。
⇒バレル研磨 (187)

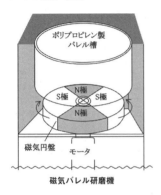

磁気バレル研磨機

磁気浮揚研磨法 じきふようけんまほう (magnetic float polishing)

非磁性体が磁性流体中に存在し、磁場が作用すると、その非磁性体は磁場の弱い方向（磁性流体の表面の方向）に排出される。この現象が磁気浮揚（磁気排出）現象と呼ばれる。この現象を利用して非磁性砥粒を図のように磁性流体表面に高密度に浮揚させ、これに工作物を押し付けて加工する研磨方法。作用砥粒密度の非常に高い状態が実現できることがこの研磨方法の特徴である。

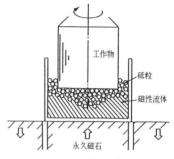

磁気浮揚研磨法の原理

磁気分離機 じきぶんりき (magnetic separator)

磁気を利用して研削切りくずを分離する装置。磁気で吸引されない非鉄金属、セラミックスなどにはペーパーフィルター式、遠心分離式が用いられる。

ジグ (jig)

機械部品の製作、検査および組立などにおいて、工作物や加工部分の位置決め・取付け、および取付け工具や切削工具の

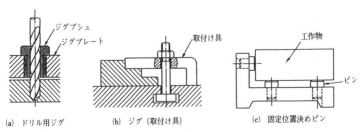

(a) ドリル用ジグ　　(b) ジグ（取付け具）　　(c) 固定位置決めピン

ジグ

案内を行う器具をいう。狭義には，工具の案内をするものをジグ，工作物を取り付けるものを取付け具として区別することもある。ジグの使用により，段取り仕事が容易となり，加工や組立の高精度化ならびに作業時間の短縮が可能となる。ジグには，ドリルジグ（ブシュ），中ぐりジグ，旋削ジグ，溶接ジグ，検査ジグ，組立ジグなどがある。
⇒ブシュ（200），取付け具（162）

軸受 じくうけ（bearing）
機械において回転運動や直線運動を行う部分に，運動方向には低摩擦特性を，拘束方向には負荷を支えるための剛性を与える機械要素。その構造によって，すべり軸受，転がり軸受，静圧油軸受，静圧気体軸受，磁気軸受などがある。

軸受溝研削盤 じくうけみぞけんさくばん（race-way grinding machine, race-way grinder）
ころがり軸受の転動体の転動溝を研削する研削盤。ころがり軸受の溝には軸受外輪の内径溝と軸受内輪の外径溝があり，外輪の内径溝の研削には内面研削盤と同じ構造をもつ軸受溝研削盤が，内輪の外径溝の研削には円筒研削盤と同じ構造をもつ軸受溝研削盤が使用される。両者とも，外周を円弧状に成形した砥石で軸受溝の研削を行う。
⇒円筒研削盤（16），内面研削盤（166）

ジグ研削盤 じぐけんさくばん（jig grinding machine）
ジグを製造するための研削盤。μmからサブμmの平面座標位置決め機能があり，垂直軸まわりに砥石が遊星運動とオシレーション運動を行いながら，円筒内面を研削する。加工する形状の相互位置関係を精密に維持することが重要な機能である。遊星運動だけでなく，公軸中心に対して，砥石軸（自転中心）の角度位置や公転半径を制御して，部分円弧や直線で組み合わされた形状の研削も可能で，金型（ダイ）の抜き勾配の研削もできる。

軸付砥石 じくつきといし（mounted wheel, mounted point）
研削砥石を保持し回転させるための柄を付けた小径の研削砥石をいう。巻末付図(15)参照。

ジグ中ぐり盤 じぐなかぐりばん（jig boring machine）
工作物に対する主軸の位置を高精度に位置決めする装置を備え，主としてジグの穴あけおよび中ぐりを行なう中ぐり盤。主軸が水平の横中ぐり，垂直の立形がある。最近は，ジグばかりでなく，機械構造物，金型などの高精度穴あけ加工，フライス加工に使われることが多くなった。一般にはダブルコラムの門形構造で，立中ぐり盤と構成・特徴が似ている。ただし高精度を維持するためベッドは厚くしてあり，小形のものは3点支持される。なお，横中ぐり盤の形態に近いものもあるが，精度の安定のためにコラムは2本にして，その中央に主軸頭を配する。
⇒中ぐり盤（167），横中ぐり盤（233），立中ぐり盤（134）

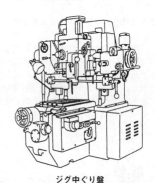

ジグ中ぐり盤

シーケンス制御機能 しーけんすせいぎょきのう（sequence control function）
あらかじめ定められた順序や論理に従って，機械や機械の周辺装置の動作を逐次制御する機能。信号入出力回路と論

理演算,算術演算,計時,計数などの命令を持つプログラマブルコントローラで実現される。プログラマブルコントローラはストアードプログラム方式の制御装置で,プログラム作成には昔からリレー回路で使用されているラダー方式が普及している。

シーケンス番号 しーけんすばんごう (sequence number)

数値制御装置に直接入力できる言語で書かれたプログラムの中のブロックの相対位置を表すために,各ブロックに付けられた番号。ブロックは1つの作業に対するすべての命令を含む。シーケンス番号はアドレスNに続く数値で指令される。

自己診断機能 じこしんだんきのう (self-diagnosis function)

数値制御機械自身が備えている故障診断機能。
⇒故障診断(71)

支持刃 しじは (work support blade, work rest blade)

心無し研削盤において研削砥石と調整車の中間に位置する工作物支持台(ワークレスト)に取付けられ,工作物を直接支える受板のことである。工作物支持系の剛性を左右し,この高さは研削精度に大きな影響を及ぼす。
=刃受け(178)
⇒心無し研削盤(104),ワークレスト(250),調整車(144)

システム適応形工作機械 しすてむてきおうがたこうさくきかい (system-fitted machine tool)

生産システムの目的,形態に適した構造,機能を有する工作機械をシステム適応形工作機械と呼ぶ。具体的には,従来の多量生産から多品種少量生産あるいは変種変量生産に形態が移行し実用化が進んでいるが,それぞれのシステム形態に適合させることを目的として開発された工作機械である。たとえば,多軸加工が可能な主軸頭を自動で交換できるヘッドチェンジャ形工作機械,トランスファラインと結合して融通性を向上したコラム移動形工作機械などが代表例として挙げられる。また,マシニングセンタを代表に,機能を複合化したターニングセンタ,グラインディングセンタなどもシステム適応形工作機械の一種といえる。
⇒CIM(258),トランスファマシン(161)

磁性研磨材 じせいけんまざい (magnetic abrasive)
=磁性砥粒(87)

自生作用 じせいさよう (self sharpening, self dressing)
=自生発刃(87)

自成絞り じせいしぼり (inherent restrictor)

静庄気体軸受に使用する流体絞り構造の1つで,軸受面に直径がコンマ数ミリメートル程度のきわめて小径の給気孔を設けた最も基本的な絞り。給気孔から噴出する気体が軸受すきまに流出する部分の円筒面で絞り作用が発生する。
⇒流体絞り(239),オリフィス絞り(23),表面絞り(196),多孔質絞り(132)

磁性砥粒 じせいとりゅう (magnetic abrasive)

強磁性体と研磨材から構成される。磁気研磨用砥粒。数μmから数百μm径のものがある。磁場の作用(加工ゾーンの磁場強度とその変化率の積)を受けて工作物表面へ研磨圧力を発生し,磁性砥粒に含まれる微細研磨材が工作物表面を微小切削加工,精密研磨加工して表面を仕上げる。
⇒磁気研磨法(84)

自生発刃 じせいはつじん (self sharpening, self dressing)

砥粒切れ刃は工作物を研削することにより切れ刃が摩滅し切れ味が鈍くなる。その結果,切れ刃に加わる抵抗が増え砥粒が微細破砕や脱落を起こす。砥粒が微細破砕を生ずると鋭い切れ刃が現れた

り，脱落すると隣接した新砥粒が表面に現れ，砥石表面に新たな切れ刃を構成する。このように，自然に鋭い切れ刃が発生する現象を自生発刃という。
=自生作用（87）

下皿 したざら（lower plate, lower tool）【ガラス加工】
=下定盤（88）

下定盤 したじょうばん（lower lap, lower plate, lower tool）
　2枚の定盤を擦り合わせる場合の下側の定盤，両面ラップ盤の上下ラップの下側の定盤，レンズ研磨機による研磨の際の下側の定盤などを指す。
=下ラップ（88），下皿（88），下ポリッシャ（88）

下ポリッシャ したぽりっしゃ（lower polisher）
=下定盤（88）

下向き削り したむきけずり（down-cut milling）
　切りくず厚さが最大のところから工作物に刃先が食い付き，0となる方向に進む削り方。フライスの回転方向と工作物の送り方向は一致する。
=ダウンカット（132）
⇒上向き削り（12）

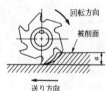

下向き削り

下向き研削 したむきけんさく（down grinding, down-cut grinding, climb grinding）
　研削点において砥石の周速ベクトルと工作物の速度ベクトルの向きが同じになる研削方式をいう。砥粒の研削開始時に上滑りが起きにくいので，クリープフィード研削などのように砥粒切込み深さが小さく接触弧長さが大きくなる研削の場合には，下向き研削が望ましい。また円筒研削では上向き研削が普通であるが，心無し研削では下向き研削が一般的である。
⇒上向き研削（12）

下向き研磨 したむきけんま（lower tool polishing）
　凹レンズ面を研磨する場合，凸形状の磨き皿を，凸面を上向きにして下に置き，それに覆いかぶせるように凹レンズを置いて，研磨液を供給しながらそれらを相対運動させて研磨する研磨法。【ガラス加工】
⇒上向き研磨（13）

下ラップ したらっぷ（lower lap, lower tool）
=下定盤（88）

シックネスゲージ（thickness gauge）
=すきまゲージ（108）

湿式加工 しっしきかこう（wet machining）
　水や切削油などを使いながら加工する方法。潤滑作用，冷却作用，洗浄作用などの効果があり，工具の損耗が少ない。しかし，加工タンク設備が必要で，廃液処理を行わなくてはならない。
=ウェット加工（11）
⇒乾式加工（36），セミドライ加工（122）

湿式研削 しっしきけんさく（wet grinding）
　研削作業点に研削液を供給して行う研削加工の総称で，一般に行われている加工法である。研削液を供給することにより研削抵抗や砥粒摩滅の低減，工作物の熱変形や研削焼けの抑制，目づまりの防止などの効果が期待できる。
⇒乾式研削（36）

湿式切削 しっしきせっさく（wet cuttting）
　切削油剤を使用して切削加工を行うこと。
⇒乾式切削（36）

湿式メカノケミカル加工　しっしきめかの
けみかるかこう（wet mechanochemical
processing）
　⇒メカノケミカル研磨（226）

湿式ラッピング　しっしきらっぴんぐ
（wet lapping）
　ラップの基本モデルといえる加工方式
である。研磨材（砥粒）を媒体（研磨液
＝油，水）と混合させてラップ定盤上に
供給する。この研磨材と液体の混合物が
工作物と定盤間に介在し，定盤に埋め
込まれ半固定の状態を呈し，砥粒の持
つ切れ刃で工作物からの除去作用が発生
する。油や水は加工時の冷却，研磨材分
散，潤滑作用も兼ねている。ダイヤモン
ドペーストとスプレーなどで湿式状態を
作るものも含まれる。
　⇒乾式ラッピング（36）

実体顕微鏡　じったいけんびきょう
（stereo microscope）
　同じ試料を両眼で観察し，正立プリズ
ムを用いた光学系により立体的な正立像
を見る顕微鏡である。対物レンズが二つ
のものと，一つのものがある。対物レン
ズと正立プリズムの中間にズーム系を用
いて，倍率変換が無段階に得られるもの
がある。加工物の全体を立体で把握する
ことに有効な光学式顕微鏡である。
　⇒光学顕微鏡（61）

実表面の断面曲線　じつひょうめんのだん
めんきょくせん（surface profile）
　被測定面に垂直な平面で被測定面を切
断したとき，その切り口に現れる曲線。
切断方向は任意であるが，特に指定がな
い限り，表面粗さが最も大きく現れる方
向に切る。
　⇒粗さ曲線（6），うねり曲線（11），表
面うねり（196）

自動加減速　じどうかげんそく（automatic
acceleration and deceleration）
　モーションコントローラで軸移動を行
う際に，サーボ系の加減速能力の制限を
守るため，あるいは機械的なショックの
抑制等の目的で加速度を自動的に制御す
ることを自動加減速という。大きく分け
て補間前加減速と補間後加減速がある。
一般的に補間前加減速は加速度一定であ
り，補間後加減速は時定数一定である。
複数軸を組み合わせてコーナー形状や円
弧形状を移動する場合など，補間前加減
速は補間経路に誤差が発生しない。これ
に対し，補間後加減速はコーナー部や円
弧部で補間経路に内回り誤差が発生す
る。なお，ショックの低減のために加減
速速度パターンをＳ字状にして，加速
度まで制御する場合もある。

自動研磨技術　じどうけんまぎじゅつ
（automatic abrasive processing
technology，automatic polishing
technology）
　表面特性・性状の高い研磨面を高信頼
性の下で再現性よく実現するために，人
間の熟練技能と感性に依存した研磨の節
理を明確化し，それに従ってハードウェ
アとソフトウェアを融合させて自動研磨
システムを構築する技術をいう。システ
ムの構成要素のうち，ハードウェアとし
てはロボット，NC装置，研磨工具およ
び周辺機器があり，ソフトウェアとして
は研磨条件，研磨作業工程に関するデー
タベースや研磨工具の摩耗などをインプ
ロセス計測して適応制御を行う機能があ
る。多種少量生産における研磨作業に対
応する柔軟性の高いシステムが要求され
るが，システムの柔軟性と自動化とは本
来相容れない性格のものであり，ハード
ウェアとソフトウェアとのマッチングが
決め手となる。これまでに実用化されて
いる自動研磨システムの例として次のよ
うなものが挙げられる。
　①研磨ロボットによる研磨システム
　　（柔軟性の高いシステムであるが，
　　大量生産には不向きである）。
　②研磨ベルト，バフ，研磨ブラシ，研
　　磨フィルムを用いた研磨システム
　　（マテハンおよび研磨形態に適応し

た搬送システムが必要である）。
③バレル研磨機を主体にした研磨システム（バッチ生産を対象としている）。
⇒研磨ロボット（60），NC（262）

自動工具交換装置　じどうこうぐこうかんそうち（automatic tool changer）

工具の収納，工具マガジンの回転・位置決め，主軸と工具マガジン間の工具交換を行う。同装置の取付け位置は近年バラエティーに富んできたが，大まかに主軸ヘッド上，コラム上（王冠状），コラム側面，それに本体から離す別置形などがある。

日本工作機械工業会によると，マシニングセンタは，「工作物の取付けを変えずに，フライス・穴あけ・中ぐり・ねじ立てなど，種々の作業ができるNC工作機械であり，多数の種類の異なる工具を自動的に作業位置に持ってくる装置を備えたもの，または，少なくとも2面以上を加工できる構造で，工具の迅速な交換機能を備えた機械」となっている。つまり自動工具交換装置がないとマシニングセンタとはいえないことになる。
= ATC（255）
⇒工具マガジン（65）

自動工作物交換装置　じどうこうさくぶつこうかんそうち（automatic work changer）

マシニングセンタでは，規格化された一定形状のパレット上にワークを取付け，そのパレットを機械へ載せたり下ろしたりする方式が採られる。この装置をAPCと呼ぶが，一方のパレット上のワークを加工中に，もう一方のパレットに次のワークを段取りしておけば良い。この，従来人間が行っていた段取り作業を機械が置き代わって自動で行う装置のことをAWCという。ワークコンベヤ，オートローダ，ロボットなどの組み合わせで構築されている。
= AWC（255）
⇒自動パレット交換装置（92）

自動制御　じどうせいぎょ（automatic control）

システムの評価条件を満たすように，システムの状態に入力を介して支配を加えることを制御といい，それを自動的に行うものを自動制御という。自動制御にはフィードバック制御や最適制御などの方式がある。技術的にはアナログ制御とデジタル制御に，また工学的にはスカラ制御とベクトル制御に分けられる。コンピュータの発展とともに様々な分野に自動制御が導入されている。

自動旋盤　じどうせんばん（automatic lathe）

同一部品の量産加工には，アイドル時間の短縮が要求される。このため，主軸速度変換，正逆転，棒材送出し，刃物台送りなど全操作を自動的に行われるようにした旋盤を自動旋盤と呼ぶ。その主軸数により，単軸自動旋盤と多軸自動旋盤とに分けられる。自動旋盤の自動操作は，メカニカルに設定されるものが多く，工作物が変わると，その設定換え（段取り）に時間を要するのが欠点とされている。
⇒多軸自動旋盤（133）

自動倉庫　じどうそうこ（automatic warehouse system）

生産工程において，素材，加工途中の品，組付け部品，半製品，製品など，工程に関連した物品を一時的に保管，管理するために設けられた倉庫。立体的に配置されたラック状の棚にパレット，バケットのような容器をスタッカクレーンなどにより自動的に収納，排出する機能を持つもの。通常，垂直に二次元的に収納棚を並べ，入出庫を計算機で自動的に制御している。
⇒パレット（187）

自動調整絞り　じどうちょうせいしぼり（automatic control restrictor）

静圧油軸受や静圧気体軸受に使用する流体絞りで，軸受に作用する負荷の変動に応じて絞りの開度を自動的に調整し，

じどう

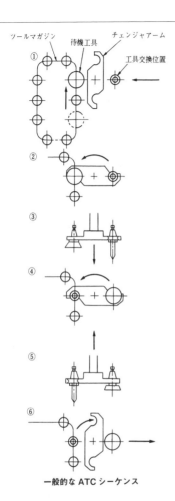

一般的な ATC シーケンス

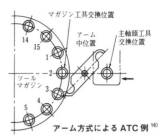

アーム方式による ATC 例[16]

自動工作物交換装置

オートセルシステム

無限大の剛性を与えることができる。自動調整機構には，ダイアフラム弁，スプール弁，圧電素子などが採用される。

自動定寸装置　じどうていすんそうち
（automatic sizing equipment）

加工中に工作物が所定の寸法に達すると，機械の運転を自動的に停止させる装置で，許容公差内の一定寸法の工作物を能率良く生産するために用いられる。インプロセスゲージなどを用いて直接工作物寸法を測定する計測式，工具が定位置にきた時を所定の工作物寸法とする定位置式，限界ゲージで絶えず工作物寸法をチェックする定規式などがあり，定位置

式と定規式は内面研削加工に応用されて、それぞれ gaugematic, sizematic と呼ばれている。

自動砥石交換装置 じどうといしこうかんそうち（automatic wheel changer）

砥石を自動的に交換する装置。平面研削盤や円筒研削盤では大形の砥石を門形の交換装置で交換するものが多く、グラインディングセンタや内面研削盤の砥石の交換方法としては、グラインディングセンタの工具交換装置を利用して交換するものと、研削盤の砥石軸からリング状の砥石のみを交換するタイプと、軸付砥石を用いて砥石軸ごと交換するタイプがある。
⇒自動工具交換装置（90）

自動倣い旋盤 じどうならいせんばん（automatic copying lathe）

円筒外周にテーパや曲面など複雑形状を持つ工作物の加工に用いられる倣い旋盤の中で、刃物台の周期運動とモデルによる切込み調整により、荒削り、仕上げ削りを連続して行えるものを、特に自動倣い旋盤という。

自動バランス装置 じどうばらんすそうち（automatic wheel balancer, automatic wheel balancing equipment）

研削砥石のアンバランスを自動的に除去する装置。砥石フランジに設けた補正タンクに外から補正質量である液体を噴射供給する補正質量付加式、アンバランス量に相当する質量を砥石から削り取る補正質量除去式、機械的、流体的に、あるいは遠心力を駆動力にして自己平衡的に質量を移動する補正質量移動式など、多くのものが提案されている。現在、信頼性が高く、最も用いられているのは補正質量移動式である。
⇒バランシング（185）

自動パレット交換装置 じどうぱれっとこうかんそうち（automatic pallet changer）

マシニングセンタでは、規格化された一定形状のパレット上に工作物を取付け、そのパレットを機械へ載せたり下ろしたりする方式が採られる。この装置がAPCといわれるもので、一方のパレット上の工作物を加工中に、もう一方のパレットに次の工作物を段取りしておけば、段取り時間中に機械を停止することがなくなり、切削稼働時間を増やすことができる。APCの形式には、2枚のパレットを交互に出し入れする時の動きと配置により、図のように何種類かに分類される。また、多くのパレット上に段取りをしておいて、無人で機械を運転しようというパレットマガジン方式や、自動倉庫から複数の機械へ無人台車でパレットを供給するような方式（FMS）もAPCの一種である。
= APC（255）

自動プログラミング じどうぷろぐらみんぐ（automatic programming）

コンピュータを利用してNCデータを

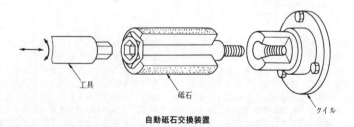

自動砥石交換装置

じどう

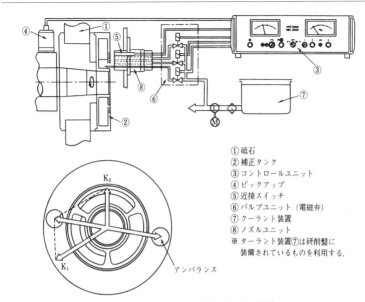

① 砥石
② 補正タンク
③ コントロールユニット
④ ピックアップ
⑤ 近接スイッチ
⑥ バルブユニット（電磁弁）
⑦ クーラント装置
⑧ ノズルユニット
※ クーラント装置⑦は研削盤に装備されているものを利用する．

自動バランス装置の一例（補正質量付加式）[45]

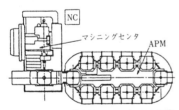

APC（10パレット）付きマシニングセンタ例[15]

自動的に生成することをいい，そのシステムを自動プログラミングシステムと呼ぶ．複雑な形状を加工しようすると人手ではNCデータの生成に途方もない時間がかかるため，NC装置の開発とほぼ同時期に開発され，1955年にはAPTの基礎となるものが発表された．

自動プログラミングシステムの入力は，工具経路を記述するのに必要な工作物形状の定義文や工具の記述文，運動文からなるパートプログラムであり，その出力は計算された工具経路（CLデータ）である．得られたCLデータをもとに，使用するNC装置に適合した形式に変換するソフトウェアをポストプロセッサという．APTのほか，加工技術の自動処理を組込んだEXAPTが著名である．最近では自動プログラミングシステムの機能を高性能のCNC装置に組込み，対話形にしたものが急速に普及している．
⇒ APT（255），CLデータ（258），EXAPT（260），NC（262）

自動ヘッド交換装置　じどうへっどこうかんそうち（automatic head changer）
　複数の主軸ヘッドおよびヘッドを収納

しふと

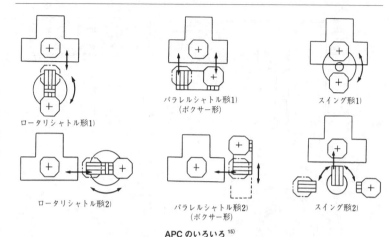

APCのいろいろ[15]

するヘッドマガジンを持ち，加工に応じてヘッドを交換する装置。ヘッドの交換は，プログラムを作成することにより，主軸に装着しているヘッドをヘッドマガジンの所定の位置へ戻し，目的のヘッドを割出して主軸にクランプするまでを自動で行う。自動ヘッド交換装置は五面加工機に見られ，側面加工の場合は水平主軸ヘッドで，上面加工の場合はヘッド交換後，垂直主軸で加工，というような使われ方がされる。
= AHC（255）

シフトプランジ研削 しふとぷらんじけんさく（shift plunge grinding）
研削位置をシフトしながらプランジ研削を繰り返す加工方法。
⇒プランジ研削（204），トラバース研削（161）

車軸旋盤 しゃじくせんばん（axle lathe）
鉄道客貨車などの車軸の仕上げ加工に用いる旋盤。車軸のセンタ穴を両センタで支え，車軸の左右から同時に車軸外周を削れるようにした，車軸加工の専用旋盤である。

車輪旋盤 しゃりんせんばん（car lathe）
鉄道客貨車などの車輪の外周面を，車軸に1対の車輪が組み込まれたまま，成

自動ヘッド交換装置

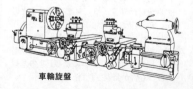

車輪旋盤

形または修正切削するための専用の旋盤。旋盤の構成は，2つの正面旋盤を向かい合わせに置いたようなもので，車輪センタ穴を支え，車輪に回転を与える左右の主軸台と左右の車輪を同時に切削できるような刃物台が左右にある。

シャワー洗浄 しゃわーせんじょう (shower cleaning)

シャワー洗浄は，ポンプで加圧された洗浄液をシャワー状にノズルから噴射させて洗浄する方法。洗浄液の化学的な洗浄力とシャワーによる物理的な洗浄力を併用したもの。スプレー洗浄は，同義語。
＝スプレー洗浄 (112)
⇒洗浄 (124)，清浄度 (116)

シャンク (shank)

工具の柄で，使用に際してこれを保持する。巻末付図(1)参照。

シャンクタイプフライス (shank-type milling cutter)

ミーリングチャック（ミーリングホルダ）を使用して，または直接，機械に取付けるシャンクを持つフライスの総称。

終期破損 しゅうきはそん (wearout failure)

切削工具の寿命時に見られる急激な工具損傷。工具内部のき裂の進展や，逃げ面摩耗の急増による切削抵抗や切削温度の増加のためにさらに摩耗が増加するといったカタストロフィが原因。逃げ面摩耗の急増は発達したクレータ摩耗と相まって切れ刃強度を低下させ，工具欠損を引き起こすことが少なくない。終期摩耗あるいは加速摩耗とも呼ばれる。
⇒工具摩耗 (66)，工具欠損 (63)

重研削 じゅうけんさく (heavy grinding, abrasive machining)

切込み，切込み速度，送りあるいは荷重が著しく高い研削を一般に重研削という。重研削にはカップ形砥石による正面研削やクリープフィード研削のように加工能率と共にある程度の精度が要求されるアブレシブマシニングと，高押し付け荷重のもとで鋼や鋳物の表面の精度を考えることなく量的に削るスナッギング研削に分けられる。重研削の場合，加工能率のほかに，消費動力，砥石摩耗量などが特に重要となる。この際，砥石摩耗評価には研削比がしばしば使われる。
⇒研削能率 (55)，高能率研削 (71)，超重研削 (143)

自由研削 じゆうけんさく (free hand grinding, free grinding)

切込み，送りなどの研削条件が一定でない黒皮むき，きず取り，ばり取りなどの研削作業を自由研削と呼ぶ。一般に粒度の粗いレジノイド砥石やビトリファイド砥石を用いて研削が行われ，寸法精度や面粗さよりも能率に対する要求度が高いのが特徴である。多くが粗研削に含まれる。作業は卓上（床上）研削機，携帯用グラインダ，スイング研削機，ディスクグラインダなど種々の専用機械を用い，手作業によって行われる。
⇒粗研削 (6)，ばり取り (186)，重研削 (95)

修正板 しゅうせいばん (conditioning plate)
⇒修正リング (95)

修正リング しゅうせいりんぐ (conditioning ring)

修正輪形研磨機によるラッピングやポリシングで，水平回転する円環状下定盤に対向させるように載せて使用される。強制回転あるいは下定盤に従う従動回転が行われ，リングの中に納めた工作物の研磨を進める一方，研磨による円環状下定盤の摩耗による精度劣化を，この修正リングにより研磨中に修正していく。

修正輪形研磨機 しゅうせいりんがたけんまき (conditioning ring type polishing machine)

ラッピングは，ラッププレートとワークの間に遊離砥粒を介在させ，ラッププレートとワークをすり合わせ，ワークの表面を平滑にする。この際，ラッププレートとワークの片当たりがあるとラッププレートは片減りする。これを避けるために，修正リングを用いてラッププレート

を自転，修正リングを公転させ，ワークとラッププレートの全面すり合わせを行わせる。ラッププレートとワークは干渉し合って自動的に修正し合う。

周速一定制御 しゅうそくいっていせいぎょ（constant circumferential speed control）
旋削加工では工具刃先が主軸中心に近くなるにつれ，切削速度の低下をもたらす。そこで，工具位置に応じて主軸回転数を制御し，切削速度を一定に保つようにしている。

周速度 しゅうそくど（peripheral speed）
回転体の周方向の速度。最外周の速度を指すことが多い。
⇒砥石周速度（157），研削速度（53），工作物速度（68）

集中度 しゅうちゅうど（concentration）
＝コンセントレーション[1]（75）

終点検出 しゅうてんけんしゅつ（end point detection）
終点検出法。層間絶縁膜（ILD）の平坦化を行う時，研磨速度の著しく遅い物質を蒸着もしくは塗付し，その上に絶縁膜を形成する。CMP処理を行うとSiO_2に比して研磨速度の遅い所まで研磨されると処理を停止することができる。窒化膜やタングステン膜が用いられる。また平坦化されると接触面積が増加することから，研磨機の負荷電流の変化，光学的なエリプソメトリック法などで停止させる方法もある。

主運動 しゅうんどう（primary motion）
切りくずを生成するために工作機械によって与えられる，工具と工作物との間の相対運動で，送り運動の成分を除いたもの。主運動の方向は，工作物が静止し，工具が運動するものとして定義する。主運動の速度を切削速度と呼ぶ。
⇒送り運動（19），切削速度（118）

主切れ刃 しゅきれは（major cutting edge）
切削作用において，切りくず生成に主な役割を果たす切れ刃。主切れ刃が複数ある場合にはコーナに近い順に第1主切れ刃，第2主切れ刃などという。巻末付図(1)参照。
⇒副切れ刃（199）

主軸 しゅじく（main spindle）
工作物または工具を取付けて回転させる工作機械の軸をいい，主軸中心線に平行な方向をZ軸，その回りの回転運動をC軸と定義している。

主軸は，一般に二組の軸受で支持され，ベルトや歯車を介してモータで駆動される。主軸に工具または工作物を取り付けて加工することから，加工能率と加工精度を上げるために高い剛性と減衰性，さらに高い回転精度が要求される。高速切削の可能なマシニングセンタや研削盤ではビルトインモータ形式の主軸が使用されているが，軸受やモータの発熱による主軸の伸びが加工精度に大きく影響することから冷却技術の開発が重要な課題となっている。超精密工作機械では，空気静圧軸受で支持された主軸が使われる。
＝スピンドル（111）

主軸オーバライド しゅじくおーばらいど（spindle override）
⇒オーバライド（22）

主軸機能 しゅじくきのう（spindle-speed function）
主軸の回転速度を指定する機能。主軸機能のアドレスにはSを用い，それに続く数値で主軸の回転速度を指定する。回転速度の数値はバイナリのコード，回転数直接指定，主軸の周速などで指定される。指定された主軸の回転速度は，指令のタイミングなどの条件が整えられた後に，アナログ電圧やシリアルインタフェース信号に変換されてスピンドルコントロールユニットに与えられ，主軸を回転させる。
＝S機能（267）

主軸台 しゅじくだい（head stock, spindle stock）
工作物回転形の工作機械で，主軸，そ

の駆動装置，速度変換装置を備えている部分。工具回転形の工作機械では主軸頭(spindle head)という。
=ヘッドストック（212）

主軸端 しゅじくたん（spindle nose）
　工作機械主軸の工具や工作物を取付ける側の端面部で，工作機械の使用者が必要に応じて使用する様々な工具やチャックを取付けるテーパ穴，キー溝，ねじ穴などのある部分をいう。工具やチャックの交換時に互換性を保つために，主軸端の形状と寸法とはISOやJISで規格化されている。しかし，砥石軸の軸端は規格化されていない。

主軸頭移動量 しゅじくとういどうりょう（spindle head travel）
　工作機械の制御軸となっている主軸頭の移動する距離。通常は公称値を示し，機械的には両端に余裕分を持つ。両端余裕分を越えて動かすと機械の破損につながるので，マニュアル機ではストロークリミットスイッチを設けて衝突を防ぐ。NC機では指令位置が公称ストロークを越える場合はアラームを出して事前に止める。日本語では移動量をストロークと呼ぶことがあるが，任意位置に停止できる移動は英文ではtravelと言う。
⇒コラム移動量（73），往復台移動量（18），テーブル移動量（153），クロスレール移動量（49）

しゅす仕上げ しゅすしあげ（satin finish[ing]）
　非油性の研磨剤を用いたバフ加工により得られる仕上げの一種で，しゅす（繻子：経糸もしくは緯糸の何れかが浮き出て見える織り方）のように，方向性を持ってある程度光沢をもったつや消し仕上げのこと。非油性研磨剤，グリースレスコンパウンド，つや消し研磨剤などと称される細かい粒度の溶融アルミナや炭化けい素研磨剤を使用したバフ仕上げで得られる。
=サテンフィニッシュ（77）

主逃げ面 しゅにげめん（major flank）
　主切れ刃につながる逃げ面。主逃げ面が複数の面からなるときは，主切れ面から近い順に第1逃げ面，第2逃げ面などと呼ぶ。巻末付図(1)(2)参照。
⇒逃げ面（170），主切れ刃（96）

主分力 しゅぶんりょく（principal force）
⇒切削抵抗（119）

潤滑 じゅんかつ（lubrication）
　潤滑とは摺動する2面間に異種分子を添加し，これを表面に付着させることによって摩擦を小さくしたり，焼き付きを防ぐ作用を持たせることである。異種分子が介在することによって，2面間の凝着力，あるいは引っかき力が軽減するためである。2固体間が流体膜によって隔てられている流体潤滑と，潤滑油膜が薄くなって局所的に固体間の接触が生じる境界潤滑に大別される。
　切削・研削加工の場合には，切削・研削油剤によって工具と工作物間の摩擦を抑制し，切削・研削抵抗や工具摩耗を軽減することを意味する。境界潤滑下では，油分子と固体表面との化学的相互作用（メカノケミストリー反応，トライボケミストリー反応）によって，化学反応が促進されるので，この現象を利用してセラミックスの研磨が行われている。
⇒摩擦（221），摩耗（222），冷却（242），オイルエア潤滑（17），オイルミスト潤滑（18），グリース潤滑（47）

潤滑剤 じゅんかつざい（lubricant）
　良好な潤滑性能を有する物質。基油に極圧剤などを添加したマシーン油や切削油などの潤滑油と，黒鉛や二硫化モリブデンなどの固体潤滑剤に大別される。
⇒切削油剤（120）

潤滑装置 じゅんかつそうち（lubricating system）
　機械の回転部分，移動部分に潤滑油を供給する装置。簡単な物では手動式グリースポンプがある。ポンプ，駆動モータ，タンク，フィルタ，制御弁などで構

成した一体の装置もある。
⇒油圧ユニット（230）

純水 じゅんすい（pure water）
　不純物を含まないかほとんど含まない，純度の高い水のこと。不純物を取り除く方法によりRO水，脱イオン水，蒸留水がある。RO水は，逆浸透膜を通過させイオンや有機物を除去した水。脱イオン水は，イオン交換樹脂により脱イオン化された水。有機物は除去できない。蒸留水は，水を加熱，気化した蒸気を冷却し凝縮させることにより不純物を除去し，純度を高めた水。電気抵抗率が$1 \sim 10 M\Omega \cdot cm$（電気抵抗率が$1.0 \sim 0.1 \mu S/cm$）の範囲を純水と呼ぶ場合が多い。
⇒脱イオン水（133）

準備機能 じゅんびきのう（preparatory function）
　機械，または制御システムの機能モードを決める指令。準備機能のアドレスにはGを用い，それに続くコード化された数値で指定する。指令された時（ブロック）にだけ有効なワンショットな準備機能と，キャンセルする他の準備機能が指令されるまで有効なモーダルな準備機能とがある。〈準備機能（例）〉
①ワンショットな準備機能…レファレンス点復帰（G 28）
②モーダルな準備機能…直線補間（G 01），円弧補間（G 02, G 03）などの補間の種類
= G機能（261）

衝撃試験 しょうげきしけん（impact test）
　衝撃的な力を加えて，砥粒の動的な靱性あるいは破砕性を調べる方法の1つである。
⇒靱性[1]（102），破砕性（180）

上下滑り台 じょうげすべりだい（vertical slide）
　砥石頭を備えて，コラム案内面に沿って上下に摺動する台。

焼結砥粒 しょうけつとりゅう（sintered abrasive）
　酸化物やほう化物などを焼結によって固めた砥粒で，通常アルミナの焼結物を指す。ボーキサイト粉末の塊状または円柱状の成形物を焼結したものは，重荷重の自由研削に用いられる。また，ゾルゲル法によるベーマイト（γ-$Al_2O_3 \cdot H_2O$）の成形物を焼結した微細コランダム集晶物は最も研削性の優れた砥粒である。

定盤[1] じょうばん（surface plate）
　機械部品の検査あるいは組立作業において，基準平面として使用するブロックまたはテーブル。通常鋳鉄製であるが，鋼製やグラナイト製のものも用いられる。使用面はきさげ仕上げ，研削仕上げまたはラップ仕上げが施されている。

定盤[2] じょうばん（lap）
　平面ラッピングに用いられる金属製の工具。通常ラップ定盤と呼ばれている。鋳鉄，銅，錫などの金属が多用されており，鋳鉄は一般に粗研磨に，銅，錫は精密研磨に用いられている。
⇒ラップ［工具］（236）

正面削り しょうめんけずり（facing, face turning, face cutting）
　旋盤加工において，工作物の回転軸方向に切込みを，半径方向に送りを与えて端面を加工する方法。フライス加工では，正面フライスやエンドミルなどの工具の回転軸方向に切込みを，半径方向に送りを与えて平面を加工する方法。

正面研削 しょうめんけんさく（face grinding）
　平面研削の1タイプであって，通常の平面研削が砥石円周面を利用するのに対し，この正面研削では立軸平面研削の例で見られるように砥石の端面（リング砥石，カップ形砥石，セグメント砥石）を利用した平面研削を実現しようとするものである。工作物は往復運動する角テーブルまたは回転運動する円テーブルに取付けられる。円周面による研削が精度の高い加工を目的とするのに対し，カップ

形砥石などによる正面研削は生産性の向上を目指している。
⇒ディスク研削（151），端面研削装置（138）

正面旋盤 しょうめんせんばん（face lathe）

正面旋盤は長さの割に直径の大きい工作物を加工するための旋盤であり，主として端面を加工する。垂直な面板に工作物を段取り，心出しする作業が難しいため，これらが容易な立旋盤に置き変わってきたが，立旋盤に比べ切りくずの排出が良いという利点がある。

磁気ディスク基板加工用のディスク旋盤も，鏡面切削を目的とした正面旋盤である。
⇒立旋盤（134）

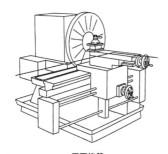

正面旋盤

正面フライス しょうめんふらいす（face milling cutter, face mill）

一端面と外周面に切れ刃を持ち，主として立フライス盤で平面切削に用いるフライス。フェースミルともいう。巻末付図(10)参照。
⇒側フライス（36），平フライス（197）

正面フライス研削装置 しょうめんふらいすけんさくそうち（face mill grinding attachment）

工作主軸台に取付けることが困難な大形正面フライスの切れ刃の研削に使用する装置。

初期欠損 しょきけっそん（early fracture）

断続切削において，工具が脆性損傷し，最終破損に至るまでの繰り返し回数（これを断続切削工具欠損寿命という）は数回から数万回の範囲に及ぶが，数百回程度までに起こるものを初期欠損という。
⇒工具欠損（63），欠け[1]（28），チッピング[1]（139）

初期摩耗 しょきまもう（initial wear）

新しい工具や再研磨工具の切れ刃は鋭利であるため，切削開始直後に生ずる微小なチッピングにより，工具逃げ面の摩耗が加速される。また研削砥石では，ドレッシングにより砥粒切れ刃の強度や結合剤の砥粒保持力が低下するため，研削開始直後に砥粒の破砕や脱落が生じ，摩耗が大きくなる。このような工具使用開始直後に生ずる大きな摩耗を初期摩耗と呼ぶ。初期摩耗をへて，摩耗速度の小さい定常摩耗へと遷移する。
⇒逃げ面摩耗（171）

除去加工 じょきょかこう（removal process）

工作物に機械的エネルギや物理・化学エネルギ（電気，光，熱，化学，超音波など）を加えることによって，工作物の不要部分を切りくずとして，または溶融して取り除き，製品を目的の幾何学的品位（寸法，形状，および粗さなど）および材質的品位（加工変質など）に仕上げる加工法。
⇒機械加工（37）

除去率 じょきょりつ（stock removal rate）
＝研削能率（55）

除去量 じょきょりょう（volume of material removed）
＝研削量（56）

触針式形状測定機 しょくしんしきけいじょうそくていき（tactile measuring instruments）

測定対象に測定用プローブ（針）を接触させ，プローブを測定面に沿って走査

するか，あるいは複数の接触点を検知した際のプローブ位置情報をもとに測定対象の形状を得る測定機の総称を指す。測定対象のプロービング方法は多岐に渡り，プローブと試料表面の間に作用する原子間力を利用した原子間力顕微鏡，複数の接触点の三次元座標 (X, Y, Z) を得ることで測定対象の3次元形状を把握する三次元座標測定機，微細な触針で測定対象表面をトレースして粗さ形状を測定する表面粗さ測定機などが挙げられる。プローブ接触により測定対象にダメージを与える可能性があるが，光学式手法に比べて信頼性が高いと現場で判断される測定結果が得られることが多い。
=表面粗さ測定機 (195)，原子間力顕微鏡 (56)，三次元 [座標] 測定機 (81)

触媒利用研磨 しょくばいりようけんま (catalyst assisted polishing)

ポリシングパッドとして触媒物質を使用して活性な反応種を作り出すことで被加工物を化学的に除去する研磨方法の総称。触媒と被加工物，反応種を作り出す物質の組み合わせにより，より効率的で高品位な研磨が実現できる。例えば，被加工物に SiC，触媒に白金，反応種を作り出す物質にフッ酸を用いた事例が報告されている。一方，触媒として知られている天然ゼオライトで SiC の鏡面創成事例が報告されている。

ショットピーニング しょっとぴーにんぐ (shot peening)

数十μm から数 mm の球状の粒子を，翼車（羽根車）や高圧空気などで高速度に加速して工作物表面を叩き伸ばし強化する噴射加工の一種。対象部品は，高い耐久性や信頼性が要求されるばね，歯車，コネクティングロッド，航空機用タービンブレード，圧力容器ならびに化学プラントの構造物や各種部品などである。
⇒噴射加工 (209)

ショットブラスト (shot blast[ing])
⇒吹付け加工 (199)

処理砥石 しょりといし (treated wheel)

研削砥石（主としてビトリファイド研削砥石）に種々の性能を付与するため，そ の気孔中に潤滑剤・極圧添加剤として硫黄，燐，油脂などを詰めた研削砥石をいう。

シリカ (silica)
=二酸化珪素 (171)

シリケート砥石 しりけーとといし (silicate [bonded] wheel)

結合剤として水硝子，すなわち珪酸ソーダを用い，金属複塩の水に不溶性硝子に変化したもので砥粒を接合し，造形した研削砥石。天然砥石のようなソフトなアタリを有し，かつ注水作業にて結合剤中に残存する少量の水硝子が徐々に溶出してアルカリ性の潤滑剤となって働く，特徴を有する研削砥石。

ジルコニア (zirconia)
=酸化ジルコニウム (80)

自励振動 じれいしんどう (self-excited vibration)

システムが力学的に不安定な状態に陥ることによって生ずる振動で，強制振動源が存在しなくても振動が持続される現象。研削加工においては，工作物表面および砥石作業面上での再生効果による再生びびりが主要なものである。自励振動が発生すると，加工形状精度や仕上げ面粗さが劣化することに加え，これを抑制するために加工能率を低下せざるを得ず，加工作業上大きな障害となる。

再生効果のほかに，モード連成，係数励振など，いくつかの自励振動発生原因が指摘されている。
=自励びびり振動 (100)
⇒強制振動 (39)，再生びびり (76)，びびりマーク (194)

自励びびり振動 じれいびびりしんどう (self-excited chatter vibration)
=自励振動 (100)

心厚【ドリル】 しんあつ (web thickness)

ウェブの先端の厚さ。巻末付図(6)参照。

⇒ウェブ(11)

心厚【フライス】 しんあつ(core diameter)

シャンクタイプフライスのボデーで溝底をつらねた円の直径。巻末付図(5)参照。

真円度 しんえんど(roundness)

円形形体の幾何学的に正しい円(幾何学的円という)からの狂いの大きさをいう。巻末付録 p.296 参照。

⇒公差(66)

真円度測定機 しんえんどそくていき(roundness measuring machine)

回転機構をもち、接触式検出器によって被測定物の円周方向の半径変化を測定し、演算装置により真円度の値をデジタル表示、または記録図形から真円度を測定することを目的とする測定器である。

回転機構の用い方によって、載物台回転形真円度測定機と検出器回転形真円度測定機に分けられる。載物台回転形真円度測定機は、主に被測定物が円筒形状あるいは測定箇所が被測定物の中央付近で、偏心量が小さい物などに使用する。検出器回転形真円度測定機は、逆に測定箇所が被測定物の中央付近になく、偏心量が大きい物あるいは重量物などに使用する。

また測定機によっては、回転機構に加え測定物の軸方向の半径変化の測定を目的とした直動機構を有しているものもある。これは、主に真直度・円筒度などの測定に必要な機能となる。現在、真円度測定機によって測定可能な形状偏差には、測定機能・演算機能によって、真円度のほか、平面度・同心度・同軸度・真直度・円筒度などがある。

心押軸 しんおしじく(tailstock spindle, tailstock barrel)

心押台本体の穴に出入りすることのできる軸で、心押軸にセンタを取り付けて工作物を押し付けて支える軸。センタの代わりにドリルやリーマを取り付けて穴あけや穴仕上げをすることもできる。

⇒心押台(102)

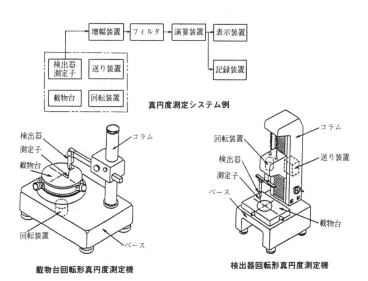

真円度測定システム例

載物台回転形真円度測定機

検出器回転形真円度測定機

心押台 しんおしだい (tailstock)

ベッドまたはテーブル上で，主軸台の反対側にあり，工作物の一端を支える台であって，心押台本体，心押台ベース，心押軸などからなる。心押台は，工作物の長さに合わせて手動または機動で移動させることができる。普通旋盤や円筒研削盤には標準で付いている。
＝テールストック (153)
⇒機動心押台 (38)

真球度 しんきゅうど (sphericity)

球体の幾何学的に正しい球（幾何学的球という）からの狂いの大きさをいう。
⇒公差 (66)

真空チャック しんくうちゃっく (vacuum chuck)

たとえば，円板の正面旋削を行う時などに，工作物を主軸面板に真空吸着して固定するクランプ方法。加工精度に影響する工作物のクランプひずみを，接触面積を大きくすることによって，低減することが目的である。図のように，面板に同心円状の溝を入れ，主軸を通して溝の内部を真空に引き，大気圧によって工作物を面板に押し付けて固定するタイプと，多孔質体を利用したタイプがある。主として，切削力の小さい超精密切削加工において用いられる。
⇒超精密切削 (144)，正面削り (98)

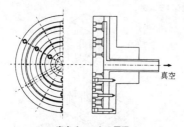

真空チャックの原理

真空ピンチャック しんくうぴんちゃっく (vacuum pin chuck)

真空チャックの一種であり，直径1mm以下の多数の極小ピンで工作物を支持し真空吸着により固定する装置。主に半導体製造における基板保持に使用する。基板との接触面積が非常に小さいので接触面において塵を噛み込み難く，高精度な製造工程に適している。

シングルブロック (single block)

マシンプログラムによる数値制御機械の運転（自動運転）中に，作業者の始動で数値制御装置にシングルブロックを有効にする信号が入力されると，マシンプログラムの1ブロックだけが実行された後に自動運転は停止する。以後，自動運転を起動するごとに1ブロックだけ実行後自動運転は停止する。シングルブロックの機能はプログラムの確認に利用できる。

靱性[1] じんせい (toughness)

砥粒についていう場合は，砥粒の破砕に対する抵抗度であり，砥粒の本質的な強度と砥粒の形状に関係する。その逆は破砕性であり，研削中の砥粒切れ刃の自生作用と関連する。

靱性[2] じんせい (toughness)
＝破壊靱性 (178)

人造エメリー研削材 じんぞうえめりーけんさくざい (artificial emery abrasive)

天然エメリーと同様に鏡面付与性のある溶融アルミナ質砥粒で，約7%のFe_2O_3と約10%のSiO_2を含む。バフ研磨，油脂研磨剤などに用いられる。
＝AE砥粒 (255)
⇒エメリー (15)

人造研削材 じんぞうけんさくざい (artificial abrasive, man-made abrasive)

人造砥粒を意味する物質。量的に主流を占めているのはアルミナ（Al_2O_3）と炭化けい素（SiC）であるが，産業上の重要性からは，ダイヤモンドと立方晶窒化ほう素（CBN）も重要な人造研磨材

である。
= 人造砥粒（103）

人造研磨石 じんぞうけんまいし (artificial grinding stone, artificial grinding wheel)
= 人造砥石（103）

人造研磨材 じんぞうけんまざい (artificial abrasive grain)
= 人造砥粒（103）

人造ダイヤモンド じんぞうだいやもんど (man-made diamond, synthetic diamond)
　人工的に作られたダイヤモンド。砥粒の記号としては一般的にSDと表記される。ちなみに、天然ダイヤはDと表記される。
⇒ダイヤモンド（130）、ダイヤモンドホイール（131）、単結晶ダイヤモンド（136）

人造砥石 じんぞうといし (artificial grinding stone, artificial grinding wheel)
　天然砥石に対応する用語。わが国では、砥石はほとんど回転体として使用されることから、昔は一時的に砥石車と公式に称されたが、現在では単に砥石あるいは研削砥石と言われている。
= 人造研磨石（103）

人造砥粒 じんぞうとりゅう (artificial abrasive grain)
　人造研削材と同義、またはその粒状物。天然砥粒の対応用語。
= 人造研磨材（103）

心出し顕微鏡 しんだしけんびきょう (centering microscope)
　ジグ中ぐり盤、フライス盤などのカッタ中心軸と加工面上基準点との心合わせを行う顕微鏡である。主軸の回転中心軸と光軸が一致するようにテーパで取付けられ、視野内に見える指標の中心に基準点を合致させて、心を合わせる。

心たて しんたて (centering)
　センタ穴ドリルを用いて工作物にセンタ穴をあける作業。
⇒センタ穴ドリル（125）

真直度 しんちょくど (straightness)
　直線形体の幾何学的に正しい直線（幾何学的直線という）からの狂いの大きさをいう。巻末付録 p.296 参照。
⇒公差（66）

振動バレル研磨機 しんどうばれるけんまき (vibratory barrel machine)
　スプリングを介して上下にアンバランスウエイトを取り付けた振動モータとバレル槽が連結され、振動させることによって工作物と研磨メディア間に相対速度差を生じさせて研磨を行うバレル研磨機。ボックス型とサークル型があり、研磨能力は回転バレルの2〜5倍で、容積効率は他のバレル方式に比べて高く、量産性にも優れている。
　ばり取り・エッジ仕上げなどの粗仕上げに効果を発揮する。
⇒バレル研磨（187）

振動仕上げ加工 しんどうしあげかこう (vibration finishing process)
　研磨工具を所定の加工圧力で工作物に押し付け、振動源を利用して研磨工具と

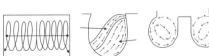

(a) ボックス型　　　　　　　　(b) サークル型

振動バレル

工作物との間に振動的相対運動，回転運動および送り運動などを与えて表面仕上げを行う加工法である。この仕上げ加工の特徴は，低速回転および低加工圧力で研磨できるため，研磨熱や研磨抵抗の低減をもたらし，精密加工を高能率に実現できることである。振動仕上げ加工には次のようなものがある。

① 遊離砥粒の利用による加工
　a) 超音波加工
　b) 超音波ラッピング
② 固定砥粒の利用による加工
　a) 超音波研磨
　b) 超仕上げ（スティック砥石による方法，研磨フィルムによる方法）
　c) ホーニング
　d) 振動ハンドラッパ
　e) 振動バレル

これらの方法では20Hz程度の低周波から20kHzを超える超音波域の振動数が利用され，縦振動，ねじり振動あるいは曲げ振動を与えて加工する。

⇒振動バレル研磨機（103），超音波加工（141），超音波研磨（142），超仕上げ（143），ホーニング［加工］（216）

振動切削 しんどうせっさく（vibration cutting）

切削状態を改善するため，工具を強制的に振動させながら切削する方法。一般的には，超音波域の振動を切断方向に加える。振動数を f，振幅を a，切削速度を v とおくと，$v < 2\pi a f$ の条件を満たすとき，工具は一周期に一度，切りくずより離れ，振動数の増大とともに非切削時間の割合が増える。振動切削により実質的な切削速度が増大し，非切削時間における冷却・潤滑効果が期待できるので，切削抵抗が低減し，良好な仕上げ面が得られ，工具寿命が延びる。

振動モード しんどうもーど（mode of vibration, vibration mode）

ある特定の振動数において，振動している系の各点が相対的にどのように運動しているかを示す振動形態。これにより振動系の振幅がゼロになる節の部分と振幅が最大になる腹の部分の分布を知ることができる。自由振動をしている系について考えられる振動モードを固有モードといい，最低の固有振動数を持つ振動モードを基本固有モードという。振動系の特性を改善するにはこれらの振動モードの形（modal shape）も重要である。

心無し研削 しんなしけんさく（centerless grinding）

工作物をセンタ穴で支持することなく，工作物の外周を基準として支持刃と調整車によって支持し，主として工作物の外周を研削仕上げする加工方法。したがって，工作物にセンタ穴を加工する必要がなく，工作物の着脱が容易で，自動化しやすいなどの特徴とともに，工作物全長にわたって支持が行われるため，一様な研削精度が得やすいという特徴がある。また，円錐，多角形，プロファイル，そのほか各種回転対の工作物も研削可能である。

⇒心無し研削盤（104），心無し内面研削（105），スルーフィード研削（113）

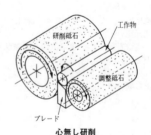

心無し研削

心無し研削盤 しんなしけんさくばん（centerless grinding machine）

工作物を研削砥石，調整車，および支持刃の間に支えて，その外面を研削する研削盤。

⇒心無し研削（104）

しんな

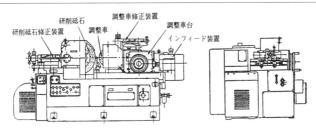

心無し研削盤[5]

心無し内面研削 しんなしないめんけんさく（internal centerless grinding）

ロールやシューで工作物の外形を支持して穴内面を研削する加工法。たとえば、ベアリングの外輪、内輪のように工作物の内外径の同心度を高精度に維持しつつ、かつ自動量産内面研削加工が必要とされる場合などに用いられる。
⇒心無し研削（104），心無し研削盤（104），内面研削（166）

心無しラップ盤 しんなしらっぷばん（centerless lapping machine）

心無し研削盤における研削砥石および調整車の代わりにラップ車と調整車を設けて、円筒外周面の心無しラッピングを行う機械である。これらの車の長さは、心無し研削盤のものよりかなり長く、工作物との接触時間も長くなるために高精度の仕上げ加工が可能である。工作物は通し送り方式によってラッピングされ、工作物軸に対してラップ車は約4°、調整車は1～3°傾けられ、仕上げ程度に応じてこれらの角度は変化させる。これらの車は砥石製のものと鋳鉄製のものが使用される。
⇒ラッピング（235），ラップ盤（236），心無し研削盤（104），調整車（144）

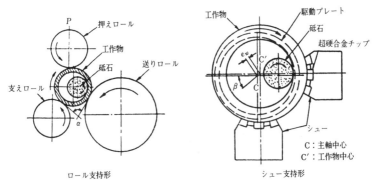

心無し内面研削[6]

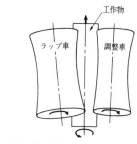

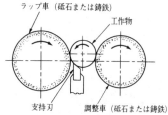

心無しラップ盤

シンニング（web thinning）

　チゼルエッジを薄くすること。切れ刃が無くて摩擦するチゼル部を薄くして切削抵抗を減らすために行う。巻末付図(6)参照。
⇒チゼルエッジ（139）

真のすくい角　しんのすくいかく（orthogonal rake, true rake）
＝垂直すくい角（106）

親和性　しんわせい（chemical affinity）

　固体間の化学結合、あるいは凝着の起こりやすさをいう。化学的親和力とも呼ばれる。たとえば高速度鋼工具やWCを主成分とした超硬工具と銅の組合わせでは、工具と工作物の親和性が高いので、工具面に付着物や構成刃先を生じやすい。一方、TiCを主成分としたサーメット工具に鋼が付着しにくく、ダイヤモンド工具で種々の軟質金属を削るとよい仕上げ面が得られるのは、両者間の親和性が低いためとされている。

⇒ぬれ（172）

〔す〕

水準器　すいじゅんき（level）

　水平面と鉛直面からの傾斜を測定するのに用いられる測定器。水準器には4辺が測定基準面となっている精密角形水準器と、底面のみが測定基準面となっている精密平形水準器の2種類がある。一般的にはガラス管にアルコールとエーテルとの混合液と気泡を封入したものが用いられる。

　このような機械的なものに代わり、振り子を用い、振り子の鉛直面からの変位を電気的な信号として取り出す電子式の水準器もある。

垂直すくい角　すいちょくすくいかく
（orthogonal rake, true rake）

　基準面 P_r に対するすくい面の傾きを表す角で、切れ刃の基準面への投影線に垂直、かつ基準面に垂直な面上で測る。γ_0 と表記する。工具系基準方式では、巻末付図(7)に示す角度となる。真のすくい角ともいう。
＝真のすくい角（106）
⇒直角すくい角（147），バックレーキ（183），横すくい角（233），すくい角（108），工具系基準方式（63）

垂直逃げ角　すいちょくにげかく
（orthogonal clearance, orthogonal clearance angle）

　切れ刃に接し、基準面 P_r に垂直な面 P_s に対する逃げ面の傾きを表す角で、基準面に垂直で、かつ基準面への切れ刃の投影に垂直な面で測る。α_0 と表記する。工具系基準方式では、巻末付図(7)に示す角度となる。
⇒逃げ角（170），直角逃げ角（147），工具系基準方式（63）

垂直刃物角　すいちょくはものかく（orthogonal wedge angle）
　すくい面と逃げ面がなす角で，切れ刃の基準面P_rへの投影線に垂直，かつ基準面に垂直な面上で測る。工具系基準方式では，巻末付図(7)のようになる。β_0と表記する。
⇒直角刃物角（147），工具系基準方式（63）

垂直分力　すいちょくぶんりょく（vertical force）
⇒切削抵抗（119）

水平分力　すいへいぶんりょく（horizontal force）
⇒切削抵抗（119）

水溶性研削油剤　すいようせいけんさくゆざい（water-soluble grinding fluid）
⇒研削油剤（55）

水溶性切削油剤　すいようせいせっさくゆざい（water-soluble cutting oil, water-soluble cutting fluid）
⇒切削油剤（120）

水溶性ラップ液　すいようせいらっぷえき（water-base lapping vehicle）
　研磨材を水に混合させたスラリーにおいて，研磨材の分散性向上，工作物・機械に対する防錆作用，冷却効果，加工後の洗浄性向上などの効果を得るため水添加する溶液。通常数倍から数十倍に希釈して使用している。
⇒ソリューブルタイプ研磨剤（129）

数値制御　すうちせいぎょ（numerical control）
＝NC（262）

スエードタイプ研磨パッド　すえーどたいぷけんまぱっど（suede-type polishing pad）
　ポリエステルフェルトにポリウレタンを含浸させた基材に，ポリウレタンをコート（積層）し，ポリウレタン内に発泡層を成長させ，表面部位を除去し発泡層に開口部をもうけたものである（この層をナップ層と呼ぶ）。特に仕上げ用に使用されており，発泡層内に保持された研磨材が，工作物と発泡層内面との間で作用することにより研磨が進行する。ケミカルメカニカルな研磨に多用され，無擾（じょう）乱に近いダメージのない面が得られるが，時間をかけると周辺ダレが発生しやすい。
⇒研磨パッド（58），不織布タイプ研磨パッド（200）

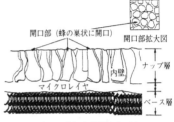

スエードタイプ研磨パッド

スカイビング加工　すかいびんぐかこう（skiving）
　一般的な加工法と歯車加工法で意味が異なる。
　①一般的加工法においては，刃物を刃先線と直角方向に動かす切削運動において，刃先線と平行な運動を重ねることで切れ味をよくする仕上げ加工法。刺身包丁の引き切りの動きが一例。
　②歯車加工ではスカイビングと呼ばれる2つの加工法がある。一つはホブ加工の一種で，歯切り・熱処理後のワーク歯面をすくい角がネガティブまたは0のスカイビングホブで，ごく薄くそぐように加工する仕上げ加工法。もう一つは歯車形状のカッタとワークブランクを傾けてかみ合わせ，同期回転させながら軸方向に送るスカイビング歯切り法。傾けた工具の軸方向の速度成分が切削速度となる。シェーパ加工に比べて生産性が高く，内歯車，外歯車どちらも加

工できる高能率刃切り法。
⇒切削速度(118),すくい角(108),ホブ切り(216),歯車シェービング仕上げ(180)

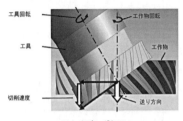

スカイビング加工

すかし角 すかしかく (end cutting edge, concavity angle)

フライスの底刃または側刃の副切込み角。
⇒底刃(128),側刃(128)

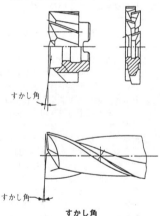

すかし角

すきまゲージ (thickness gauge, feeler gauge)

すきまゲージは,図に示すような鋼薄片からなり,平行な2つの測定面間の厚さが所定の寸法に仕上げられており,こ

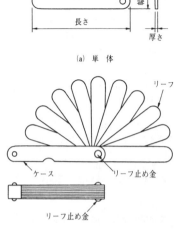

(a) 単体

(b) 組み合わせシックネスゲージ

すきまゲージ[11]

れをすきまに挿入してすきまの間隔を測定するものである。JIS B 7524では厚さ3mm以下,長さ300mm以下の単体およびこれらを組み合わせたゲージについて,形状,寸法,厚さの許容差,幅方向に対する反りの公差等を規定している。
=シックネスゲージ(88)

すくい角 すくいかく (rake angle)

基準面P_rに対するすくい面の傾きを表す角度。どの面上で測るかによって,垂直すくい角(真のすくい角)γ_0,バックレーキ(アキシャルレーキ)γ_p,横すくい角(ラジアルレーキ)γ_f,直角すくい角γ_nが定義される。すくい角を大きく取ると切削抵抗は小さくなり,すくい面への溶着も少なくなるが,刃先の強度が低くなる。工作物が硬い場合や黒皮,断続切削のように切れ刃強度が必要なときは小さくし,その逆の場合,または,機械の剛性が低い場合,仕上げ面を向上させたい場合,大きくする。巻末付図(7)参照。

すきまゲージの許容差と等級

(単位：mm)

リーフの厚さの区分	厚さの許容差		そりの許容値	
	特級	並級	特級	並級
0.03 以上　0.15 以下	± 0.003	± 0.005	−	−
0.03 以上　0.15 以下	± 0.003	± 0.005	−	−
0.50 を超え 3.00 以下	± 0.010	± 0.020	0.003	0.006

⇒直角すくい角（147），垂直すくい角（106），バックレーキ（233），横すくい角（183），切れ刃傾き角（44）

すくい面　すくいめん（face, tooth face, cutting face, rake face）

工具の切削を営む主体となる面で，切りくずはこの面上を擦過する。すくい面が複数の面からなる場合は，切れ刃に近い方から順に第1すくい面，第2すくい面，第3すくい面などと呼ぶ。幅の狭い第1すくい面はランドともいう。これらのすくい面は，とくに指定の必要の無いときは主切れ刃に関するものをいう。主切れ刃，副切れ刃に分ける必要のある時は，主切れ刃につながるものを主すくい面，副切れ刃につながるものを副すくい面と呼ぶ。巻末付図(1)参照。

⇒主切れ刃（96）

すくい面摩耗　すくいめんまもう（face wear）

すくい面に生じる摩耗。巻末付図(1)参照。

⇒クレータ摩耗（48）

すぐば傘歯車研削盤　すぐばかさはぐるまけんさくばん（straight bevel gear grinding machine）

⇒傘歯車研削盤（29）

すぐば傘歯車歯切り盤　すぐばかさはぐるまはぎりばん（straight bevel gear generator）

⇒傘歯車歯切り盤（29）

スクライビング（scribing）

薄板ガラス，半導体ウェーハなどにダイヤモンドポイントで刻線を入れることをいう。この線に沿って割断させることができる。ダイヤモンドポイントの引っかき線の下部にマイクロクラックが伝播するために容易に割断できる。このほか，ケミカルミーリングに際して，樹脂マスクをナイフで所定の形状に切れ目を入れて剥離する場合にも使う。

スクラッチ（scratch）

加工表面に生じた線状のきず。白熱灯下あるいは蛍光灯下で，肉眼で観察できる深い傷をマクロスクラッチ，平行光線下，顕微鏡下，エッチングなどの他の方法によりはじめて観察できる浅い傷をマイクロスクラッチと呼ぶ。

スクレーパ（scraper）

⇒きさげ［仕上げ］（38）

スクロールチャック（scrole chuck）

連動チャックの代表的なもので，複数の爪を同時に移動させる方式として，ウォームとウォーム歯車方式，スパイラルカムの回転方式，円すいねじ方式，アルキメデススパイラル曲線方式などがある。この中でも広く用いられているアルキメデススパイラル曲線方式は，曲線の溝を持つ面板に，爪のあご部（マスタージョー）を噛み合わせ，面板を回転することで複数の爪を同時に径方向に移動できるようにしたものである。

⇒チャック（140）

スティックスリップ（stick slip）

相対運動をする直線案内などの低速度の移動に対して，断続的に移動と停止を繰り返し，滑らかな運動が得られない現象をいう。滑り案内など案内面の摩擦係数が大きいことによって生じる現象であり，摩擦係数の小さい転がり軸受，静圧

軸受などを用いることによって改善することができる。
⇒案内面（7），潤滑（97）

スティック砥石 すてぃっくといし (abrasive stick)

棒状の研削砥石で超仕上げ，ホーニング，その他に用いられる。
⇒超仕上げ砥石（143），ホーニング砥石（216）

ステップ送り すてっぷおくり (step feed)

トラバース研削において砥石をテーブルストローク毎に間欠的に平行移動させる方法をいう。このステップ送りでは，砥石平行移動量がテーブルストローク長さの影響を受けないため，加工条件が一定となり仕上げ面性状を制御しやすくなる。
⇒バイアス送り（177）

ステップ送り研削 すてっぷおくりけんさく (step feed grinding)
＝ステップ送り（110）

ステップゲージ (step gauge)

方形波状にブロックゲージ，または同様な端面をもつゲージなどを組み合わせた，あるいは一体で製作された平行な等間隔の3面以上の測定面をもつ端度器。測定面のピッチは主として20，25，30mmなどが用いられる。

ストッカ (stocker)

製品・商品・仕入れ品などの在庫，貯蔵，一次保管などのために用意された棚，また入れ物などをいう。最近では，FMS構築のための搬送荷役装置（スタッカ：stacker）と組み合わせた装置の棚のことをストッカと呼んでいる。一般の部品・製品倉庫などの自動倉庫の棚もストッカである。
⇒自動倉庫（90）

ストレートエッジ (straight edge)
＝直定規（146）

砂かけ すなかけ (smoothing)

微細な砥粒を用いて，光学ガラスの磨き工程に必要な細かい表面粗さに精度よ

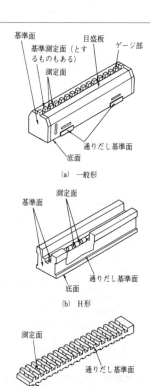

(a) 一般形

(b) H形

(c) 一体形

ステップゲージ

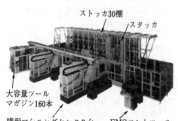

ストッカ例

くラッピングすること。【ガラス加工】
⇒砂かけ皿（111）

砂かけ皿　すなかけざら（smoothing tool）
光学ガラス表面を比較的粗い砥粒でラッピング（荒ずり）して成形した後，次の加工工程において細かいラップ剤を供給しながらガラスの面精度と形状精度を出すために用いる皿状のラップ工具。鋳鉄などで製作されることが多い。【ガラス加工】
⇒砂かけ（110）

砂吹　すなぶき（sand blasting）
＝サンドブラスト（82）
⇒吹付け加工（199）

砂目　すなめ（scratch, dig）
鏡面仕上げされた表面に残った引っかき状の傷で，ポリシング工程で粗仕上げ段階の砥粒による加工痕，あるいは仕上げ段階の異物混入による引っかき条痕を砂目という。
⇒スクラッチ（109）

スパークアウト（spark out）
⇒スパークアウト研削（111）

スパークアウト研削　すぱーくあうとけんさく（spark-out grinding）
砥石の前進を止めれば切込みはゼロとなり，火花は消えるはずであるが，そのまま砥石の回転を続けると，しばらくの間火花の発生が続き，やがて消滅する。これは弾性変形によって生じた切残しが，その後の研削に伴う弾性復元力の減少によって徐々に削除されるからである。火花がなくなるまで切込みを与えず研削することをスパークアウト研削と呼び，これを行うことによって滑らかな研削仕上げ面を得ることができる。

スパッタエッチング（sputter etching）
⇒イオンビーム加工（8）

スパッタリング（sputtering）
グロー放電で，ガスイオンの衝突によって，ターゲット材料表面から原子や分子を叩き飛ばす現象。ターゲット材料は金属材料のほか，非金属物，酸化物と多用途である。
⇒物理蒸着法（201）

スピードストローク研削　すぴーどすとろーくけんさく（speed stroke grinding）
平面研削加工においてテーブルの移動量を小さくして単位時間当たりの往復回数を大きくする研削方法。モータによりベルトを介してテーブルを駆動する方法，クランク機構を用いる方法，油圧サーボによる方法がある。特に研削長さの短い工作物に対して有効であり，テーブルの高速化により正味加工時間を短縮できる。また，テーブルのオーバランがなくなり非加工時間を大幅に短縮することができる。特に砥石の連続切込みを行い，高能率化したものをハイスピードストローク研削と呼ぶ。

スピンドル（spindle）
＝主軸（96）

スピンドルスルークーラント（spindle through coolant）
＝クーラントスルースピンドル（47）
⇒主軸（96），クーラント装置（47）

スプライン研削盤　すぷらいんけんさくばん（spline shaft grinder, spline shaft grinding machine）
スプライン軸の溝を研削するための専用研削盤。総形砥石を用いてスプラインの複雑な断面形状を研削する。

スプラッシュカバー（splash cover）
機械本体を覆う，切削時の切りくずや

横形マシニングセンタのフルスプラッシュカバー

切削水の飛散防止用カバー。工作機械では、板金製のカバーが主流であるが、最近は軽量化やデザインを考慮してFRP製カバーを取付けた機械も登場している。立形マシニングセンタでは、天井無しの4方向をカバーリングしているが、これは主軸が下向きのため切りくずが基本的に水平方向のみの飛散になるためである。これに対して横形マシニングセンタでは上下方向の飛散になるため、フルカバー構造のものが一般的である。旋盤系は横形マシニングセンタと同方向の飛散になるためフルカバーであり、なおかつワークが高速で旋回するため、のぞき窓には保護用の金属製の柵が付加されている。
⇒切りくず(40)、切りくず処理(41)、クーラント装置(47)

スプレー洗浄 すぷれーせんじょう(spray cleaning)
＝シャワー洗浄(95)

スペードドリル(spade drill)
フラットドリルのように刃部が板状をなす直刃のドリル。普通、刃部をホルダに取付けて用いる。巻末付図(12)参照。

すべり案内 すべりあんない(sliding guideway)
⇒すべり軸受(112)

すべり軸受 すべりじくうけ(plain bearing, sliding bearing)
相対すべり運動を行う軸受すきまに潤滑膜を形成して、その圧力によって負荷を支持する方式の軸受。支持する荷重の方向により、スラスト軸受とジャーナル軸受に大別される。また、潤滑膜に圧力を発生させる機構により、動圧軸受と静圧軸受に分類される。さらに、使用する潤滑剤の種類により、油潤滑軸受、気体潤滑軸受、固体潤滑軸受、無潤滑軸受などに分類される。動圧形式の油潤滑軸受は、良好な回転精度と高い減衰性が得られることから研削盤砥石軸などに用いられる。静圧軸受は、高い回転精度や直線案内精度が得られることから、超精密加工機の主軸や案内面に採用される。特に、気体(空気)静圧軸受は、発熱がきわめて少ないことから、超精密主軸や案内面用の軸受の主流となっている。
⇒動圧軸受(159)、静圧軸受(114)

スムージング(smoothing)
切削などの粗加工工程において生じたピックフィードマークを、形状精度を崩すことなく除去し、表面を平滑に仕上げる研磨作用。
⇒研磨[加工](57)

スライシング(slicing)
物質をウエハ状に切断する加工。
＝研削切断(53)

スラリー(slurry lapping compound, polishing compound
＝研磨剤(57)

スラントベッド(slant bed)
工作機械の全体構造を支える台をベッドというが、旋盤ではこれに主軸台、刃物台、テールストックが固定、または案内面を介して移動可能に取付けられている。そのうち、切りくずの排出性の向上のため案内面を傾斜させたベッドをスラントベッドという。
⇒ベッド(212)

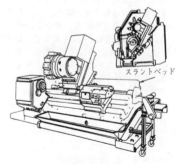

スラントベッド

すり合わせ　すりあわせ（mutual lapping）

ラップ工具を用いないで，2個の工作物同士を互いにラップ工具にみたて，ラップ剤を供給しながら凹凸の工作物同士，平面状の工作物同士，おす・めすなどの組合わせから成る工作物同士で，互いの工作物の曲率，平面度，テーパなどの形状精度を完全に合致させるために行うラッピング加工法。
⇒共ずり（161）

すり合わせ皿　すりあわせざら（truing tool, truing plate）

高精度の平面を仕上げる場合に，3面すり合わせが行われる。一面を工作物とすれば，他はすり合わせ皿になる。また，生産現場において工作物や工具面を所定の平面や球面に修正するために設置されているものもこれに該当し，それらを水や研磨剤を介して擦り合わせて形状転写するための定盤である。所定の形状精度が研磨などによって常に維持されている。

3Dプリンタ　すりーでぃーぷりんた（3D printer）
＝積層造形法（117），AM（255）
⇒ラピットプロトタイピング（236），RP（267）

スルースピンドルクーラント（through spindle coolant）
＝クーラントスルースピンドル（47）
⇒主軸（96），クーラント装置（47）

スルーフィード研削　するーふぃーどけんさく（throughfeed grinding）

工作物を砥石軸方向に通過させて加工する心無し研削法。調整砥石を工作物の進行方向に対しθだけ傾けると，工作物は次のような速度で軸方向に送られる。

$f = D_c \pi \sin \theta \cdot n$
f：工作物送り速度（mm/min）
D_c：調整砥石の直径（mm）
θ：調整砥石の傾き角（°）
n：調整砥石の回転数（rpm）
＝通し送り研削（160）

⇒心無し研削（104），心無し研削盤（104），心無し内面研削（105）

スローアウェイチップ（[indexable] insert）
刃先交換チップの旧い呼び名。
＝刃先交換チップ（180）
⇒チップ（139）

スロッタ（slotter）
＝立削り盤（134）

スロッティングアタッチメント（slotting attachment）

横フライス盤の主軸と連結するようにコラム前面に取付け，主軸の回転運動を上下往復動に変換するユニット。ユニット端にバイトを取り付けることにより，キー溝加工，スプライン溝加工など立削り盤として使うことができる。主軸との連結は平歯車で行い，運動の変換はクランクモーションにより行う。
⇒フライス盤（202），横フライス盤（234）

スロッティングアタッチメント

寸法計測　すんぽうけいそく（dimensional measurement, dimensional instrumentation）

寸法を測定し，その結果を機械の制御，機械の補正，工具の補正などに用いること。研削加工では高い精度が要求される場合には，インプロセスで寸法測定を行いながら加工を行う直接定寸方式が用いられる。

寸法効果　すんぽうこうか（size effect）

一般に破壊強度は試片寸法が小さくなるほど増大し，変形応力は変形域が局所

的になるほど増大する。試片あるいは変形域が微小な場合には破壊や変形の起点となる欠陥の存在確率が小さくなるためである。この現象を寸法効果という。

寸法公差 すんぽうこうさ（dimensional tolerance）
⇒公差（66）

寸法精度 すんぽうせいど（dimensional accuracy）

加工された工作物の長さ，直径，二つの穴の中心間距離，溝幅などの寸法の正確さをいう。高い寸法精度を必要とするときには，表面性状の影響を受けるため，表面粗さや形状精度をできる限り小さくする必要がある。
⇒形状精度（50），公差（66）

〔せ〕

静圧油案内 せいあつあぶらあんない（hydrostatic guideway）
⇒静圧軸受（114）

静圧油軸受 せいあつあぶらじくうけ（hydrostatic bearing, externally pressurized oil bearing）
⇒静圧軸受（114）

静圧案内 せいあつあんない（hydrostatic guideway）
⇒静圧軸受（114）

静圧カップリング せいあつかっぷりんぐ（hydrostatic coupling）

超精密旋盤など超精密加工を目的とした機械の直線移動軸の移動体と送りねじなどアクチュエータとの間に配置し，おねじとめねじの心違いやおねじの曲がりによって生じる外乱を吸収し，移動体に送り方向の力のみを作用させるための装置。

静圧すき間（油，空気）を介して移動体に送り方向の力のみを作用させ，それに直角な2方向の変位は流体の粘性のみ

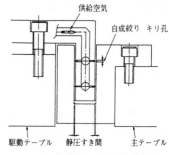

空気静圧カップリング

の抵抗力となり，吸収される。

静圧空気案内 せいあつくうきあんない（aerostatic slideway）
⇒静圧軸受（114）

静圧空気軸受 せいあつくうきじくうけ（externally pressurized air bearing, aerostatic bearing）
⇒静圧軸受（114）

静圧軸受 せいあつじくうけ（hydrostatic bearing, aerostatic bearing）

軸受外部に設けられた圧力源によって

静圧（油）軸受系の構成[30]

加圧された潤滑流体を，強制的に軸すきまに供給し，そこに発生する潤滑流体膜の静圧力によって負荷を支持する構造の軸受の総称。潤滑流体に油を使用する静圧油軸受と気体（空気）を使用する静圧気体（空気）軸受がある。また，テーブル案内面などの直線案内に用いる場合は，静圧油案内あるいは静圧空気案内と呼ばれる。

静圧油軸受や静圧油案内の場合には，負荷容量を大きくする目的で，軸受案内面にポケットを設けそこに給油するのが一般であるが，静圧気体（空気）軸受の場合は，気体の圧縮性による不安定振動（ニューマティックハンマ）が発生するため，リセス（ポケット）などの流体溜まりは設けない。軸受剛性を確保する目的で，潤滑流体の供給管路の軸受に近い位置に流体絞りを設ける。静圧油軸受の場合は，毛細管絞りやオリフィス絞りが多く用いられる。静圧気体軸受の場合は，自成絞り，オリフィス絞り，表面絞り，多孔質絞りが一般的である。いずれの場合も，軸受剛性は絞りの特性に強く依存する。
⇒すべり軸受（112），動圧軸受（159），流体絞り（239）

静圧ジャーナル軸受[30]

静圧ねじ　せいあつねじ（hydrostatic screw）

工作機械テーブルの駆動などに使用される送りねじ系のナットのフランク面を静圧軸受構造にして，ねじ部の摩擦を低減することにより位置決め特性の高精度化を実現したもの。静圧ナットのフランク面には，給油孔とリセスが設けられ，その形状は円環状のリセスを持つスラスト軸受とほぼ同様である。潤滑流体に空気を使用する静圧空気送りねじも開発されている。
⇒静圧軸受（114）

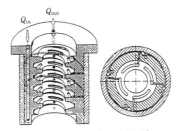

静圧ねじ（油潤滑）の構造例[31]

正確さ　せいかくさ（trueness）

計測用語で，かたよりの小さい程度を表すのに用いる。
⇒確度（27），精度（116），精密さ（116）

制御　せいぎょ（control）

システムを望む状態に保つことを指し，目標値への追従と外乱の抑制という目的をもっている。実用的な古典制御理論と厳密な解析や設計の行える現代制御理論がある。

制御盤　せいぎょばん（controlling board, control unit）

機械装置の制御用の計器類・スイッチ類を一か所に集中設備した部分。
⇒ NC（262），操作盤（127）

成形研削　せいけいけんさく（profile grinding, form grinding）

工作物の特殊な形状を得るために，一定形状に成形された砥石と工作物を，相対的に移動させて加工を行うか，または所定の形状に成形された砥石を用いてプランジカットにより加工を行う研削方法。切削工具，金型部品，テンプレートなどの加工に用いられる。一般には横軸角テーブル形平面研削盤の構造を持つ研削盤で加工される。砥石やテーブルの移

動をNCで行う研削盤や,工作物の輪郭を拡大鏡で確認しながら加工を行う光学式の研削盤もある。
⇒NC成形研削 (263),倣い研削 (169)

精研削 せいけんさく (fine grinding)
仕上げを目的として行う研削で,粗研削と対になる用語である。
⇒粗研削 (6)

静剛性 せいごうせい (static stiffness)
機械などの構造体に作用する静的な力と,それによって生じる静的な変位の比(力／変位)。変位,変形のしにくさを表す評価値であり,この値が大きいほど好ましい。工作機械や精密測定器ではこの値が重要視される。この値が小さいと,工作機械では加工力,機械の自重,工作物重量などにより機械自体が変形し,加工精度が低下する。また精密測定器では自重や被測定物の重量により機械自体が変形し,測定精度が悪化する。
⇒動剛性 (160)

生産フライス盤 せいさんふらいすばん (manufacturing milling machine)
量産加工での強力切削に対応した横主軸のベッド形フライス盤。軸の移動はテーブルの左右動 (X),ヘッドの上下動 (Y) のみで,Z軸はクイル形主軸頭の手動位置決め,もしくはカッタリリーフ機能に限定し,使用目的を絞っている。一般的に,オートサイクル操作機能(数個のドッグ設定により,主軸,送りの停止,移動,反転,カッタリリーフなどを行う)を備え,能率的な量産加工に効果を発揮する。シングルヘッドとダブルヘッドタイプがある。
⇒フライス盤(202),横フライス盤(234), ベッド形フライス盤 (212)

清浄度 せいじょうど (cleanness)
物体・物質の清浄さの度合い指数。清浄度の評価には,目視やスプレーパターン法など定性的評価法や重量法など定量的評価法がある。
⇒洗浄 (124)

静電容量型変位センサ せいでんようりょうがたへんいせんさ ((electrostatic) capasitive displacement sensor)
センサプローブと測定体との間に生じる静電容量の変化により,両者の相対変位を測定する非接触変位センサである。測定対象は導電体に限られるが,材質には影響されず,nmレベルの高分解能で変位を測定できる。スピンドル軸の回転ぶれ,光学ディスクの振れ・偏芯,半導体や反射ミラーの形状,フィルム厚さなどを測定する検査工程で主に使用される。
⇒渦電流式変位センサ (11)

精度 せいど (accuracy)
測定結果の正確さと精密さを含めた測定量の真の値との一致の度合い。
正確さ (trueness):かたよりの小さい程度
精密さ (precision):ばらつきの小さい程度
⇒確度 (27),正確さ (115),精密さ (116)

精密研削 せいみつけんさく (precision grinding)
粗仕上げ,精密仕上げ,超精密仕上げと大略分類すると,精密は粗仕上げより1桁,超精密は精密より1桁上の仕上げをそれぞれ示す。仮に,粗仕上げが$1\mu m$とすると,精研削は$0.1\mu m$を得る研削条件を設定して行うこととなる。

精密さ せいみつさ (precision)
計測用語で,ばらつきが小さい程度を表すのに用いる。
⇒確度 (27),精度 (116),正確さ (115)

精密中ぐり盤 せいみつなかぐりばん (fine boring machine)
穴の内面を,切込み深さおよび送りを小さくして高速度に,かつ高精度に中ぐりする中ぐり盤。エンジンのシリンダボアや,すべり軸受の内面仕上げの量産加工を主目的とした専用機的中ぐり盤で,エンジンの種類に合わせて,主軸の方向(横,立,斜),数(単軸,多軸,対向)など多種類がある。現在はトランスファ

マシンや専用機に吸収されている。
⇒中ぐり盤（167），専用工作機械（126），トランスファマシン（161）

赤外分光法　せきがいぶんこうほう（infrared spectroscopy）

固体表面に分子が吸着すると，表面と分子の間の結合状態の変化に伴って，光の吸収や発光の際にその波数や強度が変化する。そこでIRでは赤外線を照射した試料からの反射光，あるいは加熱した試料からの放射光を分光分析して表面の化学種，化学構造，配向状態などに関する諸情報を得る。気体，液体，固体のいずれにも適用することができ，表面の単分子層から深さ50nm程度までの表面分析が可能である。
= IR^2（261）

積層造形法　せきそうぞうけいほう（additive manufacturing）
= AM（255），3Dプリンタ（113）
⇒ラピッドプロトタイピング（236），RP（267）

セグメント［研削］砥石　せぐめんと［けんさく］といし（segment [grinding] wheel）

数個を組み合わせ，主として正面で研削する断片状の砥石。

ゼータ電位　ぜーたでんい（zeta potential）

粒子表面には密着層と呼ばれる粒子に属する電荷（通常負イオン）の存在する層があり，その周りを拡散層と呼ばれる電気的中性に至る層が取巻く拡散二重層が形成されている。ゼータ電位はこの拡散二重層の間に発生する電位差のことであり，微粒子の安定性に関係する。

切削厚さ　せっさくあつさ（undeformed chip thickness）
= 切取り厚さ（43），切りくず厚さ（41）

切削温度　せっさくおんど（cutting temperature）

切削時に生じる切削熱による工具および工作物の温度。広義には工作物を含む工具刃先近傍の温度分布をさすが，通常切りくずと工具すくい面の接触部が最も高くなることから，すくい面温度をさす場合もある。
⇒切削熱（120）

切削［加工］　せっさく［かこう］（cutting, machining）

工作機械と工具を使用して，工作物の不必要な部分を切りくずとして除去し，所望の形状や寸法に加工する除去加工の1つである。現象論的には研削や研磨も砥石に固定された砥粒や遊離砥粒による切削とみなすことができる。切削には，バイト，ドリル，フライス，ブローチ，ホブなどの切削工具を工作機械と組み合わせて使う。旋削加工，平削り加工，形削り加工，ドリル加工，フライス加工，ブローチ加工，ホブ切りなどがある。
⇒研削［加工］（52），研磨［加工］（57），旋削（123），平削り（196），ドリル加工（163），ホブ切り（216），フライス（201），ブローチ（208）

切削勝手　せっさくかって（hand of cut）

ドリルの送り運動方向に見た回転の向き。その回転の向きによって右回りで切削する右勝手と左回りで切削する左勝手がある。

切削監視装置　せっさくかんしそうち（cutting monitor）

切削時のトラブル検出を行う装置。異常監視用機能として，機械異常監視（センサ監視），工具寿命監視（時間データベース監視），作動時間監視（標準時間比較監視），自己診断機能（標準値・量との比較），自動工具折損検出機能（規定値比較監視），パレット着座検出機能（パレット浮き上がり状態監視），主軸過負荷検出（電流監視）・回転数検出機能，軸過負荷検出機能（電流監視），AEセンサ（切削音質比較監視），切削点温度検出（赤外線放射温度計監視），消化装置（機内温度／煙監視）など，多くの自動化のための機能装置を搭載した工作機械が増えてきている。これらの機能装置を総称し

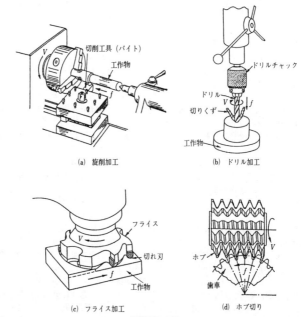

(a) 旋削加工
(b) ドリル加工
(c) フライス加工
(d) ホブ切り
切削加工の例

て切削監視装置という。

監視装置とよく間違えられる熱変位補正機能や潤滑油温制御・切削水温制御などは、監視機能のように何かがあれば機械を停止させる機能ではなく、目的の位置や温度に制御する連続運転のための機能である。

⇒工具欠損（63），工具寿命（64），自己診断機能（87）

切削剛性 せっさくごうせい（cutting stiffness）

びびり振動時における切削断面積と切削力との間の比例係数。動的比切削抵抗ともいう。一般に、切削断面積と切削力の両者の変動量は単純な比例関係になく、位相差が生じる。また切削力の作用方向も振動によって変化する。これらを考慮する場合には、両者の変動量の関係を切削過程のスティフネス伝達関数として求める。

⇒びびり振動（194）

切削速度 せっさくそくど（cutting speed）

切りくずを生成するために工作機械によって与えられる工具と工作物の相対運動の速度で、送り速度成分を除いたもの。つまり、工具と工作物の相対速度の主運動方向成分のこと。切れ刃上の一点においてこの値を定める。

⇒送り（18）

切削断面積 せっさくだんめんせき（area of cutting cross-section, area of chip section）

主運動方向または合成切削運動方向

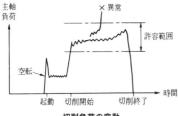

切削負荷の変動

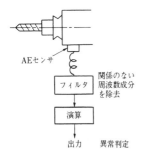

AE検出方法

(主運動の速度ベクトルと送り運動の速度ベクトルの合成ベクトルの方向)に垂直な平面へ削られる部分を投影したとき,投影した部分の面積をいう。二次元切削の場合,切取り厚さ×切削幅となる。
= 切りくず断面積[1]（41）
⇒切取り厚さ（43），切削幅（120）

切削抵抗 せっさくていこう（cutting resistance, cutting force）

切削加工では,工作物に切込んだ工具の切れ刃前方で工作物にせん断変形を生じさせて切りくずを分離する。この時,工具がすくい面を介して工作物から受ける変形抵抗と工作物中のせん断面での変形に要する力は平衡状態にあり,これらを切削抵抗または切削力という。一般の三次元切削では,この合成切削抵抗（合成切削力）を工具の切削方向,切込み方向および送り方向の成分に分解でき,そ れぞれ主分力,背分力および送り分力という。二次元切削では,合成切削抵抗を切削方向とそれに垂直方向の成分に分解でき,それぞれ水平分力,垂直分力と呼ぶ。図において,F：合成切削抵抗,F_c：主分力,F_t：背分力,F_f：送り分力,F_h：水平分力,Fv：垂直分力。
= 切削力（121），合成切削力（68）

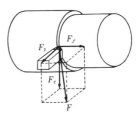

(a) 三次元切削

(b) 二次元切削

切削抵抗とその分力

切削動力 せっさくどうりょく（cutting power）

切削加工を行うために要する動力（仕事率）で,工作機械の設計指針や加工状態監視システムの評価基準として用いられる。工具がする仕事,すなわち切削力の各成分とその方向の切削速度の積の総和に比例する。
⇒切削トルク（120）

[切削]動力計 ［せっさく］どうりょくけい（cutting, grinding tool dynamometer）

切削抵抗や研削抵抗を測定する装置を指し,抵抗線歪みゲージまたは圧電素子を検出器として用い,各成分を分離検出できるよう工夫してあるものが多い。特に動的測定には感度,剛性に加えて動力

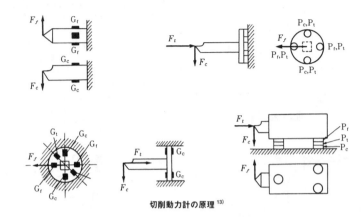

切削動力計の原理 [13]

計の周波数応答が重要になる。図において，G は抵抗線歪みゲージ，P は圧電素子を表し，添字 c, t, f はそれぞれ主分力，背分力，送り分力を検出する素子を表す。
⇒切削抵抗（119）

切削トルク　せっさくとるく（cutting torque）

ドリル，フライス工具などの回転工具による切削加工を行うのに必要な回転軸のトルク。旋盤主軸のトルクを含めて，工作機械設計の指針や加工状態監視システムの評価基準として利用される。
⇒切削動力（119）

切削熱　せっさくねつ（cutting heat）

切削時に生じる熱。熱源としては，せん断域での切りくず生成のための工作物の変形・破壊，工具すくい面における切りくずとの摩擦，および工具逃げ面と仕上げ面との摩擦がある。切削で消費されるエネルギの大部分が熱に変換され，工具，切りくず，工作物，切削油剤や空気に伝達される。
⇒切削温度（117）

切削幅　せっさくはば（width of cut, cutting width）

主運動方向または合成切削運動方向（主運動の速度ベクトルと送り運動の速度ベクトルの合成ベクトルの方向）に垂直な平面へ主切れ刃を投影したとき，投影切れ刃に沿って測った削られる部分の長さをいう。
＝切りくず幅[1]（42）

切削比　せっさくひ（cutting ratio）

二次元切削において，切取り厚さと生成した切りくずの厚さとの比をいう。この値は，材料の被削性または切削工具の切れ味の良否の判断の目安となる値。
⇒切取り厚さ（43），切りくず厚さ（41）

切削油剤　せっさくゆざい（cutting fluid）

切削液とも呼ばれ，切削作業に広く用いられている潤滑油。切削油剤は水溶性と不水溶性に大別される。不水溶性切削油剤には基油と油性剤を主成分とするもの（N1 種）と，これに極圧剤を添加したもの（N2～4 種）がある。また，水溶性切削油剤には不水溶性切削油剤に界面活性剤（乳化剤）を加えたエマルションタイプ（A1 種），界面活性剤を主成

分とするソリューブルタイプ（A2種），油を含まないソリューションタイプ（A3種）がある。油剤の効果には，
　①工具面の潤滑作用による摩擦や摩耗の低減
　②工具や被削材の冷却作用による工具寿命の増大や寸法精度の向上
　③構成刃先の抑制作用
　④切りくずの排除
　⑤加工面の防錆
などが挙げられる。

　旋削などの高速加工では，切削点近傍の冷却作用が重要であり，一方，ブローチ加工やタッピングなどの低速・高負荷作業では潤滑性が重視される。一般に，前者に対しては水溶性切削油剤が，後者には不水溶性切削油剤N2〜4種が適している。切削油剤の流量は通常10〜225L/min，供給圧力は大気圧〜10MPaであるが，高速・高負荷切削ほど大量，かつ高圧に油剤が供給される。

⇒潤滑剤（97），冷却（242），研削油剤（55）

切削力　せっさくりょく（cutting force）
＝切削抵抗（119）

接触弧　せっしょくこ（contact arc）
　砥石と工作物が接触すると，その界面が円弧状の幾何形状を形成する。これを接触弧と呼ぶ。

接触剛性　せっしょくごうせい（contact stiffness）
　2つの物体が接触して力が作用している時，その力により生じた単位変位量当たりの作用力。
⇒砥石接触剛性（157）

接触弧長さ　せっしょくこながさ（contact arc length）
　たとえば円筒プランジ研削において，工作物および砥石の直径および周速を，それぞれ d_w, D および v_w, V_s であるとする。図において，砥石切込み深さ d とし，砥石のある回転軸に垂直な断面内での切れ刃と切れ刃との間隔（連続切れ刃間隔）を a とする。そして，この切れ刃が切り終ってから次の切れ刃が切り終るまでの時間を t とする。このとき，先の切れ刃のトロコイド軌跡が $\widehat{ABC}$ から $\widehat{GE}$ に移動したときに，次の切れ刃がまた $\widehat{ABC}$ なる弧を作るので，図のようなコンマ状の切りくずが生ずることになる。$\widehat{AC} = l_c$ を接触弧の長さと称する。

$$l_c = \widehat{AC} = d\,(1/D \pm 1/d_w)$$

マイナスは内面研削の場合，$d \to \infty$ のときは横軸平面研削盤の場合と解される。

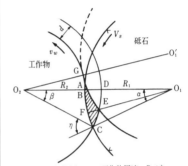

(V_s：砥石周速, v_w：工作物周速, R_1：砥石半径, R_2：工作物半径, d：砥石切込み深さ)

研削の幾何学[20]

接触長さ　せっしょくながさ（contact length）
　砥石と工作物が接触すると，その界面で干渉が起こる。その干渉は，砥粒と工作物，ならびに砥石と工作物において生ずる。いずれも，干渉の長さが接触長さとなる。通常，接触弧長さと同じ意味で使われることが多い。
⇒接触弧長さ（121）

接触面積　せっしょくめんせき（area of contact）
　砥石と工作物が接触している，その面積。

接線研削抵抗　せっせんけんさくていこう

(tangential grinding force)
＝研削抵抗接線分力（54）
⇒研削抵抗（53）
切断 せつだん（cut-off, parting, cutting, sawing）

工作物を2つの部材に分離すること，あるいはその方法。ほとんどすべての除去加工法が切断方法として用いられている。切削による材料の切断法には旋削によるものとのこ刃による方法がある。前者は，旋盤を用い，突切りバイトを工具軸方向に送って工作物を切断するもので，切削速度が低い上に，刃先と工作物との接触幅が広くバイトも長くする必要があるため，びびりを生じやすい。後者には，弓のこのほかに帯のこ盤や丸のこ盤などのいわゆる金のこを使うものと，メタルソーやすりわりフライスなどの工具を用いるフライス加工とがある。
⇒研削切断（53）

切断研削 せつだんけんさく（cut-off grinding）
＝研削切断（53）

切断砥石 せつだんといし（cutting-off [grinding] wheel, cutoff wheel, blade）

厚さの薄い切断用の研削砥石。種類としては，レジノイド切断砥石，レジノイド補強切断砥石，ゴム切断砥石，メタルボンド切断砥石，極薄電鋳砥石などがある。
⇒外周刃砥石（26），研削切断（53），ダイシング（130），レジノイド切断砥石（244），メタルボンドホイール（226）

接着強さ せっちゃくつよさ（cementing strength, adhesive strength）

研削砥石で台金部や軸と砥石部の接着が剥がれる強さ。

設定切込み深さ せっていきりこみふかさ（setting depth of cut, geometrical depth of cut）

機械的な工具の切込み設定値を示す。実際には，工具や工作物の弾性変形や工具摩耗があるため，実際の切込み深さはこれよりも小さくなり，切残し量がある。

設定研削量 せっていけんさくりょう（setting stock removal）

弾塑性変形を考慮せずに，単に幾何学的設定条件から計算された工作物の除去量を示す。すなわち研削幅，工作物速度，設定砥石切込み深さ，研削時間の積が設定研削量となる。

セミクローズドループ制御 せみくろーずどるーぷせいぎょ（semi-closed loop control）

NCによる送りテーブルの位置決めに用いられるクローズドループ制御の1つで，フィードバック信号をテーブルの移動量からとるのではなく，駆動モータの回転数から得る形式を指す。

セミドライ加工 せみどらいかこう（minimum quantity lubrication（MQL）machining, near-dry machining）

ドライ加工を基にして，ごく少量の油剤を加工点に吹き付けて金属などの加工を行う方法をいう。
⇒MQL（262），ドライ加工（161），湿式加工（88）

セラミックス（ceramics）

酸化物，窒化物，炭化物，硼化物を主成分とした材料の総称。切削工具としては，Al_2O_3系，Si_3N_4系などがある。Al_2O_3系には，白色の純Al_2O_3系セラミックスと黒色のAl_2O_3-TiC系セラミックスがある。超硬合金やサーメットと比べ，高温硬さが高く，切削熱による摩耗が少ない反面，靭性は低く，黒皮，断続切削では工具形状を考慮する必要がある。
⇒サーメット（79）

セラミックスプレート（ceramic plate）

ウェーハ貼付け板。セラミックスは低膨張，耐薬品性に優れている，金属イオンを発生しない，軽量である。熱疲労が少ない（変形が少ない）などから，半導体ウェーハの接着用プレートとして広く普及している。一般的なセラミックスプレートの線膨張率としては，6×10^{-6}/℃のアルミナ含有97％程度のものが使用さ

れている。この性質を利用し，研磨中の温度変化によるプレートの平面精度の安定性を図れることから，平坦度（平行度）の良好なウェーハ研磨が可能となった。

セラミック砥石 せらみっくといし (ceramic grinding wheel)

セラミック砥粒を用いた研削砥石。微結晶ごとに微少破砕や脱落を引き起こすため，砥粒切れ刃が平坦になりにくい。

セラミック砥粒 せらみっくとりゅう (ceramic grain)

化学合成によって作られる微結晶構造を有したセラミック（アルミナ等）の砥粒。砥粒の大きな破砕や脱落が起こりにくく，WA と CBN 砥粒の中間的な位置づけとして使用される。

尖鋭度 せんえいど (sharpness)

破砕された砥粒表面に形成する鋭角度。

旋回工作主軸台 せんかいこうさくしゅじくだい (swivel work head)

水平面内で旋回できる工作主軸台。万能研削盤に使用される。

旋回テーブル せんかいてーぶる (swiveling table)

万能フライス盤ではテーブルが水平面内で±45°程度旋回する。ニー上で前後動（Y）するテーブル旋回ベース上で旋回するテーブル案内部を旋回テーブルという。旋回位置決めは手動で行い，クランプボルトにより固定する。
⇒フライス盤 (202)，万能フライス盤 (189)

旋回砥石台 せんかいといしだい (swivel wheel head)

水平面内で旋回できる砥石台。万能研削盤に使用される。

旋回砥石頭 せんかいといしとう (swivel grinding head)

旋回できる砥石頭。

旋削[加工] せんさく[かこう] (turning)

バイトに送り運動を与え，回転する工作物を切削する作業を旋削という。メガネのヒンジのねじなどの小物から，軸，シリンダ，ピストン，銃筒，タービン軸までの同筒状の部品の加工に用いられる。旋削には図に示すように種々の加工

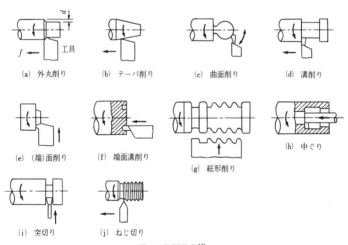

種々の旋削様式[14]

法がある。旋削を行う機械を旋盤といい，旋削のほかに，穴あけ，ローレット削りなどに使用される。また工作物の形状や削り方に応じて，チャック作業，センタ作業，棒材作業，あるいは面板による作業が行われる。いずれにおいても，工作物の回転速度あるいは切削速度，1回転当たりの送り f および切込み d が，工作物と工具の種類，要求される寸法精度や工作機械の容量に応じて決定される。切削速度は通常 $0.15 \sim 5\mathrm{m/min}$ の範囲で，送りと切込みは，荒削りの場合にはそれぞれ $0.2 \sim 2\mathrm{mm/rev}$ と 0.5mm 以上，仕上げ削りではより小さめに，かつ切削速度は高速側に設定される。

⇒旋盤（126），テーパ削り（152），溝削り（224），総形削り（127），中ぐり（167），突切り（149），ねじ切り（173）

洗浄 せんじょう（cleaning）

洗浄とは，その次工程を阻害する表面付着物質を選択的に除去する事象の総称。よって物理化学反応の集合である。ところが除去したい付着物質が量，種類が明らかでないことが普通である上，洗浄対象物もほぼすべての固体が対象となる。そのため，これらが限定でき，高度な表面分析技術を利用し，分子レベルに至る洗浄の分析が必要となるが，多くの場合，洗浄は経験技術的である。方法としては液体を使わないドライ洗浄と，液体を使うウェット洗浄がある。前者は真空技術を用いたり，反応性ガスを利用したりして行われる。後者はきわめて馴染みの方法で，使用溶媒の性質で分類して水溶性溶媒と水を用いる水系洗浄，有機溶剤を用いる非水系または溶剤洗浄，両者を併用する準水系洗浄に分けられる。オゾン層破壊の問題で，代替洗浄として水系洗浄が着目されているが，コストと廃水処理が難点となっている。そのほか，重金属汚染に対する化学的薬液洗浄，超音波や高圧水やブラシスクラブ洗浄などが挙げられる。

センタ（center）

旋盤や円筒研削盤において，工作物を支持するのに用いる円すい形の鋼片。工作物の端面の中心に設けられた円すい穴にこの円すいの先端を押し込むことで，工作物を支持する。センタには，それ自身が回転できる構造のものがあり，これを回転センタといい，固定しているものを止まりセンタという。また，円すいの先端に超硬チップを用いた，超硬センタなどもある。

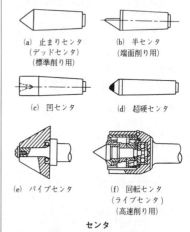

(a) 止まりセンタ　　(b) 半センタ
　　（デッドセンタ）　　（端面削り用）
　　（標準削り用）

(c) 凹センタ　　　　(d) 超硬センタ

(e) パイプセンタ　　(f) 回転センタ
　　　　　　　　　　（ライブセンタ）
　　　　　　　　　　（高速削り用）

センタ

センタ穴研削 せんたあなけんさく
（center hole grinding）

軸端に設けたセンタ穴を研削すること。ドリル加工や熱処理で発生するセンタ穴の幾何学的なエラーが工作物の加工精度に影響を及ぼすため，精密研削の場合，センタ穴を研削しセンタ穴の加工精度（センタ穴の角度，センタ穴の曲がり，同軸度や真円度など）を向上させる。センタの角度と同じ角度に砥石を修正し，その角度で砥石をオシレーションさせるものが多い。

⇒センタ穴研削盤（125）

センタ穴研削盤 せんたあなけんさくばん (center hole grinding machine, center hole grinder)
輪端に設けたセンタ穴を研削する研削盤。円錐状に修正した砥石を用いてセンタ穴の研削を行う。高速で回転する砥石と切込み機構が必要なことから，内面研削盤と同じ構造を持ち，砥石と工作物が回転運動を行うタイプのセンタ穴研削盤と，砥石が遊星運動を行い，加工を行うタイプのセンタ穴研削盤がある。
⇒センタ穴研削（124）

センタ穴ドリル せんたあなどりる (center drill, combined drill and countersink)
センタ穴を加工するのに用いるドリル。巻末付図⑫参照。

センタ穴ラップ盤 せんたあならっぷばん (center hole lapping machine)
センタ穴をラップ仕上げする工作機械。
⇒センタ（124），ラッピング（235）

センタ研削装置 せんたけんさくそうち (center grinding attachment)
工作物を支持するセンタのテーパ部を研削する装置で，円筒研削盤に取り付けられる。テーパの角度に合わせてセンタの取付け角度を修正する。
⇒円筒研削盤（16）

センタ作業 せんたさぎょう (center work)
工作物の両端をセンタで支持する方法で，径に比べて細長い工作物を加工する場合に用いられる。主軸側のセンタと心押軸側のセンタで支え，回し金などで回転運動を伝達する。回し金を用いる方法では，工作物の着脱に時間を要し，また高速回転に適さないので，ワークドライバ，フェースドライバなどの駆動機能付きセンタを使用することがある。
⇒回し板（223），回し金（224），チャック作業（140），棒材作業（214）

センタスルークーラント (center through coolant)
クーラントスルースピンドルの一形態。主軸先端の工具着脱機構の中心部に穴をあけ，ツーリングのプルスタッド中心の穴と密着させてクーラントを流す方法。
⇒クーラント装置（47），クーラントスルースピンドル（47），フランジスルークーラント（204）

センタポンチ (center punch)
穴あけ部分の中心などに印をつけるために用いるポンチ。

センタリーマ (center reamer)
センタ穴の仕上げ，また面取りに用いるリーマ。一般に，円すい角は60°および75°であるが，90°，120°のものもある。面取りフライスともいう。巻末付図⑬参照。
⇒リーマ（239）

センタレス研削 せんたれすけんさく (centerless grinding)
＝心無し研削（104）

センタレス研削盤 せんたれすけんさくばん (centerless grinding machine)
＝心無し研削盤（104）

せん断域 せんだんいき (shear zone)
工作物が切削工具によってせん断され，切りくずを生成するときに生ずる塑性域。せん断変形により実質的に切りくずが生ずる領域を主せん断域（primary shear zone）あるいは単にせん断域，工具すくい面近傍の二次的な塑性域を二次せん断域（secondary shear zone）という。
⇒せん断角（125），せん断面（126）

せん断角 せんだんかく (shear angle)
せん断面と切削速度方向のなす角。切削比をr_c，すくい角をαとおくと，せん断面モデルより，せん断角ϕは
$\phi = \tan^{-1}\{r_c \cos\alpha/(1-r_c \sin\alpha)\}$
で与えられる。
⇒せん断域（125），せん断面（126），切削比（120）

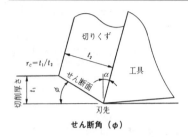

せん断角（φ）

先端角 せんたんかく (point angle)
　ドリルの軸に平行な面に切れ刃を平行にして投影したときの角。巻末付図(6)参照。

先端摩耗 せんたんまもう (nose wear)
　逃げ面に生ずる摩耗のうち，特に工具の刃先部に発達する摩耗。逃げ面摩耗は仕上げ面にほぼ平行に発達するが，先端摩耗では，切れ刃丸みが増大するだけでなく，摩耗面の実質的な逃げ角は負となる。
　⇒工具摩耗 (66)

せん断面 せんだんめん (shear plane)
　単一平面で理想化したせん断域。理論的な取扱いが容易であり，理想化されたせん断面モデルでは，工作物は工具刃先から切りくず自由面に延びるせん断面で連続的に単純せん断を受けて切りくずとなる。
　⇒せん断域 (125)，せん断角 (125)

旋盤 せんばん (lathe, turning machine)
　工作機械のうち最も古くから用いられているもので，かつ代表的な機械である。機械部品の主な加工のほとんどが旋盤によって行われ，あらゆる機械工場に欠くことのできない多能な工作機械である。工作物を主軸とともに回転させ，縦横に移動する往復台上の刃物台に刃具（バイト）を装着し，バイトを工作物に接触させて金属を切削する。元来工作物の外周を円筒形に削る機械であるが，このほかに工作物端面の平面，円筒部のテーパや曲面などの切削，丸棒の切断，きりもみや中ぐり切削，ねじ切り切削や倣い切削などの作業ができるものがある。構造や用途により，卓上旋盤，立旋盤，タレット旋盤，倣い旋盤，自動旋盤，NC（数値制御）旋盤，ねじ切り旋盤，車軸旋盤，車輪旋盤，ロール旋盤など種々の形態を持っている。また，木材切削用の木工旋盤などもある。

専用工作機械 せんようこうさくきかい
(special-purposed machine tool)
　専用工作機械とは，特定部品の特定加工を専用に行うように設計された工作機械をいう。汎用工作機械が多種類の加工が可能で，かつ加工範囲が広いのに対し，加工目的と加工範囲を限定することにより，汎用機より機構が簡単となり，設計条件が有利となると同時に，高生産性が期待できる。

〈専用機の特徴〉
①加工内容が特殊で汎用機では加工が困難な加工を行うことができる。
②加工目的に合致した性能が得られるよう設計するため，高精度加工が可能。
③加工範囲を限定することにより，加工の生産性を上げることができる。

④加工を専用化することにより,自動化が容易となり,機械操作に熟練者を必要とせず,また,省力化ができる。

〔そ〕

総形削り そうがたけずり(form turning)
所要の輪郭をした工具(総形工具)でその輪郭に削ること。

総形研削 そうがたけんさく(form grinding, profile grinding)
外周面を所定の輪郭に整形した砥石(総形砥石)を用いて,この形を工作物に写すプランジ研削。
⇒成形研削(115)

総形フライス そうがたふらいす(formed cutter, form milling cutter)
特殊形状の加工に用いるフライスの総称。

走査型オージェ電子顕微鏡 そうがたおーじぇでんしけんびきょう(scanning Auger microscope)
走査型電子顕微鏡にオージェ電子分光装置を組み込んだものである。その最大の特徴は入射電子ビーム径(数10nm)を通常のオージェ分光装置のそれ(10μm以上)に比べて格段に小さくできることで,点分析,線分析が可能である。
= SAM[1](267)
⇒オージェ電子分光(20)

走査型電子顕微鏡 そうがたでんしけんびきょう(scanning electron microscope)
走査型透過電子顕微鏡と走査型反射電子顕微鏡を一括して言う言葉。一般的には後者を指す。
= SEM(267)
⇒走査型透過電子顕微鏡(127),走査型反射電子顕微鏡(127)

走査型透過電子顕微鏡 そうさがたとうかでんしけんびきょう(scanning transmission electron microscope)
走査型電子顕微鏡のうち,試料を透過した電子を検出して画像化させるタイプをいう。加速電圧を高くできるので高分解能が得られる。
= STEM(268)
⇒走査型反射電子顕微鏡(127)

走査型トンネル顕微鏡 そうさがたとんねるけんびきょう(scanning tunneling microscope)
真空中で先の尖った探針を試料に接近させて(1nm程度),両者の間に3V程度の電圧を加えると,間隙を通してトンネル電流が流れる。そこで,探針を走査させながらトンネル電流が一定になるようにこれを上下させると,その制御信号は表面の凸凹を原子のオーダで示すことになる。STMはこれを装置化したものである。
= AFM(255)
⇒STM(268)

走査型反射電子顕微鏡 そうさがたはんしゃでんしけんびきょう(scanning reflection electron microscope)
細い電子ビームを走査させながら,試料表面からの反射電子を検出して拡大結像させる電子顕微鏡である。電子ビームの後方散乱係数が元素の原子番号によって異なるため,像のコントラストによって組成の違いが明瞭に識別できるほか,信号の処理方法によって表面の凹凸情報も得られる。
= SREM(268)
⇒走査型透過電子顕微鏡(127)

操作盤 そうさばん(operation panel)
数値制御装置の一部分で,各種の操作ボタンや表示装置が付けられている部分。大形機ではペンダント式の操作盤が用いられる。
⇒NC(262),制御盤(115)

装飾研磨 そうしょくけんま（polishing for visual quality）
=加飾研磨（30）

創成運動 そうせいうんどう（generating motion）
ねじや歯車のような曲面の加工には，曲面形状に一致する刃形を用いる総形法と，曲面形状とは無関係な刃形により小部分の加工を繰り返して全面を加工する創成法がある。創成法では，必要な回転運動や直線運動を計算によって求め，これを工具，工作物に与える必要がある。この運動を創成運動という。
⇒創成研削（128），倣い研削（169）

創成研削 そうせいけんさく（generation grinding）
歯車の研削に一般的に用いられる方法で，研削砥石と工作物に創成運動を与えて研削するものである。
⇒創成運動（128），総形研削（127），倣い研削（169）

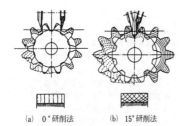

(a) 0°研削法　　(b) 15°研削法
創成研削

測定 そくてい（measurement）
ある量を，基準として用いる量と比較し，数値または符号を用いて表すこと。
⇒計測（50）

測定顕微鏡 そくていけんびきょう（measuring microscope）
測定物を移動させるテーブルと，測定点を観察する顕微鏡によって構成される装置である。装置に備えられた標準尺により，測定点の位置を読み取り，測定点の座標や測定物の長さを測定する。使用目的に合わせて，測長機，万能測定顕微鏡，歯車測定顕微鏡などが作られている。

測定断面曲線 そくていだんめんきょくせん（total profile）
縦軸および横軸からなる座標系において，基準線を基にして得られたデジタル式の測定曲線。各種輪郭曲線を算出する素となり，形状誤差，ノイズなどの不確かさを含んでいる。

側刃 そくは（side cutting edge）
ボアタイプフライスの側面にある切れ刃。巻末付図(5)参照。
⇒底刃（128）

側面削り そくめんけずり（side milling）
⇒外周削り（25）

粗研削 そけんさく（rough grinding）
=粗研削（6）
⇒精密研削（116）

粗研磨 そけんま（rough polishing）
=粗仕上げ（6）

底刃 そこは（end cutting edge）
シャンクまたはボスと反対の端面にある切れ刃。巻末付図(5)参照。
⇒側刃（128）

組織 そしき（structure）
研削といしにおける組織とは，といし中の砥粒，研削砥石中の砥粒，結合剤，気孔の分布状態を表し，研削性能と密接な関係がある。
⇒砥粒（162），結合剤（51），気孔（37）

塑性流動 そせいりゅうどう（plastic flow）
材料が破壊することなく流動するように塑性変形すること。この時，材料内部の結晶構造や粒界は，塑性ひずみにより不可逆的に変形する。切削や研削などの機械的除去加工では，加工点周辺では大規模に塑性変形を起こし，加工点前方では圧縮の応力場であるが，加工点やその後方では塑性流動により引張りの応力場となる場合が多い。このため除去後の仕上げ面表層の結晶組織は塑性変形量に応

じて結晶組織が大きく歪む。これが加工変質層となる。
⇒加工変質層（29）

外丸フライス　そとまるふらいす（convex milling cutter）
　　外周面に丸い切れ刃を持ち，丸溝の加工に用いる二番取りフライス。巻末付図(10)参照。
⇒フライス（201）

粗粒　そりゅう（coarse grain）
　　研削といし用研磨材で粒度F4 ～ F220，研磨布紙用研磨材でP12 ～ P220の砥粒。
⇒微粉（194），粒度（239）

ソリューブルタイプ研磨剤　そりゅーぶるたいぷけんまざい（soluble-type vehicle）
　　水溶性の添加剤。水を研磨液として利用する際に，研磨材の分散性，機械および加工物の防錆，加工熱に対する冷却効果を目的としたもので，水で希釈した時に半透明もしくは透明になるもの。
⇒水溶性ラップ液（107）

ゾーンプレート［干渉計］　ぞーんぷれーと［かんしょうけい］（zone plate [interferometer]）
　　同心円状のパターンを有する回折格子を指す。また，このゾーンプレートを利用して得られた干渉縞の情報をもとに測定対象の表面形状を得る干渉計はゾーンプレート干渉計と呼ばれ，主に球面形状の評価に用いられる。ゾーンプレート通過後の0次回折光および±1次回折光が測定面で反射された後に再度ゾーンプレートを通過することで得られる干渉縞を利用することが多いが，その光学系には様々なバリエーションがある。
⇒フィゾー干渉計（198）

〔た〕

対向主軸台形 NC 旋盤　たいこうしゅじくだいがたえぬしーせんばん（NC lathe with opposed spindles）

通常の固定主軸台の反対側に，Z 軸方向に自由に移動させられる主軸台を装備した NC 旋盤。2 つの主軸台の主軸端は，同一主軸中心線上にあって，互いに向かい合った状態にある。2 つ，またはそれ以上の数のタレット形刃物台を具備し，同時同所加工のできる代表的な工程集約型工作機械である。

2 つの主軸の回転速度を同期させて，機械を停止させることなく工作物の受け渡しをしたのち，工作物の背面を加工できる。固定主軸台と移動主軸台をもつのが一般的であるが，単に 2 台の NC 旋盤を向かい合わせた構造のものもある。

= NC 旋盤(263)，ターニングセンタ(135)

対向二軸平面研削盤　たいこうにじくへいめんけんさくばん（double-disc surface grinding machine）

対向する 2 つの砥石頭を砥石車の端面が向き合うように配置し，2 つの砥石の間に工作物を通過させて両端面を同時に研削する平面研削盤。スルーフィードタイプ，キャリアタイプ，ガンタイプの 3 種類があり，また立軸と横軸がある。この機械はベヤリングのリング，ころ，ピストンリングなど比較的小さいものを量産するのに用いられる。

⇒両頭平面研削盤（240）

ダイシング（dicing）

ウェーハを固定しておき，ダイヤモンドブレードを高速回転（10,000〜70,000 rpm）させて切断する方法で，最近では 15μm 程度の超薄刃を用いて 16〜17μm のカーフ幅で切断することができる。結晶方位に関係せず，垂直面が得られるので，チップの取り扱いに便利である。

ワイヤソーで切断する方法もある。これはマルチ方式で複数本の切断を同時に行うことができるので能率が良い。

⇒カーフ幅（35），スライシング（112），ワイヤソー（249）

耐水研磨紙　たいすいけんまし（waterproof abrasive paper）

あらかじめ樹脂組成物などによる基材処理剤で耐水処理を施した紙製基材の表面に，不水溶性（耐水性）の接着剤を用いて研磨材を固着した湿式・乾式両用の研磨紙である。フェノール樹脂系，エポキシ樹脂系，アルキド樹脂系接着剤などを用いたものが多く，塗料塗装面の水研ぎ作業に多用されている。

⇒研磨布紙（58），研磨布紙加工（59），研磨ベルト（59）

耐水研磨布　たいすいけんまふ（waterproof abrasive cloth）

耐水処理を施した布製基材の表面に耐水性接着剤により研磨材を固着した湿式・乾式両用の研磨布である。一般には，水溶性加工油剤などを用いて行う湿式研磨布紙加工に使用され，シート状，ベルト状，ディスク状，スリーブ形状，フラップホイール形状などに加工して使用される。

⇒研磨布紙（58），研磨布紙加工（59），研磨ベルト（59），研磨ディスク（58），フラップホイール（203）

ダイヤモンド（diamond）

地球上で最も硬度（Hk7,000），熱伝導率（2.0kW/m·K）が高い材料で，炭素の共有結合体である。切削，研削においては工具材料として用いられる。加工温度が臨界温度を超えると，ダイヤモンドを構成している炭素が，鉄中に拡散したり，コバルトやニッケルなどと化学反応を起こすため，低中炭素鋼やコバルト，ニッケル系のスーパアロイの加工には一般に向かない。

⇒人造ダイヤモンド（103），ダイヤモンド

ホイール(131), 単結晶ダイヤモンド(136)

ダイヤモンド研磨布紙　だいやもんどけんまふし（diamond coated abrasive）

　ダイヤモンド砥粒を使用した研磨布紙。基材が布製のダイヤモンドベルトやシート，および基材がポリエステルフィルムのダイヤモンド研磨フィルムが一般的であり，セラミックス，ガラス，石材，難削材の精密仕上げに用いられる。ダイヤモンド砥粒の基材への固定は，レジンやアラミドなどの合成樹脂接着剤や電着による方法がとられている。

⇒研磨布紙（58）

ダイヤモンドコンパウンド（diamond compound）

　ダイヤモンドを適当な油剤に分散させて研磨に使用しやすい形態としたもの。油剤粘度の高いものはグリース状でありダイヤモンドペーストと称され，油剤粘度の低いものはダイヤモンドスラリと称されている。

ダイヤモンド焼結体　だいやもんどしょうけつたい（sintered diamond compact）

　ダイヤモンドの微粉末に結合材（Coなど）の粉末を添加，超高圧，高温で焼結した焼結体。粒の細かいものは靭性が高く，粗いものは耐摩耗性が高い。

⇒PCD(Polycrys talline diamond)（266）

ダイヤモンドスラリー（diamond slurry）

　一般に合成ダイヤモンドの微粉を水またはオイルに混ぜたもの。銅，錫，樹脂製などのポリシング用定盤に噴霧し加工を行うが，ダイヤモンドを有効利用するために，溶液中に分散剤を添加しダイヤモンド個々の凝集を防いでいる。超硬，セラミックス，サファイヤ，ダイヤモンドなどの高硬度材の鏡面加工に使われ，粒径も2～3μmから，さらに細かなものがよく使用されている。

ダイヤモンド切削　だいやもんどせっさく（diamond turning, single-point diamond turning
= SPDT）（268）

⇒鏡面切削（40），超精密切削（144）

ダイヤモンド砥粒　だいやもんどとりゅう（diamond abrasive）
⇒ダイヤモンド（130）

ダイヤモンドドレッサ（diamond dresser）

　ダイヤモンドを用いたドレッサの総称で，ダイヤモンド砥粒の保持方法や形状により，単石ドレッサ，多石ドレッサ，インプリドレッサ，ブロックドレッサ，ロータリドレッサがある。

⇒ドレッサ（164），ダイヤモンド（130）

ダイヤモンドペースト（diamond paste）
⇒ダイヤモンドコンパウンド（131）

ダイヤモンドペレット（diamond pellet）

　ダイヤモンド砥粒をレジノイドボンド，メタルボンドまたはビトリファイドボンドで固結した薄い円板状などの固結体のことをいう。このペレットの複数個を台皿やホイール台金上にエポキシ系接着剤などを用いて貼り付けて研削加工や研磨加工に使用する。ペレットを用いた工具は，比較的形崩れが少なく，損耗量も小さいという特徴がある。一方，CBN砥粒を同様に固着したCBNペレットもある。

⇒ダイヤモンド（130），ダイヤモンドホイール（130）

ダイヤモンドホイール（diamond wheel）

　ダイヤモンド砥粒を用いた研削ホイール。ホイールは，台金の外周に数mm以下の砥粒層からなる。ボンドは主にビトリファイド，レジン，メタルボンドや電着などの種類がある。ホイール構造は，ビトリファイドに代表されるボンドブリッジタイプ（有気孔形），レジンやメタルボンドに代表されるボンドマトリックス形（無気孔形），電着ホイールの単層形などがある。

⇒ダイヤモンド（130）

ダイヤモンドライクカーボン（diamond-like carbon）

　ダイヤモンド結合（sp3）とグラファイト（黒鉛）結合（sp2）両方の結合を併せ持つアモルファス構造の硬質膜を指し，

DLC と略称で呼ばれることが多い。SP3とSP2の比率や構造に組み込まれる水素の比率により物性が異なる。さらに，珪素，ニッケル，クロム，タングステンなどの金属元素を含有する物もある。産業的には，機械工業用途や医療用に潤滑性向上・耐腐食性向上を目的に保護膜として用いられる他，光学用途で反射防止機能を持つ保護膜として用いられるなど，用途は広い。
= DLC（259）

ダイヤモンドワイヤ工具 だいやもんどわいやこうぐ（diamond wire）
マルチワイヤソーで加工の際に用いるワイヤの表面にダイヤモンド砥粒を固着した工具。従来用いられてきた遊離砥粒方式に比して高能率加工が実現できる。
⇒ワイヤソー（249）

対話形 CNC たいわがたしーえぬしー（conversational CNC）
対話形式でパートプログラムを作成できるCNC装置。プログラムを簡単に入力できるようにCNC装置の表示画面にガイダンスが表示される。CNC装置は入力された加工形状から加工工程を自動決定したり，プログラムの確認のために切削の状況をアニメ描画したりできる。

ダウンカット（down-cut milling, down-cut grinding）
= 下向き削り（88），下向き研削（88）

卓上研削盤 たくじょうけんさくばん（bench grinding machine）
作業台に据え付けて使用する小形の研削盤。

卓上旋盤 たくじょうせんばん（bench lathe）
時計や計器類の小物部品をはじめとする小形部品を精密かつ迅速に加工できるように，構造を簡素化し小型化した旋盤。テーブルの上に取付けて利用できることから卓上旋盤と呼ばれる。

卓上タレット旋盤 たくじょうたれっとせんばん（bench turret lathe）
⇒タレット旋盤（135），卓上旋盤（132）

卓上フライス盤 たくじょうふらいすばん（bench milling machine）
作業台上に据え付けて使用する小型の横または立フライス盤。主に模型の製作や研究室で使用される。
⇒フライス盤（202），横フライス盤（234），立フライス盤（135）

卓上ボール盤 たくじょうぼーるばん（bench drilling machine）
作業台上に据え付けて使用する小型のボール盤で，10mm程度またはそれ以下の穴をあけるのに適している。主軸はVベルトを介して駆動される。回転速度の変換は，プーリの組合わせを変えて行うのが特徴である。
⇒ボール盤（218）

多結晶砥粒 たけっしょうとりゅう（polycrystalline [alumina] grain）
溶融アルミナの一種で，集晶型のものをいう。靱性に優れ，重研削に用いられる。

ターゲットドリル（target drill）
穴の中心部を残して穴あけをするドリル。切れ刃が1枚または2枚で主として貫通穴の加工に適している。巻末付図⑫参照。

多孔質絞り たこうしつしぼり（porous restrictor）
静圧軸受に使用される流体絞りの一形式で，主に気体軸受に採用される。焼結金属や多孔質セラミックス，カーボングラファイトなどの多孔質材料を軸受面に用いて，軸受面全面から均等に給気することにより，高い負荷容量と軸受剛性を得ることができる。
⇒流体絞り（239），自成絞り（87），オリフィス絞り（23），表面絞り（196）

多孔質砥石 たこうしつといし（porous type wheel）
研削砥石の気孔の状態についての分類の呼びで，大きな容積の気孔を多数持つ，組織の特に粗な研削砥石。

多軸NC旋盤　たじくえぬしーせんばん（NC lathe with multi spindle）

2つ以上の主軸をもち，それぞれの主軸が同一のベッド上に平行に配置されたNC旋盤。多軸自動旋盤も同様の形式。
⇒NC旋盤(263)，ターニングセンタ(135)

多軸自動旋盤　たじくじどうせんばん（automatic multiple spindle lathe）

自動旋盤の中で，旋回割出しを行う主軸架構ドラムに4〜8本の中空主軸を装着し，各主軸にチャックを備え，架構ドラムが軸数だけの1区分ごとに所定の加工が行われ，加工完了品が1区分ごとにできる，生産性の高い自動盤をいう。多軸自動旋盤には，小ねじ，ピン，ナット，ボルトなどを対象としたコレットチャックと材料送り装置を備えた棒材加工用と，油圧チャックとオートローダを備えたチャックワーク加工用の2種類があり，多量生産に向いた工作機械である。

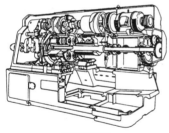

多軸自動旋盤

多軸ボール盤　たじくぽーるばん（multi-spindle drilling machine）

主軸頭に多数のドリルスピンドルをもったドリルヘッドを取付け，多数の穴を同時に加工することのできるボール盤。8軸から12軸程度のものが主に使われている。ドリルヘッド内に組み込まれたドリルスピンドルの位置は，あけようとする穴の位置に合わせて変えられるようになっている。スピンドルの回転は，駆動用元軸からユニバーサルジョイントまたは歯車を介して行われる。段取り換えが厄介なためにある程度の数量のまとまった部品の加工に適している。
⇒ボール盤(218)

多石ドレッサ　たせきどれっさ（multipoint dresser）

1個のシャンクに数個から数十個のダイヤモンド粒子を取り付けたドレッサで，その構造は，ダイヤモンド粒子が軸心を中心に配列されているもの，直線に配列されているものなど，いろいろな形状のドレッサがある。
⇒ダイヤモンドドレッサ（131）

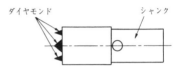

ダイヤモンド多石ドレッサ

脱磁装置　だつじそうち（demagnetizer）

磁気チャックから取外したワークの残留磁気を消去する消磁装置のこと。交番磁場をかける方式が多い。

脱イオン水　だついおんすい（deionized water）
＝純水（98）

タップ（tap）

主に回転とねじのリードにあった送りによって，下穴にめねじを形成するおねじ形の工具。巻末付図(14)参照。

脱落　だつらく（releasing, breaking down）

砥粒切れ刃と工作物との干渉時に発生する研削抵抗のために，砥粒を支持している結合剤が破壊し，砥粒が砥石から砥粒単位で抜け落ちる現象。砥石作用面における砥粒切れ刃の変化の一形態。
⇒摩耗（222），摩滅（222），破砕（180）

縦送り　たておくり（longitudinal feed）

工具を工作物の回転軸と平行に送ること。

⇒送り（18），横送り（232）

立形マシニングセンタ　たてがたましにんぐせんた（vertical machining center）

⇒マシニングセンタ（222）

立削り　たてけずり（slotting）

上下に直線的に運動する工具によって切削すること。多角形や非円形の形状の穴加工や，穴のキー溝切りに必要な加工法であり，立削り盤にバイトを取付けて切削する。

⇒立削り盤（134）

立削り盤　たてけずりばん（slotting machine, slotter, vertical shaper）

ラムに取付けられたバイトの垂直往復運動を主運動とし，工作物は水平方向に直線または回転運動により間けつ的に送られる。基本構造は形削り盤を立形にしたものであり，主として小・中工作物のキー溝，スプライン穴など異形穴加工に用いられる。工作物を取付けるテーブルは一般に円テーブルが用いられ，角度の割出しができるもののほか円筒面を削ることができる回転テーブルをもつものもある。

＝スロッタ（113）
⇒形削り盤（30）

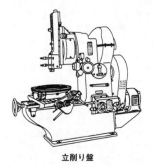

立削り盤

立軸回転テーブル形平面研削盤　たてじくかいてんてーぶるがたへいめんけんさくばん（vertical spindle surface grinding machine with a rotary table）

⇒平面研削盤（211）

立旋盤　たてせんばん（vertical lathe）

正面旋盤の主軸を縦にしたような形で，中ぐり加工もできることから立中ぐり盤ともいう。直径に比べ長さの短い重量の大きな工作物や不釣り合いな工作物の加工に用いられる。水平に回転する水平テーブル上に工作物を安定して取付けられるので高精度の加工が望める。

立旋盤

立中ぐり盤　たてなかぐりばん（vertical boring machine）

主軸が垂直の中ぐり盤。一般にはダブルコラムの門形構造で，2本のコラムに固定または案内されたクロスレールの前面を，主軸頭が水平に移動する。工作物は門の間に直交するベッドで案内されたテーブル上に取付けられる。テーブルが移動範囲全域でベッドに支持されているため，移動重量に対し精度的に安定しており，また主軸が出入りしても重力による影響を受けないので，精密な中ぐり加工ができる。門の間を通過しなければならないので，横形に比べると工作物の大きさに制限がある。

⇒中ぐり盤（167），横中ぐり盤（233）

立フライス盤 たてふらいすばん（vertical milling machine）

テーブル上面に対し，主軸が垂直に構成されているフライス盤。テーブル側がニー，サドルとともに左右，前後，上下動するニータイプ立フライス盤と，テーブル側がベッド上面をサドルとともに前後，左右動し，主軸頭がコラム案内面を上下動するベッドタイプ立フライス盤の2つに大別される。ニータイプ立フライス盤の中には，テーブル側の3軸移動以外に，主軸頭がコラム案内面を上下動するものや，主軸頭がラム前面に取付けられ，そのラムがコラム上面を前後動して運動範囲を大きくしたタレット形もある。いずれも正面フライス切削，エンドミル切削に適しており，一般的に横フライス盤よりも強力切削が可能であり，広く用いられている。

⇒フライス盤（202），ひざ形フライス盤（190），ベッド形フライス盤（212）

立フライス盤

ターニングセンタ（turning center）

主軸の回転角度位置（C軸）を制御して任意の角度位置を割出したり，連続的に回転角度を制御できる機能が付いており，しかも，静止工具だけでなく，ドリル加工やフライス加工のできる回転工具軸が付いたNC旋盤。キー溝，穴あけだけでなく，スクロール形状の溝も加工できる。最近では，工具側のY軸を制御できるようにして，非回転形状の加工のできるものが増えている。

⇒NC旋盤（263）

多能工作機械 たのうこうさくきかい（multi-purpose machine tool）

⇒工作機械（67）

だれ（edge rounding, roll off）
＝ふちだれ（200）

タレット（turret）

多角形の工具台にあらかじめ工具がセットされており，工具台を旋回させることによって，使用する工具を加工位置に配置することができる旋回式工具台をいう。旋回式工具台を有する工作機械としてタレット旋盤，タレットボール盤，タレットフライス盤がある。

⇒タレット旋盤（135），自動工具交換装置（90）

タレット旋盤 たれっとせんばん（turret lathe）

加工工程の順序に刃物を配列した旋回式刃物台を有する旋盤をいう。タレット旋盤は18世紀の中ごろ，銃器の部品を大量生産するために開発され，発展してきた。タレットの旋回軸が主軸に平行に配置された横軸タレット旋盤，直角に配置された立軸タレット旋盤があり，旋回式刃物台の形式は現在のNC旋盤にも踏襲されている。

⇒タレット（135），NC旋盤（263）

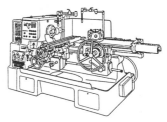

タレット旋盤

炭化珪素 たんかけいそ（silicon carbide）

天然には存在せず，1891年アメリカのE.G.Achesonが人造ダイヤモンドの試作研究から偶然その製法を発見した。工業的には珪石や珪砂とこれを還元するためのコークスを主原料とし，ガス抜きのための鋸くずと精製剤としての食塩を加えて電気抵抗炉（Acheson炉）で2,200〜2,500℃にて加熱すると，包括的にはシリカが炭素により還元されてSiCを生成する。実用的にはダイヤモンド，CBNに次ぐ硬度を有し，六方晶α形の結晶が発達しており，破砕により鋭い研削刃を自生し，非常に優れた研削力を有する。

⇒C系砥粒（256）

炭化珪素質研削材 たんかけいそしつけんさくざい（silicon carbide abrasive）

炭化珪素（SiC）からなる研削材で黒色のものと緑色のものがある。結晶は高温形のSiCで六方晶系であり，低温形の等軸結晶のSiCとは異なる。原料は黒鉛とコークスで，黒鉛電極で高温に加熱して製造する。硬度はアルミナより高いが，靱性は低い。非酸化雰囲気では耐熱性はきわめて高い。研削・研磨用のほか，耐火物や整流子としても使用される。

＝C系砥粒（256）

炭化タングステン たんかたんぐすてん（tungsten carbide）

炭素とタングステンからなる侵入形化合物で，一炭化二タングステン（W_2C）と一炭化一タングステン（WC）がある。一炭化一タングステンは超硬合金の原料となる。

⇒超硬合金（142）

炭化チタン たんかちたん（titanium carbide）

チタンと炭素からなる侵入形化合物で化学式はTiC。サーメットやコーティングの原料として用いられる。

⇒サーメット（79）

炭化ほう素 たんかほうそ（boron carbide）

炭化ほう素B_4Cは融点，硬度，耐摩耗性が高く，硬度は炭化珪素より高い。これらの優れた性能を利用して研磨スティックや遊離砥粒加工に用いられるが，研削砥石用としては成功していない。

単結晶ダイヤモンド たんけっしょうだいやもんど（mono-crystalline diamond, single-crystal diamond）

単結晶で構成されるダイヤモンド粒。

⇒ダイヤモンド（130）

単結晶砥粒 たんけっしょうとりゅう（single-crystal［abrasive］grain, mono abrasive grain）

1粒の砥粒が単結晶で構成される砥粒。ボーキサイトまたはバイヤー法アルミナを硫化物と共に溶融し，冷却固化したインゴットは硫化アルミニウムなどのマトリックス中に包含されたコランダムの結晶からなるため，水で硫化物を溶かし去って，粒状のコランダムを解きほぐす。このようにして作った粒子は単一の結晶からなり，機械的な粉砕工程を経ていないため強靱で表面に切れ刃が多く，硬度も高いので優れた研削性を示す。このような方法は硫黄による公害が発生する欠点があるため，操炉技術によって単結晶砥粒を作る方法も開発された。この砥粒は非粉砕形砥粒あるいは解砕形砥粒と称されたこともあった。

淡紅色アルミナ研削材 たんこうしょくあるみなけんさくざい（pink alumina abrasive, rose alumina abrasive）

小量の酸化クロム（Cr_2O_3）の添加によって淡紅色を呈する溶融アルミナ質研削材。切れ味の良好な砥石が製造できるとされている。

＝PA砥粒（266）

⇒アルミナ質研削材（7）

タンジェンシャルフィード研削 たんじぇんしゃるふぃーどけんさく（tangential-feed centerless grinding）

センタレス研削において，ブレードに相当するエッジを多数設けた回転ドラムに工作物を格納し，この回転ドラムを回転させ工作物を研削砥石と調整砥石の間にその接線方向に通過させながら研削する方法をいう。接線送り研削ともいう。
⇒センタレス研削（125）

弾性砥石 だんせいといし（elastic wheel）
＝エラスチック砥石（15）

単石［ダイヤモンド］ドレッサ たんせき［だいやもんど］どれっさ（single-point [diamond] dresser）

1本のシャンクに1個のダイヤモンドを取付けたもので，原石をそのままシャンクに取付けた普通のものや，角錐，円錐，屋根形，平形などに成形したものがある。
⇒ダイヤモンドドレッサ（131）

単石ダイヤモンドドレッサ

断続切削 だんぞくせっさく（interrupted cutting）

工具と工作物が，接触，離脱を繰り返すことによって切削を行う切削様式。フライスやホブ，溝付き丸棒旋削などが代表的な例である。

炭素工具鋼 たんそこうぐこう（carbon tool steel）

炭素約0.6～1.5％を含有し，その他少量のSi，Mnを含む鋼。JISでは，炭素の量によって，SK1～7に分類されている。炭素の多い物ほど硬度が高く，少ないほど靱性が高い。化学成分，用途は表のとおり。
⇒合金工具鋼（62），高速度工具鋼（70），工具鋼（64）

単動チャック たんどうちゃっく（independent chuck）

旋盤の主軸に取付けられるチャックの中で，爪が単独に動くようになっているもの。4つ爪のものが多く各種形状の工作物に対し広い用途に応用できる。
⇒チャック（140）

単能工作機械 たんのうこうさくきかい（single-purpose machine tool）
⇒工作機械（67）

炭素工具鋼（JIS G 4401：2009）　　単位　％

種類の記号	化学成分[a]					用途例（参考）
	C	Si	Mn	P	S	
SK140 (SK1)	1.30～1.50	0.10～0.35	0.10～0.50	0.030以下	0.030以下	刃やすり・組やすり
SK120 (SK2)	1.15～1.25	0.10～0.35	0.10～0.50	0.030以下	0.030以下	ドリル・小形ポンチ・かみそり・鉄工やすり・刃物・ハクソー・ぜんまい
SK105 (SK3)	1.00～1.10	0.10～0.35	0.10～0.50	0.030以下	0.030以下	ハクソー・たがね・ゲージ・ぜんまい・プレス型・治工具・刃物
SK95 (SK4)	0.90～1.00	0.10～0.35	0.10～0.50	0.030以下	0.030以下	木工用きり・おの・たがね・ぜんまい・ペン先・チゼル・スリッターナイフ・プレス型・ゲージ・メリヤス針
SK90	0.85～0.95	0.10～0.35	0.10～0.50	0.030以下	0.030以下	プレス型・ぜんまい・ゲージ・針
SK85 (SK5)	0.80～0.90	0.10～0.35	0.10～0.50	0.030以下	0.030以下	刻印・プレス型・ぜんまい・帯のこ・治工具・刃物・丸のこ・ゲージ・針
SK80	0.75～0.85	0.10～0.35	0.10～0.50	0.030以下	0.030以下	刻印・プレス型・ぜんまい
SK75 (SK6)	0.70～0.80	0.10～0.35	0.10～0.50	0.030以下	0.030以下	刻印・スナップ・丸のこ・ぜんまい・プレス型

タンブリング（tumbling）

バレル中に工作物とコンパウンドを入れ，工作物相互の共ずり作用により加工する回転研磨法で，油取り・スケール落し・ばり取り・かえりの除去などを目的とする。加工品の精度・仕上げ面粗さともに，バレル仕上げよりかなり劣る。
⇒バレル研磨（187）

端面削り たんめんけずり（peripheral and end milling, shoulder milling）

フライスの回転軸に平行および直角な面のフライス削り。正面フライスやエンドミルの場合，肩削り，角削りともいう。
⇒外周削り（25）

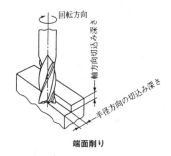

端面削り

端面研削装置 たんめんけんさくそうち（face grinding device）

工作物の端面を研削するための装置。端面研削の場合，端面加工用砥石の側面を用い，端面方向に切込む必要があるため，内面研削盤に端面切込み機構と端面砥石修正装置を取付けて加工を行うものが多い。

単粒研削 たんりゅうけんさく（grinding test using single point cutting edge [model]）

成形されたセラミック工具やダイヤモンド単結晶，あるいは単一の砥粒を用いて工作物を切削するモデル研削実験のこと。実際の砥石作用面の砥粒は不定形状を有し，その分布も不規則に三次元分布しているため，砥石による研削実験からは個々の砥粒切れ刃の研削現象を解明することは困難だが，単粒切削では砥粒の接触状況や摩耗形態ならびに切りくず生成過程と盛上り機構などを緻密に観察することが可能となる。
⇒切りくず（40），砥石接触剛性（157）

〔ち〕

チェーザ（chaser）

ねじを切る多山の刃物の総称。巻末付図(14)参照。

チェーンブローチ盤 ちぇーんぶろーちばん（chain broaching machine）

ブローチを固定し，エンドレスチェーンに工作物を取付けて連続的に加工を行うブローチ盤。
⇒ブローチ盤（208）

力制御研削 ちからせいぎょけんさく（control force grinding）

砥石に作用する研削抵抗あるいは砥石モータの負荷電流（研削トルクに相当）を検出し，これらの値を制御する研削方式。米国のR.S. HarnとR.P. Lindsayが提唱した定圧研削もこの力制御研削の一種。現在では内面研削において，研削中の研削抵抗の上限値を設定することで，工作物の寸法精度と仕上げ面粗さの高精度化を達成させる適応制御研削の一手法として適用されている。
⇒適応制御（151），定圧研削（150），研削抵抗（53）

力の流れ ちからのながれ（force flow）

力を流れに例えた表現で，力の伝達経路を示す。例えば，切削力は工具から工具保治具を通って工作機械本体に伝達される。同時に切削力は工作物から工作物保治具を通ってやはり工作機械本体に伝達される。

チゼルエッジ(chisel edge)

2つの逃げ面の交線。
⇒シンニング(106)

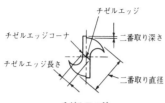

チゼルエッジ

チゼル角 ちぜるかく(chisel edge angle)

ドリルの先端から見たときにチゼルエッジと切れ刃のなす角。巻末付図(6)参照。

チッピング[1](chipping)

切削工具の脆性損傷の1つにチッピングがあり、ほかに、欠損、破損、剥離、およびき裂がある。チッピングは脆性破壊機構による欠けであり、切れ刃部が細かく欠ける状態で、切削が続行できる。
⇒欠け[1](28)、工具欠損(63)、初期欠損(99)

チッピング[2](chipping)

＝欠け[2](28)

チップ(tip)

ボデーまたはシャンクに取付けて使用する刃物材料の小片で、その一部に刃部を形成する。チップはボデー、シャンク、ブレードなどにろう付けされる場合と、機械的にねじやくさびで固定される場合がある。なお、切りくずもチップとよばれるが、これは英語のchipから来ており、まったく別物。
⇒ボデー(216)、シャンク(95)、ろう付け工具(246)、スローアウェイチップ(113)

チップコンベヤ(chip conveyor)

NC旋盤やマシニングセンタで大量に切りくずを排出する機械で、落下したり、切削液で洗い流されてベッドの下やベース上に落ちた切りくずを機外に連続的に運び出す装置。
⇒切りくず処理(41)

チップフォーマ(chip former)

切削により、工作物から分離して流出する切りくずを適当な形状に変形させる目的ですくい面に設けた、溝形または障壁などの障害物。
⇒チップブレーカ(139)

チップブレーカ(chip breaker)

切削により、工作物から分離して流出する切りくずを適当な小片に破断させる目的ですくい面に設けた、溝形または障壁などの障害物。チップフォーマの一種。ブレーカ・ピースをチップの上に載せる場合と、すくい面に研削で作る場合(砥ぎ付けブレーカ)と、型で作る場合(モールデッド・ブレーカ)がある。
⇒チップフォーマ(139)

チップブレーカ付き工具

チップポケット[1](chip pocket)

正面フライスやブローチなどの工具において、切削中の切りくずの生成、収容、排出を容易にするため、工具すくい面前方に設けたくぼみ。切りくずの詰まりは工具損傷の原因となる。研削砥石の場合

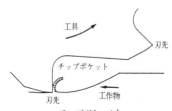

チップポケット[1]

には,ドレッシングによって砥粒切れ刃前方に適切な大きさのチップポケットを設ける。チップポケットは研削油剤を研削点に供給するクーラントポケットとしての役割も果たす。チップポケットの大きさが適切でないと目づまりが生じやすい。

チップポケット[2]（chip pocket）
＝気孔（37）

千鳥刃 ちどりは（staggered tooth）
主切れ刃の作用部分またはねじれ方向が,互い違いになっている切れ刃。
⇒普通刃（201）

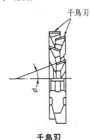

千鳥刃

チャック（chuck）
工作物を把持するための装置を総称していい,以下の機械式チャックのほかに,磁気チャック,真空チャックなどがある。狭義には複数の爪を用いて工作物をつかむ機械式装置をいう。

爪の数により,2つ爪,3つ爪,4つ爪チャックと呼ばれ,それぞれの爪が単独に動くものを単動チャック,全部の爪が同時に動くものを連動チャックと呼んでいる。連動チャックには,爪を同時に動かす機構や動力源により,スクロールチャック,油圧チャック,エアチャックなどの種類がある。また,使用する爪にも,工作物締付け面を焼入れ硬化させた硬爪と,焼入れを施さない生爪の2種類がある。生爪は,工作物の外径に合わせて再加工できるため,締付け精度を必要とする場合に用いられる。広義の意味のチャックには,面板チャック,コレットチャック,磁気チャックなどがある。
⇒単動チャック（137）,連動チャック（246）,磁気チャック（84）,真空チャック（102）

単動チャック[21]

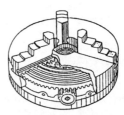

連動チャック[21]

チャック作業 ちゃっくさぎょう（chuck work）
直径に比べて長さの短い工作物を加工する場合に,工作物の一端だけをチャックに取付ける方法である。外周部の加工に加えて端面および内周部の加工を伴うことが多い。
⇒チャック（140）,センタ作業（125）,棒材作業（214）

チャックブロック ちゃっくぶろっく（chuck block）
永磁チャックや電磁チャックの上に載置して,円筒状などの固定し難い特殊形状の工作物をしっかり固定するために用いる補助治具。直方体やVブロックタイプがある。

中仕上げ　ちゅうしあげ（medium finishing）

　各種の加工法において，その加工法によって達成可能な精度の中程度の精度までの加工を行うこと，およびその仕上げ程度。
⇒粗仕上げ（6）

超音波援用クーラント　ちょうおんぱえんようくーらんと（ultrasonic-assisted coolant）

　超音波振動を重畳させた加工液のこと。周波数帯域によって加工特性に及ぼす効果が異なる。シリコンウェーハのスピン洗浄に用いられる技術を応用して，加工液にメガヘルツ帯域の超音波振動周波数を重畳したものをメガソニッククーラントといい，加速度効果が作用する。また，キロヘルツ帯域の超音波振動を重畳したものをキロソニッククーラントといい，主としてキャビテーション効果が作用し，微粒砥石の目づまり抑制効果がある。

超音波加工　ちょうおんぱかこう（ultrasonic machining）

　$20 \sim 150 \mu m$ の全振幅で 20kHz 前後の周波数において，一方向のみに振動する工具を工作物に一定の圧力で押し付ける。砥粒を混ぜた研磨液を接触部に供給し，工具の振動により砥粒を衝撃して，工作物を微細に破砕しながら穴あけ，切断，表面仕上げなどの加工を行う。超音波を付することにより，加工能率は向上するが，粗さは粗くなる。

超音波加工機　ちょうおんぱかこうき（ultrasonic machine）

　超音波加工機は超音波発振機と加工機本体に分かれ，加工機本体の主要部は，振動子部，工作物支持部，砥粒循環装置より成る。振動子にはニッケルまたはフェライト製の磁歪振動子を用い，これをその固有振動数で振動させ，振幅をコーンまたはホーンを通じて拡大している。工具と工作物間には加工中に油圧装置などを用いて一定の静圧を加える。工具には，軟鋼のほかにダイヤモンド用としてピアノ線を，硬質金属用として焼入れ鋼などを用いる。

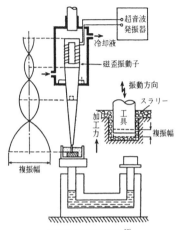

超音波加工機構成図[25]

超音波顕微鏡　ちょうおんぱけんびきょう（acoustic microscope）

　音響レンズにより超音波を試料表面に収束させて，試料表層の音響インピーダンス（弾性率）の変化を画像として取り出す装置。超音波を入射し，その反射超音波を検出するタイプと，高周波レーザ

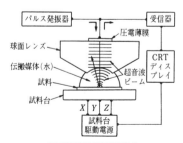

反射超音波顕微鏡の構成

を試料表面に入射しその熱衝撃により発生した超音波を検出するタイプがあり，後者は特にレーザ超音波顕微鏡あるいは光音響顕微鏡と呼ばれる。一般に100〜400MHzの周波数の超音波が用いられ，100MHzで超音波の侵入深さや検出分解能は約15μmとなる。
= SAM^2（267）

超音波研磨 ちょうおんぱけんま（ultrasonic polishing）

20〜150μmの全振幅において20kHz前後の周波数で，一方向のみに振動する工具を工作物に一定の圧力で押し付け，砥粒を混ぜた研磨液を接触部に供給し，工具の振動により砥粒を衝撃して，工作物を微細に破砕しながら表面仕上げを行う。超音波を付すことにより，加工能率は向上するが，粗さは粗くなる。実用化されているものとしては放電硬化層の磨きに利用されている。
=超音波ラッピング（142）

超音波振動研削 ちょうおんぱしんどうけんさく（ultrasonic vibration grinding）

研削加工において，砥石あるいは工作物に超音波振動を援用する加工法である。超音波振動の作用によって
①工作物の微細な破壊
②加工液のキャビテーションに伴う洗浄作用（ドレッシングや壊食）
③切込み深さの減少による延性モード切削
④摩擦抵抗の低減
などの加工特性に及ぼす効果がある。主にガラスやセラミックス等の硬脆材料の小径穴あけや，細溝加工に多用される。超音波研削，超音波振動援用研削ともいう。

超音波振動子 ちょうおんぱしんどうし（ultrasonic transducer）

交流電圧を印加することで，それと同じ周波数の機械振動を出力する電気機械変換器である。水晶，ニオブ酸リチウムの結晶や圧電セラミックスの圧電効果を用いた圧電振動子，金属やフェライトの磁歪硬化を用いた磁歪振動子などがある。効率良く大振動振幅を得るために機械的な共振周波数で動作させることが一般的である。

超音波振動切削 ちょうおんぱしんどうせっさく（ultrasonic vibration cutting）
⇒振動切削（104）

超音波振動切断 ちょうおんぱしんどうせつだん（ultrasonic vibration cutting, ultrasonic vibration slicing, ultrasonic vibration dicing）

カッター，ブレード，ワイヤーなどの切断工具または工作物に超音波振動を重畳しながら，切断する加工法である。切断抵抗が小さくなり，柔らかいものでも押しつぶすことなく切断できる。電子基板や繊維，シート，食品，医療（手術用のメス）など，幅広く応用されている。超音波切断，超音波振動援用切断ともいう。

超音波洗浄 ちょうおんぱせんじょう（ultrasonic cleaning）

超音波とは一般に，20kHz以上の耳に聞こえない高周波の音波をいい，この超音波を利用して，水や溶剤を振動させ，複雑な形状物の洗浄やこわれやすい物体に傷をつけずに洗浄する技術。

超音波砥粒加工 ちょうおんぱとりゅうかこう（ultrasonic abrasive machining）
⇒超音波加工（141）

超音波ラッピング ちょうおんぱらっぴんぐ（ultrasonic lapping）
=超音波研磨（142）

超硬合金 ちょうこうごうきん（cemented carbide）

WC（炭化タングステン）を主成分とする焼結合金で，切削工具や耐摩耗工具の分野に使用されている。JIS 4053:2013では，超硬合金，サーメット，超微粒超硬合金及びこれらに炭化物，窒化物，酸化物などを被覆した合金の総称と定義され，鋼切削用のP系列（WC-TiC-TaC-

Co),鋳鉄切削用のK系列（WC-Co），汎用のM系列（WC-TiC-TaC-Co），非鉄金属・非金属切削用のN系列，耐熱合金切削用のS系列，高硬度材切削用のH系列に分類される。巻末付録 p.297 参照。

超高速研削　ちょうこうそくけんさく（ultrahigh-speed grinding）

通常の砥石周速度は 1,800 ～ 2,000m/min であるのに対し，この 2 ～ 3 倍の砥石周速度を利用して行う研削が高速研削と呼ばれ，1970 年頃より，その効能が確認され実用化されている。これに対し，1980 年頃から超高速研削と称して，さらにこの数倍砥石周速度をアップすることが注目され，現在では砥石周速度 200m/s 以上での研削盤が実用の段階に入っている。このような超高速研削技術成功の背後には，CBN 砥石の発達，高速軸受や冷却技術の進歩がある。
⇒高速研削（69），高能率研削（71）

超仕上げ　ちょうしあげ（super finishing）

超仕上げは，研削・精密旋削などの精密仕上げ表面に対し実施される。粒度の細かい砥石を低圧力で，動いている工作物表面に押し付けた状態で，砥石に振動を与えながら，送り方向に砥石を送ることによって，表面を仕上げる加工法。ラップ仕上げやホーニングに比べ，短時間で鏡面が得られる。加工した表面は摩擦係数が小さく，潤滑性・耐摩耗性・耐食性に優れている。

〈超仕上げの機構〉2 ～ 10μm 程度の凹凸がある工作物表面に砥石を押し付けると，砥石の切れ刃と工作物表面の粗さ突起との接触部は非常に小さな面積であるので，大きい圧力になる。この状態で砥粒が運動すれば，急速に粗さの山の部分は削り取られる。超仕上げが進行し，砥石と工作物との真実接触面積が増加すると，切削点の圧力が小さくなり工作液の潤滑作用も加わって，磨き作業に移行する。かくして工作物表面は鏡面となる。

この砥石で次の加工を行う場合，粗い表面に砥石が押し付けられると自動的に目直しが行われ，切削能力を取り戻す。

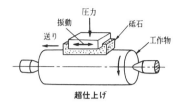

超仕上げ

超仕上げ砥石　ちょうしあげといし（super-finishing stone, super finishing stick）

超仕上げに用いられる棒状の研削砥石。

超仕上げ盤　ちょうしあげばん（super finishing machine, super finisher）

超仕上げ加工を施すのに使用する工作機械。工作物は回転し，急速に振動する砥石が工作物に押し付けられながら工作物の軸方向に送られる。

〈作業条件〉砥石の粒度は，荒加工では #280 ～ 480 が，鏡面加工を目的とするときは #600 ～ 1,500 が用いられる。荒加工と仕上げ加工を同じ砥石で行うときは #600 前後を用いる。ビトリファイド結合剤，結合度は比較的柔らかく H ～ K 程度で，工作物が硬いほど軟らかい砥石を用いる。切削速度は面粗さ，仕上げ量の両面から 30 ～ 40m/min で最良となる。

超重研削　ちょうじゅうけんさく（ultraheavy grinding）

スラブやビレットなどの鋼片のきず取り研削はきわめて高い押し付け荷重（0.4 ～ 1t）の下で行われ，ここでは加工能率に重点が置かれ，加工面粗さに対する要求は低い。このような重研削をとくに超重研削と呼んでいる。
⇒重研削（95），高能率研削（71）

調整車 ちょうせいしゃ（regulating wheel）

心無し研削盤において，工作物に回転および送りを与える車。調整車は，一般には砥粒をゴムなどの可塑性材で結合されたもので，工作物の回転と送りを制御するとともに，法線研削抵抗がかかった工作物を研削点のほぼ反対側で支持する役目をする。この調整車と支持刃によって工作物全長にわたり支持するため，加工時の支持剛性が高い。
= 調整砥石（144）
⇒心無し研削（104），心無し研削盤（104）

調整車下部滑り台 ちょうせいしゃかぶすべりだい（regulating wheel lower slide）

ワークレストおよび調整車台を載せ，固定の研削砥石台に対して切込みを与える可動台のこと。送込み方式の心無し研削盤の1つの形式で，ほかに調整車台およびワークレストが固定で研削砥石台が可動のもの，ワークレストが固定で研削砥石台および調整車台が可動のものがある。
⇒心無し研削盤（104）

調整車軸 ちょうせいしゃじく（regulating wheel spindle）

調整車頭によって支持された回転軸のことで，種々の方式によって研削時および修正（ツルーイング）時の場合に回転数を変速できる構造となっている。
⇒心無し研削盤（104）

調整車修正装置 ちょうせいしゃしゅうせいそうち（regulating wheel truing device）

調整車表面をダイヤモンドツルアでツルーイングすることによって形状を整えるための装置である。通し送り研削では，調整車の傾き角に応じて装置を旋回させ，工作物高さに応じてドレッサの先端位置を移動しなければならない。
⇒心無し研削盤（104）

調整車台 ちょうせいしゃだい（regulating wheel slide, regulating wheel upper slide）

調整車頭を含めた滑り台の総称であり，心無し研削盤のベッド上を直接移動する方式と，調整車下部滑り台上を移動する方式がある。
⇒心無し研削盤（104）

調整車頭 ちょうせいしゃとう（regulating wheel head）

調整車軸を支持する部分で，研削砥石のように交換することが少ないので，剛性を考慮して両持方式の軸受支持が一般的である。
⇒心無し研削盤（104）

調整砥石 ちょうせいといし（regulating [grinding] wheel）
= 調整車（144）

超精密研削 ちょうせいみつけんさく（ultraprecision grinding）

微粒あるいは超微粒砥石を用いたレンズ，ウェーハ，磁気ヘッドなどの光学部品や電子部品の脆性材料の加工において，従来の高精密研削に比べて1桁良好なnmオーダの表面粗さの達成を目的とした研削。

原理として主に二つある。一つは工作物と砥粒がメカノケミカル反応を起こし，鏡面創成を実現するもの。もう一つは，超砥粒で微小切りこみを行う機械的な引っ掻き作用によるもの。
⇒超精密切削（144），鏡面（40），鏡面研削（40）

超精密切削 ちょうせいみつせっさく（ultraprecision cutting）

高い運動精度を持つ工作機械ときわめて切れ味の良い単結晶ダイヤモンド工具を用いて，従来は砥粒加工によって仕上げられていた，金属，半導体，各種結晶材料，プラスチックなどのさまざまな光学・電子・機械素子の最終仕上げを行う切削加工法。

本加工法の基本原理は工作機械の運動

を,滑らかな工具輪郭の重畳として,工作物上に転写する形状創成であり,その加工精度の到達限界は工作機械の運動精度と工具切れ刃の最小切取り厚さおよび工具輪郭の仕上げ面への転写性で決定される。現状では 10nmR_z 台の表面粗さと 100nm/100mm 台の形状精度が一応実現され,さらにもう1桁高いレベルに進みつつある。切取り厚さがサブミクロン以下になる本加工法では,従来の切削加工では問題にならなかった種々の加工精度要因が相対的に顕在化し,工作物のマイクロマシナビリティ,工具切れ刃の微視的構造,工具・工作物の親和性などが加工現象を左右する。
⇒鏡面切削 (40)

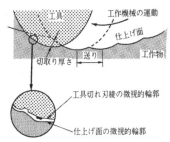

超精密切削加工における仕上げ面の創成モデル

超精密旋盤 ちょうせいみつせんばん (ultraprecision [diamond] turning machine, ultraprecision [diamond] lathe)

磁気ディスク基板,各種反射鏡,レンズ用金型など,鏡面とサブミクロンの形状精度を必要とする部品の加工を行う旋盤を超精密旋盤という。

超精密旋盤にも磁気ディスク基板や感光ドラムのような平面,円筒の鏡面切削を行う機械と,球面,放物面のような2軸制御が必要な超精密非球面加工機あるいは超精密 CNC 旋盤と呼ばれる機械がある。

単結晶ダイヤモンドを工具とし,主軸には静圧軸受(油,空気),案内には静圧軸受,ころがり軸受などが使用され,レーザ測長器など高分解能スケールがフィードバックスケールとして使用される。
⇒単結晶ダイヤモンド (136),鏡面切削 (40)

超精密旋盤

超耐熱合金 ちょうたいねつごうきん (super alloy)

耐熱合金のうちニッケル基超合金は,特に耐食性,耐高温強度が高く,耐摩耗性も優れるためガスタービンブレード,化学工業用高温部品,航空機用に使われている。
⇒難削材 (170)

超砥粒 ちょうとりゅう (super abrasive grain)

アルミナや炭化珪素などの砥粒に比べて硬度が高いダイヤモンドと CBN の砥粒を総称した語。
⇒ CBN (257),ダイヤモンド (130)

超砥粒砥石 ちょうとりゅうといし(super abrasive wheel)

超砥粒ホイールと同義語。砥石軸,砥

石周速度などホイールと表記しない他の術語との混乱を避けるために，超砥粒砥石と呼ぶことがある。
⇒一般［砥粒］砥石（9）

超砥粒ホイール　ちょうとりゅうほいーる（super abrasive wheel）

主として金属製台金の外周，端面にダイヤモンドまたはCBNなどの超砥粒を結合剤で保持した砥粒層を持つ研削砥石。一般研削砥石と区別するためにホイールと呼ぶ。
⇒CBNホイール（257），ダイヤモンドホイール（131）

超微粒子　ちょうびりゅうし（ultrafine particle）

一次粒子が$0.1\mu m$以下で高度に分散した粒子のこと。粒子径が$0.1\mu m$以下になると高い表面エネルギーによって一般的には凝集傾向を持つようになるが，気相法や熱分解法といった特殊製法によって製造される超微粒子は高い分散性を維持し，ポリシ剤原料として有用である場合がある。

直定規　ちょくじょうぎ（straight edge）

鋼製直定規，鋳鉄製直定規および高精度直定規などがあり，各種機械および部品などの直角度および平行度の基準として用いるものである。直定規の断面には，長方形，I形および刃形などが用いられている。JIS B 7514に鋼製直定規について規定されている。
＝ストレートエッジ（110）

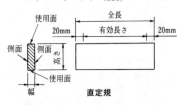

直定規

直線切削制御　ちょくせんせっさくせいぎょ（straight cut control）

切削運動が機械の直線，円弧，あるいは他の案内面の1つだけに平行して制御されるNCシステムを指す。位置決め制御の工作機械に直線切削によるフライス加工の機能を付加することが多い。このとき，制御は1軸についてだけ行われ，指定した送り速度で工具を移動できる。位置決め制御では移動中に加工を行わない。直線切削制御は位置決め制御の拡張であり，輪郭制御とは本質的に異なる。
⇒輪郭制御（242）

直線補間　ちょくせんほかん（linear interpolation）

NC工作機械によって望む形状を創成するには工具の動きを指定しなければならない。工作機械では，工具の運動は複数の制御軸を同時に制御することによって実現できる。実際には時間に関する位置関係を記述した時間関数発生器で各軸を動かす。このとき，ある地点から他の地点への移動の仕方を補間といい，直線運動するように演算するものを直線補間という。
⇒円弧補間（15），放物線補間（215）

直線揺動　ちょくせんようどう（linear oscillation）
⇒揺動［運動］（232）

直刃　ちょくは（straight tooth, straight flute）

軸線に対して平行な切れ刃。
⇒ねじれ刃（174）

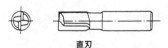

直刃

直立ボール盤　ちょくりつぼーるばん（upright drilling machine）

比較的小物の部品に穴あけするのに使用する。直立するコラムの上部に主軸駆動用電動機および速度変換装置を備えて速度変換は歯車で行う。主軸はコッタ穴付きテーパ穴を備えていて，ドリルなどの工具をそのテーパで保持する。テープ

ルはX軸およびY軸方向に移動させることができ，さらにコラムに沿って上下に移動させることができる。そのほかに，コラム回りに旋回させることができる機種もある。穴あけは主軸スリーブを上下方向に手動または自動で送りをかけて行う。
⇒卓上ボール盤（132），ボール盤（218），NCボール盤（265）

直角定規　ちょっかくじょうぎ（square）
各種機械および部品などを直角度検査の基準として用いるものである。長片および短片からなり，その断面形状は長方形，Ⅰ形，刃形などである。また円筒スコヤと呼び円柱を用いるものもある。JIS B 7526に鋼製直角定規，JIS B 7539に円筒スコヤが規定されている。

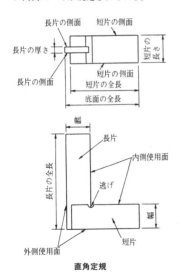
直角定規

直角すくい角　ちょっかくすくいかく（normal rake）
基準面P_rに対するすくい面の傾きを表す角で，切れ刃に垂直な面上で測る。γ_nと表記する。工具系基準方式では，巻末付図(7)に示す角度となる。
⇒垂直すくい角（106），すくい角（108），バックレーキ（183），横すくい角（233），工具系基準方式（63）

直角度　ちょっかくど（squareness）
データム直線またはデータム平面に対して直角の幾何学的直線または幾何学的平面からの直角であるべき直線形体または平面形体の狂いの大きさをいう。巻末付録 p.296 参照。
⇒データム（152），公差（66）

直角逃げ角　ちょっかくにげかく（normal clearance angle, normal relief angle）
切れ刃に接し，基準面P_rに垂直な面P_sに対する逃げ面の傾きを表す角で，切れ刃に垂直な面で測る。α_nと表記される。工具系基準方式では，巻末付図(7)に示す角度となる。
⇒工具系基準方式（63）

直角刃物角　ちょっかくはものかく（normal wedge angle）
すくい面と逃げ面がなす角で，切れ刃に垂直な面で測る。工具系基準方式では，巻末付図(7)に示すようになる。β_nと表記する。
⇒工具系基準方式（63）

〔つ〕

通液研削　つうえきけんさく（internal cooling grinding）
砥石フランジの中心に供給された研削液が，回転による遠心力によって砥石の気孔を通り，外周面からミスト状に噴出される研削方式。研削液が研削点に浸入しやすくなるため，冷却性および潤滑性がいっそう発揮され，さらに気孔内の切りくずを流出させ目づまりが防止される。
＝液通研削（14）

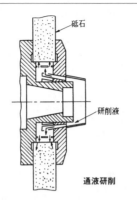

通液研削

⇒目づまり (227), 切りくず (40), 気孔 (37)

継手 つぎて (coupling, joint)

2個の機械部品を接続して一体とするために用いられる部品。軸継手, リベット継手, 管継手, ピン継手などの多くの種類がある。

軸継手には, 固定軸継手 (rigid coupling), つば継手 (flang coupling), たわみ継手 (flexible coupling), 伸縮軸継手 (expansion joint), オールダム継手 (oldham's coupling), 自在軸継手 (universal joint), ボールジョイント (ball joint), 過負荷解放継手 (overload coupling) などがある。工作機械では, テーブル割出し機構にカービックカップリング, 配管継手にカプラ, ボールねじ軸とサーボモータの連結に固定軸継手やたわみ継手などを使用している。

=カップリング (33)
⇒カービックカップリング (34)

付刃工具 つけばこうぐ (tipped tool)

刃部の材料をボデーまたはシャンクに, 溶接または, ろう付けした工具の総称。付刃バイト, 付刃ドリルなどがある。
⇒ろう付け工具 (246)

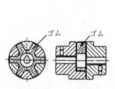
(a) 圧縮形ゴム軸継手

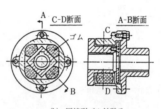
(b) 圧縮形ゴム軸継手

(c) タイヤ形ゴム軸継手

合成ゴムを用いたたわみ継手

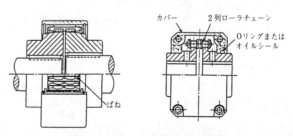

ばね, ローラチェーンを用いたたわみ継手

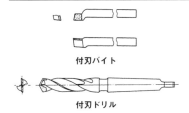
付刃バイト

付刃ドリル

突切り つっきり（cutting off）

「旋削」の項の図(i)に示すように，突切りバイトによって，丸棒や管などを軸心に対して直角に切断する旋盤作業。
⇒旋削［加工］（123），切断（122）

つや（gloss）
＝光沢（70）

つや消し仕上げ つやけししあげ（mat finish［ing］）

研磨面に短くて浅い不連続の筋目（スクラッチ）を均一に付けた方向性のある仕上げをいう。この仕上げ面は，目の粗さが一定であっても目通り性が低いため，光の反射率が低下して光沢（つや）の無い質感を与えることになる。これに対して，筋目に連続性を与えて目通り性を良好にした表面をヘアラインと呼び，つやや光沢を出して装飾表面として利用される。このような研磨面の評価は，定量的評価が困難で，官能検査に頼るところが多い。
＝サテンフィニッシュ（77）
⇒ヘアライン（210）

つや出し つやだし（polishing）

光学ガラスの鏡面仕上げ工程で，酸化セリウム（場合によりベンガラなど）等を用い，ピッチ皿と光学ガラスの間に相対運動を与えながら精密ラップ加工を行ってガラス面を高精度鏡面に仕上げる加工工程。【ガラス加工】

つや出し砂目ぬき つやだしすなめぬき（clearing）

面精度およびガラス表面のきずの存在をそれほどうるさくいわない磨き作業工程。砂かけによって生じた凹凸（砂目）がなくなるまでの磨き作業のこと。【ガラス加工】
⇒つや出し（149），砂かけ（110）

釣合いおもり つりあいおもり（balance weight）
＝バランスウェイト（185）
⇒カウンタバランス（27）

ツーリング（tooling）

切削工具の保持に関する総称。NC工作機械の発達により，工具ホルダの統一や迅速な工具のセットや交換が要求され，工具をどのように保持（ツーリング）するかが加工能率や精度に大きな影響を及ぼす。

ツルーイング（truing）

砥石と主軸の芯だしによる砥石の真円度の確保や砥石面に凹凸などの形状を成形，修正するために，砥粒や結合剤の不要な部分を削り落として取除くこと。形直しともいう。一般の砥石にはダイヤモンドツルアやクラッシングロールが使用されるが，CBNホイールやダイヤモンドホイールでは一般の砥石やダイヤモンド工具を使用したり，ワイヤ放電加工で行うなど，結合剤に適した種々の方法がある。
＝形直し（31）

ツールホルダ（tool holder）

工作機械の主軸またはタレットに工具を取付けるための工具保持具。たとえば，丸形のツールシャンクをもつ工具をタレット形刃物台に装着するときに工具シャンクとタレット形刃物台とのインタフェースとなる部品。
⇒バイトホルダ（177）

〔て〕

定圧加工 ていあつかこう (pressure copying processing, constant-pressure processing)

工具（砥石，ラップ定盤，ポリッシャなど）や工作物にウェイト，ばね，油・空圧などで加圧することによって行う除去加工法を指す。平面，円筒面，球面などの精密仕上げ加工に適しており，ラッピングやホーニング，超仕上げ，バフ仕上げなどはその代表的加工法である。ただし，良好な表面性状を得るには適しているが，反面，寸法・形状精度の確保に難点がある。複雑な変動取り代，たとえば，ばり取りなどの自動重研削装置には，曲面への馴染み性や過大切込みへの安全性に対応するフローティング機構が採用される場合が多いが，これも定圧加工原理の応用の1つである。
⇒定寸加工[1]（151）

定圧研削 ていあつけんさく (constant-pressure grinding)

砥石に一定圧力を作用させて行う研削方法。通常の研削が定寸研削であるのに対して，区別して表現したもの。
⇒力制御研削（138）

定圧ホーニング ていあつほーにんぐ (constant-pressure honing)

一定の圧力で，砥石を工作物に押し付けて行うホーニング。単位時間当たりの工作物の除去量は，砥粒の鋭利さや砥石の目づまりにより変化する。加工時間が長くなると，単位時間当たりの工作物の除去量が小さくなるので，表面粗さが良くなる。
⇒定切込みホーニング（150），ホーニング［加工］（216）

低温切削 ていおんせっさく (cold machining, cryogenic machining)

空気や液体窒素などの冷媒によって，工具あるいは工作物を冷却しながら行う切削加工。冷却切削とも呼ばれる。切削熱が冷媒に効率よく伝達されれば，切削温度が低下し，その結果，工具摩耗の低減や加工精度の向上が図れる。
⇒高温切削（60）

定切込みホーニング ていきりこみほーにんぐ (constant-feed honing)

一定の切込み速度で，砥石を工作物に押し付けて行うホーニング。定圧ホーニングに比べ，表面粗さは粗いが生産能率が高い。砥石の損耗が多い。
⇒定圧ホーニング（150），ホーニング［加工］（216）

ディスエンゲージ角 でぃすえんげーじかく (disengage angle)

フライス切削において，刃先が加工物

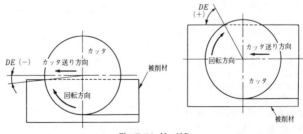

ディスエンゲージ角

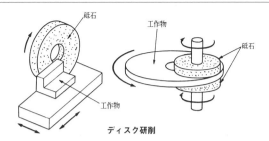
ディスク研削

から離脱する位置と工具中心を結んだ線が，離脱側の工作物となす角。
⇒食い付き角 (45)

ディスク研削 でぃすくけんさく (disc grinding)

平形砥石の端面（側面）で工作物を研削する平面研削の一方式。工作物の形状によって使用する砥石が1枚の場合と2枚の場合とがある。カップ形砥石やセグメント砥石を用いる正面研削とは一般に区別されている。
⇒平面研削 (211)，正面研削 (98)

ディスク砥石 でぃすくといし (disc wheel)

円盤の正面に研削砥石を取付け，その正面で研削するための研削工具。

定寸加工[1] ていすんかこう (motion copying processing, constant cutting depth processing)

定圧加工に対して用いられる用語で，工作物に対して工具の一定の切込みで送ることにより行う除去加工法を指す。寸法精度や形状精度の管理が容易なことが特徴である。
⇒定圧加工 (150)

定寸加工[2] ていすんかこう (automatic size control, sizing)

同一形状の工作物を所定の寸法公差で連続的に切削（研削，研磨）加工する自動量産の一方式。ワークが規定の寸法に達したことをセンサにより検出すると同時に加工を完了させる，シーケンシャルな自動加工法を指す場合が多い。たとえば，ホーニングや内面研削など定圧加工方式においては，ストッパやリミットスイッチにより簡便な定寸加工を行うことができる。

ディンプル[1] (dimple)

なだらかな局部的なくぼみ。ポリシング加工における研磨布の硬度むらや工作物の自転むらなどにより発生する。

ディンプル[2] (dimple)

透過型電子顕微鏡で試料の断面像を得るために，試料の一部を薄片化する加工方法。一般には微細な砥粒を懸濁した研磨液中で樹脂系の球状の工具を高速回転させることにより，ディンプル状の窪みを形成し，その中心部は試料に穴があくまで加工を行う。

適応制御 てきおうせいぎょ (adaptive control)

目標値や外乱の性質が変わったり，あ

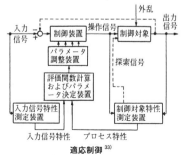
適応制御[33]

るいは制御系のおかれた環境の影響を受けて制御系の特性が変化するような場合に，それらの変化に応じて制御装置の特性をある所要の条件を満たすように変化させる制御方式を指す。制御系全体の最適な状態を目ざすという点では，適応制御系も最適制御の一種であるが，環境の変化による系の特性の変化に適応して，その新しい環境のもとでの最適状態を目ざすように，制御装置自体が自己調整するという点に注目して適応制御という。
⇒フィードバック制御 (198)

テクスチャリング（texturing）
　磁気ディスクの基板（サブストレート）表面に規則的で微細な凹凸面を形成し，磁気ディスクと磁気ヘッドの吸着を防止するとともに耐久性の向上を図ること。多くのハードディスク装置で採用されているCSS（Contact Start/Stop）方式では，ディスクの停止時にはディスクとヘッドは接触しており，ディスクの回転に伴う動圧によりヘッドが浮上し，記録・再生が行われ，さらに，ディスクが停止するとヘッドは再びディスクと接触する。この過程における，磁気ヘッドと磁気ディスクの吸着や衝突の防止，および安定した浮上量を得るためテクスチャリングが行われる。磁気ディスクの基板は，媒体の磁性層に影響を及ぼさない非磁性体であることが必要で，ガラスやNi-Pめっき処理したアルミニウム合金が多い。後者のテクスチャリングには，均一で安定した面が得られるなどの理由から研磨フィルムが工具としてよく使用されている。
⇒テープポリッシュ (152)

データム（datum）
　関連形体に幾何公差を指示するときに，その公差域を規制するために設定した理論的に正確な幾何学的基準。たとえば，この基準が点，直線，軸直線，平面および中心平面の場合には，それぞれデータム点，データム直線，データム軸直線，データム平面およびデータム中心平面と呼ぶ。
⇒公差 (66)

デッドセンタ（dead center）
＝止まりセンタ (161)
⇒センタ (124)

テーパカップ形砥石　てーぱかっぷがたといし（taper cup [grinding] wheel, flaring-cup [grinding] wheel）
　研削砥石の形状についての分類の呼びで，深い凹みのある側面を使用面とした円筒状のテーパカップ形状のもの。巻末付図(15)参照。

テーパ削り　てーぱけずり（taper turning）
　旋盤で円すい面を切削することをテーパ削りという。普通旋盤では複式刃物台を傾けたり，心押台のセンタを横方向に移動するなどして加工する。NC旋盤では，縦送りと横送りを同時に与えることができるので，任意の角度のテーパ削りを容易に行うことができる。

テーパ研削　てーぱけんさく（taper grinding）
　心押軸を前後方向に移動してテーブル移動方向に対して工作物をテーパ角度分だけ斜めにして研削する方法をいう。
⇒プランジ研削 (204)，トラバース研削 (161)，アンギュラ研削 (7)，総形研削 (127)，輪郭研削 (242)

テープポリッシュ（lapping tape polishing）
　厚さが25〜75μm程度のポリエステルフィルム上に，サブミクロンから数十ミクロン（μm）の研磨材が合成接着剤で均一に塗布された研磨工具（研磨フィルム，研磨テープ，ラッピングフィルムなどと称される場合もある）をテープ状にし，工作物に押し当てて仕上げ加工を行う方法。ポリエステルフィルムの厚さが薄く，均一なため，砥粒切れ刃高さ分布が小さくなるので良好な仕上げ面が得られる。クランクシャフトなどの自動車部品や磁気ディスクなどの電子部品の加工に良く使用されている。

⇒テクスチャリング（152）

テーブル（table）

工作物を直接または取付け具を用いて固定する台のことで，その固定台の形状により角テーブルと円テーブルに分けられる。角度割出し機能を有し，1回の段取りで多面加工を行えるものや，テーブル旋回と直線送り軸を周期動作させることによりスパイラル加工などを行うことができるロータリテーブルや，研削加工を行う回転テーブルなどがある。

⇒割出し（250），取付け具（162）

テーブル移動量 てーぶるいどうりょう（table travel）

工作機械の制御軸となっているテーブルの移動する距離。通常は公称値を示し，機械的には両端に余裕分を持つ。両端余裕分を越えて動かすと機械の破損につながるので，マニュアル機ではストロークリミットスイッチを設けて衝突を防ぐ。NC機では指令位置が公称ストロークを越える場合はアラームを出して事前に止める。日本語ではストロークと呼ぶことが多いが，任意位置に停止できる移動は英文ではtravelと言う。

⇒コラム移動量（73），往復台移動量（18），主軸頭移動量（97），クロスレール移動量（49）

テーブルトラバース形研削盤 てーぶるとらばーすがたけんさくばん（table traverse type grinding machine）

テーブルがトラバースする形式の研削盤。

⇒テーブル（153），トラバース研削（161），研削盤（55）

手磨き てみがき（hand finishing）
＝ハンドラッピング（188）

手ラッピング てらっぴんぐ（hand lapping）
＝ハンドラッピング（188）

テールストック（tail stock）
＝心押台（102）

電界イオン顕微鏡 でんかいいおんけんびきょう（field ion microscope）

先端を半径100nm程度に尖らせた金属の針を陽極とし，そのまわりにリング状の陰極を設けて両者の間に数kV程度の電圧をかけると，陽極の先端は蒸発してイオン化される。このような方法で発生させたイオンを加速して下方の蛍光スクリーン上に陽極金属表面の拡大像を描かせる装置をFIMという。先端金属の原子配列の状態をきわめて高倍率で直接観察することができる。

＝FIM（260）

電解研削 でんかいけんさく（electrolytic grinding）

工作物を陽極，砥石あるいは工具電極を陰極として通電し，電解による工作物の溶出と砥石による機械的な研削の両作用による除去加工法。砥石（工具電極）は電解によって生成された陽極不動態化膜を除去し，電解作用を促進するためのものである。回転する金属電極による摩擦で不動態化膜を除去する陰極摩擦法，不動態化膜を電解に関与しない中性砥石で除去する中性極摩擦法，導電性砥石（電極と砥石の一体化）が不動態化膜の除去に加えて電解にも作用する複合極摩擦法に分類される。

⇒電解複合研削（154），電解研削盤（154）

E：電極，W：工作物，
N：中性砥石，M：電解液

(a) 陰極摩擦法

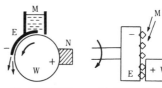

(b) 中性極摩擦法　(c) 複合極摩擦法

不動態化膜の除去方法[2]

電解研削盤 でんかいけんさくばん (electrolytic grinding machine, electrochemical grinding machine)

電解研削を行うための研削盤。一般の研削盤に，直流電源から電極（複合極摩擦法では導電性砥石）と工作物との間に通電する機能を備えたもので，電極（砥石）および工作物はそれぞれ絶縁される。
⇒電解研削 (153)，電解複合研削 (154)

電解研磨 でんかいけんま (electrolytic polishing)

被加工金属を陽極，電極（通常鋼板を用いる）を陰極として対向させ，硫酸銅などの強酸水溶液中に浸漬させて電流を流すと，陽極表面がわずかずつ溶け出す。このとき，表面の微小凹凸部の凸部から優先的に溶解するために，加工変質層のない平滑な光沢面が得られる。これを電解研磨法と呼んでいる。うねりを除去し，形状精度を確保するためには前加工としての機械的研磨が必要となる。電解研磨は非接触加工法であるので，軟質金属を変形させずに鏡面化するのに適している。
＝電解ラッピング (155)

電解砥粒研磨 でんかいとりゅうけんま (electrolytic abrasive polishing)

電解液による化学研磨と砥粒による機械的研磨を複合させた研磨法。回転円盤形電極工具を使用し，砥粒を混合させた中性電解液を噴流させて実施する。
＝電解複合ラッピング (155)

電解ドレッシング でんかいどれっしんぐ (electrolytic dressing)

砥石電解作用により砥石のボンド部を溶出させてドレッシングを行い，良好な切れ味を得ようとする方法。砥石は導電性ボンド砥石に限定される。一般的に電解液に腐食液を使用するため，機械の錆の問題がある。電解インプロセスドレッシング (ELID) は，電解ドレッシングをインプロセスで行う技術の一つ。一般の研削液の使用を可能としたため加工機械の腐食という問題点が解決され，平面研削，円筒研削などに利用されている。電解インターバルドレッシングは，間欠的に電解ドレッシングを行うものであり，内面研削やホーニングなどに利用されている。
⇒ドレッシング (164)，ELID (259)

電解ばり取り でんかいばりとり (electrolytic deburring)

ファラディの電気分解に基づいた陽極金属溶解現象を利用したばり取り加工法で，固定電極を用いて特定位置のばりを選択的に除去する方法である。工作物の材質・硬さに関係なく加工でき，R面取り，手加工で工具の届かない部品内部のばり取りなどに適用できる。治具や電極設計に工夫を要する。加工後の水洗，防錆処理を必要とし，加工機械も耐食性構造のものとしなければならない。
⇒ばり取り (186)，ばり取り装置 (187)

電解複合研削 でんかいふくごうけんさく (electrochemical grinding)

複合極摩擦法による電解研削を特に電解複合研削と呼ぶ。機械的研削作用と電解的溶出作用を組み合わせた加工法である。すなわち，メタルボンドダイヤモンド砥石を陰極，工作物を陽極とし，その間に電解液を注入しながら両極間に電位

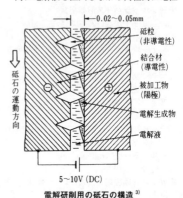

電解研削用の砥石の構造[3]

差を与え，工作物の電解溶出に機械的な研削現象を重畳させた加工法である。この場合，加工の主要因は電解加工で，砥石は研削の補助手段にすぎない。そのため，砥石摩耗はきわめて小さい。また，仕上げ面粗さは砥石の粒度にはほとんど影響されず，主に電流密度に支配される。
⇒電解研削（153），電解研削盤（154），メタルボンドホイール（226）

電解複合ラッピング でんかいふくごうらっぴんぐ（electrolytic abrasive lapping）
＝電解砥粒研磨（154）

電解ホーニング でんかいほーにんぐ（electrolytic honing）
電解加工（陽極金属の電解溶出現象の利用）とホーニング加工（定圧接触状態にある砥石を回転・往復運動させて高精度表面を得る精密研削法）を複合化した方法。加工量と制御性は電解加工が優れ，形状精度と面精度はホーニングが優れている。この両者の長所を有効に利用することを狙った電解複合加工法。
⇒ホーニング［加工］（216），電解研削（153），電解複合研削（154）

電解ラッピング でんかいらっぴんぐ（electrolytic lapping）
＝電解研磨（154）

電気泳動 でんきえいどう（electrophoretic phenomenon）
帯電する超微粒子を含む分散媒中に電場を作用させた時に，超微粒子がその帯電している電荷とは異符号の電極に向かって泳動する現象。酸化物系砥粒を電気泳動現象により加工域に集中させて研磨を行う方法が提案されている。また，電極に砥粒を電気泳動現象により付着させてこれを工具として研削する方法や，結合剤と砥粒を電極に付着させて湿式状態にて砥石を作る方法が提案されている。
⇒EPD研磨（260）

転削 てんさく（tool rotating cutting method, milling）
工具を回転させて切削する加工法。一般的にはドリル，リーマなどによる穴加工は除く。
⇒旋削［加工］（123）

電子線回折 でんしせんかいせつ（electron diffraction）
物質に電子線を入射させると構成原子によって散乱され，Braggの条件を満たす場合には干渉を起こして回折現象を示す。したがって，各種物質からの回折現象をもとに構成物質を同定したり，その結晶構造を解析することができる。ただし，電子線はX線の場合に比べて物質との相互作用が著しく，かつ物質中をあまり透過しないなどの特徴をもっているので，表面層や薄膜に適用するのが効果的である。気体分子の解析にも利用される。
⇒X線回折法（269）

電磁チャック でんじちゃっく（electromagnetic chuck）
⇒磁気チャック（84）

電子ビームポリシング でんしびーむぽりしんぐ（electron beam polishing）
電子ビームを利用した平滑化法。被加工材表面に短時間電子ビームを照射することで，被加工材を加熱し，表面を極薄く溶融する。溶融した際に，表面張力により表面積を小さくしようとする力が働くため，平滑化される。
⇒研磨［加工］（57）

電子プローブマイクロアナリシス でんしぷろーぶまいくろあなりしす（electron probe micro-analysis）
細く絞った電子ビームを試料表面に照射し，試料から放出される特性X線の波長と強度を分光結晶を用いて分析して，微小体積中の元素の組成分析を行う方法である。普通の装置は加速電圧1～30kV，ビーム径は5nm～数百μm程度まで可変であり，二次元的に走査できる

電着 でんちゃく (electroplating)

電気メッキ法を利用した研削・研磨工具の製造法であり，一般に電着特性が良好で結合組織が強いニッケルが用いられる。電解液中に被電着素材（カソード）面を均一に砥粒で覆い，電気がアノードから流れてニッケルイオンがカソード面に達して析出することによって電着が完了する。

⇒電着工具（156）

電着工具 でんちゃくこうぐ (electroplated tool)

精密加工された鋼製の台金表面に，ダイヤモンド砥粒またはCBN砥粒を電気メッキ法によって固着した研削・研磨工具。電着工具の種類として，軸付砥石，平形砥石，切断砥石，やすりなどがあり，総形砥石，リーマやホーニング砥石へも応用されている。ボンドタイプの砥石に比べて，砥粒の突出量および密度が高いため，切れ味に優れて高能率加工が可能であるが，砥粒層が単層または数層であるため，工具寿命が短いという特徴を持つ。

⇒電着（156）

天然研削材 てんねんけんさくざい (natural abrasive)

＝天然砥粒（156）

天然研磨材 てんねんけんまざい (natural abrasive)

＝天然砥粒（156）

天然砥石 てんねんといし (natural whetstone)

天然産の砥石。粒度の粗いものから，荒砥，中砥，合せ砥に分別される。

⇒［研削］砥石（54）

天然砥粒 てんねんとりゅう (natural abrasive grain)

天然に産出する砥粒。ダイヤモンド，コランダム，ルビー，エメリー，ガーネットなど。量的には珪砂が使われた。研磨用としては，各種のシリカ質のもの（パーミサイト，珪藻土，トリポリなど）がある。

＝天然研削材（156），天然研磨材（156）

テンパカラー (temper color)

鋼を焼入れ後，表面を磨いて焼もどしを行うと，加熱温度およびその時間に応じて，表面に酸化膜を生じ種々の色を示す。これをテンパカラー（焼もどし色）という。温度によって淡黄色から暗青色に変化するので，切りくずや研削面の色を観察することによって，切りくずの温度や研削焼けの評価と表面温度の推定を行うことができる。

電融アルミナ でんゆうあるみな (alumina abrasive)

＝アルミナ質研削材（7）

⇒溶融アルミナ（232）

〔と〕

砥石 といし (grinding wheel, grinding tool, grinding stone, grindstone)

＝［研削］砥石（54）

砥石覆い といしおおい (wheel guard)

研削砥石の覆い。安全性から砥石覆いの材料，防護箇所，厚さなどの細かい規格がある。

砥石切込み深さ といしきりこみふかさ (wheel depth of cut)

砥石が工作物の接触点から切込んだ深さ。砥石切込み深さは，主軸のたわみや砥石の弾性変形などの影響を受けるため，機械上の目盛りで切り込む設定切込み深さと，実際に切り込まれた実切り込み深さとでは異なることが多い。

⇒設定切込み深さ（122）

砥石研削点温度　といしけんさくてんおんど（grinding temperature at wheel contact area）

研削砥石と工作物の接触弧部分をマクロ的にとらえて砥石研削点と呼び，この部分では加工および摩擦に起因して発生する研削熱により温度変化が生じる．研削点における温度を砥石研削点温度という．温度測定には，熱電対や放射温度計が使用される．

⇒砥粒研削点温度（163），研削熱（54），工作物表層温度（68）

砥石減耗　といしげんもう（wheel wear）
＝砥石摩耗（158）

砥石減耗率　といしげんもうりつ（wheel wear rate）

研削に伴って砥石が摩耗していく状態を，単位時間当たりや単位研削量当たりの砥石半径減や砥石摩耗体積などで表したもの．

⇒砥石摩耗（158）

砥石コラム　といしこらむ（wheel head column）

研削盤において，ベッドまたはベース上に垂直に固定されて機械本体を構成する柱．砥石コラムには砥石頭が取付けられて上下に摺動する．

⇒コラム（73）

砥石作業面　といしさぎょうめん（grinding wheel surface, wheel working surface）
＝砥石作用面（157）
⇒砥石接触面（158）

砥石作用面　といしさようめん（wheel working surface, grinding wheel surface）

工作物と接触し，研削に関与する砥石表面部のことで，砥粒切れ刃，研削に直接関与しない砥粒，結合剤および気孔から構成される．とくに，砥石作用面に存在する多数の砥粒切れ刃の分布が，仕上げ面粗さなどの研削結果に大きく影響する．したがって，砥石作用面は初期の仕上げ面粗さあるいは寸法・形状精度など，研削の目的に適するようにドレッシングおよびツルーイングによって生成・調整される．

＝砥石作業面（157）
⇒ドレッシング（164），ツルーイング（149）

砥石軸　といしじく（wheel spindle）
砥石を取付けて回転する軸．

砥石修正装置　といししゅうせいそうち（wheel truing device, wheel dressing device）

砥石の表面の形を整えたり，または目立てを行い，新しい砥粒の切れ刃を作る装置．

⇒ツルーイング（149），ドレッシング（164）

砥石周速度　といししゅうそくど（wheel peripheral speed）

回転する研削砥石の外周面の接線方向の速度のこと．一般の研削加工における砥石周速度は 30〜60m/s であり，超高速研削では 120m/s 以上に及ぶ．

＝砥石速度（158）
⇒超高速研削（143），研削速度（53），周速度（96）

砥石寿命　といしじゅみょう（redress life, dressing interval, grinding wheel life）

研削砥石の目直し後，研削の進行に伴って砥粒のすりへり摩耗，破壊，逃げ面摩耗面積の増大，目づまり，目こぼれなどが発生するため，砥石の研削能力が低下するが，この研削性能が設定した基準まで低下した時点で再び目直しを施す必要が生じる．この場合の先行目直しから再目直しまでの時間を砥石寿命という．一般には，研削抵抗，仕上げ面粗さ，加工精度，仕上げ面性状などの変化を基準とし，目直し間の研削時間，研削量，砥粒切れ刃の研削距離などで表される．

＝目直し間寿命（227）
⇒ドレッシング（164），ドレッシング間隔（164）

砥石接触剛性　といしせっしょくごうせい（contact stiffness of wheel）

研削砥石は砥粒が結合剤によって支持

された弾性体であるため，研削の際に砥石と工作物との接触により発生する研削抵抗によって，砥石と工作物との接触部近傍が弾性変形する。この場合の砥石に作用する力を砥石の弾性変形量で除した値が砥石接触剛性である。所定の切込み量を砥石に与えて研削する場合，この接触剛性によって切残し量が生じるため，実際の砥石の切込み深さは設定した切込み深さとは異なり，研削現象を解明するうえでの重要な数値の一つである。
⇒接触剛性（121）

砥石接触面 といしせっしょくめん（contact area of grinding wheel）

工作物と砥石との接触長さ×研削幅で与えられる干渉面で，砥粒による切りくず生成が実行されている領域。
⇒砥石作用面（157），砥粒切込み深さ（162）

砥石速度 といしそくど（wheel speed）
＝砥石周速度（157）
⇒周速度（96），工作物速度（68）

砥石損耗 といしそんもう（wheel wear）
＝砥石摩耗（158）

砥石台 といしだい（wheel spindle stock）

砥石頭および駆動装置を備えている台。
⇒砥石頭（158）

砥石頭 といしとう（wheel head）

砥石軸を備えている部分。
⇒砥石台（158）

砥石バランス台 といしばらんすだい（wheel balancing stand）

砥石のバランス調整に用いる装置。天秤式，ナイフエッジ式，転がし式のほか，研削盤上で主軸系のバランシングも同時に行うフィールドバランス装置，さらには砥石回転中に行う自動バランス装置がある。
⇒自動バランス装置（92）

砥石摩耗 といしまもう（grinding wheel wear）

研削砥石の砥粒切れ刃の摩耗による有効径の減少。切れ刃の摩耗には，切れ刃が摩滅し平坦となる摩滅摩耗，切れ刃が適度な微細破砕を起こす破砕摩耗，砥粒が脱落もしくは大きく破砕する大破壊の3つの形態がある。通常の研削加工ではこれらが単独もしくは混在しながら砥石は摩耗しており，砥石がもとの状態から減った体積，重量，直径などを指す。

砥石摩耗自動補正装置 といしまもうじどうほせいそうち（automatic wheel wear compensator）

砥石の摩耗による切込み深さ（砥石と工作物の相対位置）の変化を自動的に常に修正し，正しい研削ができるようにする装置。

砥石面性状 といしめんせいじょう（wheel surface characteristic）

砥石作用面の性質および状態のことで，砥石の研削性能と密接な関係を有する。定性的には，顕微鏡などによる砥石表面の観察により，また定量的には砥粒切れ刃の逃げ面摩耗面積，突出量および切れ刃密度などによって表される。
⇒砥石作用面（157），切れ刃密度（44），砥石面トポグラフィ（158）

砥石面トポグラフィ といしめんとぽぐらふぃ（wheel surface topography）

砥石作用面の，ランダムに分布する砥粒を中心とした形状的な諸特徴とその構造的な関係を表したもの。すなわち，砥石作用面に存在する砥粒切れ刃の形状および分布などを表すもので，研削機構，研削面プロフィル，砥石のドレッシング機構などを解明する基礎となる。トポグラフィの測定には，砥石作用面を触針式粗さ計あるいは顕微鏡などで測定する直接法と，ある条件で研削する場合に砥粒切れ刃と工作物との干渉によって発生するパルス状の研削抵抗，研削熱，研削条痕などを解析することによって求める間接法とがある。
⇒砥石作用面（157），砥石面性状（158）

動圧効果 どうあつこうか(hydrodynamic effect)

くさび形状やステップ形状のすきまを形成する固体面同士が、すきまに直角な方向に相対的にすべり運動を行う時、そのすきまに満たされた粘性流体が、その粘性により引きずり込まれて圧力が発生する作用のこと。非圧縮粘性流体の場合、発生する動圧はすきま形状が同一の場合、流体の粘度と相対すべり速度に比例する。

動圧軸受 どうあつじくうけ (hydrodynamic bearing)

動圧効果によって潤滑流体膜を形成し荷重を支持する形式の軸受の総称で、動圧油軸受と動圧気体軸受がある。最も基本的な軸受構造は、円筒面をもつジャーナル軸受であるが、大きな動圧効果を得るために、軸受面に溝加工を行ったヘリングボーン溝付き軸受やスパイラル溝付き軸受、傾斜面板をピボットで支持したティルティングパッド軸受などがある。油潤滑の動圧軸受を一般にすべり軸受と呼ぶことが多い。また、動圧軸受に相対する軸受として静圧軸受がある。
⇒すべり軸受 (112)、静圧軸受 (114)

ドウェル (dwell)

加工中に加工を停止する機能。たとえば、ドリルサイクルで、穴底でドウェルを指令して確実に穴あけ加工するなどがある。穴底でドウェルを指令しなければ、加減速制御やサーボ系の遅れのために工具が穴底に到達する前に工具を引き抜く可能性がある。

等価切りくず厚さ とうかきりくずあつさ (equivalent chip thickness)

研削において、厚みが一定のリボン状の切りくずが排出されたと仮定した時の厚みであり、次式で与えられる研削機構の評価関数の一種。

等価切りくず厚さ $h_{eq} = a \cdot V_w / V_s$
ここで、a は工作物1回転当たりの砥石切込み深さ、V_w および V_s はそれぞれ工作物および研削砥石の周速度である。研削抵抗、比研削エネルギ、仕上げ面粗さ、研削比などのすべての研削現象値の変化は、等価切りくず厚さを用いて整理できる。
⇒プランジ［カット］研削 (204)、砥石切込み深さ (156)、工作物速度 (68)、砥石周速度 (157)

透過電子顕微鏡 とうかでんしけんびきょう (transmission electron microscope) = TEM (268)
⇒走査型透過電子顕微鏡 (127)

等価砥石直径 とうかといしちょっけい (equivalent grinding wheel diameter)

円筒研削、平面研削、内面研削において、砥石直径と工作物直径が砥粒切込み深さや接触弧長さに及ぼす影響が異なる。そこで研削方式による砥石の作用形態の相違を統一して評価するため、各研削方式を平面研削に置き換えた場合に相当する砥石直径が等価砥石直径で、次式で表される。

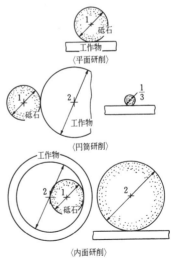

等価砥石直径

等価砥石直径

$$= \frac{(工作物直径) \times (砥石直径)}{(工作物直径) \pm (砥石直径)}$$

$$= \frac{(砥石直径)}{1 \pm \frac{(砥石直径)}{(工作物直径)}}$$

ただし円筒研削の場合は+,内面研削の場合は-,平面研削の場合は,工作物直径は無限大とすればよいから,砥石直径がそのまま等価砥石直径となる。
⇒円筒研削(16),平面研削(211),内面研削(166),砥粒切込み深さ(162),接触弧長さ(121)

動剛性 どうごうせい(dynamic stiffness)
機械などの構造体に動的な交番力がかかると振動を生じるが,その時の力と変位の比を動剛性という。工作機械系の振動のしにくさを表し,周波数応答として表示される。動剛性は系のもつ固有振動数で極小となるので,その周波数応答をグラフ化することにより,系の固有振動数を求めることができる。このようなグラフ表示法としてボード線図やナイキスト線図がある。
動剛性を高める方法は,静剛性を高めることと,対応する周波数での減衰性を上げることの二つの方法がある。
⇒静剛性(116)

同軸度 どうじくど(alignment of axes)
データム軸直線と同一直線上にあるべき軸線のデータム軸直線からの狂いの大きさをいう。巻末付録 p.296 参照。
⇒データム(152),公差(66)

同時研削砥粒数 どうじけんさくとりゅうすう(number of active grains in grinding zone)
砥石作業面上にある砥粒のうち,ある瞬間において砥石と工作物の接触面内に存在して工作物の除去に関与している砥粒の数。

同時制御軸数 どうじせいぎょじくすう(number of simultaneous controllable axes)
数値制御装置が,同時に制御できる軸数。一度の指令で軸移動を行う場合,「Gコード」と呼ばれる一種のプログラム言語を用いるのが一般的で,制御軸は軸名称 X,Y,Z,A,B,C などで区別され,G コードに続く軸名称と制御軸の移動量または移動先で指令する。移動開始点と終点間の移動は,直線補間や円弧補間があり,G コードの種類によって指令,制御される。たとえば,工具 X,Y 平面上の直線に従って移動したい時には,G01 の G コードと軸名称 X,Y に続きそれぞれの数値で指令できる。

同心度 どうしんど(concentricity)
平面図形の場合で,データム円の中心に対する他の円形形体の中心の位置の狂いの大きさをいう。
⇒データム(152),公差(66)

導電性ダイヤモンド どうでんせいだいやもんど(conductive diamond)
結晶中に不純物を導入して,導電性を与えたダイヤモンド。ホウ素(B)添加により p 型半導体,リン(P)添加により n 型半導体の特性を示す。
⇒ダイヤモンド(130)

動力計 どうりょくけい(dynamometer, tool dynamometer)
⇒[切削]動力計(119),切削抵抗(119)

通し送り研削 とおしおくりけんさく(throughfeed grinding)
=スルーフィード研削(113)

とじバフ(pieced buff, pieced mop)
小片の織布(主として綿布)を多数重ね合わせ,これらを全部縫い合わせて円形に形作ったバフ。バフ研磨の中研磨用として古くから用いられてきた在来形のバフ。
⇒バフ(183),バフ研磨(184)

トースカン(scribing block, surface gauge)
けがき針を任意の高さに固定できる柱が台座に立っているけがき用の工具。ス

ケールなどを用いて，針先の高さを所定の位置に合わせ，台座ごと定盤上を滑せて工作物の所定の高さの所に水平にけがき線を引くのに用いる。
⇒けがき（50）

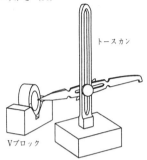

トースカンを用いた円筒端面のけがき

トップビーム（top beam）
　プラノミラーのベッド両側より立っている2本のコラムを，その上端でつないでいる梁をトップビームという。
　⇒プラノミラー（204）

止まりセンタ　とまりせんた（dead center）
　＝デッドセンタ（152）
　⇒センタ（124）

共ずり　ともずり（mutual lapping）
　ラップ剤を工作物同士の間に入れ，両者の凹凸，平面同士，めす・おすなどを組み合わせて，曲率，平面度，テーパなどを合致させるラッピング。ラップ定盤の表面を正確な平面に仕上げるための三面すり合わせ法はこの一種。また，両面ラップ盤のラップの修正では，上下のラップをラップ盤に取付けた状態で共ずりラッピングすることにより，両面の平行を得ることができる。

ドライエッチング（dry etching）
　ウェットエッチングに対して，溶液を用いずにイオンやプラズマなどでエッチングする方法である。工作物との化学反応を主とする反応性ドライエッチングと，アルゴン（Ar）などのスパッタによる非反応性ドライエッチング（スパッタエッチング，イオンエッチング）に大別される。

ドライ加工　どらいかこう（dry machining）
　＝乾式加工（36）

ドライラン（dry run）
　マシンプログラムのチェックなどを目的に，工具と工作物との干渉を避け，プログラムされた送り速度を無視して，オペレータの操作で決められる送り速度で工具を移動する。ドライランの有効／無効は機械側のドライランスイッチにより選択する。

トラバース送り量　とらばーすおくりりょう（traverse feed, traverse feed per revolution）
　トラバース研削における，工作物1回転当たりの研削砥石と工作物間の軸方向の相対移動量。

トラバース研削　とらばーすけんさく（traverse grinding）
　主として砥石の軸方向に送りを与えて行う研削。

トラバース速度　とらばーすそくど（traverse feed rate）
　トラバース研削における，研削砥石の軸方向の工作物に対する単位時間当たりの相対移動量。

トランスファマシン（transfer machine）
　加工ステーションを直線的に並べ，工作物を順次移動して加工する方式の専用機のことをトランスファマシンといい，1910年代にアメリカで実用化された。加工工程を各ステーションに分割することにより，多工程の工作物も短いサイクルタイムで加工できる量産産業の代表的なシステムである。工作物の投入，加工，取外しはもちろん，刃具破損，重要精度の監視まで自動で行われるため，少数の運転要員で量産加工と均一な精度が確保

とりつ

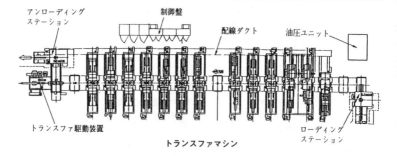

トランスファマシン

できる。
⇒フレキシブルトランスファライン (205)

取付け具 とりつけぐ (jig, fixture)

工作物を工作機械上に取り付け保持する装置であり，個々の工作物に合わせて設計・製作される。工作物の取付けの良し悪しが，精度や能率などに大きな影響を及ぼすため，単に工作物を保持するだけでなく，工作物の位置決め，心出しなどの作業を合理的かつ均一に行えるように工夫がされている。

トリポリ (tripoli)

微晶質酸化珪素（シリカ）よりなる天然研磨材（SiO_2 約98%）の名称。1880年代採掘市販されるようになったアメリカのミズリー州産のものなどが有名。別に，これを用いたバフ研磨剤の種類を示す通称としても用いられ，主として非鉄金属，プラスチックのバフ研磨の中研磨工程に広く使用されている。
⇒バフ研磨剤 (185)

砥粒 とりゅう (abrasive grain)

切る，削る，穴をあける，磨くなどのために使用する高硬度の粒状または粉末状の物質の総称。
⇒砥粒加工工具 (162)

砥粒加工 とりゅうかこう (abrasive machining, abrasive processing)

砥粒を用いて，工作物を所要の形状，寸法，面粗さなどに仕上げる加工法の総称。砥粒の使われ方は，

①結合剤や接着剤で固定して，砥石，研磨布紙のような形で用いる。
②工具に塗布した形で用いる。
③ばらばらの状態の自由砥粒の形で用いる。

の3つに大別できる。①には研削，ホーニング，超仕上げ，粘弾性流動研磨，研磨布紙加工，ラッピング，②にはバフ加工，③には超音波加工，サンドブラスト，液体ホーニングなどがある。
⇒固定砥粒 (71)，遊離砥粒 (230)，天然砥粒 (156)，研削［加工］(52)，ホーニング［加工］(216)，超仕上げ (143)，研磨布紙加工 (59)，ラッピング (235)，超音波加工 (141)，サンドブラスト (82)，液体ホーニング (13)，粘弾性流動研磨 (175)

砥粒加工工具 とりゅうかこうこうぐ (abrasive tool)

砥粒を固定した一定の寸法形状をもつ工具。研削砥石や研磨布紙など。
⇒［研削］砥石 (54)，研磨布紙 (58)

砥粒切込み深さ とりゅうきりこみふかさ (abrasive grain depth of cut)

研削をフライス削りに例えた時，フライスの1刃当たりの切込み深さに相当するものをいう。砥粒切れ刃はフライス工具のように規則正しく並んでおらず，高さも不揃いなので，砥粒切込み深さは砥粒ごとに異なる。
＝切りくず厚さ (41)

⇒設定切込み深さ（122）

砥粒切れ刃　とりゅうきれは（abrasive grain cutting edge）
＝切れ刃（44）

砥粒研削点温度　とりゅうけんさくてんおんど（grinding temperature of grain at grinding point）

　研削砥石の個々の砥粒が工作物と接触している部分をミクロ的にとらえて砥粒研削点と呼び，この部分では加工および摩擦に起因して発生する研削熱により温度変化が生じる。砥粒研削点における温度を砥粒研削点温度という。
⇒砥石研削点温度（157）

砥粒保持力　とりゅうほじりょく（gripping strength of grain, strength of abrasive bond）

　砥粒は一般に結合剤によって砥石などの形に固めて用いるが，結合剤が砥粒を保持する強さをいう。砥粒保持力の程度を結合度といい，これが適当でないと，研削焼けや砥石の異常減耗などの加工トラブルが生じやすい。
＝結合度（51）
⇒気孔率（37）

砥粒率　とりゅうりつ（abrasive grain volume percentage）

　研削砥石に占める砥粒の容積比率。普通，百分率で示す。

ドリル（drill）

　先端に切れ刃をもち，また，ボデーに切りくずを排出するための溝をもつ工具。主として穴あけを行うのに用いる。巻末付図(12)参照。

ドリル加工　どりるかこう（drilling）

　先端に通常2枚の切れ刃をもつドリルを用い，回転運動と軸方向の送り運動を与えることによって工作物に穴を削孔していく加工法。この作業を主として行う工作機械がボール盤である。
＝穴あけ（4），きりもみ（44）

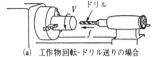

(a) 工作物回転-ドリル送りの場合

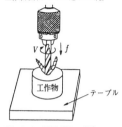

(b) ドリル回転-送りの場合

ドリル加工の基本形式

ドリル研削盤　どりるけんさくばん（drill grinder, drill grinding machine）

　ねじれ刃ドリルをはじめ，各種ドリルの切れ刃を研削，整形する研削盤。切れ刃の円すい逃げ面を研削する特殊な機構には種々のタイプがある。マージン，チゼル部の研削にも用いられる。

ドリルスピンドル（drill spindle）

　多軸ボール盤のドリルを取付ける回転軸。ドリルスピンドルに直接またはドリルスリーブやドリルソケットを介してドリルを取付ける。スピンドルの穴はモールステーパである。
⇒主軸（96）

ドリルスリーブ（drill sleeve, reduction sleeve）

　ドリルシャンクがテーパの場合には主軸テーパ穴に直接はめ込んで使用するが，主軸テーパ穴よりも小さいテーパシャンクドリルの場合には，ドリルのテーパシャンクに適合するテーパ穴のあいた筒状の部品を使用して主軸テーパ穴にはめ込む。この筒状の部品をドリルスリーブという。
⇒ドリルソケット（164）

ドリルソケット(drill socket, extension socket)

機能的にはドリルスリーブと同じであるが、ドリルソケットは、ドリルシャンクを延長するために使用する。
⇒ドリルスリーブ(163)

ドリルチャック(drill chuck)

主に13mm以下のストレートシャンクドリルを保持する3つ爪チャックで、ボール盤で使用されることが多い。コレットチャックと比べて、ドリル径に対して融通性の高いチャックである。
⇒コレットチャック(74)

ドリルヘッド(drill spindle head)

同時に回転する複数個のドリルスピンドルを備えている部分で、多軸ボール盤のヘッドをとくにドリルヘッドという。
⇒主軸台(96)

ドレス間隔 どれすかんかく (dressing interval)

=ドレッシング間隔(164)

ドレスリード(dressing lead)

=ドレッシングリード(164)

ドレッサ(dresser)

ドレッシングに使用される工具。ダイヤモンド粒子や角柱ダイヤモンドを用いたドレッサと、ダイヤモンドを用いないクラッシングロール、ハンドドレッサなどがある。
⇒ドレッシング(164)、ツルーイング(149)

ドレッシング(dressing)

目つぶれや目づまりなどにより切れ味の鈍化した砥石作業面の砥粒を削り落とし、新しい切れ刃を形成して切れ味を回復する作業。そのための工具としては、一般の砥石では単石ダイヤモンドドレッサや多石ダイヤモンドドレッサが多く使用されている。ダイヤモンドホイールやCBNホイールのドレッシングには、一般のWA砥石またはGC砥石や軟鋼を削ったり、砥粒や樹脂の粒子を吹き付けたり、電解現象を利用するなど種々な方法がある。

ドレッシング間隔 どれっしんぐかんかく (dressing interval)

研削砥石は加工の進行に伴い目つぶれや目づまりなどにより切れ味が低下する。そのために、仕上げ面粗さの増大やびびり振動、焼けなどが発生し研削が続行できない状態が生ずる。このような時には作業を中断してドレッシングを行うが、前回のドレッシングから次回のドレッシングまでの間隔のことを示す。ドレッシング間隔は、研削時間、研削除去体積、研削個数などによって設定されることが多い。

=ドレス間隔(164)、砥石寿命(157)
⇒ドレッシング(164)

ドレッシング速度 どれっしんぐそくど (dressing speed)

ドレッサを用いて砥石表面の目直しを行うドレッシング作業において、ドレッサを砥石に対して移動させる速度。ドレッシング速度が早いほど、砥石表面に与えられるダメージが大きく、鋭い切れ刃が生成される。
⇒ドレッシング(164)

ドレッシングリード(dressing lead)

ドレッシング時の砥石1回転当たりのドレッサの送り量。研削仕上げ面粗さや研削抵抗はドレッシング条件により影響されるが、とくに送りには大きく影響される。

=ドレスリード(164)
⇒ドレッシング(164)、ドレッサ(164)

トワイマン効果 とわいまんこうか (Twyman effect)

加工されている面には、必ず何らかの形で加工変質層が残留する。その1つに残留応力や歪みがある。薄い板状の工作物をラッピングによって両面を加工し平行平面に仕上げておく。それを自由状態で片面をポリシングで鏡面に仕上げると研磨面の残留応力に変化が生じ両面の応力がバランスするように変形して裏面の形状が変化する。この現象をいう。

とわい

（ラッピングによって平行平面に加工し、両面の残留応力がバランスした状態）

（下面をポリシングによって平面に加工した場合、その面のラッピングによる残留応力が除かれ、上面が凸に変形した状態になる）

（さらに上面をポリシングによって平面に加工すると、ラッピングによる残留応力が除去され、先に平面に仕上げた下面が凸になる）

トワイマン効果

た行

〔な〕

内周刃切断 ないしゅうばせつだん (inner diameter cutting)

ドーナツ型の薄い円盤の内周部にダイヤモンド等の砥粒を固着した内周刃砥石を用いて研削切断加工する方法。工具は外周部から高張力で張り上げて高速回転させながら加工するため，棒状の工作物に対するウェーハやブロックの高精度加工に用いられる。
⇒内周刃砥石 (166)

内周刃砥石 ないしゅうばといし (inside blade cutter)

砥石台金の中央部に穴をあけ，この内周部にダイヤモンド砥粒を電着させた砥石。この砥石を太鼓のように張り，高速回転させて切断を行う。半導体材料などの切断にあたっては，できるだけ取り代が少なく，できるだけ薄く，そして平行度が高く，表面粗さの小さい，欠けのないウェーハを高能率に切断する必要がある。このために外周刃と内周刃のダイヤモンド砥石が使われる。内周刃は外周刃と比較して平行度が高く，表面粗さも小さくなる。

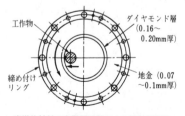

半導体材料の内周刃砥石による切断原理図

内部変質層 ないぶへんしつそう (internal damaged layer)
＝加工変質層 (29)

内面研削 ないめんけんさく (internal grinding, internal cylindrical grinding)

穴の内周面を研削する加工法。工作物をチャックで把持して回転させ，その穴に砥石を挿入して研削する方式が一般的であるが，工作物が大きくて回転させるのが難しい形状では，砥石軸に遊星運動をさせ，砥石が穴の内面円周に沿って運動する方式も用いられる。小径砥石を用いなければならないので，砥石軸の剛性が低くなりがちであり，また砥石軸を高速回転させる必要があるので，振動を起こしやすいなど，特有の難しさがある。
⇒心無し内面研削 (105)，軸付砥石 (86)

内面研削装置 ないめんけんさくそうち (internal grinding attachment)

穴の内面研削用の装置。

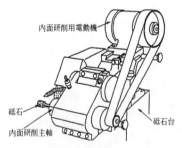

内面研削装置

内面研削盤 ないめんけんさくばん (internal cylindrical grinding machine, internal grinder)

工作物の穴の内面を研削する研削盤。高速で回転する砥石を回転する工作物の穴に対し切込ませ，穴の内面を研削する。主軸台，砥石台，ベッド，切込み装置，砥石修正装置などからなる。工作物が回転せず，砥石が回転しながら遊星運動を

行い切込んでゆく内面研削盤もある。一般には円筒状の内面を，オシレーション運動を行いながら研削するが，楕円やカム状の内面や円錐内面を研削する内面研削盤や，砥石の端面を使用し，穴の軸心に直角な工作物の端面を研削する内面研削盤もある。

内面プランジ研削 ないめんぷらんじけんさく（internal plunge grinding）

穴の内周面を，砥石に切込み運動のみ与えて研削する加工法。研削砥石の外周面を所定の輪郭に成形して，砥石形状を穴の内面に能率よく転写することができる。軸受外輪の溝研削などに多く用いられている。

⇒プランジ［カット］研削（204），成形研削（115）

内面ホーニング ないめんほーにんぐ（internal honing）

円筒内面のホーニング。ホーニングの多くはこれであるので，内面ホーニングを単にホーニングと呼ぶこともある。特に小径の長穴の表面仕上げには，精度・生産能率・コスト面から，内面ホーニングが最も多く用いられる。

⇒ホーニング［加工］（216）

中ぐり なかぐり（boring）

すでにあけられている穴の直径拡大または仕上げを目的として，中ぐりバイト（ボーリングバイト）を用いて穴の内面を切削加工することをいう。片持ちのボーリングバーによる中ぐりをスタブボーリング，両持ちのボーリングバーを用いた中ぐりをラインボーリングという。中ぐりを行える工作機械としては，旋盤，フライス盤，中ぐり盤のほか，穴内面の高精度な形状および仕上げ面粗さを目的とした精密中ぐり盤，および穴の正確な位置決めを可能にするジグ中ぐり盤などがある。

⇒中ぐり棒（167），中ぐり盤（167），精密中ぐり盤（116），ジグ中ぐり盤（86）

中ぐり盤 なかぐりばん（boring machine）

主軸に取付けた中ぐりバイトを使用し，主軸を繰り出して中ぐり加工を行なう工作機械。バイトは主軸とともに回転し，工作物またはバイトに送り運動を与える。フライス削りの機構を備えたものが多い。

特長は工作物，加工法，工具種類などに関する柔軟性と，切削点への接近性の良さで，作業者の技能が発揮しやすい。言い換えれば，生産性，加工精度などが作業者の技能に依存する割合が高い。最近はNC，ATCの付属するものが増えている。スプラッシュカバー，APCの付属したものは，形態上はマシニングセンタとほとんど差がなくなっている。

分類は，主軸の姿勢が水平（横中ぐり盤）か，垂直（立中ぐり盤）かで分けられる。また特殊用途としてのジグ中ぐり盤，精密中ぐり盤がある。

⇒NC中ぐり盤（264），マシニングセンタ（222）

中ぐり棒 なかぐりぼう（boring bar, line bar）

両端を支えて中ぐりを行う棒。横中ぐり盤の深穴加工で，剛性低下，自重たわみのために片持ちでは加工困難な場合，両持ち加工をすることがある。中ぐり棒の一端を主軸で，他端をアウタサポートで受けて使用する。中ぐり棒のたわみを

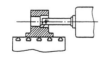

(a) スタブボーリング

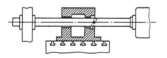

(b) ラインボーリング

中ぐり

考慮した加工が必要だが,この作業が熟練を要し,またテーブル横中ぐり盤の精度が向上したため,最近はロータリーテーブルの反転加工で行うようになってきている.
= ラインバー (235)
⇒ 横中ぐり盤 (233)

梨地 なしじ (satin finished surface)

湿式ラッピングなどで砥粒が転がり運動することにより得られる光沢の鈍い仕上げ面をいう.湿式ラッピングではラップ剤は工作液によって包まれるため,工作物とラップの間で転動し,その鋭い切刃陵によって工作物を削り取るため,仕上げ面は多数の微細な貝がら状のえぐり傷が集まって形成された梨地状の面になる.
⇒ 梨地仕上げ (168)

梨地仕上げ なしじしあげ (satin finishing)

工作物の仕上げ面を鈍い光沢のある梨地状に仕上げること,およびその仕上げ程度をいう.梨地仕上げ面は光沢があまりなく,仕上げ精度や表面粗さは良くないが,高い加工能率を得ることのできる仕上げ面である.また,仕上げ面の組成は,大きな圧力や摩擦作用などを受けていないため,母材の組成に近いものになっている.
⇒ 梨地 (168)

なじみ (flexibility)

研磨布紙加工など弾性接触工具で曲面加工を行う場合,工作物形状に倣って加工が行われる状態を評価するのに用いられる用語.研磨布紙では,柔軟(フレキシング)加工と称し,接着剤層に微細なひび割れを強制的に入れたり,軟らかい基材や接着剤を使用してなじみ性を上げている.また,フラップホイールではフラップにスリット(切れ目)を入れ,柔軟性を向上させる場合がある.

ナノ多結晶ダイヤモンド なのたけっしょうだいやもんど (nano-polycrystalline diamond)

超々高圧・高温下で,カーボン材料を,触媒や溶媒無しに直接ダイヤモンドに変換させて得られる,微細粒子から成るダイヤモンド100%の多結晶体.硬度・抗折強度が単結晶ダイヤモンドよりも高く,耐熱性に優れる特長を持つ.
= NPD (265)

倣い形削り盤 ならいかたけずりばん (copy shaping machine)
⇒ 形削り盤 (30)

倣い削り ならいけずり (copying)

製品の三次元モデル(模型)またはその二次元モデル(テンプレート)の輪郭形状を接触式センサなどによって検出し,それと同じ形状の製品を削るよう切削工具の位置をフィードバック制御しながら切削加工することをいう.切削工具の駆動方式には,油圧式,電気式,電気油圧式および空気油圧式などがある.

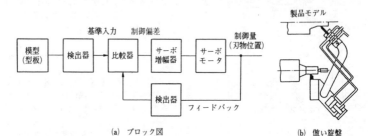

(a) ブロック図　　(b) 倣い旋盤

倣い削り

この加工を行う工作機械としては，倣い旋盤，倣いフライス盤および倣い形削り盤などがある。
⇒倣い旋盤（169），倣いフライス盤（169），倣い形削り盤（168）

倣い研削　ならいけんさく（copy grindings）
　型板または模型に倣って製品の形状を研削する作業。

倣い研削盤　ならいけんさくばん（copy grinding machine）
　砥石頭が型板，模型または実物に倣って工作物を所要の形状に研削する研削盤。

倣い旋盤　ならいせんばん（copying lathe）
　曲面やテーパなどの複雑な形状を持つ工作物の加工をするのに，最終形状と同一の型板（テンプレート）を作成し，この型板をなぞることで，刃物台の前進，後退を制御できるようにした倣い装置を往復台上に備えた旋盤である。複雑な曲面を持つような工作物の多量生産に適するが，型板の精度が工作物に転写するため，型板の作成が重要な点になり，簡単に形状の異なる加工に転換しにくい欠点がある。

倣いフライス盤　ならいふらいすばん（copy milling machine）
　木型や石膏，樹脂，金属などによって作られたモデル（型）の表面をスタイラス（模写棒，フィーラともいう）で追従移動させ，カッタにスタイラスと同様の動作を与えて，モデルと同一の，あるいは相似の形状を再現させる加工を行うものである。モデル（木型などの比較的柔らかく，手加工による形状の創成・修正が容易な材質）から，金型用鋼材などの硬い材料への転写加工を目的としている。

　倣いフライス盤の形態は，立形，横形，ニー・ラム形，ベッド形，門形など，ほかのフライス盤と同様である。倣い駆動装置には，油圧，空気－油圧，電気式がある。倣い制御方式には下記のものがある。

① パンタグラフ機構で，手動レバーにより送りを与える手動倣い方式。

② 送りと倣い方向が固定され，スタイラスの変位信号を油圧弁，または電子演算回路により自動制御する一次元倣い制御方式。

③ トレーサヘッドからの信号により，スタイラスがモデルと接触している方向を検出し，機械の制御駆動を行うベクトル演算倣い制御方式。

④ X，Y軸を輪郭倣いで，Z軸を一次元倣いで追従する三次元倣い制御方式。

⑤ X，Y軸をNC，Z軸を一次元倣いにより同時3軸制御を行うNTC倣い制御方式。

⇒フライス盤（202）

ナローガイド（narrow guide）
　案内面において，直線運動を拘束する2つの案内面と駆動軸との距離をできる

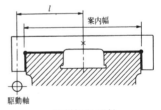
〈案内幅が広い場合〉

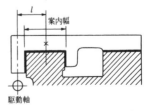
〈案内幅が狭い場合（ナローガイド）〉

ナローガイド

限り狭く接近させたものをいう。これにより、駆動力による移動台に生じるモーメントは小さくなり、発生する摩擦力が小さくなる。案内面の片当たりや片べりが少なくなり、運動が円滑になる。
⇒案内面（7）

難研削材料 なんけんさくざいりょう (difficult-to-grind material)

研削加工しにくい材料の総称。
①非常に硬い。
②延性が大きい。
③砥粒と化学的に反応したり、凝着しやすい。
④熱伝導が悪い。
⑤強靱で変形抵抗が大きい。

などの性質をもっている材料は一般に研削しにくく、砥石の減耗が大きい、寸法精度が悪い、研削抵抗が大きい、仕上げ面粗さが悪い、などのトラブルがしばしば生じる。セラミックス、純金属、チタン合金、オーステナイト系合金鋼などは代表的な難研削材料である。
⇒難削材（170）

難削材 なんさくざい (difficult-to-machine material, difficult-to-cut material)

切削が困難な材料の総称。一般的には、各種超耐熱合金、チタン合金、高マンガン鋼、ステンレス鋼、高級鋳鉄、焼入れ鋼、高シリコンアルミニウム合金、FRPやFRMなどの各種複合材料、セラミックスやガラスなどの硬脆材料、純鉄、純ニッケル、純チタンなど、切削を困難にする特性を有する材料。

材料特性からみた難削性の要因としては、熱伝導率が小さい、活性度が高く工具との緩和性や反応性が高い、硬度が高い、高硬度の粒子や繊維を含む、靱性値が低くて欠けやすい、室温強度・高温強度が高い、加工硬化が大きい、延性が大きい、などが挙げられる。クランク穴の加工における鋳鉄とアルミニウム合金の共削りなど、材料の組合わせによって生ずる難削性や、加工法に起因する難削性も存在する。

難削材に共通することは、許容切削条件の幅が狭いことである。また難削材には厳しい環境下で使用されるものが多いため、粒界腐食や疲労強度の低下にも注意して加工法や使用工具を選択しなければならず、一段と加工は難しくなる。
⇒被削性（190）

〔に〕

ニー (knee)

ひざ形フライス盤の構成部のうち、上下運動を行う部分。箱形の構造で、コラム前面摺動部との間で上下運動を行い、ベースとの間に設けたねじにより上下駆動が行われる。ニー上面は、サドル（またはテーブル）との間での摺動面を持つ。送り用ハンドル、機動送り用レバーなどが設けてあり、内部にその変速機構がある。重切削時にはコラムとの間でクランプして使用される。ニー上の重量に耐え得るように頑丈な構造となっている。
⇒フライス盤（202）、ひざ形フライス盤（190）

ニューセラミックス (advanced ceramics)
⇒セラミックス（122）、ファインセラミックス（198）

逃げ角 にげかく (clearance angle)

仕上げ面に対する逃げ面の傾きを表す角。
⇒逃げ面（170）、直角逃げ角（147）、垂直逃げ角（106）、横逃げ角（234）、前逃げ角（221）

逃げ面 にげめん (flank, relief, clearance)

仕上げ面との不必要な接触を避けるために逃がした面で、すくい面との交線が切れ刃を形成する。逃げ面が複数の面からなるときは、切れ刃に近い方から第1逃げ面、第2逃げ面などという。特に指

定していないときは，主切れ刃に関するものをいい主逃げ面と呼ぶ．また副切れ刃に関するものは副逃げ面と呼ぶ．
⇒主逃げ面 (97)，副逃げ面 (200)

逃げ面付着物　にげめんふちゃくぶつ (flank build-up)

　主としてアルミ合金，ノジュラー鋳鉄などの切削において，逃げ面側に発生する凝固付着物．この付着が生じると切削抵抗は増大するが，逃げ面が保護され工具寿命が延びる場合もある．

逃げ面摩耗　にげめんまもう (flank wear)

　切削工具の逃げ面に生じる摩耗．横逃げ面と前逃げ面の摩耗に分けられる．前逃げ面摩耗については仕上げ面と摩擦することから，仕上げ面粗さに影響を与える．横逃げ面摩耗については，工具や被削材あるいは切削条件により，切れ刃とほぼ平行に生じる場合（正常摩耗）や，チッピングを伴って不規則な形状となる場合，あるいは三角形状になる場合などがある．巻末付図(1)参照．
⇒工具摩耗 (66)

逃げ面摩耗幅　にげめんまもうはば (width of flank wear land, flank wear width)

　逃げ面に生じる摩耗の幅．特に横逃げ面に生じる切れ刃とほぼ平行な摩耗の幅を逃げ面平行部摩耗幅と呼ぶ場合もある．巻末付図(1)参照．
⇒工具摩耗 (66)，逃げ面摩耗 (171)

二酸化珪素　にさんかけいそ (silicon dioxide, silica)

　代表的な研磨材料の1つ．単にシリカとも呼ばれ，種々の製法によるシリカが研磨材として使用されている．珪素ナトリウムの溶液を酸で中和して得られる微粒子珪酸は，従来半導体ポリシ剤原料として多用されたが，現在では次に述べるコロイダルシリカや超高純度シリカがその主流を占めるに至っている．

　コロイダルシリカは珪酸ソーダをイオン交換し，アルカリ性条件下で粒子成長，濃縮して得られる．一般金属材料，酸化物単結晶，半導体など広範な材料のポリシングに使用されている．超高純度シリカは有機シラン化合物を加水分解して得られるもので，不純物の存在を嫌う半導体の最終ポリシングに使用されている．その他四塩化珪素を酸水素焔で燃焼させて得られるフュームドシリカもポリシング材料として使用されている．
= シリカ (100)

二次イオン質量分析法　にじいおんしつりょうぶんせきほう (secondary-ion mass spectrometry)

　固体表面にイオンを照射して，試料をスパッタさせた際に発生する二次イオンを質量分析装置で分析して試料の構成元素を求める方法．その特徴は，一次イオンが試料中にほとんど侵入できないため，深さ数原子層程度までの極表面の分析ができること，走査しながらエッチングできるので三次元的な分析が可能であること，同位体の分析が可能であること，などである．なお，加速電圧は数 keV 程度で，入射ビームを特に絞った（直径 $1\mu m$ 程度）場合をイオンマイクロアナリシスという．
= SIMS (267)

二次元切削　にじげんせっさく (orthogonal cutting, two-dimensional cutting)

　切りくずの生成が二次元的に行われる切削形式．単一の直線切れ刃が切削速度方向に直角に置かれ，切削厚さは切れ刃位置によらず一定である．
⇒三次元切削 (81)，傾斜切削 (50)

二次粒子　にじりゅうし (secondary particle)

　沈殿生成法などにより製造されるポリシング用微粉の多くは微細な一次粒子が多数個会合もしくは凝集して $0.5\sim$ 数 μm の大きさの二次粒子を形成している．種々の工作物に対する研磨試験から得られる加工能率や粗さのデータから，ポリ

シング加工における砥粒作用は,この二次粒子の単位で加工面に作用していることが想像されている。
=凝集粒子(39)

ニック(nick, chip breaker)
切削時の切りくずを分割するために,切れ刃に設けた溝。チップブレーカともいう。

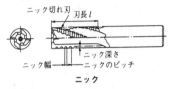
ニック

二番取りフライス にばんとりふらいす(form-relieved milling cutter, form milling cutter with constant profile)
切れ刃の稜線の直後から二番取りを施してあり,すくい面の再研削を行っても刃形の変わらないフライスの総称。

二番取り面 にばんとりめん(body clearance)
ドリルの外周に,ドリル加工中の工作物との摩擦を避けるためにすき間を付けた面。巻末付図(6)参照。

二面ラップ盤 にめんらっぷばん(two-lap lapping machine)
=両面ラップ盤(241)

乳剤 にゅうざい(emulsion)
⇒研磨剤(57)

ニュートン原器 にゅーとんげんき(newton gauge)
=光学原器(61)

ニューラルネットワーク(neural network)
人間の脳神経細胞(ニューロン)を重み付きの多入力1出力の演算素子としてモデル化し,それらを多数結合したネットワークによって行う情報処理方法。素子の結合形態により階層形と相互結合形に大別される。階層形のネットワークは,結合重みの調整によって学習機能および補間機能を実現することができ,パターン認識,非線形関数の同定などに応用されている。また,相互結合形のネットワークは最適化問題などに適用されている。

〔ぬ〕

縫いバフ ぬいばふ(sewed buff, stitched mop)
布の剛性を増すため,円板状の織布を重ね合わせ,渦巻き状,同心円状,碁盤目状などにミシン掛けしたバフ。綿布を用いた場合,6〜10mm程度の間隔で渦巻状にミシン掛けしたものが多く,バフ研磨の中研磨用として用いられている在来形のバフ。
⇒バフ(183),バフ研磨(184)

ヌープ硬さ ぬーぷかたさ(Knoop hardness)
ヌープ硬さ(HK)は,微小ビッカース硬さの一種である。一般の押込み硬さ測定では,くぼみ深さの十倍以上の厚さの試験片が必要とされる。しかし,セラミックスなどの硬さを測定するためには,きわめて小さな押込み荷重でくぼみを微小にして,しかも感度高く測定,評価する必要がある。そのため押込み圧子には,斜方底面のピラミッド形ダイヤモンド圧子が用いられる。くぼみの対角線の長さは,大体7:1であるが,長い方の対角線の長さによって硬さが定められる。押込み荷重は0.01〜2kgfである。
⇒硬さ試験機(31),硬さ(31)

ぬれ(wettability)
固体表面に対する液体のぬれは,液体が固体に接触する角度,すなわち接触角を尺度として良否を判定することができる。ぬれの重要性に関しては,工作物に対する研削液の働きや,砥粒の分散媒中への分散を例に上げることができる。切

削や研削を行う際に使用される研削液の働きの1つは，加工熱を除去して工具の焼き付きを防止することであるが，この際研削液の工作物に対するぬれが研削液性能に影響する。一方，砥粒の分散に関しては界面活性剤の使用により分散媒が砥粒表面を完全にぬらすことにより分散は容易となる。

〔ね〕

ネガティブレーキ（negative rake）
　すくい角が負となること。単にネガと呼ばれることが多い。

ねじ切り　ねじきり（thread cutting, screw cutting, screw thread cutting）
　おねじまたはめねじを切削工具によって削り出すことをいう。おねじを切削するには，旋盤においてねじ切りバイトを用いる方法，チェーザにより削る方法，転造による方法，フライスによる方法およびダイスにより削る方法などがあり，めねじを切削するには，旋盤上でねじ切りバイトを用いる方法，およびボール盤やフライス盤上または作業者によりタップを用いる方法などがある。
　⇒ねじ切り旋盤（173），ねじフライス盤（174），ねじ切りバイト（173），ねじ切りダイス（173），ねじ切り装置（173），ねじ切りフライス（174），ねじ転造ダイス（174），タップ（133），チェーザ（138）

ねじ切り旋盤　ねじきりせんばん（thread cutting lathe）
　誤差の少ない精密な長尺ねじを加工するための専用旋盤で，構造を簡素化し，精度と剛性を重視し，親ねじの精度を向上し，かつねじピッチ誤差の補正装置などを有している。

ねじ切り装置　ねじきりそうち（thread chasing attachment）
　旋削によるねじ切り作業は，1回の切込みで完了するものでなく，複数回の切込みを繰返ししてねじ山を完成している。この繰返し作業を自動的に行う装置をねじ切り装置という。

ねじ切りダイス　ねじきりだいす（thread cutting die）
　切りくずを逃がす溝をもっためねじ形の工具で，おねじを切るのに用いるもの。巻末付図(14)参照。

ねじ切りバイト　ねじきりばいと（threading tool）
　ねじ切りに使用するバイトの総称。

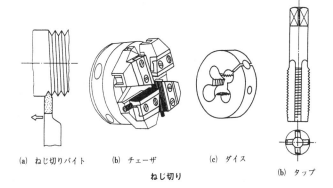

(a) ねじ切りバイト　(b) チェーザ　(c) ダイス　(b) タップ

ねじ切り

ねじ切りフライス ねじきりふらいす（thread milling cutter）

円筒面にリードがないねじ山形状の切れ刃を持ち，ねじ切り加工に用いるフライス。一山ねじフライスと多山ねじフライスとがある。巻末付図(10)参照。

ねじ研削 ねじけんさく（thread grinding）

所望のねじ溝形状を得られるように成形された回転砥石と，ねじ素材の工作物を回転させ，得ようとするねじリードに等しい量の工作物1回転当たりの横方向送りを，双方の間に相対的に与えてねじを研削すること。おねじばかりではなく大径のめねじにも適用される。ねじの材料硬度が高く切削やロール成形法で加工できない場合や，高精度を要するタップやねじゲージの製作に用いられる。通常はロックウェル硬さHRC27以上の材料を研削する場合利点があるとされている。またロックウェル硬さHRC36以上の材料は研削以外の加工法を適用することは実用上無理である。

⇒ねじ研削盤（174）

ねじ研削盤 ねじけんさくばん（thread grinding machine）

ねじ研削盤は円筒研削盤と区別される特徴がある。それは，正しいねじリードを得るために，工作物の回転と同期したトラバース運動を行う機構を持つこと，ねじ山形状を正確に作り出すための精密なツルーイング・ドレッシング装置を持つこと，そして，ねじリード角に合わせて，砥石回転軸が傾斜できる構造があることである。大量生産用に，スルーフィード形センタレスねじ研削盤もある。

⇒ねじ研削（174）

ねじ転造ダイス ねじてんぞうだいす（thread rolling die）

回転または往復運動をしておねじを転造するダイス。巻末付図(14)参照。

ねじフライス盤 ねじふらいすばん（thead milling machine）

ねじ切り用のフライス盤。ワークを回転させ，一定の比率でねじピッチ方向の送りを与え加工を行う。ねじフライスを用い，1目の送りによりねじ加工が可能。1回でねじの谷の深さまで加工できる点が旋盤と異なる。

⇒フライス盤（202）

ねじマイクロメータ（screw thread micrometer）

⇒マイクロメータ（220）

ねじラッピング（thread lapping）

ねじラッピングはねじ研削できないとき，高精度ねじが要求されるときに行われるほか，めねじの研削は困難なのでラッピングが用いられる。円筒（外径・内径）ラッピングとその作業法は同じである。円筒ラップ工具にねじを切って用いるが，ねじ山に対して外径用，内径用，フランク面用のねじラップ工具を用いる。

⇒円筒ラッピング（17）

ねじれ角 ねじれかく（helix angle）

ねじれのつる巻き線と，その上の一点を通る工具の軸に平行な直線とがなす角。巻末付図(6)参照。

ねじれ刃 ねじれは（helical tooth, helical flute）

軸線に対して，ねじれた切れ刃。

ねじれ刃

熱慣性 ねつかんせい（thermal inertia）
⇒熱容量（175）

熱き裂 ねつきれつ（thermal crack）

熱き裂は，切削工具の脆性損傷形態の1つであるき裂に分類されるものであ

り，き裂には，ほかに疲労き裂がある。これらはフライスやホブ，溝付き丸棒旋削などの断続切削時によく観察される。熱き裂は主切れ刃にほぼ直角に生じることが多い。

熱き裂は，断続切削時に，切削温度の上昇と冷却に対応して工具表面に発生する繰返し熱応力に起因するものと考えられる。したがって，熱膨張率が大きく，弾性係数が大きく，熱伝導率が小さい工具材種ほど熱き裂が発生しやすいといえる。
= サーマルクラック（79）
⇒ 工具欠損（63），欠け[1]（28），疲労き裂（197）

熱剛性 ねつごうせい（thermal stiffness）
機械などの構造体に発熱量や温度の変化が起こると変位を生じる。そのときの熱量や温度の変化と変位の比を熱剛性という。この言葉は概念的なもので，静剛性や動剛性のように数値的に示されることは少ない。精密機械などは特に熱変形を嫌うので，この熱剛性を高める必要がある。このため，熱膨張係数の小さな素材の採用による熱変形の抑制，発熱源の排除・隔離，熱発生の抑制，熱の冷却・拡散，熱変形の制御などの対策が行われている。
⇒ 熱容量（175）

熱衝撃 ねつしょうげき（thermal shock）
急激な加熱，冷却などを与えると，衝撃的な温度変化により物体内部に非定常な温度分布を発生し，熱応力，熱歪みが生ずる。これを熱衝撃という。

熱容量 ねつようりょう（thermal capacitance）
物体は熱を蓄えるための容量をもっている。物体の温度を1℃上昇させるのに必要な熱量のこと。単位はジュール毎ケルビン（J/K）が用いられる。一般に，単位量あたりの物質の熱容量を比熱と呼ぶ。
= 熱慣性（174）

粘弾性流動研磨 ねんだんせいりゅうどうけんま（abrasive flow machining, abrasive flow polishing）
半固体状の粘弾性樹脂材料に砥粒を混ぜたものを研磨工具として使用する。そのため，この研磨工具に外部圧を与えることで圧縮運動し，管内などの難しいところを圧接移動しながら表面の粗さ改善・ばり取り・角のR付けなどが行える加工法である。

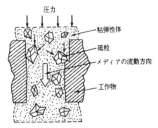

**粘弾性流動研磨
（二次元模式図）**

〔の〕

ノギス（vernier, dial and digital calliper）
外側用および内側用の測定面のあるジョウを一端にもつ本尺を基準に，それらの測定面と平行な測定面のあるジョウをもつスライドが滑り，各測定面間の距離を本尺目盛およびバーニヤ目盛，もしくはダイヤル目盛によって，または電子式デジタル表示によって読み取ることができる測定器。

のこ引き のこびき（sawing）
のこにより材料を切断することをいう。のこは一般に合金鋼または高速度鋼製であり，切断用の機械としては，直線状ののこを往復動させる弓のこ盤，エンドレスの帯状ののこを一方向に走行させ

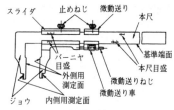

CM形ノギス

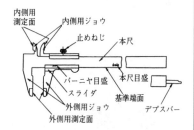

M形ノギス

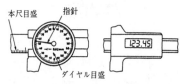

指針読み取りのもの　**電子式ディジタル表示のもの**

る帯のこ盤,および丸形ののこを回転させる丸のこ盤および高速回転円盤の摩擦熱で切断する摩擦のこ盤などがある。
⇒金切りのこ盤 (34)

ノーズR補正　のーずあーるほせい
(cutter compensation)

NCデータは工具中心の経路で指定される。工作物の輪郭にそって工具を移動させるには工具半径に応じた補正を加えて工具中心を求めることが必要になる。これをノーズR補正,あるいは工具径補正という。これを自動的に行うものを工具径補正機能といい,この機能を用いればNC指令は工作物輪郭に対して与えればよく,工具径の変更や摩耗による寸法変化にも設定値を変えるだけで対応できる。
⇒工具位置オフセット (62)

〔は〕

歯厚マイクロメータ　はあつまいくろめーた（disc-type micrometer）
⇒マイクロメータ（220）

バイアス送り　ばいあすおくり（bias feed）

トラバース研削において工作物を砥石軸直角方向に連続的に平行移動させる方法をいう。バイアス送りでは，加工条件が常に変化するため目的や状況に応じて注意して送り速度を選定する必要がある。
⇒ステップ送り（110）

バイアスバフ（bias buff, bias mop）

基材織布を織目に対し斜め（45°）に布取り（バイアスカット）し，基材を積層して経緯糸の方向がバフの外周に対しすべて45°になるように輪形に成形し，中心部を円板または円環に固定した構造のバフ。たとえばバイアス（バイヤス）綿バフ，バイアス（バイヤス）サイザルバフ，オープンサイザルバフなどがある。
⇒バフ（183），バフ研磨（184）

ハイス（high-speed steel）
＝高速度工具鋼（70）

バイス（vice）
＝万力（224）

バイト（single-point tool）

旋盤，中ぐり盤，平削り盤，形削り盤，立削り盤などに使用し，シャンクまたはボディの端に切れ刃を持つ工具の総称。一般的には旋盤で使用する旋盤用バイト（turning tool）を単にバイトと呼ぶ。巻末付図(2)参照。

バイトの勝手　ばいとのかって（hand of tool）

すくい面を上にして刃部からシャンクの方向に見たとき主切れ刃のある側で定め，主切れ刃が右側にあるものを右勝手，左にあるものを左勝手という。

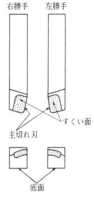

バイトの勝手

ハイドレーションポリシング（hydration polishing）

水蒸気の雰囲気で研磨した時，工作物界面に生じる水和反応を積極的に利用した研磨法。結晶表面に形成される水和層はポリッシャの機械的摩擦で除去される。サファイア，ZnSeなどに適用され，加工変質層のない清浄表面が得られている。

バイトホルダ（tool holder）

バイトを目的の切削用途に使用するため，特定の機構で保持する工具。

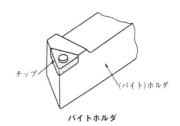

バイトホルダ

ハイドロプレーンポリシング(hydroplane polishing)

高速回転する研磨定盤上に化学研磨液を注入し,その上に平面工作物を載置すると,平面工作物はハイドロプレーン現象により浮上する。この状態で定盤面と被研磨面を直接接触させることなく化学研磨する方法をいう。化学液に浸せきさせただけで鏡面に研磨できる条件を設定する必要がある。半導体のGaAs基板をブロモエタノールで研磨した例が報告されている。

⇒非接触ポリシング(192)

ハイブリッド軸受 はいぶりっどじくうけ(hybrid bearing)

2種類の軸受形式を複合した構造を持つ軸受の総称。高速回転時の負荷特性の向上を目的として動圧軸受と静圧軸受を複合化したものが多く,油潤滑と気体潤滑両者の軸受について適応例が見られる。転がり軸受の高速回転時の焼き付きを防止する目的で,静圧軸受と複合化した例も見られる。

背分力 はいぶんりょく(thrust force)
⇒切削抵抗(119)

ハイレシプロ研削 はいれしぷろけんさく(high-reciprocation grinding)
=スピードストローク研削(111)

パイロット(pilot)

穴の繰り広げ加工またはリーマ加工などで切れ刃を先導するために,ドリルまたはリーマの先端に設けた円筒部。

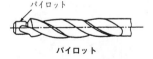

パイロット

刃受け はうけ(rest blade)
=支持刃(87)

パウダージェットデポジション(powder jet deposition)

金属やセラミックス等の粒子を材料に衝突させることによって粒子を破砕させ,化学結合により付着させる成膜法の一種である。最大の特徴は常温大気圧環境下で成膜可能なことである。粒子の粒径と衝突速度により,付着加工から除去加工(AJM)に遷移することが知られている。バイオセラミックス材料であるハイドロキシアパタイトを用いた歯科治療へも応用されている。

⇒ AJM(255),エアロゾルデポジション(13)

破壊靭性 はかいじんせい(fracture toughness)

ある材料について,き裂が不安定伝播する,すなわち脆性破壊が生じる条件を,破壊力学に基づいて与えた限界値。一般に,脆性破壊条件として,ある値がある限界値に達した場合を考えるが,破壊力学では,その限界値として,応力拡大係数K_c,き裂進展力g_c,J積分値J_cを考え,それらを破壊靭性と呼ぶ。これらは材料固有の値であり,材料試験によって求められる。特に,K_cの最小値は平面歪み状態において現れ,平面歪み破壊靭性K_{Ic}と称す重要な物性値であり,多くの材料に対して求められている。

=靭性^2(102)

歯形修正装置 はがたしゅうせいそうち(profile modification attachment)

歯車研削盤(歯車の歯面を研削する工作機械)において,歯形を任意形状に修正する目的で砥石の形状を修正する装置のこと。歯車研削盤の装置。

⇒クラウニング(46)

歯切り はぎり(gear cutting)

工具で歯車の歯を削り出すこと。ホブ,ピニオンカッタ,ラックカッタなどを用いる創成法とフライスなどを用いる成形法がある。平歯車とはすば歯車の切削では,成形法はほとんど用いられず,創成法で

加工能率のよいホブ切りが多用される。一方，すぐば傘歯車の量産加工では，成形法のレバーサイクル歯切り法が最も多い。またホブや歯切り用フライスによる加工では，通常，下向き削りに相当するクライム歯切り法を使用し，上向き削りに相当するコンベンショナル歯切り法は特殊な場合を除いてあまり用いられない。

⇒ホブ切り (216)，歯車シェービング仕上げ (180)，歯切り盤 (179)，下向き削り (88)，上向き削り (12)

歯切り盤　はぎりばん (gear cutting machine)

歯車の歯を切削し，歯形を創り出す機械を総称して歯切り盤と呼ぶ。歯切りをした後さらに歯面を仕上げる機械を歯車仕上げ機械と呼び，区別している。歯車研削盤，歯車シェービング盤，歯車ホーニング盤は歯車仕上げ機械の分類に入る。歯切り盤にはホブ盤，歯車形削り盤，歯車平削り盤，傘歯車歯切り盤，ラック歯切り盤がある。

歯形がインボリュート曲線の歯車が多く使用されているが，この歯形を創り出すのに歯溝と同じ形状の切れ刃を用いる成形歯切り法と，機械の運動によって歯形を創り出す創成歯切り法とがある。成形歯切りでは同一モジュールでも歯数が変われば工具も変えねばならず，現在大モジュールの歯車加工など一部に使用されるだけである。

平歯車を加工する歯切り盤には，ホブカッタを使用するホブ盤，歯車形工具を使用する歯車形削り盤，ラック形工具を使用する歯車平削り盤がある。いずれも創成歯切り盤である。ホブ盤は一番加工能率が高く，歯車形削り盤はホブ盤で加工できない内歯車や段付き歯車の加工に使用されている。

⇒ホブ盤 (217)，ラック歯切り盤 (235)，傘歯車歯切り盤 (29)

白色アルミナ研削材　はくしょくあるみなけんさくざい (white alumina abrasive)

成分が高純度のアルミナのため透明で白色に見える。褐色アルミナより硬度は高く破砕性に富むため，精密研削に適している。原料としてはA砥粒の場合に比べ，より純粋なアルミナ，通常はバイヤー法アルミナを溶融し，ソーダ分などを除去して製造する。

= WA砥粒 (269)

⇒アルミナ質研削材 (7)

白色干渉計　はくしょくかんしょうけい (white light interferometer)

光源として白色光を用いた干渉計。白色光としてはハロゲンランプ光源が用いられることが多かったが，最近はLED光源を適用する事例が多い。光源からの光を適切なビームスプリッタ等を用いて2分割した後，一方は参照面，もう一方は測定面に入射させ，得られた反射光を重ね合わせることで得られる干渉縞をもとに測定面の形状を得る。白色光は干渉領域が単一波長のレーザに比べ狭いため高精度な距離検出が可能である。高精度な粗さ計測に適している。

⇒干渉計 (36)

剥離　はくり (flaking)

切削工具の脆性損傷の一つに剥離があり，ほかにチッピング，欠損，破損，および亀裂がある。剥離は潜伏していたき裂が深さ方向に進展せずに，表面にほぼ平行に成長して，鱗片状に工具面から離脱する損傷をいう。

⇒欠け[1] (28)，熱き裂 (174)，疲労き裂 (197)，工具欠損 (63)，チッピング[1] (139)

歯車研削　はぐるまけんさく (gear grinding)

歯車研削は，大別すると歯形成形型とインボリュート創成型の2種類に分けられる。前者は工作物歯車を間欠的に割り出して，歯を1枚ずつ成形する方法で，歯車フライス削りすることと原理的に同一である。後者のインボリュート創成型は，砥石形状がラック形であって，工作物歯車をそのラックに対し，ピッチ円で転がる運動を相対的に与えてインボ

リュート歯形を創成させる。
⇒円筒歯車研削盤（17），歯車研削盤（180），傘歯車研削盤（29）

歯車研削盤　はぐるまけんさくばん（gear grinding machine）

歯形成形研削盤とインボリュート創成研削盤がある。前者は歯形形状を持つ砥石で歯を1枚ずつ加工し，内歯車も加工できるが能率が低い。後者はラック形状の砥石を使い，歯車砥石の相対運動により歯形を創成する方法で，モジュールが同一であれば砥石の形状は変更を要しない。

⇒歯車研削（179），円筒歯車研削盤（17），傘歯車研削盤（29）

歯車シェービング仕上げ　はぐるましぇーびんぐしあげ（gear shaving）

ホブなどにより前加工された歯形を，シェービングカッタを用いて，創成仕上げ削りすること。カッタと歯車素材を適当な交差角で噛み合わせ，カッタを駆動して加工する。カッタと歯車の干渉を避けるため，前加工において歯元にアンダーカット部を設ける。

⇒歯切り（178），シェービングカッタ（83）

歯車ホーニング　はぐるまほーにんぐ（gear honing）

歯車の歯面のホーニング。

歯車ラッピング　はぐるまらっぴんぐ（gear lapping）

歯車を互いに噛み合せてラッピングし，歯面の歪みを取ったり，面精度および形状精度を向上したり，回転トルクの伝動作用を滑らかにするために行うラッピング作業。

⇒歯車ラップ盤（180），共ずり（161）

歯車ラップ盤　はぐるまらっぷばん（gear lapping machine）

歯車をラッピングするための工作機械で，マスタ・ラップを使用するものと使用しないものとがある。歯車には回転運動の他に，軸方向や半径方向移動が与えられる。

⇒歯車ラッピング（180）

破砕　はさい（fracture）

砥粒が切れ刃にかかる力や熱によって砕けること。砥粒が破砕することによって新しい切れ刃が生じるが，これを切れ刃の自生作用と呼ぶ。砥粒の破砕性が適当でない場合，目こぼれや目つぶれの原因になる。

⇒自生発刃（87），破砕性（180），脱落（133）

破砕性　はさいせい（friability）

砥粒の備えるべき条件として硬さと共に重要な物性で，現場では，破砕性と逆な意味を持つ粘り強さを示す「靭性」が広く用いられている。研削中，砥粒は適当に破砕（大破砕，中破砕，小破砕）して新しい切れ刃を自生する必要がある。また，重荷重の自由研削では研削の満足な遂行のため砥粒の靭性を十分大きくする必要がある。靭性の測定は学術的には衝撃圧壊法など多くの方法があるが，現場的にはもっぱらポットミルによる方法が用いられている。

刃先角　はさきかく（included angle）

隣合う直線切れ刃がある時，それぞれの切れ刃の基準面 P_r への投影線のなす角。ε と表す。工具系基準方式では，巻末付図(7)に示すようになる。

⇒工具系基準方式（63）

刃先交換チップ　はさきこうかんちっぷ（[indexable] insert）

工具寿命に達した場合，通常，再研削して使用することなく，使い捨てにするチップ。多くの場合，向きを変えて取り付けることにより，複数の切れ刃を使用することができ，indexable insert と呼ばれる。表の呼び記号で，形状，寸法，精度を表す。

＝スローアウェイチップ（113）

バー作業　ばーさぎょう（bar work）
＝棒材作業（214）

バースタンド（bar stand）

自動旋盤の加工素材には，定尺の棒材が使用されることが多いが，本機より棒

刃先交換チップ（JIS B 4120：2013）

配列順序	名称	定義	参考
1	a) 形状記号	チップの基本形状を表す文字記号	必須記号
2	b) 逃げ角記号	チップの主切れ刃に対する逃げ角の大きさを表す文字記号	
3	c) 等級記号	チップの寸法許容差の等級を表す文字記号	
4	d) 溝・穴記号 a)	チップの上下面のチップブレーカ溝の有無、取付用穴の有無、取付用穴の有無及び穴の形状を表す文字記号	
5	e) 切れ刃長さ又は内接円記号	チップ切れ刃の長さ又は基準内接円直径を表す数字記号	
6	f) 厚さ記号	チップの厚さを表す数字記号	
7	g) コーナ記号	チップのコーナ半径の大きさ又は特殊コーナを表す数字又は文字記号	
8	h) 主切れ刃の状態記号 b)	主切れ刃の状態を表す文字記号	任意記号
9	i) 勝手記号 b)	チップの勝手を表す文字記号	
10	j) 捕捉記号 c)	製造業者が追加できる記号	

注 a) Xを使用する場合は c)、f) 及び g) でこの規格で規定していない数字又は記号を使用してもよいが、それらは略図又は内容が分かるようにしなければならない。
 b) 記号を混同するおそれがない場合は、どちらか一方または両方とも省略してよい。
 c) 製造業者は、チップブレーカの種類などの区別のために1文字又は2文字を追加できる。ただし、この場合には、（ダッシュ）を置いて区別する。

適用例

```
         a)  b)  c)  d)  e)  f)  g)  h)   i) - j)
メートル系 T   P   G   N   16  03  08  E    N - ＊＊
インチ系   T   P   G   N   3   2   2   E    N - ＊＊
```

材が後方に張り出すため、本機外にこの棒材を支える主柱を置くことがある。この主柱をバースタンドと呼ぶ。

バーチカルアタッチメント（vertical milling attachment）

横フライス盤、万能フライス盤のコラム正面に取付け、立形主軸として使うユニット。本ユニットはオーバアーム摺動面をガイドとし、コラム前面に固定され、機械本体の横主軸に取付けた連結アーバにより駆動される。主軸頭は垂直面内で左右に各90°旋回できる。旋回は固定ナットを緩めることにより、また角度割出しは手動にて行う。

バーチカルアタッチメントを用いることにより、横フライス盤を立形フライス盤として、また傾斜機能を用いることにより、ワークを傾けることなく、標準工具により斜め加工が可能である。
⇒フライス盤(202), 横フライス盤(234), 万能フライス盤 (189)

バーチカルアタッチメント

8の字ラッピング　はちのじらっぴんぐ
(8-shape motion lapping)

　従来からハンドラップの一手法として行われてきたもので，ラップ定盤上を工作物が8の字を描くように等速運動をさせると，工作物に全方位にわたった運動を与えることができ，工作物を均一に除去できるようになる。近年，片面ラップ盤の加工ヘッドや両面ラップ盤の加工用キャリアを揺動させて，8の字運動を付与して加工均一性を高めようとするものもある。
⇒ハンドラッピング（188）

八角リング動力計　はっかくりんぐどうりょくけい（octagonal ring dynamometer）

　加工抵抗を測定するための八角柱の外形を有する装置の総称であり，これに工作物あるいは工具を固定して加工するときに生じるわずかな弾性ひずみを検出し加工抵抗を測定する。本体には，所定の位置にホイートストンブリッジ回路を構成するひずみゲージが貼付され，直交2軸方向の成分を検出することができるものが多い。測定感度を向上させるため，中空形状のものがほとんどである。そのため，水晶式圧電動力計に比べて剛性は劣るが，安価で装置の自由度の高い測定が可能である。
⇒ひずみゲージ（191）

バックテーパ（back taper）

　送り運動に対して工具に逃げを与えるために設けられたテーパ。

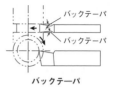

バックテーパ

バックラッシ（backlash）

　歯車，スプラインの噛合い部のすき間，ねじのおねじとめねじの間のすき間によって生じる遊びをいう。平歯車やすば歯車の場合，歯幅方向に2つに分割し，回転方向に2枚をずらすことによってバックラッシを減少させる方法や，ウォーム歯車の場合，複リードウォームを用いる方法がある。ねじの場合，予圧のかかったボールねじを使用することにより，バックラッシを除去することができる。
⇒ロストモーション（246）

バックラッピング（back lapping）

　薄化加工。半導体素子のベースであるシリコン基板の素子形成面の反対面をラップして，素子厚さを100～200μm程度まで薄くするプロセスをいう。円板状のブロックにストッパを配置し，

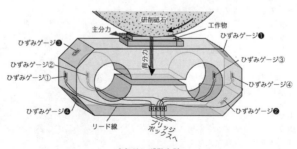

八角リング動力計

ウェーハは素子面をブロック面と対向させてワックスで固定されるが，素子の断線を防ぐために厚さの均一な紙を介して，ウェーハをブロックにワックス固定する。ストッパがラップ定盤に接すると必要厚さになる。

バックレーキ（back rake）

基準面 P_r に対するすくい面の傾きを表す角で，主運動方向と切込み方向が形成する面上で測る。γ_p と表記する。工具系基準方式では，巻末付図(7)に示す角度となる。正面フライスではアキシャルレーキともいう。

⇒すくい角（108），横すくい角（233），垂直すくい角（106），直角すくい角（147），工具系基準方式（63）

パッド（pad）

⇒研磨パッド（58）

パッドコンディショニング（pad conditioning）

発泡ウレタンパッドを用いた研磨プロセスでは，研磨の進行につれてパッドの微細孔に研磨屑や反応生成物が詰まって目づまり状態となる。また，微細孔が被加工物の運動方向に倣って目がつぶれてしまう。このような目づまりや目つぶれ状態になると研磨効率が低下するためパッドを初期状態に戻す必要がある。この戻す作業をパッドコンデショニング，もしくはパッドドレッシングという。メタルボンドダイヤモンド砥石を用いてパッド表面を削り取る方法が一般的である。

＝パッドドレッシング（183）

パッドドレッシング（pad dressing）

＝パッドコンディショニング（183）

パートプログラム（part program）

自動プログラミングシステムを用いて，数値制御工作機械用の NC プログラムを作成する際，工作物の形状・寸法，加工工具，工具の動作などを人間にわかりやすいプログラミング言語で書いたものを指す。代表的なパートプログラミング言語としては，APT 言語がある。一般にパートプログラムは，データとして計算機に入力されたのち，自動プログラミングシステムによって工作機械用の CL データや NC データへ変換される。このプログラムを組む作業のことをパートプログラミング，その作業者をパートプログラマという。

⇒自動プログラミング（92），CL データ（258），NC データ（263），APT（255）

バニシ作用　ばにしさよう（burnishing action）

切れ刃が工作物と干渉した際，刃先縁の丸みなどが原因で干渉深さ（切込み深さ）の小さい領域では切りくず生成を伴う切削作用が起こらず，上滑りや掘り起こし現象が現れる。このように切りくず生成を伴わない干渉をバニシ作用と呼ぶ。

バニシ仕上げ　ばにししあげ（burnishing, ball finishing, press finishing）

主として軟質の非鉄金属（銅，アルミニウム，およびその合金）製円筒の内面に，その内径よりわずかに大きい硬鋼の球を圧入し，表面粗さの凹凸を押しならして（バニシング作用），平滑な鏡面に仕上げると同時に，ワンパスで内径を高い寸法精度に収める仕上げ加工法である。切りくずが発生しないなど実用性がきわめて高い。円柱外面のバニシ仕上げにはローラバニシング方式がある。

⇒バニシ盤（183）

バニシ盤　ばにしばん（burnishing machine）

バニシ仕上げを行う工作機械。ドリルやリーマ穴内面の仕上げを連続的に行う量産形加工機である。

⇒バニシ仕上げ（183）

バフ（buff, buffing wheel, mop, polishing mop）

布，皮革などの柔軟性材料によって回転運動を行うよう軸対称に構成された研磨用具。その外周に研磨材またはバフ研磨剤を保持させ，バフ研磨機に装着して

バフ研磨を行う。用途，目的，性質などを異にするものがいろいろあり，その種類と特徴などを把握する上で考慮すべき分類要素は，

① 構成様式(形態的特徴)〔ばらバフ，バイアスバフ，ユニットバフなどの別〕
② 基材（使用材料）〔綿布，サイザル麻織布，サイザルコードなどの別〕
③ 縫い方（ミシン掛けの方式）〔渦巻状，同心円状，碁盤目状などの別〕
④ 処理法（基材処理法）〔目的により樹脂加工，薬剤処理などの別〕

であり，バフの種類を具体的に大別する場合，上記の基材および構成様式の別によることが多い。バイアス綿バフ，ユニットコードサイザルバフ，縫い綿バフの外観を示す。

⇒サイザルバフ（76），とじバフ（160），縫いバフ（172），バイアスバフ（177），ばらバフ（185），フェルトバフ（199），ユニットバフ（231），バフ研磨（184），バフ研磨機（184），バフ研磨剤（185）

バイアス綿バフ

ユニットコードサイザルバフ

縫い綿バフ

バーフィード装置 ばーふぃーどそうち（bar feed attachment）

タレット旋盤や自動旋盤などに，棒材を自動供給する装置。旋盤の主軸後部に本機とは別に配置され，棒材を主軸穴に通し主軸前面に押し出す。定尺の棒材が収納されることが多いが，収納本数が1本のものと複数本のものがある。複数本のものには棒材の交換を自動的に行うものがあり，自動旋盤と併用して長い時間無人で加工を行えるようにしている。

バフ加工 ばふかこう（buffing, polishing）
＝バフ研磨（184）

バフ研磨 ばふけんま（buffing, polishing）

バフ研磨は，研磨材（砥粒）の支持体または保持体として，織布，皮革などの柔軟性材料によって回転体として構成されたバフを用い，その外周面に研磨材を接着剤で固定するか，バフ研磨剤を用い回転中のバフ外周面に研磨材が一時的に保持されるようにして，バフに研磨工具としての機能を与え，高速度で回転するバフに工作物を圧接して金属または非金属の表面を機械的に加工し，所要の仕上げ面品質を得る加工法。

＝バフ加工（184），バフ仕上げ（185）
⇒バフ（183），バフ研磨剤（185），バフ研磨機（184）

バフ研磨機 ばふけんまき（buffing machine, polishing machine, polishing lathe）

バフ研磨機は，その軸端にバフを装着し，バフ外周面に研磨材を固定または一時的に保持させ，これを高速度で回転して加工を行う研磨機械。比較的簡単な機構の汎用機，専用機的な半自動機およびトランスファ形の自動機など，いろいろな機種，性能のものが目的に応じて使用されている。大量生産加工を目的とする自動機においては，加工物の搬送方式に関し，ストレートライン形とロータリ形の

2種に大別される。また，自動機に属するものとして，バフ研磨ロボットがある。
＝バフレース（185）
⇒バフ（183），バフ研磨（184），バフ研磨剤（185）

バフ研磨剤 ばふけんまざい（buffing compound, buffing composition, polishing compound, polishing composition）
バフ研磨に使用する研磨組成物。微細な研磨材に油脂類などの媒体を配合したもの。研磨材としては珪石微粉，アルミナ，トリポリ，酸化クロム，酸化鉄などが，媒体としてはステアリン酸，牛脂，パラフィン，金属石けん，界面活性剤などが配合して用いられる。回転バフ面に圧着塗布して用いる固形（棒状）バフ研磨剤と，スプレーガンなどで噴射塗布して用いる液状バフ研磨剤とに大別される。このほかに，媒体組成を全く異にする艶消し仕上げを目的とした非油脂性棒状バフ研磨剤がある。
⇒青棒（3），トリポリ（162），非油脂性棒状バフ研磨剤（195），バフ（183），バフ研磨（184），バフ研磨機（184）

バフ仕上げ ばふしあげ（buffing, polishing）
＝バフ研磨（184）

バフレース（buffing machine, polishing machine, polishing lathe）
＝バフ研磨機（184）

刃物送り台 はものおくりだい（tool slide）
旋盤の往復台上にあって，刃物台をのせて，所望の方向に正しく移動するように作られた機械部分をいう。

刃物台 はものだい（tool post）
静止工具（たとえばバイト）を取付ける台の総称。NC旋盤ではタレット形やドラム形の刃物台が多く用いられている。
＝タレット（135）

早送り はやおくり（rapid traverse）
制御軸の運動は与えられた目標位置に達することだけを目的として制御される。異なった制御軸の運動は互いに対応づけられる必要はなく，同時に，または順次に実行される。送り速度（早送り速度）はプログラムされずにNC装置にあらかじめ設定されている。

早送りオーバライド はやおくりおーばらいど（rapid-feedrate override）
⇒オーバライド（22）

ばらバフ（loose buff, loose mop）
円形の綿布を18～20枚くらい重ね合わせ，中心部の軸孔部分の回りのみを縫ったバフ。外周部の減耗の程度を均一化するため，各布片の織目の方向がずれるようにしてある。当たりが最も柔らかく，バフ研磨の仕上げ研磨用に適した在来形のバフ。
⇒バフ（183），バフ研磨（184）

バランシング（balancing）
研削砥石を砥石軸に装着し回転させた時，アンバランス振動が生じないように，あらかじめアンバランスの修正を行うこと。バランスの基本は，砥石フランジに円周状に設けられた溝内に，2つあるいは3つのバランスウェイトを，アンバランス質量を打ち消すように配置固定することである。この方法には，機械外で行う手動式と，砥石軸に砥石を取付けた状態でアンバランスの位置検出のみを自動的に行うもの，すべてを自動的に行うものとがある。
⇒バランスウェイト（185），自動バランス装置（92），平衡度（210）

バランスウェイト（balance weight, balancing weight, counter weight）
回転体の不釣り合いを取り除くために付加するおもり。研削加工では，研削砥石のアンバランスを取り除くために，2つあるいは3つのバランスウェイトが用いられる。切削加工では旋盤などで非対称工作物を加工する際に，面板に非対称工作物バランスウェイトを取付け，アンバランスをなくす。

このほか,門形工作機械のクロスレールや中ぐり盤の主軸頭の自重と釣り合わせるのに用いるおもりを意味する。
=釣合いおもり(149)
⇒カウンタバランス(27)

バランスシリンダ(balance cylinder)
カウンタバランスのバランス力を発生するための油圧または空気圧シリンダ。
⇒カウンタバランス(27),釣合いおもり(149)

ばり(burr)
切削加工や研削加工などの機械加工をはじめとする各種加工において,加工力と加工熱によって工作物表層に塑性流動を生じて加工部のエッジ部や表面に生成する突起物。その生成形態は加工法によって異なり,機械加工によって生じるばりは,ポアソンばり,ロールオーバばり,引きちぎりばり,切断ばりに分類され,返りとも呼ばれる。硬脆材料の加工では欠けを生じることが多く,その生成メカニズムからマイナスのばりとして取り扱われる。ばりは,できるだけ抑制することが後処理のばり取り・エッジ仕上げの観点から重要である。
⇒ばり取り(186)

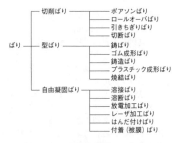

ばりの種類

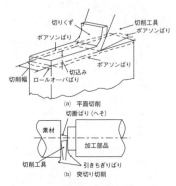

切削ばりの種類

はりつけ皿 はりつけざら(blocking tool, blocking shell)
砂かけや研磨を行う際に,荒ずりした工作物をピッチ,石こうなどによって接着固定するときに用いる鋳鉄製またはアルミ合金製の皿。
⇒荒ずり皿(6)

ばり取り ばりとり(deburring)
ばりの寸法・形状や発生箇所は,機械加工法の種類によって大きく異なるため,それによって最適なばり取りの方法を選択しなければならない。ばり取り方法には,
①研磨ベルト,弾性砥石,ブラシ工具,砥粒流動加工用メディア,水や空気を媒体に高圧で砥粒を吹き付ける噴射加工,バレル加工などの機械的エネルギを利用する方法
②超音波加工,電解加工,放電加工,磁気研磨などの電気的エネルギを利用する方法
③高温加熱による酸化,溶剤またはガスを用いる溶解腐食などの化学的エネルギを利用する方法
④熱衝撃などの熱的エネルギを利用する方法
⑤レーザなどの光学的エネルギを利用する方法

などがある。ばりの生成位置,寸法や形状は,加工法の種類によって大きく異なるため,それぞれに適合したばり取り方法を選択する必要がある。
⇒ばり(186),ばり取り装置(187)

ばり取り装置 ばりとりそうち(deburring device)

ばり取り方法の選択およびエッジ仕上げの要求度に応じて、ばり取り装置を選定しなければならない。装置の選定要因として、交差穴のばり向き、複雑形状部のばり向き、穴の裏ばり向き、均一なばり取り向き、連続的なばり取り向き、シャープエッジ仕上げ向き、流れ作業向き、バッチ処理向き、後処理不要向きなどについて検討する必要がある。さらには、ばり取り後のエッジ品質、量産のタクトタイム、設備コスト、加工コスト、洗浄問題をも考慮して、適切なばり取り装置を決定することが重要である。
⇒ばり (186)、ばり取り (186)

パレット (pallet)

工作物を取付けて、機械本体にそれを供給する台。マシニングセンタでは一般に、1つのテーブルに対し複数のパレットをAPC（自動パレット交換装置）により交互に供給する方式が取られている。JIS規格・ISO規格により400〜800mm角のサイズのパレットについて標準化されている。工作物をパレット上面に締め付ける方法には、T溝を使用する方法とねじ穴を使用する方法がある。また工作物および取付け具をパレットに取付ける際の位置決め具として、エッジロケータと呼ばれるゲージブロックがパレットの直交する側面の2か所に取付いており、工作物の基準面とパレットとの位置決めを容易に行えるよう工夫されている。
⇒自動パレット交換装置 (92)、自動工作物交換装置 (90)、取付け具 (162)、テーブル (153)

バレル加工 ばれるかこう (barrel finishing, mass finishing)
=バレル研磨 (187)

バレル研磨 ばれるけんま (barrel finishing, mass finishing)

六角形、八角形、円筒形などのバレルと呼ばれる研磨槽内に研磨メディアと工作物、コンパウンドと水を一定の割合で混合して充填し、バレル槽に様々な運動を与えることにより研磨メディアと工作物間に相対速度差を生じさせ、その流動摩擦作用によって研磨を行なう加工法。バレル槽内に多数の複雑形状の工作物を入れることができ、熟練作業を必要とせず、量産的かつ経済的で安定した加工品質が得られる加工法である。
=バレル加工 (187)、バレル仕上げ (187)
⇒遠心バレル研磨機 (16)、回転バレル研磨機 (26)、渦流バレル研磨機 (36)、研磨メディア (60)、コンパウンド (75)、磁気バレル研磨機 (84)、振動バレル研磨機 (103)、流動バレル研磨機 (239)

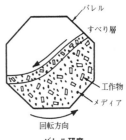

バレル研磨

バレル仕上げ ばれるしあげ (barrel finishing, mass finishing)
=バレル研磨 (187)

半乾式ラッピング はんかんしきらっぴんぐ (semi-dry lapping)

細かいラップ剤とラップ液を混合し、ペースト状にしたものをラップ工具に薄くぬり、湿式ラッピングのようにラップ剤を連続的に補給せずに加工する方法である。ラップ液に油性の高いものを用いると、湿式ラッピングより加工能率は少し低いが、表面粗さ、寸法精度、形状精度および光沢は乾式ラッピングに近いものが得られる。塗布したペーストが切れ

てきた場合は，前に塗ったものを完全に取り去ってから塗り直す必要がある。
⇒乾式ラッピング（36），湿式ラッピング（89）

半径研削装置 はんけいけんさくそうち（radius grinding attachment）

工具研削盤に使用される装置で，刃先のかど，または先端が円弧状の正面フライスまたはエンドミルなどの工具の刃先の研削に使用する。工作物である工具を旋回軸を中心に揺動させて研削を行う。

半径修正装置 はんけいしゅうせいそうち（radius truing device）

砥石外周先端断面形状を円弧状に修正する装置。このような砥石は，断面が円弧状をした溝を軸受けに成形する研削時に使用する。修正にはダイヤモンドなどが使用される。

半径摩耗 はんけいまもう（radial wheel wear）

砥石の摩耗をその半径減少量で表したもの。砥石の摩耗は砥石作業面の後退による工作物寸法の変化，形くずれ，逃げ面摩耗の増加などとなって表れる。精密研削では砥石寿命までの半径摩耗は20〜30μm程度といわれる。
⇒砥石摩耗（158）

半月形ドリル はんげつがたどりる（gun barrel drill）

切れ刃が1枚の半月形のドリル。主として黄銅の穴あけに用いる。巻末付図(12)参照。

反射電子顕微鏡 はんしゃでんしけんびきょう（reflection electron microscope）
＝REM（267）
⇒走査型反射電子顕微鏡（127）

ハンドラッピング（hand lapping）

ラップ工具または工作物を手に持って，工作物またはラップ工具に対して相対運動を与え，ラップ剤を供給しながら行う手ラップ加工法。金型のように工作物が大きいときはラップ工具に回転運動や揺動運動，振動運動を与え，ラップ工具を手に持って工作物のラッピングを行う。
＝手磨き（153），手ラッピング（153）

万能研削盤 ばんのうけんさくばん（universal grinding machine）

砥石台および主軸台が水平面内で旋回できる構造の円筒研削盤。一般には，穴の内面を研削する装置を備えている。また，砥石台が二重に旋回できる構造のものもある。

万能工具研削盤 ばんのうこうぐけんさくばん（universal tool grinder, universal tool grinding machine）

万能万力，ヘリカル研削装置などのアタッチメントを交換することにより，あらゆる工具の切れ刃を研削，整形することができる工具研削盤。
⇒工具研削盤（63）

万能工具フライス盤 ばんのうこうぐふらいすばん（universal tool milling machine）

金型，工具，ゲージ，治具などの加工用として，広範囲の作業に対応したフライス盤。主軸の姿勢変換，加工方法を変更し得る各種のユニットへの対応，テーブルの傾斜などが可能である。
⇒フライス盤（202）

万能投影機 ばんのうとうえいき（universal profile projector）

被測定物の輪郭を，正確な倍率でスク

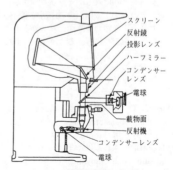

万能投影機

リーンに投影し，スクリーン上に置かれた基準図形と照合して測定を行う装置である。同時に，工具顕微鏡と同じように二次元座標(X, Y)の測定も可能である。主光線が光軸と平行になる構成となっているため，焦点合わせが少しずれても，スクリーン像の大きさが変わらず，形状測定に適するようになっている。2.5次元測定機といわれることもある。

万能フライス盤 ばんのうふらいすばん (universal milling machine)

機械構成はニータイプ（ひざ形）横フライス盤とほぼ同一であり，テーブルとサドルの間に旋回台を備え，テーブルを水平面内で一般的に45°旋回させることができる。したがって横フライス盤と全く同一の作業が可能であり，さらにテーブルを旋回することにより，主軸中心線に対しある角度をもたせた加工ができる。また割出し台をテーブル上面にのせ，テーブル送り軸と割出し台を連動させることにより，円筒面にリード加工をすることができる（例:ドリル，はすば歯車，ねじれ刃フライスなど）。
⇒フライス盤（202），ひざ形フライス盤（190），横フライス盤（234）

万能フライス盤

汎用工作機械 はんようこうさくきかい (general purpose machine tool)

工作物の材料，大きさや形状を特に定めずに，1つの種類の加工で必要な形状，寸法につくる工作機械をいう。ある定められた切削速度や送り量が選択でき，工作物の材料に適した切削条件を設定することが可能である。次の切削方法により汎用工作機械は分類される。
①工作物が回転運動し，刃具が直線運動するもの。(旋盤)
②工作物が直線運動し，刃具が回転運動するもの。(フライス盤，研削盤)
③工作物，刃具が共に直線運動するもの。(平削り盤)
④工作物が固定されて刃具が回転および直線運動するもの。(ボール盤)

〔ひ〕

比エネルギ ひえねるぎ (specific energy)
⇒比研削エネルギ（190）

光ファイバ式放射温度計 ひかりふぁいばしきほうしゃおんどけい (fiber optic radiation thermometer)

物体から放射される赤外線を光ファイバによって光電変換素子に送り，その強度を測定することで高速に変化する微小領域の温度を測定する装置で，光ファイバを測定対象物の内部に導けば，物体内部の温度測定も可能である。その中でも，光ファイバ形2色温度計は，受光した赤外線のエネルギを分光感度特性の異なる2種類の素子により検出し，これらの比によって放射率の影響を抑えた温度測定が可能である。
⇒放射温度計（214）

比研削エネルギ　ひけんさくえねるぎ（specific grinding energy）

単位体積の工作物を研削除去するのに要するエネルギをいう。単位時間中に生ずる切りくずの体積は，研削幅b，工作物の速度v_w，砥石の切込み深さaの積であり，一方，研削に要する単位時間当りの研削エネルギは接線研削抵抗F_tと砥石速度V_sの積であるから，比研削エネルギuは，$u = F_t \cdot V_s / (b \cdot v_w \cdot a)$の形で表される。比研削エネルギは，一般に切りくず厚さが小さくなるほど大きくなるが，この現象は寸法効果と呼ばれている。

⇒研削エネルギ（52），寸法効果（113）

被研削性　ひけんさくせい（grindability）

工作物材料の研削しやすさを表す性質をいう。工作物の性質，砥石の種類，研削条件などによって変わるが，一般に，研削抵抗が小さいか，砥石が長持ちするか，仕上げ面は良好か，などによって判断されている。

⇒被削性（190）

比研削抵抗　ひけんさくていこう（specific grinding force）

切りくずの単位断面積当たりの接線研削抵抗。切れ刃1個に働く接線研削抵抗f_tが平均切りくず断面積a_mに比例するとして，$f_t = k_s \cdot a_m$と表すことができる。ここでk_sは切りくずの単位断面積当たりの接線研削抵抗で，このk_sを比研削抵抗と呼んでいる。また，比研削エネルギの次元から長さの次元を消去すると，単位面積当たりの研削抵抗となるから，これは平均的にみた比研削抵抗と考えることもできる。工作物材料の機械的性質は比研削抵抗k_s値に最も大きな影響を及ぼす。一般に比研削抵抗値が小さいものほど研削は容易であり，比研削抵抗の値は被研削性を表す1つの指標となる。

⇒研削抵抗（53），切りくず断面積[1]（42），比切削抵抗（192）

ひざ形フライス盤　ひざがたふらいすばん（knee-type milling machine）

主としてフライスを使用して，平面削り，溝削りなどの加工を行うフライス盤のうち，切込み運動を行うために，コラムに沿って上下するニーを持ったものをひざ形フライス盤という。立，横，万能，タレット形など種々の構成がある。前後運動をニー上で行うようサドルがあるタイプと，コラム上のラムが前後動するタイプがある。接近性が良く，作業性に優れているので，段取り換えの多い非量産加工に主に用いられる。

⇒フライス盤（202）

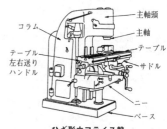

ひざ形立フライス盤

被削材　ひさくざい（work material）
＝工作物（67）

被削性　ひさくせい（machinability）

材料の削られ易さを表す。被削性の評価基準としては，

①加工抵抗
②工具寿命
③仕上げ面品位
④切りくずの処理性

などが通常挙げられる。被削性は，材料特性によって一義的に定まるものではなく，加工法，工作機械や工具，加工条件などの影響を受ける。したがって評価基準を明らかにする場合は，「工具寿命から見た被削性」とか「切りくず処理性から見た被削性」という表現がなされる。

被削性指数 ひさくせいしすう
（machinability ratio, machinability rating, machinability index）

通常は工具寿命から見た被削性を数値で表したもので，記号 MR で表す。硫黄快削鋼（SUM21 相当）の t 分工具寿命の切削速度 V_t（m/s）と，被削材の t 分工具寿命の切削速度 V'_t（m/s）の比から，次式で表す。

MR＝(V'_t/V_t)・100

⇒被削性（190）

鋼種		被削性指数（％） 0 20 40 60 80 100
JIS	AISI	
標準	B1112	
マルテンサイト系	SUS403	403
	SUS410	410
		414
	SUS416	416
	SUS420J1	420
	SUS420F	420F
	SUS431	431
		440
		501
		502
フェライト系	SUS405	405
		406
	SUS430	430
	SUS430F	430F
		442
		443
		446
オーステナイト系	SUS302	302
	SUS303	303
	SUS304	304
		309
	SUS316	316
	SUS317	317
	SUS321	321
	SUS347	342

被削性指数の例[17]

非晶質化 ひしょうしつか（glazing, making amorphous）

研磨加工を行うと，工作物の表面近傍は激しい塑性変形を起こし，いわゆる加工変質層が残留する。特に金属材料の場合には，表面に近づくほど結晶粒が微細化し，最表層は非晶質化していると考えられている。この非晶質化層をベイルビー層と呼んでいるが，完全に非晶質なのか極微細な結晶粒の集合なのかは議論が分かれている。

非真円動圧軸受 ひしんえんどうあつじくうけ（profile-bore bearing）

動圧形式のラジアル（ジャーナル）軸受の一種で，軸受の内径を真円とせずに複数の円弧面の組み合わせによって形成したもの。マッケンゼンの創成した軸受で3つの円弧を組み合わせた三円弧軸受が代表的である。このほかに楕円軸受，四円弧軸受などがある。比較的高速回転で使用する場合，軸受すきまは大きめに設計することが要求される。このような状態でも，大きな動圧効果が得られて高い負荷能力が発生できるように，軸受面形状を非真円としたもの。

⇒動圧軸受（159）

ひずみゲージ ひずみげーじ（strain gauge（英），strain gage（米））

微小な電気絶縁フィルムの表面にフォトエッチング法により金属箔回路を形成しリード線を付けたものである。ひずみが生じる測定対象物に接着すれば，測定対象物の変形によってひずみゲージが変形し，それに伴う金属箔回路の電気抵抗の変化量からひずみを測定することができる。しかし，この電気抵抗の変化量は極めて小さいため，ひずみゲージをホイートストンブリッジ回路に組み込むことで，抵抗の変化を電圧の変化に変換して用いる。弾性変形域では，ひずみと荷重は線形関係にあるため，荷重測定を目的にして用いられることもあり，円筒研削では工作物支持センタ，平面研削では

八角リング動力計などに貼付して研削抵抗の測定に用いられる。荷重測定に当たっては，荷重検定が必要である。ひずみゲージには箔ひずみゲージ，線ひずみゲージ，半導体ひずみゲージなどがあるが，用いられるほとんどが箔ひずみゲージである。

歪み硬化 ひずみこうか（strain hardening）
=加工硬化（28）

比切削抵抗 ひせっさくていこう（specific cutting resistance, specific cutting force）

単位切削断面積当たりの主切削抵抗をいい，数値的には単位時間・単位切削体積当たりの切削仕事に等しい。一般に，切削断面積が小さくなると，材料強度の上昇，工具切れ刃稜丸みの効果などのため，比切削抵抗は大きくなる。
⇒切削抵抗（119）

非接触ポリシング ひせっしょくぽりしんぐ（hydrodynamic polishing）

研磨定盤と被研磨面を接触させることなく，両者の間に研磨剤の流体層を形成して，研磨剤の被研磨面への衝突エネルギにより研磨する方法。研磨剤は微粒子と化学液より構成されていることが多く，非接触状態でのメカニカル・ケミカル研磨が可能。研磨定盤と被研磨面の間に一定の隙間を形成するために，定盤表面にテーパ&フラットのような特殊形状を作り，流体の動圧力（ハイドロダイナミック現象）を応用する。大きな平面を加工変質層なく研磨できる。
⇒ハイドロプレーンポリシング（178），フロートポリシング（209）

左ねじれ刃 ひだりねじれは（left hand helical tooth）

フライスを取付け側から見て，反時計方向にねじれた切れ刃。巻末付図（8）参照。
⇒ねじれ刃（174），右ねじれ刃（224）

左刃 ひだりは（left hand cut）

フライスを取付け側から見て，反時計回り方向に回転する切れ刃。巻末付図(9)参照。
⇒右刃（224）

ビッカース硬さ びっかーすかたさ（Vickers hardness）

押込み硬さの1つ。ピラミッド形ダイヤモンド押し込み圧子（対面角 $\alpha \approx 136°$）に所定の荷重を付加することによって生じた圧痕表面積でこの荷重を除した値（HV）。
⇒硬さ試験機（31），硬さ（31）

ピックフィード（cross feed）

エンドミルや軸付砥石などを用いた曲面加工において，切削工程毎に工具経路と直角の方向へ送る工具の送り量。曲面加工では，走査線工具経路を使用することが多いが，この場合，ピックフィードは走査線の間隔に相当する。幾何学的に定まる理想的な仕上げ面の最大高さ粗さはピックフィードの2乗に比例するので，後工程の仕上げ時間を短縮するにはピックフィードを細かくする必要がある。
⇒送り（18），金型加工（33），エンドミル（17），軸付砥石（86）

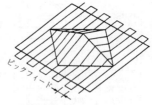

走査線工具経路とピックフィード

ピッチ¹（pitch）

みがき皿（ポリッシャ）材料として使用されるものの総称で，
①アスファルト（石油系）
②タールピッチ（石炭系）
③ウッドピッチ（木材系）
がある。光学研磨に多用される。

ピッチ[2]（pitch）
＝ピッチング（193）

ピッチ[3]（pitch）
　山・谷など隣接する同形状の対応する点同士の距離。ねじの場合は軸心と平行な方向の距離。ねじ1回転当たり送り量であるリードは1条ねじならピッチと一致するが、2条ねじならピッチの2倍となる。歯車の場合はピッチ円直径を歯数で割った円ピッチや歯面に直角方向の距離である法線ピッチなどがある。

ピッチング（pitching）
　テーブルなどの移動体が移動する時、左右軸の回りに発生する縦揺れをいう。縦揺れの変化は角度で表し、計測にはオートコリメータが使用される。ピッチング方向の部品精度、運動精度は反射鏡の移動によって生じる角度変化を2点連鎖法で垂直面内真直度とする。
＝ピッチ[2]（193）
⇒ヨーイング（231），ローリング（247），オートコリメータ（21）

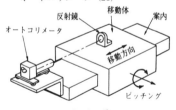

ピッチング

ピット（pit）
　シリコンウェーハの外観検査項目の1つで、「鋭く落ち込んだ局部的なくぼみ」と定義される。集光灯を光源として、表面照度 20,000〜100,000 lx でウェーハ全面を目視検査し、ピットとパーティクルなどを含むライトポイントディフェクト（光散乱輝点）の検出数で基準値が定められている。

ビトリファイド［研削］砥石　びとりふぁいど［けんさく］といし（vitrified [grinding] wheel, vitrified [bonded] wheel, ceramic bonded wheel）
　粘土質結合剤を用い高温にて磁器質化して砥粒を結合したもの。砥粒の把握力が強く、かつ結合度の段階と切りくず逃げの気孔の割合を広い範囲に変化しやすく、耐久力も他のものに比して最も優れ、あらゆる作業に適している。研削砥石の大半はこの種のもので研削砥石の主流をなす。

ピーニング（peening）
　先端のとがったハンマーで加工面を叩き、溶接部の残留応力を緩和させたり、粒状のものを加工面に衝突させることにより、表面の性状を改善する加工方法である。特に加工面表層部に圧縮応力を残留させることで耐摩耗性や疲労強度を向上させることをピーニング効果という。衝撃エネルギを利用していることから、衝撃加工、噴射加工の一種であり、噴射加工の場合には、粒状の工具をショットといい、ショットピーニング、ショットブラストとも呼ばれる。レーザ加工の場合には、レーザショックピーニングなどと呼ばれ原子炉用シュラウドの長寿命化加工として用いられている。
⇒吹付け加工（199），噴射加工（209）

ピーニングインテンシティ（peening intensity）
　ショットピーニングやレーザピーニングで用いられる加工の強さを表すもので、アルメンストリップ（試験板）の湾曲高さ（アークハイト）を用いる場合が多い。所定の加工条件で2倍の時間加工しても、その増加率が10%を超えない加工時間におけるアークハイトを、その加工条件におけるピーニングインテンシティと定義する。単にインテンシティと呼ばれることが多い。
＝アークハイト（3）
⇒ショットピーニング（100），ピーニング（193）

びびり（chatter）
＝びびり振動（194）

びびり振動　びびりしんどう（chatter vibration）

切削および研削加工中に工具と工作物の間に生ずる振動のこと。振動が発生すると加工精度が低下し、また振動を抑制するために加工能率を低下せざるを得なくなる場合が多い。振動の発生は、強制振動による場合と自励振動による場合とがある。研削加工においては、前者は主として砥石の不平衡や偏心、および研削盤から発生する強制外乱により発生し、後者は砥石作業面および工作物表面上の再生効果による自励振動が主たる原因となっている。砥石作業面上の再生効果によるびびり振動は、ドレッシングを必要とする砥石の寿命判定基準としても重要である。

＝びびり（193）
⇒強制振動（39），自励振動（100），再生びびり（76），びびりマーク（194）

びびりマーク（chatter mark）

切削および研削加工中に発生する強制振動、および自励振動などのびびり振動によって、工作物表面上に残される模様のこと。激しい振動の場合には形状測定機などでびびりマークの振幅を測定することもできるが、実際にはこれら測定機では検出されず、目視評価上大きな問題となる場合が多い。

びびりマークのピッチをλ、加工物速度をvとすれば、生じていた振動の周波数fは$f=v/\lambda$で求められ、振動の原因を探索する上で有用な情報となる。

＝びれ（197）
⇒びびり振動（194）

被覆高速度工具鋼　ひふくこうそくどうぐこう（coated high-speed steel）

TiN，TiCN，DLC，CrN などの硬質物質をコーティングした高速度工具鋼。鋼の切削に使用する場合、切りくずとの摩擦係数が低く、刃先の温度上昇を抑えることができるので、高速度工具鋼の軟化を防ぐことができる。通常、低温で可能な物理蒸着法が用いられる。

＝コーティドハイス（71）
⇒高速度工具鋼（70），物理蒸着法（201）

被覆超硬合金　ひふくちょうこうごうきん（coated cemented carbide）

TiC，TiN，Ti（C，N），Al_2O_3 などの硬質物質を化学蒸着法や物理蒸着法で、コーティングした超硬合金。耐摩擦性、耐熱性、耐溶着性などの向上が図られる。一種類だけでなく、数種類の物質を多層にコーティングしたものが多くなっている。

＝コーティド超硬（71）
⇒超硬合金（142），化学蒸着法（27），物理蒸着法（201）

微粉　びふん（microgrit）

JISで定められた研磨材粒度は、粒子径の大きさで粗粒と微粉に区分される。研削といし用のF230～F1,200および#240～#8,000、ならびに研磨布紙用のP240～P2,500の粒度が微粉として区分される。粗粒は篩い分けで、微粉は沈降法などの分級で作られ、生産と管理の方法が異なるという事情による。

⇒粗粒（129），粒度（239）

微分干渉顕微鏡　びぶんかんしょうけんびきょう（differential interference microscope）

標本を通る光波面に生じた位相差にコントラストをもたせ、標本の輪郭を観察する顕微鏡である。通常の光学顕微鏡は光の明暗によってコントラストを得るが、微分干渉顕微鏡は光の光路差を微分干渉の色差として表現するもので、通常の光学顕微鏡とは全く異なったコントラストが得られる。微分干渉の色差で表現するため、縦方向の分解能を高めることができ、微小な段差などの観察に適している。鏡面仕上げ加工には必須の顕微鏡である。

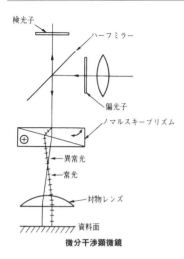

微分干渉顕微鏡

ひまつよけ（sprash guard）
　研削油剤のひまつをよけるもの。

非油脂性棒状バフ研磨剤　ひゆしせいぼうじょうばふけんまざい（greaseless buffing compound, greaseless buffing composition, greaseless polishing compound, greaseless polishing composition）
　砥粒，水溶性接着剤（にかわ，その他）および水を主成分とし，必要に応じソルビトールなどの添加剤を加え，筒状の密封容器に封入されたバフ研磨剤。細粒度の研磨材（溶融アルミナ，炭化珪素）を用い，主として艶消し仕上げ（サテンフィニッシュ）を目的とする。
　⇒バフ研磨剤（185）

表面粗さ　ひょうめんあらさ（surface roughness）
　測定対象物の断面曲線から所定の波長より長い表面うねり成分を高域フィルタで除去した輪郭曲線を粗さ曲線といい，その高さ方向および横方向の情報を表面粗さとして表示する。代表的なパラメータとして，最大高さ Rz，算術平均粗さ Ra，負荷長さ率 Rmr，平均長さ RSm などがあり，JIS B 0601:2013（巻末付録 p.273～281 に解説）で定義される。
　⇒仕上げ面粗さ（83），実表面の断面曲線（89），粗さ曲線（6）

表面粗さ曲線　ひょうめんあらさきょくせん（surface roughness curve）
　＝粗さ曲線（6）

表面粗さ測定機　ひょうめんあらさそくていき（surface roughness measuring instruments, surface roughness tester）
　表面粗さ測定機は，固体表面の凹凸に相当する性質を表す表面の粗さを測定する測定機である。
　多く用いられている測定方法例として，被測定物の表面に検出器の先端にある触針を接触させ，駆動ユニットにより検出器を移動させ，表面の凹凸を測定する。この凹凸を電気的に変換し，増幅器・演算ユニットをへて各種表面粗さパラメータの値としてデジタル表示あるいは図形表示するものである。
　測定方法には，接触式以外に，微小の

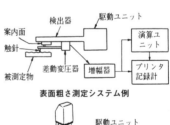

表面粗さ測定システム例

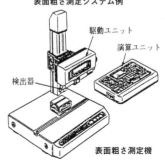

表面粗さ測定機

スポット径の光を当て，その反射光により測定するなどの非接触式がある。

表面粗さは，たとえば機械であれば，機械寿命，機械効率，部品の互換性，そのほか各種性能に影響する。したがって，実際に表面粗さを測定するときは，接触式，非接触式の選択と同時に，機能に合った表面粗さを評価するに適したパラメータ（算術平均粗さ，最大高さ粗さなど）の選択が大切である。
= 表面粗度計（196）

表面うねり ひょうめんうねり（surface waviness）

表面全体からみると小さい間隔であるが，表面粗さよりも大きい間隔で繰り返される起伏をいう。その程度を表すには，断面曲線から表面粗さに相当する高周波成分を除去した曲線（うねり曲線）から基準長さL（表面粗さの基準長さよりも大きい値をとる）または測定長さlについて凹凸の度合をμmで測定する。
= うねり（11）

表面絞り ひょうめんしぼり（surface groove compensation）

静圧気体軸受に使用される流体絞りの一形式。軸受面に深さ数十μm，幅1mm程度の規則的な溝形状を多数設けて，ここに給気する。絞りの特性は，溝深さと溝幅および溝形状によって調整できる。セラミックス製の静圧空気直線案内などにT形状の絞り溝を持つ表面絞りが多く採用されている。
⇒ 流体絞り（239），自成絞り（87），毛細管絞り（228），オリフィス絞り（23），多孔質絞り（132）

表面粗度計 ひょうめんそどけい（surface roughness tester）

表面の幾何学的形状を忠実に抽出する断面曲線を測定・記録する装置であり，触針式および光波干渉方式などが普及している。現在は，表面粗さ測定機や表面性状測定機などと呼ばれることが多くなった。

触針式粗度計は，円錐形ダイヤモンドの触針で表面を直接トレースし，その触針の上下動を差動トランスなどで電気信号に変換して出力するものである。その信号の低周波域（low pass）あるいは高周波域（high pass）フィルタをはじめ，電気回路やIC回路によりリアルタイムで演算処理し，表面粗さの各種評価パラメータを表示・記録できる。この触針式では，触針の先端曲率の存在によって，表面の実際の凹凸と記録波形が完全に一致することは厳密には有り得ない。

そこで，赤外レーザダイオードの光ビームを対物レンズで絞ったスポットで表面を照射し，スポットの反射位置を焦点ずれ検出法で検出して電気信号に変換して出力する光触針式粗度計も利用されている。光干渉方式粗度計は，反射光の光路差による位相ずれによって波長λの1/2ごとに光の強弱の干渉縞が発生する原理を利用したものである。

そのほか，原子，分子，結晶粒オーダの表面の凹凸の測定には電流のトンネル効果を利用したSTM（走査型トンネル顕微鏡）や分子・原子間引力を利用したAFM（原子間力顕微鏡）などが利用されている。
= 表面粗さ測定機（195）
⇒ 表面粗さ（195）

平形砥石 ひらがたといし（straight [grinding] wheel）

研削砥石の形状についての分類の呼びで，外周面を使用面とした円筒形状のもの。巻末付図(15)参照。

平削り ひらけずり（planing）

工作物の水平直線切削運動とこれと直角方向のバイトの直線送り運動の組合せによって，主として平面や直線溝などを加工する方法である。この作業を行う工作機械は平削り盤と呼ばれる。
⇒ 平削り盤（196）

平削り盤 ひらけずりばん（planing machine, planer）

テーブルの水平往復を主運動とし，それと直角方向の間けつ的送り運動をするバイトによって平面を切削加工する機械。比較的大きな部品の基準面やすべり面加工に用いられ，加工精度が要求される。2つのコラムとトップビームをもつ門形平削り盤と，1つのコラムによる片持ち形平削り盤がある。前者は重切削に向くが門幅により工作物幅に制限を受ける。後者は剛性では不利であるが工作物幅制限がない。

= プレーナ（207）

⇒ 門形平削り盤（229），片持ち形平削り盤（32）

平フライス ひらふらいす（plain milling cutter, cylindrical cutter）

外周面に切れ刃を持ち，平面を仕上げるフライス。用途によって普通刃，荒刃1形および荒刃2形がある。プレインカッタともいう。巻末付図(10)参照。

微粒子珪酸 びりゅうしけいさん（precipitated silica）

⇒ 二酸化珪素（171）

ヒール（heel）

溝のある工具で，逃げ面と溝とのつなぎとなる部分。巻末付図(5)参照。

⇒ 逃げ面（170）

ビルディングブロック方式 びるでぃんぐぶろっくほうしき（building block system）

積み木（building block）を組み立てるように機械やシステムの全体を作り上げる方法で，モジュラ構成法ともいわれる。基本となる最小単位のもの（ビルディングブロックあるいはモジュール）を組み合わせることにより，製品，機械，ソフトウェアシステムなどを構成する方法であり，組み合わせ方を変えることにより種々のものを作り上げることが可能で，多様性，互換性に富んだ方法である。

= BBS（256）

⇒ モジュラ形工作機械（228）

ビルトインモータ（integral spindle motor, built-in motor）

一般のモータは，ロータとステータ，およびそのケーシングが一体となって製品化されているため，ロータ軸に駆動ベルトやギアなどの減速機構やカップリングなどの連結部品を使用して，モータの出力を主軸などの作用軸に伝達しなければならない。これに対してビルトインモータは，ロータ自身を作用軸とし，直接機械に組み込むモータである。これを使用することにより減速機構や連結部品が不要となり，機械構造を簡素化でき，その信頼性を高めるとともに，機械を小形化することも可能となる。また高い回転精度と剛性が得られることから，モータの回転による振動や騒音を低減することができ，主に工作機械においては主軸に採用されている。

⇒ 主軸（96）

びれ（chatter mark）

= びびりマーク（194）

疲労き裂 ひろうきれつ（fatigue crack）

疲労き裂は，切削工具の脆性損傷の形態の1つであるき裂に分類されるものである。き裂には，ほかに熱き裂がある。これらはフライスやホブ，溝付き丸棒旋削などの断続切削時によく観察される。疲労き裂は主切れ刃にほぼ平行に生じることが多い。疲労き裂は，断続切削時に生ずる機械的繰り返し応力によって発生すると考えられる。

⇒ 熱き裂（174），工具欠損（63），欠け[1]（28），チッピング[1]（139），剥離（179）

ピンホール（pin-hole）

シリコンウェーハの外観検査項目の1つで，「円形状のくぼみ又は貫通した小孔状の欠損」と定義される。蛍光灯を光源として，表面照度1,000～2,000lxでウェーハ全面を目視検査し，検出されないことが基準として定められている。

〔ふ〕

ファインセラミックス ふぁいんせらみっくす（advanced ceremics）

組成，組織，形状，製造工程を制御し，新しい機能や特性をもたせたセラミックス。機械的，電気的，光学的，化学的等に優れた性質，機能を持ち，半導体，自動車，情報通信，産業機械，医療などの分野で用いられている。

⇒セラミックス（122）

ファジー制御 ふぁじーせいぎょ（fuzzy control）

制御対象に対して人間が持っている定性的で曖昧な知識をメンバーシップ関数で表現してファジー推論を行い，制御量を決定する制御方法。ファジー推論は，クラス分け，推論，評価の3段階から構成され，複数個のファジー制御ルールを用いて行われる。制御ルールは人間の言語表現に似た，If-Then形式で表現される。たとえば，「If（もし）Xが大きい，Then（ならば）Yを小さくする」などと表現され，制御ルール中の「大きい」や「小さい」などに当たる部分をメンバーシップ関数で表現することにより，人間の感覚を制御に活かすことができる。

ファンデルワールス力 ふぁんでるわーるすりょく（Van der Waals' force）

2つの中性の安定な分子の間に働く分子間力，特にその中で遠くまで影響力をもつ弱い引力部分をさす。原子間距離 γ に対し，そのポテンシャルは，
$$V(\gamma) = -C/\gamma^6$$
で表される。

同一原子がファンデルワールス結合している場合，原子間距離の半分を，その原子のファンデルワールス半径と呼び，その原子の物理的大きさの指標とする。圧力を上げ，温度を下げるとき気体が液体に変わるのは，ファンデルワールス力による。

固体表面への弱い吸着はファンデルワールス力によるもので，一般に物理吸着とも呼ばれる。たとえば窒素が低温で活性炭や鉄に吸着される場合などである。

⇒フィードフォワード制御（198）

フィゾー干渉計 ふぃぞーかんしょうけい（fizeau interferometer）

干渉計の一形態であり，光源として可干渉長の長いレーザ光源を用い，測定対象形状に応じて準備した透過型の高精度参照面を基準として測定面の形状を得る干渉計を指す。透過型参照面を透過した光を測定光として用い，これを測定面に照射して得られた反射光と，透過型参照面において反射した光とを重ね合わせて干渉縞を得る。透過型参照面が測定の基準となるため，面精度 $\lambda/20$ 以上の高精度面が用いられることが多い。主に高精度平面，球面などの形状評価に用いられる。

⇒ゾーンプレート（129），干渉計（36），ラテラルシアリング干渉計（236）

フィードバック制御 ふぃーどばっくせいぎょ（feedback control）

フィードバックによって制御量の値を目標値と比較して，それらを一致させるように訂正動作を行う制御をいう。

⇒フィードフォワード制御（198）

フィードフォワード制御 ふぃーどふぉわーどせいぎょ（feed-forward control）

制御系に外乱がはいった場合に，それを検出し，外乱が系の出力に影響を及ぼす前に先まわりして，その影響を打ち消すために必要な訂正動作をとる制御方式。

⇒フィードバック制御（198）

フィルム研磨 ふぃるむけんま（film finishing）

フィルム研磨とは，厚さ25～75μm程度のポリエステルフィルムの上に，サブ

ミクロンから数十μmの粒径の砥粒が接着剤で均一に塗布されたテープ状の研磨工具（研磨テープ）を用いて行う研磨をいう。各種金属部品（角物・丸物・板など）や樹脂製品などの表面を湿式もしくは乾式研磨し，対象物の形状を崩さずに粗さを向上させ，かつばり除去を行うことができる。さらに粒度の調整により設定された粗さを創成することが可能である。

一方，デメリットとしては研磨力が小さいため形状を修復することが苦手，研磨量が多い場合や元の表面粗さと要求される表面粗さに差がある場合は長時間を要する，常に新しいフィルム面を用いるためフィルムの費用がかさむことが挙げられる。

⇒テープポリッシュ（152），ラッピングフィルム（235）

フェイルセーフ機能 ふぇいるせーふきのう（fail safe function）

異常が発生した場合に，数値制御機械が人に障害を及ぼさないように設計されていること。

〈工作機械の例〉

①非常停止スイッチ

非常停止スイッチにはB接点（接点が開く時に有効になる接点）を使用しており，非常停止スイッチの配線が切れた時でも機械は停止するので安全である。

②加工部を覆う扉のロック機構；加工部を覆う扉は電源が入っている時のみ開閉可能な電磁ロックを使用して，加工中に電源が切断され，工具の回転が続いているような危険な時でも扉は開かず安全である。

フェルトバフ（felt wheel, felt mop, felt buff）

回転運動を行うよう軸対称に相互に接着された多数のフェルト円板で構成されたバフ。欧米ではバフ研磨の粗研磨工程でその外周面に接着剤で研磨材を固定してポリシングホイール（鉄バフ，エメリーホイール）として用いられることが多い。この場合，イギリスでは，mopではなくbobといい，これによるバフ研磨の粗研磨工程をbobbingという。

大形のものはガラス加工に用いられ，貴金属仕上げ用のフェルトバフは，上質の羊毛を使用したものが用いられる。

⇒バフ（183），バフ研磨（184）

フォトルミネセンス（photo luminescence, PL）

半導体の表面に光を照射すると表層部では過剰の電子と正孔が形成される。これらが再結合するとき放出される光をフォトルミネセンスと呼んでおり，その際における光の波長や明るさを分析することによって表面物質（深さ10μm以内）の電子準位や不純物の分布状態などを分析できる。

⇒カソードルミネセンス（30）

吹付け加工 ふきつけかこう（blasting）

粒子を回転する羽根車などで遠心力により加速するか，圧縮空気とともに噴出することにより工作物に投射し，加工を行う噴射加工の方法。砂を用いる場合をサンドブラスト，小さな鋼や鋳鉄などで作られた球（ショット）を用いる場合をショットブラスト，破砕した不定形のグリットをショットとして用いる場合をグリットブラストという。

⇒サンドブラスト（82），ショットブラスト（100），噴射加工（209），グリット噴射（47）

副切込み角 ふくきりこみかく（end cutting angle）

副切れ刃に接し，基準面P_rに垂直な面と，主運動の方向と送り運動の方向がつくる面がなす角で，基準面P_r上で測る。工具系基準方式では巻末付図(7)に示すようになる。κ'と表記する。

⇒工具系基準方式（63）

副切れ刃 ふくきれは（minor cutting edge）

切れ刃のうち，主切れ刃を除く部分。

副切れ刃が複数ある場合には，コーナに近い部分から順に第1副切れ刃，第2副切れ刃などという．巻末付図(1)参照．
⇒切れ刃（44），主切れ刃（96）

複合加工 ふくごうかこう（field-assisted machining）

二つ以上の異なる加工法を重畳して個々の加工では得られない優れた加工性能を得る加工をいう．能率や仕上げ面粗さの向上をめざして，放電，電解，超音波などを複合した機械加工技術が多い．
⇒機械加工（37）

複合研磨加工 ふくごうけんまかこう（field-assisted finishing）

本来の研磨加工法に超音波や電解，光，プラズマなどを複合重畳させて，両者の特長を出すようにした研磨加工法．たとえば電解砥粒研磨，電解ラッピング，電解超仕上げなどがこれにあたる．研磨特性は電解作用によって決まる場合が多く，砥粒の研磨作用は電解作用を助ける役目をもつといわれる．
⇒電解砥粒研磨（154）

副逃げ面 ふくにげめん（minor flank）

副切れ刃につながる逃げ面．副逃げ面が複数の面からなるときは，副切れ面から近い順に第1逃げ面，第2逃げ面などと呼ぶ．巻末付図(1)参照．
⇒主逃げ面（97），逃げ面（170）

複溝ドリル ふくみぞどりる（sub-land drill）

2つ以上の直径のリーディングエッジ（溝とマージンの交線）を持つドリル．巻末付図(12)参照．
⇒マージン（222）

複溝ドリルリーマ ふくみぞどりるりーま（sub-land combined drill and reamer）

下穴の穴あけとリーマ仕上げを，一工程で行う場合に用いられるリーマ．コンビネーションリーマともいう．

ブシュ（bushing）

研削砥石の穴の部分のライニングとして用いられるもの（鉛など）．

不織布タイプ研磨パッド ふしょくふたいぷけんまぱっど（unweaven-type polishing pad）

研磨布．ポリエステルフェルト（組織はランダムな構造）にポリウレタンを含浸させたものである．多孔性があり，かつ弾性も低く，高い研磨速度と平坦性にすぐれ，ダレの少ない加工ができるようになっている．シリコン基板の1次研磨用として広く使用されており，ドレッサなどで平面を管理，創成することで良好なウェーハが得られている．
= 研磨不織布（59）
⇒研磨パッド（58），スエードタイプ研磨パッド（107）

不織布タイプ研磨パッド

不水溶性切削油剤 ふすいようせいせっさくゆざい（water-immiscible cutting fluid）
⇒切削油剤（120）

縁形 ふちがた（edge shape）

研削砥石の縁の形状をいう．

ふちだれ（edge rounding, roll off）

平面を定盤の上でラッピングする場合に，加工面の周辺部分にラップ剤がよけいに集まったり，大きなラップ剤をかみ込んだりするため，中央部より多くラッピングされて，角が丸くなってだれる状態．切削や研削においても，工作物の支持剛性の低下のためにふちだれが生じることがある．
= だれ（135）

普通旋盤 ふつうせんばん（engine lathe, center lathe, parallel lathe）

旋盤の種類は，その多能な機械工作内容に応じ，きわめて多いが，普通旋盤は

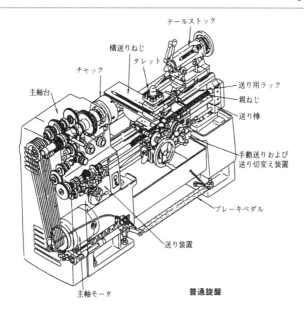

普通旋盤

汎用旋盤とも呼ばれ,外丸削り,正面削り,突切りと面取り,中ぐり,ねじ切り輪郭削り,勾配削りなどの工作内容を汎用的に加工できるような機能をもつ,基本的な形態の旋盤である。

旋盤の構造は,次のように,水平ベッドを基準に工作物を支持し回転力を与える主軸台と,対向する心押台を左右に配置し,この間に縦移動する往復台と横移動する刃物台を有し,縦横の送り駆動を,主軸の回転より換え歯車箱を介して往復台前側面のエプロンに伝達するようになっている。往復台と刃物台の手動送りは,エプロン前面のハンドルで行い,主軸の回転速度の選択や,往復台や刃物台の自動送り速度の選択は,シフトレバーの切換えによる歯車の掛換えにて行うなど,機械操作はすべて作業者の手で行われ,工作精度も作業者の腕に依存するため,旋盤工の呼び名も生まれた。

普通刃 ふつうは (ordinary tooth)
ごく一般の切削用の刃。
⇒荒刃 (6)

物理蒸着法 ぶつりじょうちゃくほう
(physical vapor deposition)
コーティングの一種で,薄膜形成時の雰囲気が真空で,気相が基板上で固相になる物理的な方法。真空蒸着,スパッタリング,イオンプレーティング,ダイナミックミキシングなどがある。ドライコーティング技術として,電気的,光学的,機械的,装飾的応用など,各方面に利用されている。
= PVD (267)
⇒化学蒸着法 (27)

フライス (milling cutter)
外周面,端面または側面に切れ刃を持ち,回転する切削工具で,主としてフライス盤に使用される。ミーリングカッタともいう。

フライス盤 ふらいすばん (milling machine)

フライス（ミーリングカッタ）を回転させ，平面，曲面，溝，歯形などを切削加工する機械である。フライスは数枚の刃により構成されるカッタであり，切削は断続的に行われる。また，工作物を固定してカッタを回転させることを特徴としている。フライス削りを大別すると，
① 外周削り（平フライス，側フライスなど：円筒外周面の刃により切削を行う）
② 正面削り（正面フライス：円筒端面の刃により切削を行う）

の2つに分けられる。フライス盤の種類を示す。部品加工，金型加工，治具加工など，幅広い利用範囲がある。

- ひざ形フライス盤 ─ 立
  ─ 横
  ─ 万能
  ─ その他

- ベッド形フライス盤 ─ 立
  ─ 横
  ─ その他

- 倣いフライス盤
- 万能工具フライス盤
- ねじ切りフライス盤
- 卓上フライス盤 ─ キー溝フライス盤
- NCフライス盤 ─ ドリル溝切りフライス盤
- プラノミラー ─ スプラインフライス盤
- その他のフライス盤 ─ クランク軸フライス盤

フライス盤の種類

ブラシ工具 ぶらしこうぐ (brush tool)

金属線，植物繊維，動物繊維，化学繊維，セラミック・ファイバーなどを毛材（ブリッスル）として，様々な工具形状に成形した弾性研磨工具。その柔軟性を利用して複雑形状の工作物の表面研磨やばり取り・エッジ仕上げに用いられ，化学繊維の材質としては砥粒混入ナイロンが幅広く利用されている。工具形状としては，ホイールタイプ，カップタイプ，ロールタイプ，スパイラルタイプ，エンドタイプなどがあり，それぞれ目的に応じて選択される。

⇒ブラシ仕上げ (203), ばり取り (186)

(a) ホイールタイプ
(b) カップタイプ
(b) ロールタイプ
(d) スパイラルタイプ
(e) エンドタイプ

ブラシ工具の形状

ブラスト研磨 ぶらすとけんま (blast polishing)

従来のブラスト加工は，高圧流体などによって投射材が投射され，工作物への衝突直後に反射するため，表面の除去作用は若干あるもののピーニング作用に伴う塑性変形によって梨地状に加工表面が仕上がる。一方ブラスト研磨では，ノズルから圧縮空気やインペラによって遠心投射された粘弾性を有する特殊な研磨メディア(1)は，工作物表面に衝突直後に弾性変形し(2)，研磨メディアの反発作用を

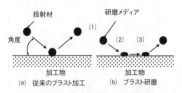

(a) 従来のブラスト加工
(b) ブラスト研磨

ブラスト加工とブラスト研磨

抑制して表面上を擦過し(3)，その作用によって鏡面研磨加工が行われる。
⇒噴射加工（209），吹付け加工（199），グリット噴射（47）

プラズマエッチング（plasma etching）
　高周波プラズマなどにより発生させた，ガスプラズマ中に生成する化学的に活性なラジカルあるいはイオンを基板表面に作用させて，化学反応を誘起してエッチングを行う方法。シリコンデバイス薄膜の微細加工によく利用される。たとえば，Al配線のエッチングにはCCl$_4$，BCl$_3$，SiCl$_4$，などのCl系ガスが，MoにはCF$_4$，NF$_3$，などのF系およびCCl$_4$＋O$_2$などのCl系が，またSiにもF系やCl系のガスが用いられる。

ブラシ仕上げ　ぶらししあげ（brush finishing）
　様々な毛材（ブリッスル）を用いたブラシ工具によって研磨，スケール除去，ばり取り・エッジ仕上げ，下地仕上げなどを行うこと。砥粒混入ナイロンを用いたブラシ工具では，砥粒切れ刃の作用によって微小切削が行われるため，良好なエッジ品質を得ることができ，工具寿命も長くなるという特徴を有している。ブラシ外径，ブラシ幅，ブリッスル径，ブリッスル密度，トリム長などのブラシ工具の構成因子および回転数，押し付け荷重または設定切り込み量，送り速度，工作周速度などの加工条件がブラシ仕上げ特性に影響を及ぼす。
⇒ブラシ工具（202）

フラットドリル（flat drill）
　刃部が板状をなす直刃のドリル。巻末付図⑫参照。

フラップホイール（flap wheel, radial flap wheel）
　短冊状の多数の研磨布翼片（フラップ）を放射状に並べ，軸やフランジに取付けた回転研磨工具。柔軟性に富む工具であることから，木工製品の曲面などの塗装面研磨や調整研磨に利用されている。金属材料ではスケール落しやばり取りなどに利用できる。フラップホイールは高速回転で使用されるので，冷却効果による焼けの発生が少なく，またフラップ先端から徐々に摩耗するので，目づまりがなく，仕上げ面粗さの変化が少ない。
⇒研磨布紙（58）

プラテン[1]（platen）
　ベルト研磨，ベルト研削に用いられる用具，またはベルト研磨機の要素であり，研磨ベルトの裏面に接触させてバックアップし，研磨ベルトと工作物に所定の接触状態を与える用具。通常，プラテンは平坦な鋼製の場合が多いが，その形状や材質は加工目的によって変えられる。適度の弾性を示す材質のプラテンが使用されたり，曲面の研磨時には，対象面と反対形状を示すプラテンにより研磨ベルトを工作物に押し当てる場合がある。
⇒ベルト研磨（213）

プラテン[2]（platen）
　研磨布を張り付けた研磨定盤のこと。
⇒CMP（258）

プラナリゼーション（planarization）
　超LSIデバイスにおいて，超高密度・三次元化構造を実現することを目指して多層配線を行うため，プロセス途中のしかるべき段階で，ウェーハ表面にできる0.5～1μm程度の凹凸を全面にわたって平坦化（プラナリゼーション）すること。
　理想的には，ウェーハ全面にわたって下地基板の状態にかかわらず表面を凹凸の無い平面にする，いわゆるグローバル・プラナリゼーションとする。従来のプラナリゼーションは，層間絶縁膜をCVD，SOGなどで製膜した後，エッチバック，リフローなどの加工処理を施す手法をとっていた。しかし，これによる方法では，スムージングあるいは部分的平坦化（local planarization）であって，次世代LSIの実現は困難であった。そこで，製膜後の加工処理法として，超精密ポリシングを適用するプラナリゼーショ

ン・ポリシング法（CMP；chemical & mechanical polishing とも称している）が脚光を浴び実用化された．専用の加工装置も多く市販されている．

プラノミラー（plano miller）

大形テーブルを備えたベッド形フライス盤の一形態．門形構成の機械が主で複数個の主軸頭を備えており，大物の加工に使われる．主軸頭には，フライス盤と同様に各種のユニット（アンギュラアタッチメント，ユニバーサルアタッチメント，ボーリングユニットなど）が用意されており，広範な加工が可能である．外観はプレーナと類似している．

門形構成では，ベッド上で前後動する大形テーブル，ベッド両サイドのコラム，コラムの案内面に沿って上下動するクロスレール，およびクロスレール上を左右動するヘッドベース，そして上下動する主軸頭よりなる．クロスレールの上下動は荒位置決めであり，移動後コラムにクランプされる．切込みは主軸頭の動きにより行う．X，Y，Z軸の動き，主軸の回転は，早送り，切削送り，正転，逆転，停止などをオートサイクルが可能である．2個の主軸頭がつく場合は各々が別個の動きをする．

⇒フライス盤（202），ベッド形フライス盤（212）

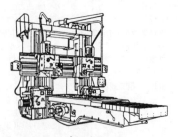

プラノミラー

フランジ（flange）

研削砥石を砥石軸またはアーバに取り付けるための取外し可能な砥石取付け具．

プランジ【カット】研削 ぷらんじ［かっと］けんさく（plunge [cut] grinding）

砥石に切込み運動のみを与えて加工する研削法．工作物の研削部の幅と同じか，少し幅が広い砥石を使用する．砥石を所定の輪郭に成形して，その形状を工作物に能率よく転写できるので，総形研削に多く採用される．また数か所の研削部を同時に研削する場合などにも多く用いられる．砥石と工作物との接触面積が大きく，能率のよい研削を行うことができる．研削抵抗が大きくなるので，研削盤には高い剛性が必要になる．

＝インフィード研削（10）
⇒トラバース研削（161），成形研削（115），総形研削（127）

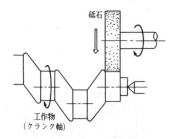

プランジカット研削

フランジスルークーラント（flange through coolant）

クーラントスルースピンドルの一形態．主軸先端でクーラントの管路をテーパの外側から主軸端面に出して，ツーリングのフランジ背面の穴と密着させてクーラントを流す方法．

⇒クーラント装置（47），クーラントスルースピンドル（47），センタスルークーラント（125）

振り ふり（swing, swing over table）

テーブル上に取付け，回転できる工作物の最大直径．

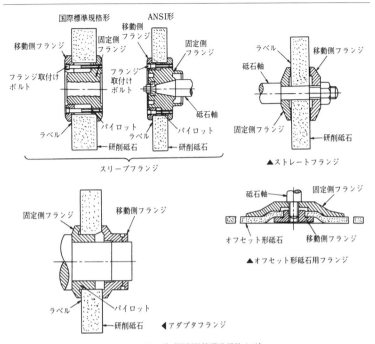

フランジ（研削盤等構造規格より）

ブリネル硬さ ぶりねるかたさ（Brinell hardness）

直径1～10mmの超硬合金球を試験片に押し込み，生じた球状くぼみの表面積で押込み荷重を割った値をブリネル硬さ（HBW）と定義する。くぼみの直径が圧子の直径の0.24～0.6となるよう試験力を選び，できるだけ大きな圧子を用いる。くぼみの投影面積を用いるマイヤー（Meyer）硬さも，このブリネル硬さの一種である。

⇒硬さ試験機（31），硬さ（31）

振れ ふれ（run out）

フライス，ドリル，丸ブローチなどの回転工具で，シャンク部などを基準として回転させた場合の刃部の振れ（最大値と最小値の差）。正面フライスの場合，主切れ刃の振れを外周振れ，副切れ刃の振れを正面振れと呼ぶ。

フレキシブルトランスファライン（flexible transfer line）

フレキシブルトランスファラインは，消費者ニーズの多様化に応じて，生産体制が画一的な量産体制から多種少量生産体制に移行するという背景の下に構築されたシステムで，短タクト形マシニングセンタを主力に構成して，加工に柔軟性を持たせた上に，トランスファマシンのように加工工程を数ステーションに分割して生産性を高めた，多種少量生産対応形システムである。

この短タクト形マシニングセンタは，

ライン構成を容易にするため,軸移動は3軸ともコラム側移動で,取付け治具が固定になっている。工程分割のため,各ステーションの ATC 本数は少なく,8 ～ 12 本が主流である。ライン全体の生産性を高めるため,各軸の早送り速度が速いなどの特長があり,一般のマシニングセンタと区別するため,タクトマシンと呼ばれている。コンポーネントマシンとしてこのほかに,ヘッド交換式マシンとか,特殊加工,高精度加工用専用機なども目的に応じて構成され,また生産量に合わせて増殖も可能で,加工の柔軟性と生産性を両立させた未来指向のシステムである。

= FTL (261)
⇒ トランスファマシン (161)

フレキシブルマニュファクチャリングシステム (flexible manufacturing system)

寸法および性能仕様の多様な,ロットサイズの小さい製品の生産,いわゆる多種中小量生産に柔軟に対応し得る合理化された生産システムの一形態。システム内における工作物,工具,取付け具などの「物」の流れとそれを制御する「情報」の流れを有機的に統合して,システムに柔軟性 (flexibility) を付与すると同時に,生産の合理化を図ることを特徴としている。多くの場合に,コンピュータ援用による自動化が行われ,たとえば機械加工用では,

① DNC 工作機械群機能
② 自動物流システム機能
③ 自動倉庫機能
④ システム保全機能
⑤ 総合ソフトウェアシステム機能

よりシステムが構成されている。

素形材処理から加工,組立を経て製品検査までの生産工程を一貫して取り扱えるシステムもあるが,投資効率や運用技術の容易さなどの面から各生産工程別のシステムの実用化が進んでいる。また,数台の DNC 工作機械と工作物のロード・アンロードを行うロボットを組み合わせた,より小規模なシステムを FMC (flexible manufacturing cell) と呼ぶ。

= FMS (260)

フレキシブルマニュファクチャリングセル (flexible manufacturing cell)

合理化された柔軟または多様性のある生産システムに応えるもので,自動化された加工機能や内部搬送機能を備え,ま

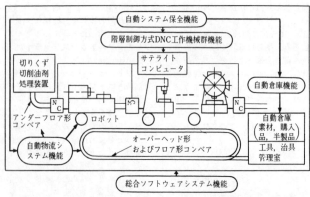

機械加工用フレキシブルマニュファクチャリングシステムのシステム構成概念

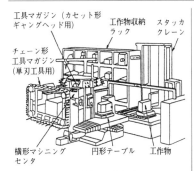

スタッカクレーン形式フレキシブルマニュファクチャリングセル（歯車箱およびフライス盤主軸頭加工用）

た外部搬送システムとの連結点ならびに制御機能を有し，それら自体で単独稼動が可能なフレキシビリティのある加工セルとして，FMS の基本モジュールとなり得るものをいう。

セルとして具備すべき基本機能は，
①工具交換機能
②工具自動搬送機能
③工作物自動交換機能
④加工状態モニタリング機能
⑤機械運転状態モニタリング機能
⑥工作物自動搬送機能
⑦工作物自動ローデイング機能
⑧工具寿命監視機能
⑨工作物計測機能
などが挙げられる。
= FMC (260)

プレストンの法則 ぷれすとんのほうそく (Preston's principle)

ラッピングやポリシングでは，研磨剤の供給や切りくずの排出が円滑に行われている場合に，研磨量が工作物と工具の相対速度，圧力，時間に比例する経験則があり，これを指す。この場合の比例定数は，比ラップ量・圧力比，比ポリシ量・圧力比であり，加工物，工具，研磨剤などの諸条件を含む加工能率を表す。

ブレード[1] (blade)

ボデーに機械的に保持されて刃部を構成する比較的長めのチップ，または台金にチップを固着したもの。インサートブレードともいう。

ブレード[2] (blade)

研削切断に用いられる薄刃の外周刃砥石。
⇒外周刃砥石 (26)

ブレード[3] (blade)

心無し研削において工作物を支持する薄い板。シューとも呼ばれる。

ブレード[4] (blade)

遊離砥粒を用いて行う切断加工において使用される長方形形状をした工具。ブレードソーあるいはバンドソーと呼ばれる。

振止め ふれどめ (rest)

長尺の円筒状工作物を加工する場合に，工作物は自重によるたわみのほかに切削抵抗や研削抵抗によってたわみを生じて，加工精度が悪くなったり，びびりが発生して加工ができなくなったりする。このようなたわみを抑えるために工作物を半径方向で支える装置。

工作物を支えるために工作物と振止めとを接触させる。通常はその接触部分は滑り接触となっているが，ローラを使って転がり接触にしたり，高精度な機械では静圧軸受を採用しているものもある。振止めには，移動振止め (follow rest) と固定振止め (steady rest) の2種類がある。移動振止めは，往復台上やテーブル上に固定して使用する。これに対して固定振止めはベッド上に固定して使用する。ボールねじのような細くて長い部品の加工では複数の固定振止めを使用することが多い。

プレーナ (planer)
= 平削り盤 (196)

プログラマブルコントローラ (programmable controller)

ストアードプログラム方式のシーケン

ス制御装置。これには，論理演算だけでなく算術演算もできるものもある。PLC（programmable logic controller）とも呼ばれる。
= PC (266)

プログラマブルテールストック（programmable tailstock）

旋盤のテールストックの取付け位置は，加工ワークごとに手動にてベッドのガイドとの固定部をゆるめ移動するのが通常のやり方である。しかし，ローダの付属したNC旋盤では加工ワークが代わった場合，テールストックも位置を自動にて変更する必要がある。このように指令された任意の位置に停止し，自動でクランプするテールストックをプログラマブルテールストックという。テールストックの移動方法は横送り台と連結し，刃物台の制御軸を兼用するものが一般的である。

プログラム制御旋盤 ぷろぐらむせいぎょせんばん（program controlled lathe）

あらかじめ定められた工程順序に従って自動的に加工が行われるが，工程順序の設定および変更がピンボードや選択キーなどにより容易に行えるようにした自動旋盤である。
= プロコン旋盤 (208)

プロコン旋盤 ぷろこんせんばん（program controlled lathe）
= プログラム制御旋盤 (208)

ブローチ（broach）

荒刃と仕上げ刃とを組み合わせた多数の切れ刃を寸法順に配列した工具。主にブローチ盤に取付けて使用する。巻末付図(14)参照。

ブローチ研削盤 ぶろーちけんさくばん（broarch sharpener）

平ブローチ，丸ブローチの切れ刃を切削，整形する研削盤。

ブローチ盤 ぶろーちばん（broaching machine）

各種の工作物の表面や穴の内面に種々の形をつくる機械で，1回の軸方向の切削運動で粗削りから仕上げ削りまで行う単純な加工方法である。ブローチとは工作物の内・外面の輪郭が少しずつ段階的に変化している切れ刃を持つ工具をいい，加工精度，寸法精度や仕上げ面の面粗度などはブローチの切れ刃の総合性能に依存する。ブローチ盤の形式は，
①横形ブローチ盤
②立形ブローチ盤
③旋削表面ブローチ盤
の3つに大別される。

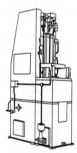

内面ブローチ盤

ブロックゲージ（block gauge）

高精度な長さの基準器。長方形断面で互いに平行な測定面をもつ端度器で，両測定面間の距離が種々の寸法に製作されている。測定面は他のブロックゲージと密着する特質をもち，複数のブロックゲージを密着させて，必要な寸法が得られる。

フローティングノズル法 ふろーてぃんぐのずるほう（floating nozzle method）

高速回転する砥石に薄く均一な加工液を巻き付けて，確実に加工液を研削点に到達させる研削液供給方法である。快削性材料で構成されるノズル先端に砥石外周形状を転写し，加工液の吐出圧力を利用してノズルが砥石表面から僅かに浮い

た状態で自動位置決めする。平形だけでなく，総形，薄刃（マルチ）など，さまざまな砥石形状に対応することが可能で，必要最少量の加工液を安定して加工点に供給できるため，加工特性が向上する。フローティングノズルの下部に取り付けた可撓性のシートを加工液膜により砥石外周面に付着させ，ノズルから供給した加工液のほぼ全量を各点に到達させる研削液供給方法をフレキシブル導液シート法という。

フロートポリシング（float polishing）

高精度の平面に形成した錫定盤の表面に細い螺旋溝を形成し，回転する定盤面に研磨剤を供給して平面研磨物を載置すると，研磨物面と定盤面が接触することなく高精度の研磨ができる。このような研磨法をフロートポリシングと呼ぶ。定盤の回転精度もきわめて高くすることが必要で，エアスピンドルなどが使用される。光学部品磁気ヘッド用フェライトなどの研磨例がある。算術平均粗さで数Åの面や加工変質層のない面が実現されている。

⇒ハイドロプレーンポリシング（178），非接触ポリシング（192）

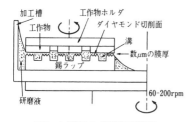

フロートポリシング装置の原理図

プロファイル研削 ぷろふぁいるけんさく（profile grinding）
＝成形研削（115）

分級 ぶんきゅう（classification）

粗い粒子から細かい粒子までを含む粉砕後の砥粒から，規格を満足する一定の粒度を持つ研磨材製品を得るための操作。湿式分級の基本原理は球状粒子の水中における沈降速度がその粒子径の二乗に比例するというストークスの法則に拠っている。品種および粒度に対応する水速，分級時間，沈降距離などが設定され，また分級に用いる水質や水温，分散剤などが管理されている。

分級機 ぶんきゅうき（classifier）

様々な大きさの粒子の集合体である粉体を，大きな粒子のグループと小さな粒子のグループに分ける装置。液体を用いる湿式（液体サイクロン，遠心分離機など）と，気体を用いる乾式（空気分級機など）に大別される。

分散 ぶんさん（dispersion）

液中における粒子の凝集状態を開放すること。粒子は微細になるほどその表面エネルギが増大し凝集力は強くなるので，微粒子の分級や粒度の測定などにおいて分散は重要な問題となる。一般に液中における粒子の状態は固液界面に形成される他物質の吸着によって大きく影響される。吸着により粒子表面のゼータ電位を増大させるようなものはその粒子に対する分散剤となり得る。ヘキサメタリン酸ナトリウムやピロリン酸ナトリウムは一般の無機粉体の多くに対して良好な分散剤である。

⇒ゼータ電位（117）

噴射加工 ふんしゃかこう（blasting）

大きさが数μmから数mmの不定形あるいは球状の金属あるいは非金属の粒子を何らかの方法で加速して工作物表面に投射し，工作物表面を部分的に変形または破壊することにより，表面の性質を改善したり，仕上げを行ったりする砥粒加工方法。高速の粒子をぶつけるサンドブラスト，ショットブラストなどの吹付け加工，粒子と液体を共に噴射する液体ホーニング，高速高圧の液体を用いる液体ジェット加工およびアブレシブジェッ

ト加工などがある。
⇒吹付け加工 (199), 液体ホーニング (13), 液体ジェット加工 (13), アブレシブジェット加工 (5), ブラスト研磨 (202)

粉末高速度工具鋼 ふんまつこうそくどこうぐこう (sintered metal high speed steel)

粉末合金法によって, 炭化物を微細化した高速度工具鋼。溶解高速度鋼に比べると, 炭化物が均一に分散するため, 靱性が高く, また刃先を鋭くすることができる。また, 多量の合金元素を添加できるため, 耐摩耗性, 耐熱性を向上できる。
= 粉末ハイス (210)
⇒高速度工具鋼 (70)

粉末ハイス ふんまつはいす (sintered metal high speed steel)
= 粉末高速度工具鋼 (210)

噴霧給油装置 ふんむきゅうゆそうち (oil-mist lubrication equipment)

転がり軸受の潤滑装置の1つで, 潤滑油を霧状にして圧縮空気とともに軸受へ供給するもの。軸受の潤滑を霧状になった微量の潤滑油で行い, 同時に空気で冷却をして高速回転時の異常発熱や焼き付き損傷を防止する。高速内面研削盤の砥石軸などに用いられている。同様な微量油潤滑装置として, オイルエア潤滑装置がある。
⇒オイルミスト潤滑 (18), オイルエア潤滑 (17), ジェット潤滑 (83)

分力比 ぶんりょくひ (grinding force ratio)
= 研削抵抗比 (54)

〔ヘ〕

ベアウェーハ (bare wafer)
エピタキシャル成長膜や酸化膜・フォトレジスト膜等を付けていないウェーハ。
= ウェーハ (10)

ヘアライン (long scratch line pattern)
ライター, 時計バンド, 建築用外装板あるいはオーディオ機器などのパネルでは, 研磨による長い筋目が観察される場合がある。製品に美観を付与することを目的として, ベルト研削などによる加飾 (装飾) 研磨で付けられた筋目をヘアラインと呼び, 通常, 均一で長いヘアラインほど美観が優れるといわれている。このヘアラインの連続性のことを特に"目通り性"という言葉で表現し, 評価する場合もある。
⇒ベルト研磨 (213), 目通り性 (227)

平均砥粒間隔 へいきんとりゅうかんかく (average grain distance)

砥石内部に分布する砥粒相互間の間隔の平均値をいい, 切れ刃の分布密度を示す。実際の砥石作業面では, 目直しによって砥粒が欠損や脱落を起こすために, 平均砥粒間隔は, 理論値の2倍以上に長くなるといわれる。
⇒切れ刃密度 (44), 砥粒率 (163)

平均粒[子]径 へいきんりゅう[し]けい (mean grain size)
粒子の平均的な大きさ。2軸平均径, 円形相当径などで一般的に表し, 顕微鏡法, 湿式沈降法などで計測を行う。
= 粒度 (239)

平行度 へいこうど (parallelism)
データム直線またはデータム平面に対して平行な幾何学的直線または幾何学的平面からの平行であるべき直線形体または平面形体の狂いの大きさをいう。巻末付録 p.296 参照。
⇒データム (152), 公差 (66)

平衡度 へいこうど (balance)
バランスの程度。
⇒バランシング (185)

ヘイズ (haze, cloud)
= くもり (45)

平坦度 へいたんど (flatness)
= 平面度 (211)

平面管理 へいめんかんり（flat control）

研磨によって高精度の形状加工を行う場合，工作物の形状は工具面の状態が反転して得られるので，工具面の形状精度を常に一定に維持するように管理が行われる。

平面研削 へいめんけんさく（surface grinding）

工作物の平面を研削する加工法。平面研削の方式は，砥石軸の方向とテーブルの形態・運動機能によって，横軸角テーブル形，横軸回転テーブル形，立軸角テーブル形，立軸回転テーブル形などに大別される。最も一般的なものは横軸角テーブル形である。角テーブル形は長物，段付きや勾配をもつ工作物形状に適する。立軸形はカップ形砥石の端面を使う方式で，工作物との接触面積が大きく，能率を重視する研削に多く利用される。
⇒平面研削盤（211）

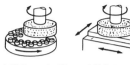
立軸円テーブル形　立軸角テーブル形

横軸円テーブル形　横軸角テーブル形

平面研削の方式

平面研削盤 へいめんけんさくばん（surface grinding machine）

平形砥石の外周面または側面，カップ形砥石またはセグメント砥石の端面を用いて工作物の平面を研削加工する研削盤。砥石軸が水平か垂直かにより，またテーブルが角形で往復運動をするものか，円テーブルが回転運動するものかにより，
①横軸角テーブル形
②横軸円テーブル形
③立軸角テーブル形
④立軸円テーブル形
⑤両頭形
に分類することができる。

①は最も一般的な平面研削盤であり，平形砥石を用い高精度で汎用性が高く，溝研削や成形研削を行うこともできる。②は平形砥石を用いて高精度な小物部品の量産に適する。③④はカップ形砥石またはセグメント砥石を用い，大形工作物の重研削に適する。⑤はディスク研削とも呼ばれ，2枚の大径砥石の端面で工作物の両面を同時研削する加工方法で，転がり軸受やピストンリングの量産加工に使われる。

鉄系工作物の固定には電磁チャックを用いるので脱着が容易で作業能率が良い。

平面度 へいめんど（flatness）

平面形体の幾何学的に正しい平面（幾何学的平面）からの狂いの大きさをいう。巻末付録 p.296 参照。
＝平坦度（210）
⇒データム（152），公差（66）

平面度測定器 へいめんどそくていき（flatness measuring instrument, flatness tester）

平面度測定機において，比較的小さな面を評価する場合は，オプチカルフラットや基準片との比較測定による方法が用いられ，大きな面の場合は水準器による連鎖法が用いられるのが一般的である。これらの測定は，測定者が直角度測定を重ねるなどの操作を行うが，効率や精度を向上させたものが平面度測定器である。評価する精度レベルや面の大きさにより形態は異なるが，光波干渉によるものや三次元測定機と同様な構成の測定機などがある。

平面ホーニング　へいめんほーにんぐ (surface honing)

平面のホーニング。砥石ラッピングとも呼ばれる。

平面ラッピング　へいめんらっぴんぐ (plane lapping, surface lapping)

平面のラップ工具を用いて平面を仕上げるラッピング。三面すり合わせ法などにより完全平面に仕上げられたラップ定盤を用いた手作業による方法や, 平面ラップ盤を用いる方法などがある。
⇒平面ラップ盤 (212), ラッピング (235)

平面ラップ盤　へいめんらっぷばん (plane lapping machine, plane polishing machine)

平面を持つ円板状あるいは円環状のラップやポリッシャが上向きで回転し, それに均一な軌跡で工作物を擦り付ける研磨操作を機械的に行う平面研磨装置を一般に指す。工作物の片面を平面研磨するものと両面を同時に平面研磨するものがある。

ベイルビー層　べいるびーそう (beilby layer)

加工変質層最上部に生ずる非晶質の流動層。
⇒加工変質層 (29), 非晶質化 (191)

閉ループ系　へいるーぷけい (closed loop system)
⇒クローズドループ制御 (49)

へき開　へきかい (cleavage)

力を加えると, ある方向に割れたりはがれたりする性質をへき開という。断口 (fracture) に方向性は無い。Al$_2$O$_3$ は典型的なへき開性結晶で, 研削上, また砥石製造上好ましくない。

ベース (base)

マシニングセンタ, フライス盤, ボール盤などの機械の最下部にあって, 床上に据え付けられる部品。工作機械の基となる部品であり, 切削反力による変形や振動が発生しないよう, 十分な剛性を持つ構造でなければならない。
⇒ベッド (212)

ベッド (bed)

機械の本体を構成する台。一般にテーブル, コラムなどを案内する案内面を備えている。ベッドは工作機械の加工性能に大きな影響を及ぼすため, 切削反力による変形ならびに振動が発生しないように十分な剛性を持つ構造でなければならない。一般には鋳物によって造られるが, 振動を防止する意味でコンクリートベッドを採用したものもある。
⇒ベース (212)

ベッド形フライス盤　べっどがたふらいすばん (bed-type milling machine)

フライスを使用して, 平面削り, 溝削りなどの加工をするフライス盤の中で, 工作物に送り運動を与えるテーブルを直接ベッドに乗せ, 切込み運動をコラムまたは主軸頭で行う構造のフライス盤をベッド形フライス盤という。

テーブルは丈夫なベッドで支えられているため剛性が大きく, 重量ワークに対して安定している。ひざ形フライス盤と比較して強力切削ができる。反面, 操作性, 汎用性はテーブル高さが一定なため若干劣る。
⇒フライス盤 (202)

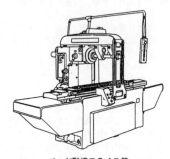

ベッド形横フライス盤

ヘッドストック (head stock)
＝主軸台 (96)

ベラーグ(Belag, non-metallic layer)

工具面に堆積した非金属介在物層。Belagは独語に由来する。カルシウム脱酸鋼の切削では，鋼中に微量に含まれる脱酸生成物が工具面にベラーグを生成して工具摩耗を抑制するため，良好な快削効果が現れる。
⇒快削材料（25）

ヘリカル研削装置　へりかるけんさくそうち(grinding attachment for helical flute)

エンドミル，平フライスなどの螺旋状の溝を研削する装置。工具研削盤に取り付けて使用する。

ベルトグラインディング(belt grinding)
＝ベルト研削（213）

ベルト研削　べるとけんさく(belt grinding)
＝ベルト研磨（213）

ベルト研削盤　べるとけんさくばん(belt grinder, belt grinding machine, belt sander)
＝ベルト研磨機（213）

ベルト研磨　べるとけんま(belt grinding, belt sanding)

駆動輪と従動輪間を高速度で回転・走行する研磨ベルトに工作物を押し付けて研磨する加工法。その研磨方式には，コンタクトホイール方式，プラテン方式，フリーベルト方式がある。コンタクトホール方式は，通常ゴムをライニングしたコンタクトホイールによってバックアップした研磨ベルトに工作物を押し付けて研磨を行う最も一般的なベルト研磨方式である。プラテン方式は，プラテンと呼ばれる鋼やアルミニウム製の押え板によって研磨ベルトをバックアップする方式であり，平面研磨に利用される。フリーベルト方式は，駆動輪と従動輪間においてバックアップのない状態の研磨ベルトに工作物を押し付けて研磨を行う方式で，曲面研磨に主に利用される。
＝ベルト研削（213）

⇒研磨ベルト（59），研磨布紙（58），コンタクトホイール（75），プラテン[1]（203）

(a) コンタクトホイール方式

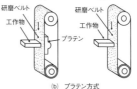

(b) プラテン方式

ベルト研磨方式

ベルト研磨機　べるとけんまき(belt grinder, belt grinding machine, belt sander)

研磨ベルトを使用して研削・研磨を行う加工機。駆動輪と従動輪間において高速度で走行する研磨ベルトに工作物を押し付けて加工するが，その研磨方式にはコンタクトホイール方式，プラテン方式およびフリーベルト方式があり，加工形態に応じて選択される。ベルト研磨機は，手作業用の卓上ベルト研磨機をはじめ，平面研磨用，円筒研磨用，心なし研磨用，研磨ヘッドが複数のもの，工作物の送りがベルトコンベア方式やロータリテーブル方式のもの，さらには曲面研磨用やプリント基板用などの専用機まで多種多様のものがある。木工用ベルト研磨機は，通常ベルトサンダと呼ばれることが多い。ベルト研磨機の適用に際して，コンタクトホールのゴム硬度，研磨ベルトの走行速度，工作物の送り速度，研磨ベルトの種類，クーラントの有無などを検討しなければならない。
＝ベルト研削盤（213）

⇒ベルト研磨 (213), 研磨ベルト (59), コンタクトホール (75), プラテン¹ (203)

ベルトサンダ (belt grinder, belt grinding machine, belt sander)
= ベルト研磨機 (213)

ベンガラ (iron oxide)
= 酸化鉄 (81)

偏光顕微鏡 へんこうけんびきょう (polarization microscope)

水晶や雲母などのように方向によって屈折率が異なる光学的異方体(複屈折体)の観察や測定に用いられる顕微鏡で, 偏光板に対する複屈折体の方位によって像の明暗もしくは色が変わる。光学顕微鏡の構成に追加して, 照明系内と観察室内に偏光光学系として配置したポラライザ, アナライザの一組の偏光板, 対物レンズの射出瞳面を観察するためのベルトラレンズ, 試料の複屈折の程度を測定するコンペンセータが配置される。

変質層 へんしつそう (damaged layer)
⇒ 加工変質層 (29)

〔ほ〕

棒材作業 ほうざいさぎょう (bar work)

1〜4mの長さの定尺の棒材を素材とし, 1個ずつ所要の加工を行っては突切りにより分離し, 多数の工作物を削り出す作業である。棒材作業に用いられる代表的なチャックはコレットチャックであるが, 現在のNC旋盤においては, 3つ爪パワーチャックの1種であるホローチャックが, 多く用いられるようになっている。
= バー作業 (180)
⇒ センタ作業 (125), チャック作業 (140)

放射温度計 ほうしゃおんどけい (radiation thermometer)

物体から放射される赤外線や可視光線の強度を測定し, 物体表面の温度を非接触で求める温度計であり, 機械加工に関する温度の測定には, 前者による赤外放射温度計が主に用いられる。その測定には, 高温になるほど短い波長の赤外線が強く放射される性質を利用しており, 光電変換素子を用いて赤外線エネルギを電気信号に変換している。正確に温度測定するには, 測定面に応じた放射率に設定する必要があるが, 金属光沢を有する表面は放射率がかなり小さく, 外乱による影響が及ぼされやすい。また, 一般的に応答速度はあまり早くない。
⇒ サーモグラフィ (79)

法線研削抵抗 ほうせんけんさくていこう (normal grinding force)
= 研削抵抗法線分力 (54)
⇒ 研削抵抗 (53)

放電加工 ほうでんかこう (electrical discharge machining)

加工液中で工作物と電極間でアーク放電を発生させ, そのときの熱作用と加工液の気化爆発作用によって材料を除去し, 所望の形状に加工する方法。導電性であれば材料の硬さに関係なく加工できるため, 難削材で作られる金型などの精密加工等に用いられている。EDMとも称される。
= 形彫り放電加工 (31), ワイヤ放電加工 (249)

放電研削 ほうでんけんさく (electro-discharge grinding)

放電と研削の複合加工という意味ではなく, 加工形態が研削に似ている放電加工の総称として用いられることが多い。加工力がきわめて小さいという特長を利

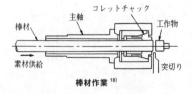

棒材作業[18)]

用して，微細な部品の加工に利用されている。電極が減耗する難点があるが，ワイヤ放電研削法（WEDG；wire electro-discharge grinding）の開発によって事実上解決されている。放電と研削との複合加工法を指す場合には，一般に「複合」の語を加えて，放電複合研削と表現される。

⇒放電・電解複合加工（215）

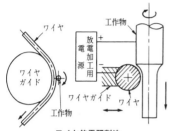

ワイヤ放電研削法

放電・電解複合加工 ほうでん・でんかいふくごうかこう（electro-discharge and electrochemical machining）

放電作用と電解作用を複合した加工法の総称。たとえば，グラファイト回転円板を電極に用いて電解加工を行い，このとき生じる放電によって，工作物面に発生する陽極膜を除去しながら加工を進める電解放電加工や，このグラファイト円

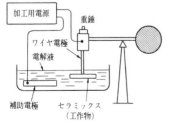

電解液中放電加工によるセラミックスの穴あけ

板の代わりに導電性砥石を用い，放電作用によって砥石の目づまり防止をはかる電解放電研削，あるいは電解液中で放電を生じさせ，この放電によって加工する電解液中放電加工法などが試みられている。

⇒電解研削（153）

放物線補間 ほうぶつせんほかん（parabolic interpolation）

NC工作機械によって望む形状を創成するには工具の動きを指定しなければならない。工作機械では，工具の運動は複数の制御軸を同時に制御することによって実現できる。実際には時間に関する位置関係を記述した時間関数発生器で各軸を動かす。このとき，ある地点から他の地点への移動の仕方を補間といい，放物運動するように演算するものを放物線補間という。

⇒直線補間（146），円弧補間（15）

補強砥石 ほきょうといし（reinforced [grinding] wheel）

研削砥石の補強状態についての分類の呼び方，研削砥石の強度を増すために研削砥石層中にガラス繊維などの補強材で補強した研削砥石。

ポジティブレーキ（positive rake）

すくい角が正となること。単にポジと呼ばれることが多い。

⇒ネガティブレーキ（173）

補助機能 ほじょきのう（miscellaneous function）

機械および数値制御装置の各種の機能を制御する指令。機械の機能の制御では指令のタイミングなどの条件が整えられた後に機械側に指令される。

〈機械の機能の制御（例）〉

クーラント入り，クーラント停止，主軸の始動など。

〈数値制御装置の機能の制御（例）〉

プログラムの終りの指示，自動運転の停止など。

= M機能（262）

ポストプロセッサ（post processor）

数値制御工作機械用のデータの作成の際に，自動プログラミングシステムのメインプロセッサから出力された CL（cutter location）データを入力として，特定の数値制御工作機械に適した NC データへ変換するためのソフトウェア。
⇒CL データ（258），NC データ（263），自動プログラミング（92），パートプログラム（183）

母性原理 ぼせいげんり（copying principle）

機械加工において工具に切込みを与える方法には強制切込みと加圧切込みの2通りがある。前者では固定された工具・工作物間の相対距離で工作物の寸法が決定され，加工精度はその相対距離の精度，すなわち主軸の回転や送りなどの工作機械の運動精度で決定される。したがって，工作物の加工精度はそれを生み出す工作機械の精度を超えることができない。この一種の加工精度限界を決定する原則を機械加工における母性原理という。
⇒加工精度（28）

ボデー（body）

工具の基幹で，それ自身が切れ刃を形成するか，またはチップもしくはブレード（比較的長めのチップまたは台金にチップを固着したもの）を保持する部分を含めた全体をいう。
⇒チップ（139）

ホーニング[加工] ほーにんぐ［かこう］（honing）

各種ホーニングの総称，もしくは内面ホーニングを指す。数個の微粒砥石を用い，これを一定の圧力で加工面に押し付け，工作物との間に回転と往復運動を与え，多量のクーラントを注ぎながら仕上げる加工法。寸法精度・形状精度・表面粗さを能率良く修正できる。切削速度が遅く，砥粒1個に作用する力が小さく，クーラントで冷却できるので，加工変質層・加工歪みが少ない。加工面には保油性に富むクロスハッチ（砥粒による綾目状の切削条痕）が形成されるので，耐摩耗性と潤滑性の良い面が得られる。
⇒内面ホーニング（167）

ホーニング砥石 ほーにんぐといし（honing stone, honing stick）

ホーニング加工に用いられる棒状の研削砥石。形状も用法によって各種のものがある。研削砥石側面をベークライトで囲ったもの，張り付けたもの，モールドしたもの，金具付きのものなど，砥石台に取付けるのに便利になっている。

ホーニング刃 ほーにんぐば（honed edge）

丸みまたは小さな面取りを施した切れ刃。

ホーニング盤 ほーにんぐばん（honing machine）

ホーニングを行う機械。ホーンまたは工作物がフローティング支持されるので，ホーニング盤に要求される精度はそれほど高くない。前加工穴に倣って加工が行われるので，穴の位置精度・基準面に対する傾きは修正できない。ホーニング盤は立形が多く，小物の加工および長穴の加工では横形のものもある。多量生産用には多軸ホーニング盤がある。生産能率を向上させるため自動定寸装置を用いるのが一般化している。定寸精度は高級なもので数 μm 程度である。自動定寸法には，ゲージバー式・ゲージリング式・プラグゲージ式・エアゲージ式・拡張ゲージ式などがある。
⇒リジッドホーニング（238）

ホブ（gear hob）

ウォームのねじ筋を横断する多数の溝を設け，ねじ筋に沿って隣り合った溝の間に逃げ面を設けた切れ刃を持つ歯切り工具。巻末付図(13)参照。

ホブ切り ほぶぎり（hobbing）

ホブを利用して行う歯切り。ねじ状工具であるホブに回転を与えると，ホブの回転軸を含む空間の一断面において，切

れ刃のつくるラック形状は軸方向に移動する。このラック形状に歯車が噛み合うような創成運動を素材に与えると，円筒歯車の歯が削り出される。創成運動としては素材の回転のほかに，歯車軸方向への素材の送りを組み合わせるのが最も一般的である。多条ホブを用いると加工能率は高くなる。精度と能率を重視する場合には外径の大きなホブを用い，工具寿命を重視した量産品の前加工では小径のホブを用いる。

⇒歯切り（178），ホブ（216），ホブ盤（217）

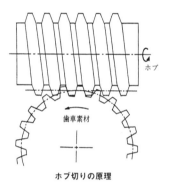

ホブ切りの原理

ホブ盤 ホブばん（gear hobbing machine）

ホブカッタを用い，ホブカッタを取付けるホブスピンドルと加工歯車を取付けるテーブルに創成運動を与え，平歯車，ウォームホイールを加工する歯切り盤である。このため，ホブスピンドルとテーブルは歯車列（ギアトレイン）で連結されている。この歯車列の最終段であるテーブルには親ウォームホイールが取付けてある場合が多い。ホブカッタが1条の場合，ホブカッタが1回転する時，テーブルが加工歯車の歯数分の1回転するように歯車列を連結する。このために割出し歯車装置があり，この換え歯車を選択し，取り替える。

はすば歯車を歯切りする場合は，ホブカッタを加工歯車の歯幅方向に送りを与えた分，はすば歯車のねじれ角に応じてテーブルに補正回転を与える必要がある。このために遊星歯車と換え歯車装置からなる差動歯車装置がある。ほかの平歯車を加工する歯切り盤に比べ加工能率が高いので，量産歯車加工を中心に広く使われている。

加工歯車の軸心を垂直に取り付けるホブ盤を立形ホブ盤，水平に取り付けるホブ盤を横形ホブ盤と呼ぶ。

⇒親ウォームホイール（23），割出し歯車装置（251），差動歯車装置（77）

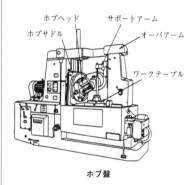

ホブ盤

ホフマン式研磨機 ほふまんしきけんまき（R.P.Hoffmann-type lapping machine）

下定盤を固定し，サンギア，インターナルギア，上定盤の3軸を駆動する両面ラップ盤。

掘起し ほりおこし（ploughing, plowing）

砥粒が工作物表層に塑性変形によって溝を形成すること。この溝は砥粒の側方に工作物が塑性変形して盛り上がって形成されるが，まだ切りくずは生成されない。切込み深さがさらに増加すると切りくずが生成される。

⇒ラビング[1]（237），塑性流動（128）

ポリシ剤 ぽりしざい (polishing compound)

ポリシングは一般的には砥粒の持つメカニカル作用のみならず、ケミカル作用を複合させることにより効率的で高い鏡面性を達成することができる。これを目的に研磨の対象に応じて適切な砥粒とケミカルを最適な割合に混合したスラリ製品が市販されており、ポリシ剤と呼ばれる。

ポリシング (polishing)

金属よりも軟らかいポリシャと呼ばれる工具を用いて行う遊離砥粒研磨法の総称。ラッピングに比較してより微細な砥粒を使用し、加工ダメージの少ない鏡面仕上げを目的とする。研磨液としては水性のものが主として用いられ、中には腐食性のある酸やアルカリの化学液が用いられる。ポリシング用の研磨材としては、ダイヤモンド、炭化珪素、αアルミナなどの微粉のほかに、酸化珪素、酸化セリウム、ジルコニア、酸化クロムなどの親水性の酸化物系砥粒が好んで用いられている。

⇒ラッピング (235)

ポリシングシート (polishing sheet)

可とう性に富んだシート状の研磨工具の総称である。ポリシングシートは、製造上の相違から次の3種類に分類できる。

①接着剤塗装シート

レジノイド系、エポキシ系、ウレタン系などの接着剤によって基材表面に一様に、あるいはパターン状に散布した砥粒を固定、保持したシートである。厚さのきわめて均一なポリエステルフィルムを基材としたラッピングフィルムも広く普及している。

②電着シート

ダイヤモンド砥粒を導電性シート(箔)上に銅やニッケルなどのメッキ膜で固着したもので、亀甲、丸、縞模様の電着パターンがある。基材には、導電性処理を施した綿布やプラスチックフィルムが用いられることもある。

③混練一体成形シート

焼結、電鋳あるいは樹脂と砥粒を混練して、薄板もしくは箔状に圧延成形したシートである。これは基材はなく、金属または樹脂を媒体に砥粒をシート状に成形したもので、砥粒の目立てに工夫を要する。

⇒研磨ベルト (59), 研磨フィルム (58), 電着工具 (156), ポリシング (218)

ポリシングパッド (polishing pad)

＝研磨パッド (58)

ポリッシャ (polisher)

鏡面加工用定盤材質や研磨布。鏡面加工をする研磨装置などを含めて呼ぶ場合もある。ダイヤモンドと銅、錫定盤との組合わせにより、物理的、機械的に表面を除去する方法(タングステンやサファイヤ)や、コロイダルシリカやシリカと研磨布の組合わせにより、化学反応(エッチング)と反応生成物の除去を粒子で行うケミカルメカニカルポリッシュが代表的なものである。装置としては、片面、両面をポリッシュするものがある。

ボールエンドミル (ball endmill, ball-nose endmill)

球状の底刃を持つエンドミル。巻末付図(11)参照。

ボールねじ (ball screw)

ねじ軸とナットとにそれぞれ設けられたねじ溝の間に鋼球を入れて転がり運動をさせ、回転運動を直進運動に変換する効率の高い代表的な送りねじ。精度も高く、摩擦係数も小さいことから、工作機械をはじめとして高精度な機械の送りねじとして利用されている。

⇒送りねじ (19)

ボール盤 ぼーるばん (drilling machine)

工作物にドリルで穴あけを行う工作機械の総称で、ドリル加工のほかに、リー

マ仕上げ，中ぐりなどの加工も行うことができる。ボール盤には，直立ボール盤，ラジアルボール盤，多軸ボール盤，卓上ボール盤などがある。

⇒直立ボール盤（146），ラジアルボール盤（235），多軸ボール盤（133），卓上ボール盤（132），NCボール盤（265）

ホーン（hone）

ホーニングにおいて，砥石を保持した状態で回転と往復運動する加工ヘッド。砥石はホーンの溝に放射状に収納され，油圧・空気圧・ねじ・ばねのいずれかによって拡張され，加工面に押し付けられる。砥石は普通4～8本。

ボンドテール（bond tail）

レジンボンドやメタルボンド砥石など無気孔タイプの超砥粒砥石において，ドレッシングによって除去されずに，図のように砥粒の後方に残存する結合剤部を指す。ボンドテールは，砥粒を後方から支え，脱落を防止する効果がある。

⇒結合剤（51）

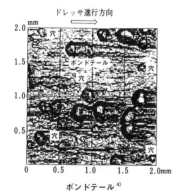

ボンドテール[4]

〔ま〕

マイクロクラック(micro crack)
　一般的には,研削,ラッピング,研磨加工の際に,砥粒先端の押込み作用により脆性材料の表面に生ずる $10\mu m$ 程度以下の大きさの微小クラックを指す場合が多い。表面下に内在し表面からは見えないもの,エッチングを施すことにより顕在化するものも含まれる。
　⇒クラック(46)

マイクロスクラッチ(micro scratch)
　シリコンウェーハの外観検査項目の1つで,「表面に生じた集光灯下で目視される線状のきず」と定義される。集光灯を光源として,表面照度 20,000〜100,000 lx でウェーハ全面を目視検査し,累計長がウェーハ直径 D の 1/10 (mm) 以下であることが基準として定められている。

マイクロツルーイング(micro truing)
　超精密研削を行うために,ツルーイングやドレッシングをサブミクロンまたはナノメータオーダの微小切込みで行い,砥石作業面の切れ刃を延性破壊で整形すること。

マイクロブラスト加工　まいくろぶらすとかこう(micro-blast machinig)
　AJM 加工に於いて,噴射ノズルの内径を小さくして硬脆材料の微細除去加工を行うものをマイクロブラスト加工という。ノズル内径 0.1mm のノズルを用いた加工例も報告されている。
　⇒ AJM (255)

マイクロメータ(micrometer)
　フレームの一方に測定面をもつアンビルと,この測定面に対応し,かつ平行な測定面をもち,それらの測定面に対して垂直な方向に移動するスピンドルを備え,スピンドルの動き量に対応した目盛をもつスリーブおよびシンブルにより,両測定面間の距離(寸法)を測ることのできる測定器である。デジタル表示をもつものについては,機械式,電子式のものがある。外側・内側・深側マイクロメータをはじめ,特殊用途に合わせた形状の測定面により,ねじ・歯厚の測定も可能である。測定部と読み取り部が同一直線上にあり,アッベの法則を満たしており,測定誤差は小さい。

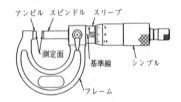

マイクロメータの主要部名称

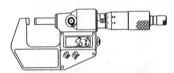

マイクロメータ(カウンタ付きの場合)

前切込み角　まえきりこみかく(end cutting angle)
　⇒副切込み角(199)

前切れ刃　まえきれは(end cutting edge)
　一般的に切削仕上げ面を生成する切れ刃またはそれに近い側の切れ刃。巻末付図(3)参照。
　⇒横切れ刃(233),副切れ刃(199),主切れ刃(96)

前くさび　まえくさび(wedge before the blade, front wedge)
　ブレードあるいはスローアウェイチップに対するくさびの位置が,回転方向において前方にあるくさび。
　⇒後くさび(11)

前逃げ角 まえにげかく（end relief angle）

切れ刃に接し，基準面 P_r に垂直な面 P_s に対する逃げ面の傾きを表す角で，主運動方向と切込み方向で形成される面で測る。$α_p$ と表記される。工具系基準方式では，巻末付図(7)に示す角度となる。
⇒垂直逃げ角（106），直角逃げ角（147），横逃げ角（234），工具系基準方式（63），作用系基準方式（79）

曲がり[1]【ねじ加工】 まがり（deflection）
理想軸心と実際軸心との狂いの最大値。

曲がり[2]【バイト，ドリル】 まがり（straightness）
工具を平面上においたとき，工具と平面との最大のすき間。

曲がり[3]【ブローチ】 まがり（flatness）
平形キー溝ブローチ，平ブローチなどの底面および側面の平行度。

曲がりば傘歯車研削盤 まがりばかさぐるまけんさくばん（spiral bevel gear grinding machine）
⇒傘歯車研削盤（29）

曲がりば傘歯車歯切り盤 まがりばかさはぐるまはぎりばん（spiral bevel gear generator）
⇒傘歯車歯切り盤（29）

魔鏡検査 まきょうけんさ（magic mirror inspection, makyou inspection）
半導体基板として用いられる鏡面ウェーハの表面の欠陥（ソーマーク，きず，うねり，バックダメージなど）を光反射法で検出する方法で，平行光線をウェーハに照射し表面の凹凸のために結像した画像から表面状態を評価する，魔鏡の原理を応用した方法。表面の凹凸の曲率半径は一般に非常に大きいために，レンズ系を用いて結像の距離を短くしている。

マグネシア[研削]砥石 まぐねしあ[けんさく]といし（magnesia [grinding] wheel）
マグネシアオキシクロライドを結合剤とした一種のセメント砥石で，砥粒を結合した焼成しない研削砥石である。工作物に対するアタリはシリケート砥石よりもソフトで刃物の研削加工に適している
が，耐水性の弱いことが欠点で，使用面以外は防水ペイントにて保護されている。

マクロスクラッチ（macro scratch）
⇒スクラッチ（109）

マザーマシン（machine tool）（和製英語 mother machine）
工作機械のこと。工作機械はそれ自身も含めて多くの機械の部品を加工する。つまり機械を生み出す機械（母なる機械）という意味でマザーマシンという呼び方が日本にて始まった。英語では mother machine という言葉は使われていない。工作機械に関して同じく母という字が使われる言葉として母性原理があるが，違う意味なので注意が必要。
⇒工作機械（67），母性原理（216）

摩擦 まさつ（friction）
2つの固体が接触し，外力をうけてすべりや転がり運動などの相対運動をする時，あるいはしようとする時，これらの運動を妨げようとする力（摩擦力）を生ずる現象。金属の摩擦面に生ずる摩擦力は，その大部分が凝着した真実接触部を破壊する力によると考えられている。軽荷重下では，摩擦力が垂直力に比例する，アモントン・クーロンの法則が成り立つ。このときの比例定数を摩擦係数という。一方，工具刃先のような高荷重下では接触部のほぼ全域で凝着が起こり，単位面積当たりの摩擦力は軟質金属側のせん断降伏強度に近づく。

切削においては，工具と切りくず間の摩擦エネルギは切削エネルギの 20 〜 30％程度であるが，切削温度に及ぼす影

響は最も大きいので，これを軽減させるために切削油剤が使用される。
⇒凝着摩耗(39)，摩耗(222)，潤滑(97)，切削油剤(120)

摩擦角 まさつかく (friction angle)

2面間の摩擦係数をμとするとき，$\tan p = \mu$となる角度p。切削工具の場合は，工具がすくい面を介して工作物から受ける合成切削抵抗をすくい面に対する垂直力と接線力（摩擦力）に分解した時，接線力の垂直力に対する比はすくい面と切りくずとの平均摩擦係数に相当し，その逆正接を摩擦角という。
⇒切削抵抗(119)

マシニングセンタ (machining center)

1977年にNMTBA（米国工作機械工業会）で採用された定義によると，『自動工具交換能力があり，工具を回転させて加工する多能NC機械』となっている。また，日本工作機械工業会によると，『工作物の取付けを変えずに，フライス・穴あけ・中ぐり・ねじ切りなど，いろいろな作業ができるNC工作機械であり，多数の種類の異なる工具を自動的に作業位置に持ってくる装置を備えたもの』となっている。

マシニングセンタの種類として，主軸の方向によって横形と立形に大別されるが，このほかに横・立の両方の主軸を備えるものや，1つの主軸台が旋回して横・立に変化し5面加工のできるタイプもある。またコラム構造によって片持ち形，門形があり，標準的な商品分類としては，横形，立形，門形，その他に分けられる。
⇒主軸(96)，主軸台(96)

マージン (margin)

逃げ面上の逃げ角の付いていない部分。形の上からランドともいう。巻末付図(4)参照。
⇒ランド(237)

マージン幅 まーじんはば (margin width)

ランド上の二番取りをしていない円筒部分の幅。巻末付図(4)参照。

摩滅 まめつ (attrition)

砥粒の逃げ面がすりへり摩耗によって平坦化すること。砥粒の摩滅には，砥粒と工作物間の機械的摩耗だけでなく，砥粒の化学的分解に起因する摩耗も強く影響する。砥粒の摩滅はびびり振動や研削焼けの原因になる。
⇒摩耗(222)，凝着摩耗(39)

摩耗 まもう (wear)

摩擦をうける物体の一方あるいは両方の摺動面の材料がすり減ることを摩耗という。摩耗の機構は，凝着摩耗，引っかき摩耗（アブレシブ摩耗），雰囲気や潤滑剤の腐食作用と摩擦の機械的作用が併存することによって生ずる腐食摩耗，ならびに転がり疲れによって生ずるピッチングやフレーキングなどの疲れ摩耗の，4つの基本形態に分類される。

機械加工においては，工具と工作物が相対運動する際に，摩擦による発熱や熱拡散，化学反応，圧着，振動や衝撃力が生じ，これらが切削工具や砥粒，砥石の摩耗に影響する。そのため，工具摩耗や砥石摩耗では，切削・研削に特有な摩耗機構の分類が行われる。一般に，摩耗量は垂直荷重に比例し，硬度に反比例するので，高温硬度の高い超硬合金やセラミックス，CBN，ダイヤモンド，種々のコーテッド材料が工具材料として用いられている。
＝摩擦(221)，潤滑(97)，凝着摩耗(39)，

立形マシニングセンタ

アブレシブ摩耗（5），工具摩耗（66），砥石摩耗（158）

摩耗平坦面 まもうへいたんめん（wear flat plane）
砥粒切れ刃は研削の進行に伴い形状が変化をするが，摩滅または微小破砕により生じた切れ刃先端部の平坦面を指す。

摩耗平坦面積 まもうへいたんめんせき（wear flat area）
砥粒切れ刃の摩滅や小破砕により生じた切れ刃先端部の面積。面積の増加と共に砥石の研削能力は低下をきたす。
⇒摩耗平坦面（223）

摩耗リング まもうりんぐ（conditioning ring）
＝修正リング（95）

丸コーナ まるこーな（rounded corner）
丸みをつけたコーナ。
⇒コーナ（72）

マルチブレード切断（multi-blade cutting）
薄い円盤の外周部にダイヤモンド等の砥粒を固着した外周刃砥石や，ブレードソーを所望するピッチで配列し切断する加工法。溝加工にも用いられる。
⇒ブレード²（207），ブレード⁴（207）

マルチブレードソー（multi-blade saw, multi-band saw）
多数枚の薄い帯鋸を組み合わせて，それの長手方向に張力を加えて張り上げ，往復運動をさせながら切断することによって薄板やウェーハを加工する方法。マルチバンドソーとも呼ばれている。
⇒ブレード（207），メタルソー（226）

マルチブレードホイール（multi-blade wheel）
薄い円盤の外周部にダイヤモンド等の砥粒を固着した外周刃砥石を所望するピッチで複数枚組み合わせた研削切断用の砥石。
⇒ブレード（207）

マルチホイール研削 まるちほいーるけんさく（multi-wheel grinding, multi tool grinding）
複数の砥石を重ね合わせ，一度に複数個所の研削を行えるようにした砥石をいう。超砥粒を用いた砥石が多く，クランクシャフトのジャーナル部など研削箇所が複数分かれている工作物の高能率研削に用いられる。

マルチワイヤソー（multi-wire saw）
案内用の多溝滑車に複数回巻き付けた細線ワイヤを工具として，加工部に高速往復走行させることでウェーハに切り分ける加工方法。現在では，ピアノ線にスラリーと呼ばれる砥粒の懸濁液を掛けながら加工する遊離砥粒方式とダイヤモンドワイヤ工具を用いる固定砥粒方式がある。
⇒ワイヤソー（249）

回し板 まわしいた（driving plate, catch plate）
旋盤作業や円筒研削において主軸の回転を工作物に伝達するために，主軸に取り付けて用いる補助工具。工作物の両端をセンタで支持して加工を行うセンタ作業の際に使用する。
⇒回し金（224），センタ作業（125）

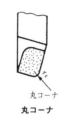

丸コーナ

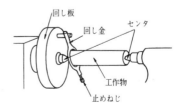

回し板作業による工作物の支持

回し金 まわしがね (lathe dog, carrier)

センタ作業において，主軸の回転運動を工作物に伝達するための補助工具。工作物の端部に止めねじによって締め付け，主軸に取り付けた回し板と対にして用いる。尾(脚)の真直ぐなものと曲がったものとがある。ケレとも呼ばれる。
＝ケレ (52)
⇒回し板 (223)

万力 まんりき (vice)

加工作業の場合に，工作物を固定するための道具。横万力などの手作業用の力と，フライス切削などで用いる工作機械用万力 (マシンバイス) などがある。
＝バイス (177)

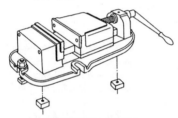

工作機械用万力 (固定形)

〔み〕

磨き みがき (polishing)
＝研磨[加工] (57)

磨ききず みがききず (flaw in finishing)
⇒きず (38)

磨き皿 みがきざら (polising tool, polisher)

ガラス部品などを鏡面に磨くために，鋳鉄またはアルミ製の皿に，数mm厚のピッチ (アスファルト，タールピッチ，ウッドピッチなど)，フェルト，ワックス (蜜ろう，木ろう，パラフィンなど)，プラスチック (アクリル樹脂，フッ素樹脂，ポリカーボネート樹脂など)，プラスチック発泡体 (発泡ポリウレタンなど)，天然樹脂 (松脂，セラックなど)，クロスなどを貼り付けてつくった平面や球面などの工具。【ガラス加工】

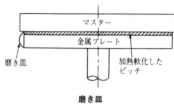

磨き皿

右ねじれ刃 みぎねじれ (right hand helical toot)

フライスを取付け側から見て，時計回りの方向にねじれた切れ刃。巻末付図(8)参照。
⇒左ねじれ刃 (192)

右刃 みぎは (right hand cut)

フライスを取付け側から見て，時計回り方向に回転する切れ刃。巻末付図(9)参照。
⇒左刃 (192)

溝削り みぞけずり (fluting, grooving, recessing, slitting)

工作物に溝を削ること。旋削では溝削りバイトや突切りバイトを使用し，フライス削りでは溝フライスやメタルソーを使用する。溝削りは，比較的困難な作業であり，幅の広い溝削りの場合には，刃先と工作物の接触幅が大きくなり，びびりが生じやすい。

溝研削 みぞけんさく (groove grinding, slot grinding)

溝形状を加工する研削法の総称。ドリルの溝，ホブの切れ刃溝など工具の刃付けや，軸受の内外輪の加工に利用されている。砥石に溝と同一の断面形状をもたせるために，複雑なドレッシング装置を必要とすることが多い。
⇒軸受溝研削盤 (86)

溝数 みぞすう (number of flutes)
 刃溝を構成する溝の数。歯切り工具では「みぞかず」と読む (number of gashes)。

溝長 みぞちょう (flute length)
 軸に平行に測った溝の長さ。巻末付図(6)参照。

溝の切り上げ みぞのきりあげ (cutter sweep)
 溝を加工するときに,工具の切り上がる位置に相当する部分。巻末付図(6)参照。

未変形切りくず みへんけいきりくず (undeformed-chip)
 砥粒切れ刃が削る部分を幾何学的に計算して求めた切りくず形状。砥粒切れ刃によって削りとられるために,切りくずは大きな歪みを受けて変形するが,この変形が生じないものとして計算した切りくずの形状をいう。
 ⇒切りくず (40)

未変形切りくず厚さ みへんけいきりくずあつさ (undeformed-chip thickness)
 未変形切りくずの厚さ,すなわち砥粒切れ刃が削る部分の厚さをいう。砥粒切込み深さに対応する値である。切りくず厚さは砥粒切れ刃に作用する力に影響を及ぼし,また砥石損耗量などにも影響する。
 ⇒切りくず厚さ (41)

〔む〕

無人搬送車 むじんはんそうしゃ (automatic guided vehicle)
 生産システムにおいて,工作物,工具取付け具,パレットなど生産活動に関連する物品を積載し,目的の場所に自動的に搬送する台車のこと。システム内で積載,荷降ろしも無人で行える機能を有するものが多い。
 = AGV (255)

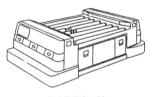

無人搬送車の例

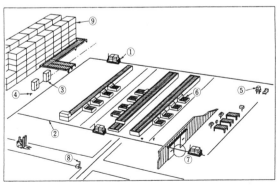

①無人搬送車,②誘導路(誘導体も含む),③地上制御装置,④通信装置,⑤充電装置,⑥地上側移載装置,⑦周辺装置(オートドア連動装置),⑧警報装置,⑨立体自動倉庫

無人搬送車システムの構成図

〔め〕

メカノケミカル加工 めかのけみかるかこう (mechano-chemical machining)

メカノケミカル現象(与えられた機械的エネルギにより誘起される化学反応や相変化)を積極的に利用した研磨加工。このうち,硬い工具で行われるものをメカノケミカルラッピング,軟らかい工具で行われるものをメカノケミカルポリシングと呼ぶ。また,工作物と砥粒との固相反応を利用した乾式のメカノケミカル加工が狭義のメカノケミカル加工である。これに対して,工作物と研磨液との固液相反応を利用した湿式のメカノケミカルポリシングは,ケミカルメカニカルポリシングまたはケモメカニカルポリシングと呼ばれる。

メカノケミカル研磨 めかのけみかるけんま (mechano-chemical polishing)

固体 - 固体の接触点に加えられた圧縮,摩擦などの機械的エネルギによって,固体の物理的・化学的性質の変化が誘起されることをメカノケミカル現象と呼び,この現象を応用した研磨法をメカノケミカル研磨という。具体的にはガラス,セラミックスなどの定盤面にSiO_2などの微粒子を散布して,サファイアなどの高硬度材料表面を研磨すると,両者の接触点が高温になり,メカノケミカル現象によりサファイア表面に脆弱なムライトが形成され,容易に除去される。被加工物より軟質の粒子で高能率な研磨が可能で,加工変質層も検出されない。

メカノケミカルポリシング (mechano-chemical polishing)
⇒メカノケミカル加工 (226)

メカノケミカルラッピング (mechano-chemical lapping)
⇒メカノケミカル加工 (226)

目切 めぎり (grooving, reticulation)

湿式ラッピングに用いるラップ定盤の表面に,ラップ剤を溜めるための溝を網目状にきること。溝の交差角は普通60°で,断面形状は底部に丸みをもったV字形またはU字形にする。

目こぼれ めこぼれ (shedding)

過大な研削抵抗によって,砥石作業面の砥粒の脱落や破壊が著しくなる状態。目こぼれが生ずると仕上げ面粗さが劣化するため,研削抵抗を減ずるように加工条件を設定するか,より硬い結合度の砥石に変更することが必要。

なお,近年では目こぼれを適度に起こさせて,目づまりを回避する鏡面創成用砥石が開発されている。このように適度に目こぼれを生じさせて切刃を維持することも,広義には「自生発刃」である。
⇒目つぶれ (226),目づまり (227)

メタルソー (metal slitting saw)

外周面に切れ刃を持ち,材料の切断および溝加工に用いるフライス。用途によって普通刃と荒刃がある。巻末付図(10)参照。

メタルボンドホイール (metal bonded wheel)

銅 - 錫系などの金属粉をボンドの主体として砥粒とともに,600～1,000℃で焼成したホイール。ボンド自体の剛性,砥粒保持力が高く,形くずれしない特徴がある。しかし,ツルーイング,ドレッシングを機上で行うことが難しい。
⇒CBNホイール (257),ダイヤモンドホイール (131)

目つぶれ めつぶれ (dulling, glazing)

研削時に砥粒に作用した力により砥粒切れ刃先端が摩滅の摩耗を生じた状態。目つぶれ状態の砥石により研削を行うと,程度が小さい時には仕上げ面粗さが向上するが,程度が進むと,法線研削抵抗が非常に大きくなり,機械の振動,工作物の焼けなどの状態が生じ,好ましくない。

⇒切れ刃摩耗（44），目づまり（227），目こぼれ（226）

目づまり めづまり（loading）

切りくずが砥石の気孔につまることで切れ刃の突き出しがなくなり，削れなくなる状態をいう。この目づまり状態の砥石で研削すると，研削温度の上昇に伴う仕上げ面品位の劣化などを招く。目つまりとも言う。

⇒目こぼれ（226），目つぶれ（226），自生発刃（87）

メディア[1]（media）
＝研磨メディア（60）
⇒バレル研磨（187）

メディア[2]（media）

噴射加工における投射材。投射材の材質には，鉄系，非鉄系，ガラス系，セラミック系，樹脂系などがある。
⇒噴射加工（209）

目通り性 めとおりせい（continuity of scratch line）

加飾研磨で付けられたヘアライン（筋目）の評価に用いられる用語。ヘアラインは製品表面の美観やデザイン的な見地から付けられ，一定の幅と深さの長い筋目が連続しており，乱れのない状態を目通り性が良いと表現している。
⇒ヘアライン（210）

目直し めなおし（dressing）
＝ドレッシング（164）

目直し間隔 めなおしかんかく（dressing interval）
＝ドレッシング間隔（164）

目直し間寿命 めなおしかんじゅみょう（redress life, dressing interval）
＝砥石寿命（157）

目直し車 めなおしぐるま（dressing wheel）
＝ドレッサ（164）

目直しスティック めなおしすてぃっく（dressing stick）

手で持って作業する目直し用の棒状砥石。

目直し速度 めなおしそくど（dressing speed）
＝ドレッシング速度（164）

面取り[1] めんとり（chamfering）

切削工具のすくい面と逃げ面のなす角を刃物角と呼ぶが，刃物角が90°以下の鋭角のままでは，機械的強度の不足や成形研削時のマイクロクラックなどによりチッピングなどが生じ易くなるため，切れ刃部に幅0.05〜0.2mm程度の斜面や丸みを付けて刃先を鈍角にし，強度を向上させる。このような斜面や丸みを付けることを面取りと呼ぶ。

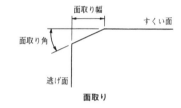

面取り

面取り[2] めんとり（chamfering）

工作物の角やすみを斜めに削り，斜面や丸みを付けること。

面取りコーナ めんとりこーな（chamfered corner）

直線状に面取りしたコーナ。

面取りコーナ

面板 めんばん（face plate）

旋盤では主軸端に取りつけてワークをクランプしやすくするための円板状治

面ぶれ試験 めんぶれしけん (run-out test of face, side-runout test, whirling test)

研削砥石の回転中心軸とそれに直角な砥石面（正面）との直角の程度を決めるための試験。

〔も〕

毛細管絞り もうさいかんしぼり (capillary restrictor)

静圧軸受に使用される流体絞りの一形式で，流体の粘性抵抗を利用した絞り形式としては最も簡単なもの。絞りを通過する流量は，非圧縮粘性流体の場合，毛細管の内径の4乗と絞り入口と出口の圧力差に比例し，潤滑油粘度と毛細管長さに反比例する。毛細管絞りを採用した場合に得られる軸受剛性はオリフィス絞りなどに比較して低いが，温度変化による流体の粘度変化の影響が少ない。

モジュラ形工作機械 もじゅらがたこうさくきかい (modular-type machine tool)

モジュール (module) とは，基本的な機能，役割を果たすハードウェアあるいはソフトウェアのかたまりを表す基本単位である。工作機械の各部をモジュール化し分解できるようにするとともに，種々のモジュールを組み合わせて目的に合う工作機械の構造を構成できるものをモジュラ形工作機械という。
⇒ビルディングブロック方式（197）

モジュラ工具 もじゅらこうぐ (modular tool)

単元化した部品を組み立てて使用する工具。原則として部品は標準化され，互換性を持っている。

モース硬度 もーすこうど (Mohs hardness)

モース硬度試験では，硬度の基準となる天然の鉱物を硬さ順に並べ，その基準硬度石による引っ掻き痕の生成の有無により，試験片の硬度を比較判定する。簡便であるが，安定的に10段階で硬度を評価する手法が一般的である。ちなみに最高硬度10はダイヤモンド，コランダムは9，石英は7，蛍石は4である。なお，10と9の差が大きいことから，15段階で評価する修正モース硬度もある。
⇒硬さ試験機（31），硬さ（31）

モーダル解析 もーだるかいせき (modall analysis)
＝モード解析（104）
⇒モーダルパラメータ（228）

モード解析 もーどかいせき (modall analysis)

構造体の振動モードを調べることにより，その構造体の動特性を解析する方法で，モーダル解析とも呼ばれる。この手法には有限要素法による理論的なものと，実験的なものがある。実験的には，測定した伝達関数を用いて，モーダルパラメータ（固有振動数，減衰比，モード・シェープ）を求める。一度このパラメータが決定されると，これに基づいて各共振周波数における振動モードを動画的に表示させ，構造体の振動挙動を観察できる。
＝モーダル解析（228）

モーダルパラメータ (modal parameter)

モーダル解析により得られるパラメータで，固有振動数，減衰比，モード・シェープなどで構成される。機械の各点における外力に対する応答は，これらパラメータにより得られる各振動モードの重ね合わせとして表現できる。
⇒モーダル解析（228）

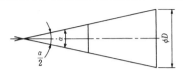

モールステーパ

モールステーパ番号	テーパ比 C	テーパ角度(換算値) α	モールステーパシャンクの基準径 ϕD
0	1/19.212	2°58′53.8″	9.045
1	1/20.047	2°51′26.9″	12.065
2	1/20.020	2°51′40.8″	17.780
3	1/19.922	2°52′31.4″	23.825
4	1/19.254	2°58′30.4″	31.267
5	1/19.002	3° 0′52.4″	44.399
6	1/19.180	2°59′11.7″	63.348

モールステーパ

モールステーパ(morse taper)

円錐テーパの一種であり,モールステーパ0～6番までがある。主にドリルやリーマなどのシャンク部に用いられる。

門形平削り盤 もんがたひらけずりばん (double-housing planning machine, double-columm planer)

ベッドの両側に立てたコラムをトップビームで結び,クロスレールおよびコラムに沿って移動する刃物台をもつ構造の平削り盤。

⇒平削り盤 (196)

門形マシニングセンタ もんがたましにんぐせんた (double-column machining center, bridge-column machining center)

⇒マシニングセンタ (222)

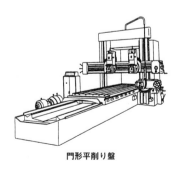

門形平削り盤

〔や〕

焼け やけ (burn mark, burn)
⇒研削焼け (55)

やとい¹ (waster, dummy)
　光学部品などを加工する場合に，加工面を磨きやすい角度に固定するためや，加工中のふちだれ，鋭い角のばり・かけの防止，精密角度研磨のための検査用として工作物のまわりに貼り付ける補助工作物。プリズムを多量生産する場合，金属製の角度ヤトイに貼り付けた多数のプリズムを大きな平面皿にならべ，一度に加工する方法がある。工作物に貼り付けず，まわりに並べるだけのものを捨てヤトイともいう。

やとい² (jig)
　薄物，異形などクランプしにくいワークをその形状に合わせて把持し，工作機械に段取りできるようにする治具。指輪のような形状のものを加工するテーパマンドレルや，低融点金属で固めて薄物を加工することもある。

〔ゆ〕

油圧チャック ゆあつちゃっく (hydraulic power chuck)
　旋盤の主軸の後方に油圧シリンダを設け，油圧の切換えによりチャック面の爪を開閉できるようにしたチャックで，加工時間の短い工作物の取付け・取外しの作業能率を向上させる。エアチャックより把持力が高く出せることから，鋳物や鋼材の荒加工から仕上げ加工まで使用できるチャックとして広く用いられている。
⇒チャック (140)

油圧ユニット ゆあつゆにっと (hydraulic power unit)
　機械の作動部分，駆動部分に作動油を供給する装置。ポンプ，駆動モータ，タンク，フィルタ，制御弁などで構成した一体の油圧源装置。
⇒潤滑装置 (97)

有効切れ刃 ゆうこうきれは (effective cutting edge)
　砥石作業面には多くの砥粒切れ刃が存在しているが，その中で実際の研削作用に関与する砥粒切れ刃のこと。一方，関与しない切れ刃は無効切れ刃と呼ばれる。

遊星運動 ゆうせいうんどう (planetary motion)
　研磨加工において工作物表面を均一に加工するために，工作物や工具を恒星の回りを周回する惑星のように運動させる形態で，平面を加工する通常のラップ盤やポリシ盤で採用されている。研磨盤の中央にサンギア（太陽歯車）を，回りにインターナルギア（内歯車）を配置し，この間に外周に歯を持つ工作物を保持するキャリアを挿入する。サンギアおよびインターナルギアを回転駆動することで，工作物に遊星運動をさせる。
⇒サンギア (81)，キャリア (38)

遊離砥粒 ゆうりとりゅう (loose abrasive)
　砥粒加工において，作用砥粒の保持状態から砥粒が遊離状態にあるものをいう。遊離砥粒を用いて加工する代表例は，ラッピング，ポリシング，バフ加工，バレル加工，噴射加工などがある。遊離砥粒に対して，結合剤で固定された状態にあるものを固定砥粒という。代表的なものに砥石や研磨布紙がある。

油性ラップ液 ゆせいらっぷえき (oil-type lapping solution, lapping fluid, lapping oil)
　研磨の際にラップ面に供給する研磨液

のこと。砥粒を分散させるため、動・植物油や鉱物油などからなり、界面活性剤を含むものもある。金属材料などの研磨に多く用いられる。
⇒水溶性ラップ液（107）

ユニットバフ（unit buff, finger mop）
多数の指状単位体（ユニット）を放射状に円盤または円環に固定した構造のバフ。ユニットには、綿布、サイザル麻織布、サイザル麻コードなどが使用され、その幅、長さ、数および処理法などを変え、用途、目的に応じたものが製造されている。たとえば、ユニット綿バフ、ユニットコードサイザルバフなどがある。
⇒バフ（183），バフ研磨（184）

ユニバーサルアタッチメント（universal milling attachment）
横および万能フライス盤の主軸端と連結するようにコラム前面に取り付けられる主軸方向変換ユニット。コラムに締結される部材、垂直面内で旋回する部材、垂直面に直角な平面で旋回する部材より構成され、主軸の方向を自在に設定し得る。部材の旋回およびクランプは手動によって行う。ユニットにおける動力伝達は平歯車、傘歯車によって行う。特別な治具、カッタを用意することなく、標準工具による斜め加工が可能であり、段取りが簡単である。
⇒フライス盤（202），横フライス盤（234），万能フライス盤（189）

ユニバーサルチャック（universal chuck）
＝連動チャック（246）

ユニバーサルヘッド（universal head）
主軸に対し、任意の方向の面削り穴加工などを行なう装置。中ぐり盤、プラノミラーなどのアタッチメントで、1段取りで多面の加工が可能になる。主軸回転の向きを任意に変えるために、2か所の旋回部を持ち、二対の傘歯車が使われる。潤滑は普通グリース、オイルバスが使われる。構造、潤滑方式によって機械本体主軸に比べると出力および回転数は制限

を受ける。
⇒アングルヘッド（7）

〔よ〕

ヨーイング（yawing）
テーブルなどの移動体が移動するとき上下軸の回りに発生する揺れ（首揺）をいう。首揺の変化は角度で表し、計測にはオートコリメータが使用される。ヨーイング方向の部品精度、運動精度は反射鏡の移動によって生じる角度変化を2点連鎖法で水平面内真直度とする。
⇒ピッチング（193），ローリング（247），オートコリメータ（21）

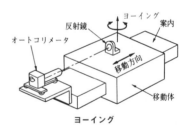

ヨーイング

溶接工具　ようせつこうぐ（welded tool）
刃部の材料をボデーまたはシャンクに溶接した工具。
⇒ろう付け工具（246）

溶着　ようちゃく（deposition, thermally assisted bonding）
2つの固体表面のうち、一方あるいは両方が温度上昇によっていったん溶融し、付着・結合することをいう。固体間の付着や結合を表す用語として、このほかに圧着（主に圧力による付着）と凝着（ミクロな付着）があるが、高温下での凝着を溶着と呼ぶことが多い。構成刃先などの巨視的な付着は溶着、圧着であり、

摩擦圧接や焼付きも，基本的には溶着現象である。

揺動［運動］ ようどう［うんどう］(oscillation)

研磨加工において工作物表面を均一に加工するために，工作物や工具を一定のストロークで往復させる運動形態。運動の方式により，工作物を直線的に往復させる直線揺動，円弧に沿って往復させる円心揺動，球面に沿って往復させる球心揺動の3種類がある。直線揺動や円心揺動は平面の加工に用いられ，球心揺動はレンズなどの球面の加工に用いられる。円心揺動により平面を加工する研磨機はオスカー式研磨機と呼ばれている。

＝オシレーション［運動］(20)
⇒オスカー式研磨機(20)，レンズ研磨機(245)

直線揺動　円心揺動　球心揺動

揺動（運動）

揺動形主軸台 ようどうがたしゅじくだい (cradle-type work head)

マスターカムに倣って揺動できる主軸台。カム研削に使用される。
⇒カム研削盤(35)

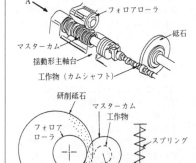

揺動形主軸台

溶融アルミナ ようゆうあるみな (fused alumina)

ボーキサイトやバイヤー法アルミナなどのアルミナ原料を2,000℃以上の高温で溶融精製して作った結晶質アルミナで，大部分は研削材や耐火物に用いられる。また，ベルヌイ法など特殊な目的で作られるアルミナも溶融アルミナである。通常，電気で溶かすため，電融アルミナともいう。
⇒アルミナ質研削材(7)

横送り よこおくり (cross feed)

工具と工作物の回転軸に直角に送ること。
⇒送り(18)，縦送り(134)

横送り台 よこおくりだい (cross slide)

旋盤の往復台上にあって，主軸に直角の方向に移動する台で，この上に刃物台を載せている。
＝クロススライド(49)

横形マシニングセンタ よこがたましにんぐせんた (horizontal machining center)
⇒マシニングセンタ(222)

横切れ刃 よこきれは (side cutting edge)
　一般に（切削）仕上げ面から遠ざかる側の切れ刃。巻末付図(3)参照。
　⇒前切れ刃 (220)，副切れ刃 (199)，主切れ刃 (96)

横切れ刃角 よこきれはかく (approach angle)
　＝アプローチ角 (5)

横軸回転テーブル形平面研削盤 よこじくかいてんてーぶるがたへいめんけんさくばん (holizontal spindle surface grinding machine with a rotary table)
　⇒平面研削盤 (211)

横軸角テーブル形平面研削盤 よこじくかくてーぶるがたへいめんけんさくばん (holizontal spindle surface grinding machine with a reciprocating table)
　＝横軸テーブル往復形平面研削盤 (233)
　⇒平面研削盤 (211)

横軸テーブル往復形平面研削盤 よこじくてーぶるおうふくがたへいめんけんさくばん (surface grinding machine with a horizontal grinding wheel spindle and a reciprocating table)
　＝横軸角テーブル形平面研削盤 (233)
　⇒平面研削盤 (211)

横軸砥石頭 よこじくといしとう (horizontal spindle grinding head)
　砥石軸がテーブル上面に平行で，クロスレールを左右に移動できる砥石頭。特に平面研削盤の砥石頭に使われる。
　⇒横砥石頭 (233)

横すくい角 よこすくいかく (side rake, radial rake)
　基準面 P_r に対するすくい面の傾きを表す角で，主運動方向と送り方向が形成する面上で測る。γ_f と表記する。工具系基準方式では，巻末付図(7)に示す角度となる。正面フライスではラジアルレーキともいう。
　＝ラジアルレーキ (235)
　⇒バックレーキ (183)，直角すくい角 (147)，垂直すくい角 (106)，すくい角 (108)，工具系基準方式 (63)

横砥石頭 よこといしとう (side grinding head)
　平面研削盤において，砥石軸がテーブル上面に平行な形状でコラムに沿って上下摺動できる砥石頭。
　⇒横軸砥石頭 (233)

横中ぐり盤 よこなかぐりばん (horizontal boring machine)
　直立したコラムに沿って上下運動する主軸頭を持ち，主軸が水平の中ぐり盤。
　加工物の受け方で，テーブル形，プレーナ形，床上形に分類され，対象加工物はこの順で大きくなる。テーブル形とプレーナ形は加工物をテーブル上に取り付けて加工する。テーブル形は主軸に対して軸方向およびこれと直角方向に移動することのできるテーブルを持ち，最近はテーブルが水平面内で割り出しまたは回転できる物が多く，4面が加工できるが縦横比は小さい。プレーナ形は主軸に対して直角方向に移動するテーブルを持ち，移動方向の行程およびテーブル長が大きい。主軸方向の送りは，ラム，クイル，コラムなどで行なう。床上形はテーブルを持たず，工作物を床に置いた定盤またはロータリテーブルに取付けて加工する。主軸方向の送りはラム，クイルで行い，主軸と直角方向はコラムで行う。
　⇒中ぐり盤 (167)

横中ぐり盤

横逃げ角 よこにげかく (side clearance angle)

切れ刃に接し,基準面 P_r に垂直な面 P_s に対する逃げ面の傾きを表す角で,主運動方向と送り方向で形成される面で測る。$α_f$ と表記される。工具系基準方式では,巻末付図(7)に示す角度となる。
⇒垂直逃げ角 (106),直角逃げ角 (147),前逃げ角 (221),工具系基準方式 (63)

横フライス盤 よこふらいすばん (horizontal milling machine)

主軸が水平方向に位置し,機械正面の作業者に対してテーブルが左右へ,サドルが前後に動き,主軸はテーブルの動きに対して直角に配置されたフライス盤。ニーが上下するひざ形と,コラムが上下するベッド形がある。

各種のフライスカッタによる切削を行う際,主軸に装着したカッタアーバをコラム上部のオーバアームおよびアーバ支えにより支える。アーバの剛性を維持し,円滑な回転を行うため,アーバサポート内部の油槽によりベアリングカラー部は油潤滑されている。
⇒フライス盤 (202),ひざ形フライス盤 (190),ベッド形フライス盤(212),アーバ (4),アーバ支え (5)

横フライス盤

〔ら〕

ライブセンタ(live center)
= 回転センタ(26)
⇒ センタ(124)

ラインバー(line bar)
= 中ぐり棒(167)

ラザフォード後方散乱分光法 らざふぉーどこうほうさんらんぶんこうほう(Rutherford backscattering spectroscopy)

希ガスのイオンを固体表面に照射すると,その大部分は内部に侵入しながら散乱されていく。RBSでは高速に加速(1〜3MeV程度)したHe^+やNe^+のビームを表面に照射し,散乱角$\theta = 180°$付近,すなわち照射方向にほぼ逆進してくる後方散乱イオンのエネルギ分布を測定する。ただし,イオンの損失エネルギの値はイオンの種類,θ,構成元素などによるので,そのスペクトル分布を表示することによって,表面層(深さ$1\mu m$程度)を構成する元素の深さ方向の分布を求めることができる。
= RBS(267)
⇒ イオン散乱分光法(8)

ラジアスエンドミル(radius endmill)
丸コーナーを持つエンドミル。巻末付図(11)参照。

ラジアルボール盤 らじあるぼーるばん(radial drilling machine)

比較的大きな部品に穴あけするのに利用するボール盤で,主軸などをアームに沿って動かすことができ,アームはコラムを中心に旋回できるので,ベースに取付けた工作物の任意の位置に穴あけができる。片持ち構造であるので剛性は低い。最近の日本ではほとんど生産されていない。
⇒ ボール盤(218)

ラジアルレーキ(radial rake)
基準面P_rに対するすくい面の傾きを表す角で,f-v面P_fが基準面P_r,およびすくい面と交わって得られるそれぞれの交線のはさむ角γ_r。巻末付図(7)参照。

ラックカッタ(rack-type cutter, gear planer cutter)
ラック形の切れ刃をもつ歯切り工具。巻末付図(13)参照。

ラック歯切り盤 らっくはぎりばん(rack cutting machine, rack shaping machine)

ラックを加工する機械をラック歯切り盤と呼ぶ。ラックを加工する方法には,フライスカッタを用いるフライス切りと,ギアシェーパでラック歯切り装置を付けて加工する方法と,サーフェスブローチによる加工がある。

ギアシェーパ加工のみが創成歯切りで,他は工具の歯形がそのまま転写される成形歯切りである。ギアシェーパ加工は不等ピッチなどの特殊ラックに,ブローチ加工は自動車部品などの量産加工に用いられる。フライス加工する機械はマシニングセンタでも代用できるので,最近ほとんど製作されていない。

ラッピング(lapping)
遊離砥粒を分散させた研磨剤を介して工作物とラップを擦り合わせる研磨を指す。ガラスレンズの加工を例にとると,曇りガラスの状態に仕上げる粗面研磨に該当する。数十〜数μmの大きさの砥粒,研磨液としての水,硬質工具のラップなどが使用され,鏡面仕上げのポリシングの前加工に位置し,寸法や表面粗さを整える役割を持つ。

ラッピング圧力 らっぴんぐあつりょく(lapping pressure)
⇒ 研磨圧［力］(57)

ラッピングフィルム らっぴんぐふぃるむ(lapping film, polishing film)
ラッピングフィルムは,一般的にポリエ

ステルフィルムの基材上に 0.1〜60μm の微細砥粒を接着剤でコーティングした研磨布紙工具の一種。研磨材としては、一般の砥石に用いられるものの他に酸クロム、酸化鉄、酸化セリウム、酸化ケイ素、炭酸バリウムなどが工作物材質に対応して選定される。砥粒径は 16μm 以下の微粉サイズが大半を占め、粒径分布幅も厳格に狭く管理している。基材は、強度や厚さの均一性から 3〜100μm の厚さのポリエステルフィルムが一般に用いられている。接着剤には、基材との密着性を保ちながら適度な柔軟性や弾力性を必要とすることから、共重合ポリエステル樹脂、ポリウレタン樹脂、塩ビ・酢酸ビニル共重合樹脂、塩ビ・アクリル共重合樹脂などが用途に応じて選択される。塗装法は厚さや均質が重要視され、多様な塗布パターンも開発されている。

＝研磨フィルム (58)
⇒フィルム研磨 (198)

ラップ[工具] らっぷ[こうぐ] (lap, lapping plate, lapping tool)

ラッピングに使用する工具で工作物の形状に応じて平面、凹面、凸面などが準備される。鋳鉄など硬質材料が用いられる。鋳鉄は、フェライト、セメンタイト、黒鉛が微細に混在した組織を有するので、微小な凹凸が形成されて砥粒の保持が良いといわれる。また一方では、焼入れした硬い工具鋼のラップをすると砥粒が転動しやすいともいわれている。工作物によっては金属イオンによる汚染を嫌ってガラスやセラミックスを用いる場合もある。

ラップ材 らっぷざい (lapping abrasive)
＝研磨材 (57)、砥粒 (162)

ラップ剤 らっぷざい (lapping compound, slurry)
＝研磨剤 (57)

ラップ定盤 らっぷじょうばん (lap, lapping plate)
＝定盤² (98)

ラップ長 らっぷちょう (lapping length)

ラッピングにおける工作物の一点が工具との相対運動で描く軌跡の長さを指す。工作物のある一点における研磨量は、走行距離と研磨圧力の積に比例するので、この軌跡密度が高い所の研磨が進み、平面度などの精度の劣化に関係する。

ラップ盤 らっぷばん (lapping machine, polishing machine)

工作物と工具を擦り合わせてラッピングなどの研磨を行う研磨装置の総称。平面、凹凸の球面・非球面のほか、球、ねじ、歯車などのラッピングにも使用され、用途によって名称、形態に様々なものがある。

ラップ焼け らっぷやけ (lapping burn mark)

ラッピングにおいて、研磨剤不足、高研磨圧力、高相対速度などが原因して局部的に発熱し、研磨面が変色・材質変化することを指す。

ラップ力 らっぷりょく (lapping force)
⇒研磨力 (60)

ラテラルシアリング干渉計 らてらるしありんぐかんしょうけい (lateral shearing interferometer)

測定対象への照射光束を二光束に分割し、うち一方は測定面からの反射光、もう一方は参照面からの反射光とし、各々の反射光を重ね合わせることで干渉縞を得る干渉計を指す。光束の分割方法としては、ウェッジ形状を有するオプティカルフラットに入射光を斜入射した際のオプティカルフラット前面および裏面における反射光束を用いる方法、回折格子を用いる方法等が挙げられる。コヒーレント光のコリメート状態の観察などに用いられる。

ラピッドプロトタイピング (rapid prototyping)

直訳の通り迅速な試作を意味し、一般に AM (Additive Manufacturing) で 3D-CAD で作成した3次元モデルを実

体化する技術を指す。金型を用いずに樹脂の造形ができ，また手作業による模型作りと比して短時間でモデル製作ができることから，ラピッドと称される。初期段階のデザイン検討において，デジタルデータを忠実に実体化でき，材料の制約はあるものの外観だけでなく機能の検証も行うことができる。

1990年代から普及した紫外線硬化樹脂による光造形法や，FDM（Fused Deposition Modeling）が主に用いられ，2000年以降では様々な工法のAMが活用されている。AMが国際標準で定義される前は，積層造形法の総称として用いられることが多かったが，試作目的の場合に適用される。
= RP（267）
⇒ AM（255）

ラビング[1]（rubbing）
砥粒切れ刃先端の丸みあるいは逃げ面などのために，切れ刃が工作物に喰い込むことなく表面をこする現象。切れ刃が工作物の弾性変形を伴って接触している状態であり，工作物材料の除去を伴わない。工作物の塑性変形をさらに伴う場合はプラウイング（ploughing, plowing）という。
= 上滑り（12）
⇒ 切削［加工］（117），掘起し（217）

ラビング[2]（rubbing）
液晶ディスプレイの製造工程の一つで，液晶配向膜を塗布した基板に対して，ナイロンなどの布を巻いたローラを回転させ一定圧力で押し付けながら一方向に移動させることによって，配向膜表面を一定方向に擦る（ラビングする）方法。配向膜表面の高分子鎖が一定方向に潰れることで異方性が生じ，液晶分子の配向方向を規定すると考えられている。

ラビングコンパウンド（rubbing compound）
研磨材として主に珪藻土，トリポリなどを用いたペーストないし液状の研磨剤で，塗料塗装面の粗面の平滑化を目的とする。
⇒ 研磨剤（57），ポリシ剤（218），ダイヤモンドコンパウンド（131）

ラフィング（roughing）
= 粗削り（6）

ラフィングエンドミル（roughing endmill）
= 荒削りエンドミル（6）

ラマン分光分析　らまんぶんこうぶんせき（Raman spectroscopic analysis）
光を物質に照射したとき，表面を構成する原子やイオンの振動や回転などによって，その散乱光の振動数が入射光のそれから変化する現象をラマン効果という。ラマン効果に基づく散乱光スペクトルの分光分析法は気体，液体，固体などすべての物質に適用できるが，主として赤外分光法を適用できないものに利用されており，表面の吸着物質や成分，変質層や結晶状態などの分析に利用される。なお，励起にはもっぱら単色性に優れるレーザ光線が使われる。

ラム（ram）
主軸，フライス主軸などを支持し，主軸頭内を主軸方向に移動する角形棒状の物。中ぐり盤，プラノミラーなどにおいて，主軸を繰り出すと，剛性低下，自重たわみが生じるのを防ぐために使う。
⇒ クイル（45）

ラム形砥石頭　らむがたといしとう（ram-type grinding head）
横縦角テーブル形平面研削盤において，砥石軸を内蔵する送り台が案内面に沿って水平移動するタイプの砥石頭。

ランド（land）
①溝を持つ工具の切れ刃からヒールまでの堤状の幅を持った部分。②すくい面上に切れ刃に沿って設けられた幅の狭い帯状の面。③逃げ面上に切れ刃に沿って設けられた幅の狭い帯状の面。逃げ角をつけないことが多い。機能面からマージンと呼ぶことがある。巻末付図(4)参照。

⇒マージン（222）

ランド幅　らんどはば（land width）
　溝を持つ工具の切れ刃からヒールまでの堤状の部分の幅。巻末付図(4)参照。

〔り〕

リキッドホーニング（liquid honing）
　＝液体ホーニング（13）

リジッドホーニング（rigid honing）
　工作物・ホーンの両者の位置および姿勢を固定して行うホーニング。両者の一方をフローティングとするフリーホーニングと異なり，前加工穴の位置精度・基準面に対する傾きなども修正できる。

リセス皿　りせすざら（recessed tool）
　工作物をリセスチャックするために貼り付く箇所を座ぐった皿。【ガラス加工】
⇒リセスチャック（238）

リセスチャック（recessed chuck）
　座ぐり加工した皿にレンズなどの工作物を貼り付けて保持すること。

リップハイト（lip height）
　ドリルを回転し，各切れ刃間の差。
＝振れ（205）

リップハイト

リーディングエッジ[1]（leading edge of land）
　切削工具において，溝とマージンで形成される交線。

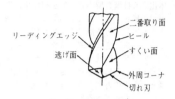

リーディングエッジ[1]

リーディングエッジ[2]（leading edge）
　研磨加工において工具表面を工作物が摺動する際の，その摺動方向の工具表面に近い方の工作物の角。このエッジにより工作物と工具の隙間より大きい粒径の砥粒は除外され，加工域に侵入しないため，深い傷が発生しない。

リテーナリング（retainer ring）
　＝修正リング（95）

リード（lead, gash lead）
　ねじれのつる巻き線に沿って軸の周りを1周するとき軸方向に進む距離。巻末付図(6)参照。

リニアエンコーダ（linear encoder）
⇒エンコーダ（15）

リニアボールガイド（linear ball guide）
⇒転がり軸受（74）

リニアモータ（linear motor）
　直線移動推力を発生することのできる直線移動型電気モータである。回転型のモータと同様に様々な方式のリニアモータがあるが，工作機械の分野で用いられているのは永久磁石同期モータがほとんどである。電機子巻線にコアのあるコア付方式とコアレス方式があるが，永久磁石の磁束を有効に利用でき，推力発生効率が高いコア付方式が主に用いられる。この方式は，可動子と固定子の間の大きな磁気吸引力を保持できるように案内機構を設計する必要がある。また，コギング等の推力外乱の影響を抑え込むだけのサーボ制御性能が必要となる。
　超精密の分野では，コア付に比べて推

力発生効率は落ちるが，可動子と固定子の間の磁気吸引力が無く，コギング等の推力外乱の影響が小さいコアレス方式が使われる場合もある。

工作機械で使用する目的は，当初の高速送り，長距離送りから，ボールねじ系に比べ介在物が無いことによる高精度化や高速揺動などに広がってきている。サーボ系の高ゲインを確保するための制御技術，防塵防水対策や周辺機器の高加減速対策などの技術が併せて必要となる。
⇒サーボモータ（78）

リーマ（reamer）

あらかじめあけられた穴を正確に仕上げ，同時に滑らかな仕上げ面を得ようとする場合に用いる工具。多種多様であるが，JISでは，(a)刃部材料および表面処理による分類（超硬，高速度工具鋼など），(b)構造による分類（むく，溶接など），(c)取付け方法による分類（ストレートシャンク，テーパシャンクなど），(d)機能または用途による分類（手回し作業用，機械作業用など）がされており，これらを組み合わせて，たとえば，超硬ろう付けテーパシャンクチャッキングリーマというように呼ぶ。
⇒アジャスタブルリーマ（4），センタリーマ（125），シェルリーマ（83）

リーマ代　りーましろ（stock amount）

リーマで削り取る量。リーマの直径から，下穴の直径を引いた量。
⇒リーマ（239）

粒径　りゅうけい（grain size）
⇒平均粒［子］径（210）

流体絞り　りゅうたいしぼり（fluid restrictor）

静圧軸受において，軸受荷重の変動に対する潤滑膜圧力の自己調整機能を与えて軸受剛性を確保する目的で，潤滑流体供給管路の途中に設けられる絞り。毛細管絞りやオリフィス絞りが一般的である。また，焼結金属や多孔質セラミックス材料などを用いた多孔質絞りがある。

⇒自成絞り（87），毛細管絞り（228），オリフィス絞り（23），表面絞り（196），多孔質絞り（132）

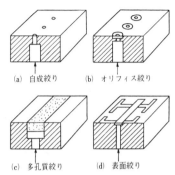

静圧（空気）案内面内の流体絞り形式例[32]

粒度　りゅうど（grain size, mesh size）

砥粒の大きさとその分布を数値の段階で表したもの。数値が小さいほど砥粒径は大きく，分布はほぼ正規分布である。粗粒はふるい分け試験で，微粉は沈降法または電気抵抗法がJISに制定されている。
＝平均粒［子］径（210）
⇒砥粒（162），粗粒（129），微粉（194），粒度分布（239）

粒度分布　りゅうどぶんぷ（grain size distribution）

砥粒の大きさの分布状態を表したもの。
⇒砥粒（162），粒度（239）

流動バレル研磨機　りゅうどうばれるけんまき（rotary barrel machine）

円筒形バレル槽の底部に回転円盤を配し，それを回転させることによって工作物と研磨メディア，コンパウンドと水に渦巻状の流動を生じさせてバレル加工を行うバレル研磨機。研磨能力は回転バレルの10〜15倍であるが，加工の自動化が容易な方式である。
＝渦流バレル研磨機（36）
⇒バレル研磨（187）

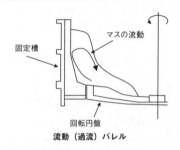

流動(過流)バレル

両頭エンドミル りょうとうえんどみる (double-end endmill)

シャンクの両側に切れ刃を持つエンドミル。巻末付図(11)参照。

両頭平面研削盤 りょうとうへいめんけんさくばん (double-disc surface grinding machine)
＝対向二軸平面研削盤 (130)

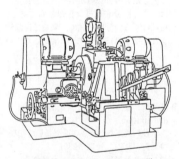

両頭平面研削盤(通し送り方式)[46]

両へこみ形砥石 りょうへこみがたといし (double recessed [grinding] wheel, straight [grinding] wheel recessed on both sides)

研削砥石の形状についての分類の呼びで,平形砥石で円筒外周使用面以外の両側面に凹みをつけた逃がしのある形状のもの。巻末付図(15)参照。

両面研削 りょうめんけんさく (double-disc grinding)

対向する2枚の研削砥石の間に工作物を通過させて,両面を同時に研削すること。
⇒両頭平面研削盤 (240)

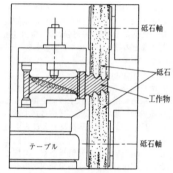

両面研削[47]

両面研磨盤 りょうめんけんまばん (double-sided lapping machine, double-sided polishing machine)

基板状の加工物の両面を同時に研磨する加工装置の総称。上下定盤,内歯車,太陽歯車と加工物保持キャリアから構成される。ラップやポリシングなどの工具2枚を対向させて工作物を挟むようにして研磨する構造をとるので,平行平面加工を有利に進めることができる。工作物より薄いキャリヤあるいはケージと称する薄板状の穴の中に工作物を入れ,円環状工具面上に分散配置し,研磨のための相対運動を行なう。

主な相対運動方式には,3種類ある。2枚の工具が静止していてキャリヤや工作物が公転と自転する2ウェイタイプは加工物の表裏に同方向の比較的高い研磨抵抗がかかるため,薄物は適さず厚板の平行度出しに使用される。下部工具1枚のみが回転する3ウェイでは,荷重が制

御しやすく，薄物の精密研磨に使用されている．とくに上部工具が1本のワイヤーで吊され，下部工具の運動に併せて平行移動する高精度タイプは水晶ウエハの研磨に多く使用されている．さらに2枚の工具がサーボモータで互いに逆回転する4ウェイタイプではムラのない工具回転を低速から実現しており安定した研磨が可能である．
⇒キャリア（38），サンギア（81），片面研磨盤（31）

両面取りフライス りょうめんとりふらいす（double-corner rounding milling cutter）
外周面の両側に丸くくぼんだ切れ刃を持ち，角の丸みの加工に用いる二番取りフライス．巻末付図(10)参照．

両面ラッピング りょうめんらっぴんぐ（double-side lapping）
両面ラップ盤により，両面を同時に加工して，平行平板などを作製するラッピング．圧電フィルタの薄板基板，シリコンウェーハ，フォトマスクや磁気ディスク用ガラス基板などの作製に利用されている．
⇒両面ラップ盤（241），ラッピング（235）

両面ラップ盤 りょうめんらっぷばん

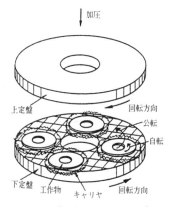

両面ラップ盤（4モーションタイプ）

(double-sided lapping machine)
＝両面研磨盤（240）

緑色炭化珪素研削材 りょくしょくたんかけいそけんさくざい（green silicon carbide abrasive）
炭化珪素質研削材のうち，緑色を呈するものをいう．原料として，精製したものを使用し，通電も多めにする．黒色のものに比べ，硬度はやや高く，破砕性も高いため，もっぱら研削用に用いられる．
＝GC砥粒（261）
⇒炭化珪素質研削材（136）

臨界圧力 りんかいあつりょく（critical pressure）
砥石圧力の増大に伴い砥石の減耗量が急増し始める状態の圧力．結合度が高い砥石，砥粒粒度が粗い砥石，組織が密な砥石ほど臨界圧力は高い．また，最大傾斜角が小さい場合や工作物が硬い場合も臨界圧力は高い．超仕上げの2段加工では，まず臨界圧力より高い砥石圧力で荒加工を能率良く行い，つぎに臨界圧力より低い圧力で仕上げ加工を行うことがある．

輪郭形状測定機 りんかくけいじょうそくてい き（surface contour measuring instruments）
測定対象表面を先端径数十μmの触針でトレースすることで，測定対象の輪郭形状を得る測定機を指す．表面粗さ測定機とほぼ同様の構成であることが多いが，表面粗さ測定機が測定対象の表面粗さ測定を目的としているのに対して，輪郭形状測定機はその機能を測定対象の各種寸法測定に特化しており，数十mm程度の高さ方向測定レンジを確保している．

輪郭削り りんかくけずり（contouring）
板カムや溝カムのように，不規則で複雑な形状を持つ工作物の外形や溝の内壁を，たとえばエンドミルのような工具を用いて，連続的に加工し，輪郭を形成する切削加工．

輪郭研削 りんかくけんさく (contour grinding, profile grinding)
　プレス用金型やモールド用金型などの3次元形状を，倣い研削盤やNC研削盤を用いて創成研削すること。
　⇒倣い研削 (169)，輪郭研削盤 (242)

輪郭研削盤 りんかくけんさくばん (contour grinding machine, profile grinding machine)
　スクリーン上に工作物を投影して，その輪郭を所要の形状に研削する研削盤。
　⇒光学倣い研削盤 (61)

輪郭制御 りんかくせいぎょ (continuous path control)
　位置決め制御と同じようにNC工作機械やロボットを制御する方式の1つで，CP制御あるいは連続経路制御ともいわれる。工具の移動する経路を連続的に制御して必要な輪郭形状を作り出すために，直線補間や円弧補間が組み合わされて用いられる。NCデータではG機能で直線補間や円弧補間を指定して工具経路を記述する。
　⇒直線切削制御 (146)，コンタリング加工 (75)

輪郭摩耗 りんかくまもう (wheel profile wear)
　総形研削などにおいて，成形された砥石の輪郭形状が摩耗すること。
　⇒総形研削 (127)

リング形砥石 りんぐがたといし (ring [grinding] wheel, cylinder [grinding] wheel)
　研削砥石の形状についての分類の呼びで，円筒側面を使用面としたリング形状のもの。巻末付図(15)参照。

リンス (rinse)
　ポリシングの終了直前に純水を掛け流してポリシ剤成分を希釈排除すること。ポリシ剤中には工作物に対し腐食作用を持つケミカル成分が添加されている場合があり，加工面の鏡面性を確保したり後工程の洗浄を容易とするために行われる。

〔る〕

ルーマ形ドリル るーまがたどりる (pivot drill)
　直径とシャンク径が異なるドリル。主として細径ドリルで，浅穴加工に用いる。巻末付図(12)参照。

〔れ〕

冷却 れいきゃく (cooling)
　所定の温度まで冷やすこと。工具−工作物−工作機械系では，加工を行う際の工作物の塑性変形や工具−工作物間の摩擦のほかに，主軸系，テーブル駆動系における転がり摩擦や作動油などの粘性によってエネルギが消費され，大部分が熱に変換される。こうした発熱により，加工精度の低下，工具や工作機械寿命の低下，研削焼けや研削割れなどの工作物の品位の低下が生ずるため，加工における冷却は大変重要である。
　切削点での冷却作用を高める一般的な方法は切削油剤の使用である。大気に比べて100倍以上の熱伝達率 $(1,000 \sim 5,000 Wm^{-1}K^{-1})$ をもつ。このほかに冷媒を工具内部に導いたり（工具内部冷却法），霧状にして吹き付けたり（噴霧冷却），あるいは高圧で切削点近傍にジェット噴射したり（高圧クーラント法）する方法がある。
　⇒潤滑 (97)

レーザ (laser)
　レーザとは「誘導放出による光の増幅 (Light Amplification by Stimulated Emission of Radiation) の略」である。

「レーザ」と表現された場合は，この増幅を用いて光を放出する発振器を指すことが多く，放出される光自体はレーザビーム，レーザ光などと表現されることが多い。レーザ光は，紫外～赤外まで特定の単一波長，単一位相で発振するコヒーレント光である。可干渉性に優れ高いエネルギ密度が得られる。またその指向性は太陽光線の100倍優れている。

レーザ加工 れーざかこう（laser machining, laser processing）

レーザ光を用いて加工する手法の総称であり，光により生じる熱や化学反応，光解離を利用し，さまざまな加工が実現できる。一般的なレーザ加工は熱加工であり，除去加工として，溶融，蒸発などを起こすことでの穴あけ，切断が代表的である。付加加工では母材表面に配置した金属粉を溶融，付着させることでアディティブ・マニュファクチャリング（AM）に使用される。重量変化を伴わない，溶接，焼入れなどにも応用される。さらに，これらの温度変化によって誘起される諸現象（例えば衝撃波によるピーニング）を利用する例もある。化学反応を利用する例では，感光性樹脂を硬化させて三次元造形を行う光造形や，半導体の製造プロセスにおけるレジストの露光が代表的である。

⇒ AM（255）

レーザ加工機 れーざかこうき（laser processing machine）

レーザ加工するためのシステムであり，レーザ発振器，レーザ光を被加工材に導くための光伝送系，所望の大きさ・範囲で照射するための集光レンズ，レーザ光を被加工材表面で走査するためのステージもしくはガルバノスキャナから構成されることが一般的である。さらに被加工材の種類や用途によって，溶融した金属を吹き飛ばすためのガスノズル，位置決めのための観察光学系，所定の動作をするためのNC装置などから構成される。

レーザ計測 れーざけいそく（laser measurement）

レーザを光源として用いる計測手法の

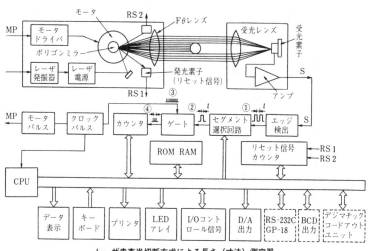

レーザ走査光切断方式による長さ（寸法）測定器

総称を指す。レーザ光は単波長であることや，太陽光などの自然光に比べて指向性に優れており可干渉長が長い（コヒーレントである）等の性質から，その特性を利用した各種計測方法が利用されており，形状計測，距離・変位計測，時間計測などに用いられる。

レーザスキャンマイクロメータ（laser scanning micrometer）
＝レーザ測長システム（244）

レーザ測長システム れーざそくちょうしすてむ（laser measurement system）

レーザ光を用いた非接触による光学式寸法・変位測定技術は，幾何光学的な特性を利用する方法と，物理光学的な特性を利用する手法に大別される。前者にはレーザ走査光切断方式，三角測量方式，光ファイバによる散乱光強度分布特性の利用方式，収差利用方式などがあり，後者には，光波干渉方式，光ヘテロダイン方式，ホログラフィ利用方式，スペックル利用方式，回折光利用方式などが挙げられる。
＝レーザスキャンマイクロメータ（244）

レーザドップラ振動計 れーざどっぷらしんどうけい（laser Doppler vibrometer）

一定波長のレーザ光を基準面と振動している物体表面に分光して照射し，それぞれの反射光を重畳させることで現れるレーザ光の強度の変動を測定，解析することにより非接触かつ高い応答性で物体の速度，加速度および変位を求める装置である。切削工具のびびり振動の測定などに有効である。
⇒加速度ピックアップ（30）

レジノイドオフセット[研削]砥石 れじのいどおふせっと[けんさく]といし（depressed center wheel with fabric reinforcement）

ガラス繊維などで補強した中央部を凹ませた厚みの薄い形の自由研削用レジノイド研削砥石。
⇒レジノイド[研削]砥石（244）

レジノイド[研削]砥石 れじのいど[けんさく]といし（resinoid [grinding] wheel, resinoid [bonded] wheel, bakelite [bonded] wheel）

フェノール樹脂に代表される熱硬化性合成樹脂を主体として砥粒を結合し，低温にて硬化し成形したセミ弾性砥石。他の無機質結合剤の研削砥石よりも安全性が高く，工作物に対するアタリも著しくソフトで衝撃が少ない。したがって，ポータブル，スイングフレーム式研削やロール研削，ビレット，スラブの疵とり研削に使用される。
⇒レジノイドオフセット[研削]砥石（244），レジノイド切断砥石（244）

レジノイド切断砥石 れじのいどせつだんといし（resinoid cutting-off wheel）

厚さの薄い切断用のレジノイド研削砥石。
⇒レジノイド[研削]砥石（244）

レファレンス点復帰 れふぁれんすてんふっき（reference position return）
＝原点復帰（56）

レベル出し れべるだし（leveling）

工作機械またはその加工物の水平を調整すること。FMSなどで，多数の機械の相互の上下位置関係を調整することをさすこともある。

工作機械は互いに直交する3方向の移動軸で構成されている。2軸を水平面に，1軸を鉛直に調整すると，水準器（レベル）が使えるので，高精度な調整が比較的簡単にできる。工作機械の移動方向との平行を出すために，工作物も水平を基準として取付けられることになる。レベル出し作業は，基礎に設置されるベッドなどの構造物の下に，楔，ジャッキ，レベリングブロックなどを入れて各部の高さ調整をすることによって行う。多数の機械をレベル出しするには，トランシット，連水管などが使われる。
⇒水準器（106）

レンズ研磨機 れんずけんまき (lens polishing machine, lens lapping machine)

平面，球面，非球面からなる光学レンズや反射鏡の製作過程のラッピングやポリシングで使用する研磨機の総称。工作物と工具を擦り合わせる操作を手で行っていたものを機械運動に置き換えてきたので，回転運動，（円弧）往復運動を組み合わせた構造の機械が多い。
⇒オスカー式研磨機（20）

連続切れ刃間隔 れんぞくきれはかんかく (successive cutting-point spacing)

砥石作業面に研削方向の一直線を引いたとき，その直線上に並ぶ砥粒切れ刃の間隔で，通常はこれらの平均値によって表す。しかし厳密には，切れ刃の分布状態は砥石作業面の深さ方向で異なっており，連続切れ刃間隔の値に対しても深さ方向の考慮がなされるべきである。
⇒平均砥粒間隔（210）

連続切削 れんぞくせっさく (continuous cutting)

切削が中断することなく連続的に行われることをいう。たとえば，旋削における丸棒の外周削りやドリルによる穴あけがこれに該当する。フライス削りのような断続切削と異なり，切削力や工具－工作物間の相対変位の変動は少ない。
⇒断続切削（137）

連続ドレッシング れんぞくどれっしんぐ (continuous dressing)

研削加工を行いつつ常時ドレッシングを行うこと。常に切れ味のよい砥石作用面が得られるために，高能率の研削加工を行うことができる。
⇒ドレッシング（164）

連続ドレッシング研削 れんぞくどれっしんぐけんさく (continuous dress grinding)

研削中に常時ドレッシングを行いながら研削加工を行う技術。連続ドレッシングにより砥石面は常にドレッシング後の

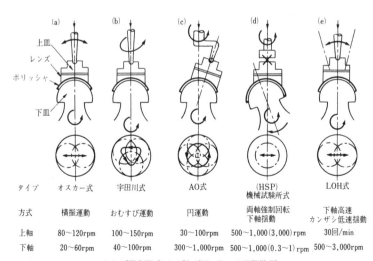

レンズ研磨機（レンズとポリッシャの運動様式）

状態であるため，砥石面の性状が一定しており，安定した仕上げ面を得ることができる。
⇒連続ドレッシング（245）

連動チャック　れんどうちゃっく（universal chuck）
複数の爪が同時に移動するチャック。爪を同時に移動させる機構や動力の種類により，スクロールチャック，油圧チャック，エアチャックなどの種類がある。
⇒チャック（140）

〔ろ〕

ろう付け工具　ろうづけこうぐ（brazed tool）
刃部の材料をボデー，またはシャンクにろう付けした工具。

濾過装置　ろかそうち（filter）
水などをろ過する装置で，浄化装置，フィルターとも呼ばれる。浄水機能のあるろ材として，活性炭，中空糸膜，イオン交換樹脂，セラミック，逆浸透（RO: reverse osmosis）膜などがある。
⇒純水（98）

ロストモーション（lost motion）
機械に運動の指令を与えても，指令通りに動かないこと（遊び）をいう。ロストモーションの原因として歯車やねじのバックラッシ，移動体の姿勢変化，ベアリングのがた，部材の弾性変形などが考えられる。
⇒バックラッシ（182）

ローダ（loader）
⇒オートローダ（21）

ロータリエンコーダ（rotary encoder）
⇒エンコーダ（15）

ロータリダイヤモンドドレッサ（rotary diamond dresser）
高硬度のロール外周面に適度な粒度のダイヤモンド粒子を埋め込んだ回転式のドレッサであり，ドレッサを回転させながら砥石に押し当て，ドレッサの形状を砥石に転写するものである。ロータリドレッサの製造方法を大別すると焼結方式，電鋳方式，電着方式がある。また，形状を大別すると，プランジ形，トラバース形，コニカル形，カップ形などがある。
⇒ロータリドレッサ（246）

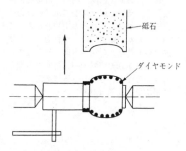

ロータリダイヤモンドドレッサ

ロータリテーブル（rotary table, rotating table）
＝回転テーブル（26）
⇒テーブル（153），割出し（250）

ロータリドレッサ（rotary dresser）
目立てのための砥石を強制駆動させるタイプの回転式ドレッサ。ドレッサを回転させることにより，ドレッサの摩耗を抑えることができる。ドレッサとしては，ダイヤモンド砥粒を用いたものと一般砥粒を用いたもがある。
⇒ロータリダイヤモンドドレッサ（246）

ロックウェル硬さ　ろっくうぇるかたさ（Rockwell hardness）
押込み硬さの1つ。規定する寸法の圧子を試料面に2段階で押込み，除荷し

た後に残る永久くぼみの深さと2つの定数から算出する。圧子は，円すい形（先端半径0.2mm，先端角120°のダイヤモンド），または球（直径1.5875mmまたは3.175mmの鋼球または超硬合金球）を用いる。数値に続けて，HRにスケールや圧子の種類をつけた記号（HRA，HR30Wなど）で表記する。
⇒硬さ試験機（31），硬さ（31）

ローリング（rolling）
テーブルなどの移動体が移動する時，前後軸の回りに発生する揺れをいう。揺れの変化は角度で表し，計測にはオートコリメータが使用される。
⇒ピッチング（193），ヨーイング（231），オートコリメータ（21）

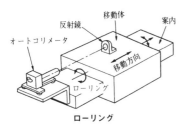

ローリング

ロールカム（roll cam）
傘歯車歯切り盤では歯車を1歯ずつ創成加工する。1歯加工し，次の歯の加工に移るとき，カッタとワークはいったん急速に離れ，ワークは1歯割出される。次に荒切込み，仕上げ切込みがなされる。この運動は大きなロールに刻まれた溝カムによってなされる。この送りカムをロールカムと呼ぶ。

ロール研削　ろーるけんさく（roll grinding）
鉄鋼，アルミニウム，銅など各種金属を圧延するロールの外面を研削することをいう。
ロールは大きさや仕上げ面粗さが異なり，鋼板圧延用のバックアップロールでは

バレル径2,500mm×バレル長5,500mm・ロール質量250tのものもあり，アルミ箔用ロールは面粗さ$0.02\mu m R_s$が必要とされる。ロールの摩耗を修正するため圧延工場にはロール研削盤が設置されている。
⇒ロール研削盤（247）

ロール研削盤　ろーるけんさくばん（roll grinding machine）
主として圧延用ロールの外面を研削する円筒研削盤をいう。目的によって機械の機能が異なる。圧延反力によって生じる誤差を補正するため円筒面に各種のクラウニングを付ける機構を備えている。
⇒ロール研削（247）

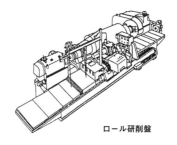

ロール研削盤

ロールコーン（roll cone）
すぐば傘歯車歯切り盤において，加工歯車に歯形創成運動として仮想冠歯車のピッチ平面上での転がり運動を与える転がり円錐片をロールコーンと呼ぶ。滑りが発生しないように鋼板のバンドで固定されている。Reinecker社の歯切り盤に使われるが，この歯切り盤は加工能率が悪く，現在あまり使用されていない。

ロール旋盤　ろーるせんばん（roll turning lathe）
鋼板や棒鋼，形鋼などの圧延用ロールの成形や修正加工を目的とした，支持重量の大きな強力重切削旋盤。刃具として丸こまバイトや総形バイトなど，切削面積の広い工具が使用されることが多い。

ローレット切り ろーれっときり
 (knurling)
 ローレットを用いてローレット目を付けること。

〔わ〕

ワイヤソー(wire saw)
　ダイヤモンドワイヤ工具や,ダイヤモンドなどを遊離砥粒としてワイヤ工具に供給し,工作物を所望の形状やブロック形状に切断する加工法。各種半導体や光学素子用結晶材料,結晶型太陽電池パネル用ブロックの切断などに用いられている。
　⇒マルチワイヤソー(223)

ワイヤ放電加工　わいやほうでんかこう(wire electrical discharge machiing)
　細いワイヤ(金属線)と工作物間でアーク放電を発生させながら,細い金属線を所望の形状に動かすことによって材料を切断し,加工する方法。ワイヤを電極に用いるため,形彫り放電加工のように複雑形状の電極を作製する必要がない。ワイヤーカットとも呼ばれている。WEDMとも称される。
　=放電加工(214)

ワーク計測装置　わーくけいそくそうち(workpiece measurement device)
　ワーク計測には,工作機械に対し機外で計測する方法と機内で計測する方法がある。計測装置として,最近ではプローブ形が多く使われている。目的は主として,工作物素材の基準面や基準の穴位置を測定することによって,工作機械のNC原点のオフセットを行ったり,加工後の重要部分の寸法測定を行うことである。
　⇒機内計測装置(38)

機内計測

ワークサドル(work saddle)
　通常ワークテーブルやワークヘッドを乗せ,切込み方向に移動する台を指すが,傘歯車歯切り盤では,ワークヘッドを加工歯車のピッチ円錐角に応じてクレードル軸に対し旋回させる台をワークサドルと呼ぶ。
　⇒ワークヘッド(249)

ワークスピンドル(work spindle)
　歯車を加工する機械の場合,創成運動を与えるため,カッタもワーク(工作物)も回転する主軸に取り付けられる。それぞれの主軸をカッタスピンドル,ワークスピンドルと呼ぶ。このワークスピンドル軸が垂直の場合はワークテーブルと呼び,水平の場合はワークスピンドルと呼び,区別している。工作物がシャフト形状の場合,ワークスピンドルは取り付け易さのため水平軸になっていることが多い。またワークスピンドル軸が垂直の機械を立形の機械,水平の機械を横形の機械と呼ぶ。
　=ワークテーブル(249)
　⇒カッタスピンドル(33)

ワークテーブル(work table)
　歯車加工機において,ワークを回転するためのワークスピンドルの軸が垂直の場合,ワークテーブルと呼び,区別している。
　=ワークスピンドル(249)
　⇒親ウォームホイール(23)

ワークヘッド(work head)
　加工歯車を取付ける部分を指すが,創成運動のためのワーク駆動機構だけでなく,割出し歯車装置もその装置に含まれる場合にワークヘッドと呼ぶ。割出し歯車装置が含まれない場合はワークスピン

ドルと呼び，区別する。傘歯車歯切り盤は加工歯車を取付ける部分に割出し歯車装置が含まれるのでワークヘッドど呼ぶ。

⇒ワークサドル（249），カッタヘッド（33）

ワークレスト（work rest）

旋削や円筒研削においてバー材などの長物の工作物のたわみを，あるいは心無し研削における工作物の半径方向の移動を規制するために設けられる，工作物を支持する台あるいは装置。ローラや板などで工作物を支持する接触式のタイプが多用されているが，流体圧力や磁気力により工作物を支持する非接触式のタイプもある。心無し研削のワークレストはシューあるいはブレードと呼ばれる。

ワックス（wax）

熱可塑性の接着材。一般的にはロウを主成分としたものである。工作物を固定するに際し，非磁性のようなものは保持法が困難なために，工作物を昇温し，ワックスを溶融させ，冷却し，固定する方法が古くから利用されている。同時に加工後の洗浄性や不純物の量なども近年考慮されたものが生産されている。紫外線で剥離可能なものや，液体状をなし，スピンコートし，ワックス厚さのばらつきを低減しやすいものも利用されている。

ワックスレスポリッシュ（waxless polish）

ワックスレスマウンティングを利用した研磨。テンプレート法や真空吸着法を利用した研磨。

⇒ワックスレスマウンティング（250）

ワックスレスマウンティング（waxless mounting）

ワックスを使用しないでウェーハを保持する方法。ワックスは昇温冷却工程，ワックス除去洗浄，ワックスの厚み管理，ワックスによる汚染などの問題がある。それを避けるべくテンプレートと呼ばれるウェーハ径より若干大きめの穴があいた樹脂性のプレートと，穴の中に多孔性のパッドが配置され，この多孔性の特性でウェーハを簡易吸着している。ウェーハはテンプレートより研磨面が若干突出している。真空吸着法も同じ。欠点としては，研磨材やゴミの裏面への回り込みによる汚染や凹みの発生，裏面のワックスレスマウント用パッドの平坦性，硬さばらつきの影響を受けやすい状況下にあることである。真空吸着法には多孔質セラミックスなどがあるが，ポリッシュでは一般的ではない。

⇒ワックスレスポリッシュ（250）

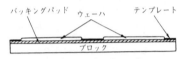

ワックスレスマウンティング

割出し わりだし（index）

1回の段取りで多数の面を加工する際には，ワークを固定した回転テーブルを所望の角度に位置決めする割出しする機能が必要となる。割出し台は，単能割出し台，万能割出し台，自動割出し台，NC割出し台などに分類される。横形マシニングセンタのテーブルは割出し機能を持つものが一般的である。

割出し装置 わりだしそうち（indexing attachment）

回転軸や回転テーブルを任意の角度に位置決めするための装置。円周方向を任意の数に等分して割出すことでスプライン，歯車などを加工できる。工作物に連続回転を与えてカムやねじれ溝ウォーム歯車などの加工も可能。機械式の割出し装置も使われているが，ロータリーエンコーダの高分解能化とNC制御の高性能化が進み，割出し機能を備えるスピンドルで代用することも多くなっている。

割出し台 わりだしだい（dividing head, index head）

フライス盤のテーブル上に設置し，手動または自動にて被削材の割出し作業を

割出し台

行う。各種フライスカッタとの組合せにより，歯車の加工など，外周溝切り作業に使われる。テーブル送りねじ軸と適当な減速比で連結することにより，螺旋切削，自動割出しが可能。
⇒フライス盤（202），割出し（250）

割出し歯車装置 わりだしはぐるまそうち（indexing gear mechanism）

歯車の歯形（インボリュート歯形）を機械の創成運動により創り出す創成歯切り機械に割出し歯車装置がある。この割出し歯車装置で加工歯車の歯数と切削工具との関係を決定する。たとえばホブ盤の場合には，歯車の歯数とホブの条数に応じてホブ軸とテーブル軸（ワーク軸）との回転速比を換え歯車の掛け換えによって決定する。この換え歯車装置のことを割出し歯車装置と呼ぶ。

図において，

$Wt/Wg = (24 \times g)/Z$

Wt：駆動換え歯車歯数，Wg：被動換え歯車歯数，24：割出し定数（機械によって変わる），Z：加工歯車歯数，g：使用ホブ条数。

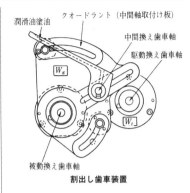

割出し歯車装置

割れ われ（crack）
⇒研削割れ（56）

〔第2部〕
先頭が英語表記の用語

〔A〕

A系砥粒 えーけいとりゅう（alumina abrasive）
＝アルミナ質研削材（7）

A砥粒 えーとりゅう（regular fused alumina）
＝褐色アルミナ研削材（32）

AE えーいー（acoustic emission）
＝アコースティックエミッション（3）

AE砥粒 えーいーとりゅう（artificial emery）
＝人造エメリー研削材（102）

AES えーいーえす（auger electron spectroscopy）
＝オージェ電子分光（20）

AFM えーえふえむ（atomic force microscope）
＝原子間力顕微鏡（56）

AGV えーじーぶい（automatic guided vehicle）
＝無人搬送車（225）

AHC えーえっちしー（automatic head changer）
＝自動ヘッド交換装置（93）

AJM えーじぇーえむ（abrasive jet machining）
　AJMは加速媒体に気体を使い，その高圧ガス流により砥粒を加速し，材料表面に衝突させ，発生するクラックの集積により材料除去を行う加工法である。最もよく用いられる気体は空気であるが，その他に窒素，二酸化炭素なども用いられる。通常，噴射加工といえばAJMを指すほど歴史も古く，サンドブラスト（sand blasting），グリットブラスト（grit blasting）等の名称で普及している。
＝サンドブラスト（82），グリット噴射（47）
⇒AWJM（255）

AM えーえむ（additve manufacuring）
　国際標準で定義された3Dプリンタ，RP，積層造形法などと称される技術の総称。2009年にアメリカの国際標準化団体ASTMが定義し，材料は限定せずに7つの技術に整理分類された。3Dデジタルデータに基づいて立体を輪切りにするように2D断面形状を算出し，一層ずつ積み上げ接合することで，立体形状を実体化する技術である。3Dデータを実体化することから3Dプリンタとも呼ばれる。90年代は，光硬化性樹脂を用いた光造形や溶融した樹脂を押し出すFDM（Fused Deposition Modeling）が普及し，金型を用いずに迅速にモデルの試作が可能なことから，RP（Rapid Prototyping）の呼称が一般化した。
⇒ラピッドプロトタイピング（236）

APC えーぴーしー（automatic pallet changer）
＝自動パレット交換装置（92）
⇒マシニングセンタ（222）

APT あぷと，えーぴーてぃー（automatically programmed tool）
⇒自動プログラミング（92）

ATC えーてぃーしー（automatic tool changer）
＝自動工具交換装置（90）
⇒マシニングセンタ（222）

AWC えーだぶりゅしー（automatic work changer）
＝自動工作物交換装置（90）

AWJM えーだぶりゅじぇーえむ（abrasive water jet machining）
　AWJMは加速媒体に液体を使い，その高圧噴流により砥粒を加速するものである。この方法はウォータージェット加工の技術から発展したもので，高能率切断加工に用いられる。なおWJMは噴流中には砥粒が混入されておらず，材料除去のメカニズムがAWJMと異なる。
⇒AJM（255），ウォータージェット加工（11）

AZ砥粒 えーぜっととりゅう (fused alumina zirconia)
=アルミナジルコニア研削材 (7)

〔B〕

BBS びーびーえす (building block system)
⇒ビルディングブロック方式 (197)

〔C〕

C系砥粒 しーけいとりゅう (silicon carbide abrasive)
=炭化珪素質研削材 (136)

C砥粒 しーとりゅう (black silicon carbide)
=黒色炭化珪素研削材 (71)

CAD きゃど, しーえーでぃー (computer-aided design)

製品の図形や数値データなど, 製品設計に必要な情報をあらかじめコンピュータに入力し, ディスプレイ装置を通じてそれらの情報を呼び出しながら設計を行うこと。概念設計（基本計画），原案図の作成，設計計算，部品図および組立図の作成と，検図のような図面データ中心の設計プロセスをコンピュータ支援する形のシステムが多く，特に類似製品設計などの効率化に効果がある。また，設計知識に基づいたより高度な判断を自動的に行い，自動設計を行わせるシステムも一部にはある。
⇒CAM (256)

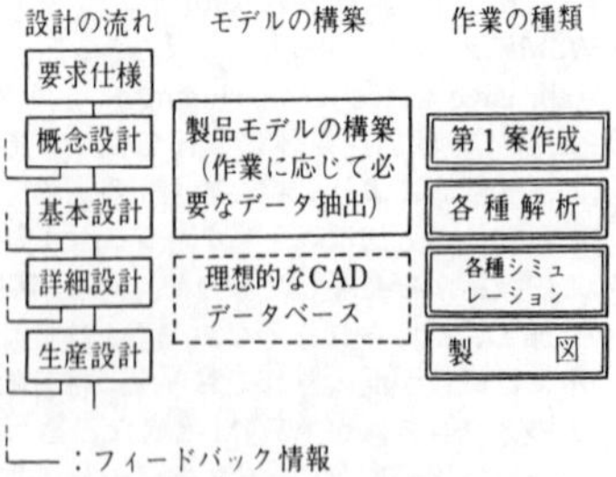

CAE しーえーいー (computer-aided engineering)

コンピュータ技術を活用して製品の設計，製造や工程設計の事前検討の支援を行うこと，またはそのためのツールの総称で，計算機支援工学とも言われる。CADで作成したモデルに対して強度，振動，伝熱，流体解析などのシミュレーションを適用し，試作や実験の回数を少なくすることで開発コストの削減やリードタイムの短縮が可能になる。コンピュータの高速化とグラフィック処理能力の向上で，複雑で大規模な3次元モデルを扱えるようになり，様々な生産準備業務に広く活用されている。
⇒CAD (256)

CAM きゃむ, しーえーえむ (computer-aided manufacturing)

生産システムで必要な種々の情報処理および制御を，コンピュータを利用して合理化，自動化すること。生産管理情報処理，工程設計，作業設計が主要な内容である。生産量，納期などの製品生産計画情報，ならびにCADシステムの出力である部品情報を入力として，生産進捗管理や生産スケジュール計画，加工・組立工程順序，取付け具や工具レイアウト情報，NC加工情報などを出力するソフトウェアシステムをCAMシステムと呼ぶ。
⇒CAD (256)

設計作業の流れとCADシステム [37]

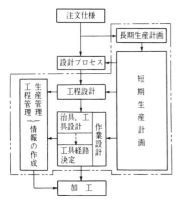

生産システムにおける情報の流れとCAMの範囲（二点鎖線内）[35]

CAPP きゃっぷ，しーえーぴーぴー (computer-aided process planning)

工程設計をする時，熟練した設計者は豊富な経験に基づいて妥当な工程を決定する。このような機能をコンピュータプログラムで実現して，より最適な解を選択することを計算機支援工程設計（CAPP）という。CAPPによる手法は，ロジックの違いにより「バリアント方式」と「創成方式」という2手法に分けられる。

⇒工程設計（70），作業設計（77）

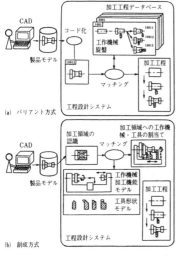

計算機支援工程設計（CAPP）システム[34]

CBN しーびーえぬ (cubic boron nitride)

ほう素と窒素からなる閃亜鉛鉱形結晶の人工合成材料。ダイヤモンドに次ぐ硬さ（HK4,700），熱伝導率（1.3kW/m·K）を有する。hBN（六方晶窒化ほう素）を原料，アルカリ金属やアルカリ土類金属などを触媒として，1,850K，5GPa程度の高温・高圧下で転換して得られる。主に鉄鋼，ニッケルやコバルト系スーパアロイなどの切削・研削工具材料として用いられる。

⇒CBNホイール（257）

CBN焼結体 しーびーえぬしょうけつたい (sintered cubic boron nitride compact)

立方晶系窒化ほう素粉末に金属（Co）や炭化物，窒化物，酸化物（TiC，TiN，Al_2O_3）などを添加，超高圧，高温で焼結した焼結体。CBN焼結体は，通常厚さ1mm程度の超硬合金母材上で合成され，ワイヤ放電加工機などで必要な大きさに切りとられ，スローアウェイチップやエンドミル上にろう付けされ，工具として使用される。CBNの焼結体は，ダイヤモンドに次ぐ硬さと熱伝導率をもつ。また，化学的にも安定で，鉄とも反応しにくく，構成刃先もできにくい。

CBN砥粒 しーびーえぬとりゅう (CBN super abrasive)

⇒CBN（257），CBNホイール（257）

CBNホイール しーびーえぬほいーる (CBN wheel)

CBN砥粒を用いた研削ホイール。ホ

イールは，台金の外周に数 mm 以下の砥粒層からなる。ボンドは主にビトリファイド，レジン，メタルボンドや電着などの種類がある。ホイール構造は，ビトリファイドに代表されるボンドブリッジタイプ（有気孔形），レジンやメタルボンドに代表されるボンドマトリックス形（無気孔形），電着ホイールの単層形などがある。
⇒ CBN（257）

CIM しむ，しーあいえむ（computer-integrated manufacturing）

生産に関係する情報（生産情報）を一元化し，コンピュータを用いて総合的に情報を管理することにより，物の受注から設計，製造にいたる一連の生産活動を効率よく行うシステムのこと。CAD, CAM, CAE などのコンピュータ援用技術を統合化して，有効に利用し，経営戦略や研究開発など企業全体に関わる業務を統括的に運用することを目的としている。
⇒ フレキシブルマニュファクチャリングシステム（206），CAD（256），CAM（256），システム適応形工作機械（87）

CL データ しーえるでーた（cutter location data）

NC 自動プログラミングシステムのメインプロセッサで求められた工具経路に NC 工作機械への指令を合わせたデータのことで，これはポストプロセッサへの入力データとなる。

CMM しーえむえむ（coordinate measuring machine）
＝三次元［座標］測定機（81）

CMP しーえむぴー（chemical-mechanical polishing）
＝ケミカルメカニカルポリシング（52）
⇒ メカノケミカル加工（226）

CNC しーえぬしー（computerized numerical control）

コンピュータを組み込んで，基本的な機能の一部または全部を実行する数値制御。
＝コンピュータ数値制御（75）
⇒ NC（262）

COP しーおーぴー（crystal-originated particle）

シリコンの as-grown 単結晶を SC-1 洗浄（$NH_4OH/H_2O_2/H_2O$ による洗浄）でエッチングしたときにウェーハ表面に形成される結晶起因の欠陥で，パーティクルカウンタでパーティクルとして計数されるものをいう。当初パーティクルとして検出されたのでこのように呼んでいるが，実体は付着した異常粒子ではなく，$0.2 \sim 0.5 \mu m$ の大きさのピットである。酸素や炭素などの不純物や OSF 欠陥とは無関係のようであるが発生原因はよくわかっていない。

CRT ディスプレイ しーあーるてぃーでぃすぷれい（CRT display）

数値制御装置に記憶されたプログラムとデータ，数値制御装置の内部状態などを表示する表示器。9" モノクロ，9" カラー，14" カラーなどの CRT ディスプレイが数値制御装置に採用されている。CRT は，Cathode Ray Tube の略で，ブラウン管とも呼ばれる。最近の数値制御装置では，液晶ディスプレイに置き換わっており，画面サイズは大型化している。

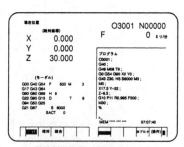

数値制御装置に使用されている 14" カラー CRT の表示例

CTS しーてぃーえす (coolant through spindle)
=クーラントスルースピンドル (47)

CVD しーぶいでぃー (chemical vapor deposition)
=化学蒸着法 (27)

〔D〕

DLC でぃーえるしー (diamond-like carbon)
=ダイヤモンドライクカーボン (131)

DNC でぃーえぬしー (direct numerical control)
1台以上の数値制御工作機械のNCプログラムを，共通の記憶装置に格納し，工作機械の要求に応じて必要とするプログラムを，その機械に通信回線を用いて分配する機能をもつ数値制御方式。また，このような方式で管理される加工システムを群管理システムとも呼ぶ。

〔E〕

EDM いーでぃーえむ (electrical discharge machining)
=放電加工 (214)

EEM いーいーえむ (elastic emission machining)
微粒子が被加工表面に沿ってソフトコンタクトの状態で滑動する時，両者の表面原子間で化学結合が生じ，これに相互の運動を付与することにより，内部結合の弱くなった表面から数原子内部で結合が切れて，原子・分子オーダの除去加工が進行する。このような現象を応用した加工方法・機構をEEMと呼ぶ。微粒子

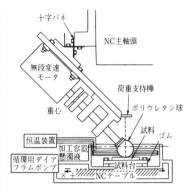

加工装置概略図 [26]

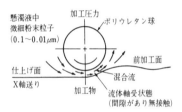

EEM加工における砥粒の運動 [26]

を材料表面に弾性的 (elastic) に衝突させることにより塑性変形なしに原子（分子）が飛び出す (emission) 加工法である。加工変質層の無い加工法の代名詞的に使われている。ポリシングにおける微粒子の作用数，エネルギなどのミクロなパラメータコントロールが可能なため，研磨レート，形状の再現性もきわめて高く，超精密な形状加工にも応用されている。
=非接触ポリシング (192)，フロートポリシング (209)

ELID えりっど (electrolytic in-process dressing)
電解インプロセスドレッシングの英語に由来する呼称。
⇒電解ドレッシング (154)

EPD

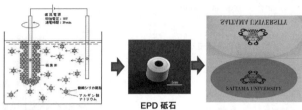

電気泳動付着現象を利用した
砥石作製法

EPD 砥石

EPD 砥石による鏡面創成例
（8 インチシリコン、3nmRz）

EPD 研磨 いーぴーでぃーけんま
（electrophoretic deposition finishing）

超微粒子もしくは微粒子の電気泳動付着現象を利用した仕上げ法の総称。粒子表面は粒子が微小化するほど活性となり周りのイオンを吸着し帯電する。水溶液中の pH が等電点よりも小さいときはプラスに帯電し、大きいときはマイナスに帯電する。この水溶液中に電極を入れて印加すると、帯電した粒子は逆符号の電極に向けて泳動して電極表面で付着する。これを電気泳動付着現象という。EPD 研磨は 2 つに分類できる。一つはコロイド液中で工具に微粒子を付着させながら切断や研磨を行う方法である。これにより硬脆材料のチッピングフリー切断が可能である。もう一つは結合剤とコロイド液を混合し、電気泳動付着させて均質な砥石（EPD 砥石）を作製して、その砥石で鏡面研削、研磨を行う方法である。シリコンや水晶、ガラスなどの硬脆材料に対してナノレベルの表面性状に仕上げることができる。
⇒電気泳動（155）

EPMA いーぴーえむえー（electron probe microanalysis）
＝電子プローブマイクロアナリシス（155）

EXAPT いぐざぷと（extended of APT）
⇒自動プログラミング（92）

〔F〕

F 機能 えふきのう（feed function）
＝送り機能（19）

FIM えふあいえむ（field ion microscope）
＝電界イオン顕微鏡（153）

FMC えふえむしー（flexible manufacturing cell）
＝フレキシブルマニュファクチャリングセル（206）

FMS えふえむえす（flexible manufacturing system）
＝フレキシブルマニュファクチャリングシステム（206）

FPD えふぴーでぃ（focal plane deviation）

電子デバイス用ウェーハの平坦度の評価項目の 1 つ。ウェーハ表面上の 3 点を通る基準平面を想定し、この基準平面からウェーハ表面までの垂直距離を測定する。基準面より上側における最大値を FPD^+、下側における最大値を FPD^- と表し、両者のうち大きい方の値を FPD と呼ぶ（図参照）。なお、両者の和を TIR（total indicated reading）と呼んでいる。

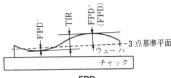

FPD

FRM えふあーるえむ (fiber reinforced metal)
繊維強化金属。ガラス，炭化珪素，炭素，タングステンなどの超高強度繊維を金属母材に分散させて，耐熱性や強度を高めた材料。
⇒難削材（170）

FRP えふあーるぴー (fiber reinforced plastics)
繊維強化プラスチック。ガラスや炭素などの高強度繊維をプラスチックに入れて，強度を高めた材料。
⇒難削材（170）

FTL えふてぃーえる (flexible transfer line)
＝フレキシブルトランスファライン（205）

〔G〕

G機能 じーきのう (G function, preparatory function)
＝準備機能（98）

GC砥粒 じーしーとりゅう (green silicon carbide)
＝緑色炭化珪素研削材（241）

GTコード じーてぃーこーど (group technology code)
加工部品を加工上，材質・大きさ・形状・その他との差別化を示すためにコード化し，コード値の同一もしくは近接度に応じて，部品を同一の機械に集めて加工の無駄を無くそうというものである。

⇒工程設計（70）

〔H〕

HA砥粒 えっちえーとりゅう (monocrystalline fused alumina)
＝解砕形アルミナ研削材（25）

HEDG えいちぃーでぃーじー (high efficiency deep grinding)
超砥粒ホイールによる高速クリープフィード研削の一つで，砥石周速200m/sにおよぶ超高速のもとで高切込みで行われるきわめて能率の高いクリープフィード研削である。

HSS はいす，えっちえすえす (high speed steel)
＝高速度工具鋼（70）

〔I〕

IR[1] あいあーる (infrared)
赤外線のこと。可視光線の赤色より波長が長く（周波数が低い），電波より波長の短い電磁波のことである。ヒトの目では見ることができない光である。

IR[2] あいあーる (infrared spectroscopy)
＝赤外分光法（117）

ISS あいえすえす (ion scattering spectroscopy)
＝イオン散乱分光法（8）

〔L〕

LTV えるてぃぶい (local thickness variation)

電子デバイス用ウェーハの平坦度の評価項目の1つ。ウェーハ上に想定した任意のチップサイズの領域について、チャッキングしたウェーハ裏面（完全平坦面と仮定）もしくはこれに平行な平面を基準面として、この基準面から厚み方向に測定した最高高さから最低高さまでの距離をLTVと呼ぶ。ウェーハ毎にチップの数だけLTVの値がある。
⇒ TTV（268）

〔M〕

M 機能 えむきのう (miscellaneous function)
= 補助機能（215）

MAP まっぷ，えむえーぴー (manufacturing automation protocol)

工場内のNC工作機械、産業用ロボット、プログラマブルコントローラ、FAコンピュータなどの各種自動化機器の相互接続を統一的に実現するための、工場自動化用LAN（ローカルエリアネットワーク）のOSIに準拠した通信規約。ISOのOSI（開放形システム間相互接続）の7層からなる基本標準をベースとしている。

国内では、1989年に機械振興協会に世界初となるMAP製品の適合性試験を行うためのMAP試験センターが設立された。1990年にMAP V3.0が発行され国際標準として認定された。また、頻繁に短いメッセージのやりとりを行う機器間のネットワーク用として、ミニMAPが1993年に国際標準化された。当初は国内の制御機器メーカ、IT企業、大学などを中心に研究開発が実施された。しかし、産業用データ通信には不向きとされていたイーサーネットの性能向上や価格低下が進み、民生用途でもデファクトスタンダードとなった。そのため、MAPは次第に非主流となり、1996年にMAP試験センターは業務を終了した。
⇒ CIM（258）

MQL えむきゅーえる (minimum quantity lubrication)
⇒ セミドライ加工（122）

〔N〕

NC えぬしー (numerical control)

数値制御機械において、工作物に対する工具経路、そのほか加工に必要な作業の工程などを、それに対応する数値情報で指令する制御。工作物に対する工具経路として、たとえば直線、円弧に沿った工具経路がある。加工に必要な、主軸の始動、工具の選択、クーラント入りなどの補助的な機能も数値情報で指令できる。これらの数値情報は工程順にシーケンス番号が付与されてNC装置に入力される。

工具経路に関する指令は数値制御装置を通してサーボモータに与えられ機械（工具）を駆動する。補助的な指令は数値制御装置のシーケンス制御部（指令のタイミングなどをつかさどる部分）を経由して機械を駆動する。

なお、指令する数値情報として、数値制御装置に直接入力できる言語で書かれたマシンプログラムと、人間にわかりやすいプログラム言語で書かれたプログラ

ムがある。
= 数値制御（107）

NC 研削盤 えぬしーけんさくばん (numerically-controlled grinding machine)

工作物に対する工具経路，加工に必要な作業工程などを，それに対応する数値情報として記憶装置に格納しておき，これに基づいて工具指令データなど加工条件を作成して研削加工を制御する工作機械。複雑な形状の加工が容易であり，単純な繰返し加工にも間違いはなく，技能工でなくても熟練工に近い加工精度と歩留まりを得ることができる。特にメモリ付きのコンピュータを内蔵し，工具軌跡などを自由に変更できるものを CNC 研削盤と呼ぶ。
⇒成形研削（115）

NC 工作機械 えぬしーこうさくきかい (numerically-controlled machine tool)

MIT で 1952 年にフライス盤で実現された。従来の工作機械に自動化された運動制御機能とシーケンス制御機能を備えたものである。これらの制御を NC データと呼ばれる指令によって自在にできる特長をもつ。運動制御機能とは工具と工作物間の相対運動の制御を指し，シーケンス制御機能には主軸モータの回転と停止，クーラントのオン・オフ，工具交換などがある。

NC 成形研削 えぬしーせいけいけんさく (NC profile grinding, NC form grinding)

切削工具，金型部品，テンプレート（倣い母型）などの特殊な形状を得るためには，一定形状に成形された砥石と工作物を相対的に移動させて加工を行うか，もしくは所定の形状に成形された砥石を用いてプランジカットにより加工を行う。この相対運動または砥石の成形を NC 装置によって行うのが NC 成形研削である。一般的には横軸角テーブル形平面研削盤の構造を持つ研削盤で加工するが，倣い成形研削盤を発展させた構造で，砥石頭が垂直に往復動する構造もある。
⇒成形研削（115）

NC 旋盤 えぬしーせんばん（NC lathe, numerically-controlled lathe）

数値制御旋盤ともいう。基本は，刃物台の前後方向の運動（X 軸）と左右方向の運動（Z 軸）を NC で制御する旋盤。Z 軸と X 軸とは NC の指令に従ってサーボモータで駆動される。最近では，工具の選択，クーラント供給のオン・オフなどを NC 指令によって自動的に行うことのできるものをいう。外丸削り，面削り，中ぐり，溝入れ，ねじ切りなどのほかに，テーパ削りや円弧補間削りができる。1955 年に東京工業大学精密工学研究所で電気油圧パルスモータを使った NC 旋盤が開発されたのが最初。ヨーロッパでは NC 旋盤もターニングセンタと称している。
⇒ターニングセンタ（135）

NC データ えぬしーでーた（NC data）

パートプログラム，またはマシンプログラムのこと。

①パートプログラム（part program）
工作物を加工するために数値制御機械の作業を計画し，加工を実現するためのプログラム。人間にわかりやすいプログラム言語で書かれたプログラムと数値制御装置固有の入力言語（テープフォーマット）で書かれたプログラムがある。

②マシンプログラム（machine

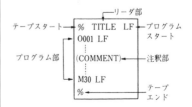

プログラムの構成（ISO コード使用例）

program）数値制御装置に直接入力できる言語（テープフォーマット）で書かれたプログラム。
= NC プログラム（265）
⇒ NC テープ（264）

NC テープ えぬしーてーぷ（NC tape, control tape）

数値制御装置を直接指令できるようにした言語およびフォーマットで順序付けられた命令の列（マシンプログラム）を記録したテープ。マシンプログラムは次の要素から構成される。
- プログラムのファイルの先頭を表す記号（テープスタート）。
- プログラムのファイルの見出しなど（リーダ部）。
- プログラムの開始を表す記号（プログラムスタート）。
- 実際の加工を指令する情報（プログラム部）。
- コメントやオペレータへの指示などの情報（注釈部）。
- プログラムのファイルの最後を表す記号（テープエンド）。

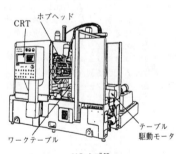

NC ホブ盤

NC テーブル えぬしーてーぶる（NC table）

マシニングセンタなどの工作機械において、部品を加工するために部品材料を治具（取付け具）などにより固定する台。このテーブルには往復台などに固定されて動かないものと、テーブル自身が回転するタイプがある。回転するタイプのうち、テーブル回転軸が NC（数値制御）によりコントロールされるものが NC テーブルである。

一般的には、このテーブルを回転させる駆動力は電気サーボモータによって得られる。回転力はカップリング、プーリー、ベルト、ギアなどを介しテーブル軸まで伝えられるが、テーブル軸にはウォームホイールが配置され、ウォームにより大きく減速され、切削により発生する大きな負荷トルクに耐える構造を持つ。駆動系のガタは工作精度に大きく影響するため、ギアのバックラッシをいかに取るかなどについて、各社の工夫がこらされている。通常、横形マシニングセンタでは機械に組み込まれ一体化しているものが多く、立形マシニングセンタでは汎用的な市販品の NC テーブルが取付けられることが多い。
⇒ テーブル（153）

NC 中ぐり盤 えぬしーなかぐりばん（numerically-controlled boring machine）

主軸とテーブルまたは工作物との相対運動を、位置、速度などの数値情報によって制御し、加工にかかわる一連の動作をプログラムした指令によって実行する中ぐり盤。

NC（数値制御）装置を取り付けた中ぐり盤で、中ぐり盤の種類のすべて（横中ぐり盤、立中ぐり盤、ジグ中ぐり盤、精密中ぐり盤）に当てはめられる。日本で製造される中ぐり盤は、近年ほとんどが NC 化され、さらに ATC を標準装備する機種が増えている。さらに APC を付属するものが現れ、一方マシニングセンタに中ぐり軸付きのものもあるため、NC 中ぐり盤とマシニングセンタとの境界が不明瞭になってきている。
⇒ 中ぐり盤（167）、マシニングセンタ

(222), NC (262)

NC 歯切り盤　えぬしーはぎりばん（numerically-controlled gear cutting machine）

歯切り盤の特長は, 歯形を創り出すためにカッタと加工歯車双方に回転運動を与えることである。これを創成運動と呼ぶ。この創成運動を歯車列と割出し歯車装置, 差動歯車装置により行う従来方式に代え, 電気的に連結しその制御を NC 装置で行う歯切り盤を NC 歯切り盤と呼ぶ。

ホブ盤の場合, この創成運動のほかに, 切込み軸, 送り軸, ホブシフト軸, ホブヘッド旋回軸も併せて NC 化される。また, この5軸中一部の軸のみ NC 化した歯切り盤も NC 歯切り盤と呼ぶこともある。

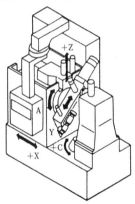

NC ホブ盤制御軸

NC 平削り盤　えぬしーひらけずりばん（numerically-controlled planing machine）
⇒平削り盤（196）

NC フライス盤　えぬしーふらいすばん（numerically-controlled milling machine）

NC により制御されるフライス盤。加工の自動化, 無人化, 精度の安定化, さらに熟練技能者がいらないなどの利点がある。フライス盤本体も自動連続運転に耐え得るように, 剛性, 機能の点で改良がなされている。
⇒フライス盤（202）

NC プログラム　えぬしーぷろぐらむ（NC program）
＝NC データ（263）
⇒NC テープ（264）

NC ボール盤　えぬしーぼーるばん（numerically-controlled drilling machine）

ドリルによる穴あけ, リーマによる穴仕上げ, タップによるねじ立てなどの作業を NC 制御で行うボール盤。テーブルの左右方向の移動（X 軸）, サドルの前後方向の移動（Y 軸）は位置決め制御で, 主軸の上下方向（Z 軸）は直線制御される。ATC（自動工具交換装置）またはタレットによって穴あけ作業に必要な工具を自動交換できる機種もある。数値制御ボール盤ともいう。
⇒ボール盤（218）

NPD　えぬぴーでぃ（nano-polycrystalline diamond）
＝ナノ多結晶ダイヤモンド（168）

〔O〕

OSF　おーえすえふ（oxidation induced stacking fault）

酸化誘起積層欠陥で, シリコンウェーハの表面や内部に形成された結晶欠陥の1つ。あるいはウェーハの表面を熱酸化することで積層欠陥を誘起し, 表面のダメージを評価する方法。表面に形成される OSF は, ウェーハの表面に残留している機械的歪みや表面近辺に存在するスワール欠陥や表面の汚染が原因であり,

内部に形成される OSF は，過飽和に含まれる酸素の析出物に起因する。
⇒加工変質層 (29)

〔P〕

PA 砥粒 ぴーえーとりゅう (ruby back alumina)
= 淡紅色アルミナ研削材 (136)

PC ぴーしー (programmable controller)
= プログラマブルコントローラ (207)

PCBN ぴーしーびーえぬ (polycrystalline cubic boron nitride)
= CBN 焼結体 (257)
⇒ CBN (257)

PCD ぴーしーでぃー (polycrystalline diamond)
= ダイヤモンド焼結体 (131)

P-MAC ポリシング ぴーまっくぽりしんぐ (P-MAC polishing, progressive machanical and chemical polishing)

ディスク式化学研磨の 1 つであり，機械的作用と化学的作用により加工が進む。特に前加工・処理による凹凸をもつ面を平滑な鏡面に仕上げる過程で研磨条件や材料除去機構が変化することを特徴とすることから，接頭語として P-

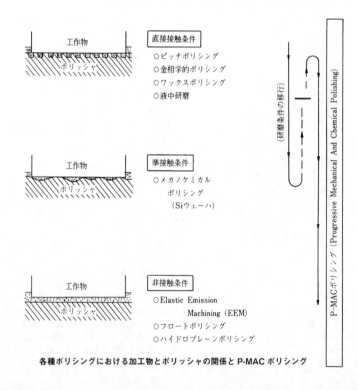

各種ポリシングにおける加工物とポリッシャの関係と P-MAC ポリシング

(progressive) が付けられている。

PVA 砥石 ぴーぶいえーといし（PVA [grinding] wheel, poly-vinyl alcohol [grinding] wheel）

　水溶性のPVA（ポリビニールアルコール）に砥粒と気孔生成剤を加えてホルマール化反応を起こさせることによって，砥粒を含んだ樹枝網目状基質PVA（ポリビニールホルマール）を合成する。これを所定の形状に切断加工後，メラミンなどの熱硬化性樹脂を含侵させ，乾燥・熱処理させたのがPVA砥石である。柔軟性と自生作用に優れていることから，軟質金属の研磨や漆器研磨，電子材料の精密仕上げなどに活用されている。
⇒レジノイド［研削］砥石（244）

PVD ぴーぶいでぃー（physical vapor deposition）
＝物理蒸着法（201）

〔R〕

RBS あーるびーえす（Rutherford backscattering spectroscopy）
＝ラザフォード後方散乱分光法（235）

REM れむ，あーるいーえむ（reflection electron microscope）
＝反射電子顕微鏡（188）
⇒走査型反射電子顕微鏡（127）

RIE あーるあいいー（reactive ion etching）

　CF$_4$やCCl$_4$などの反応性ガスを高周波あるいはマイクロ波放電により活性イオンとし，数十〜数百Vの加速電圧で照射する方式のイオンスパッタ法。物理的スパッタ作用による微細加工性（アンダーカットが少ない）と活性ラジカルの化学作用による高能率加工性とが期待できる。固体電子素子の超微細パターンの加工に多用されている。

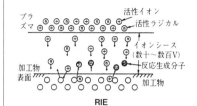

RIE

RP あーるぴー（rapid prototyping）
＝ラピッドプロトタイピング（236）

〔S〕

S機能 えすきのう（spindle-speed function）
＝主軸機能（96）

SAM^1 さむ，えすえーえむ（scanning Auger microscope）
＝走査型オージェ電子顕微鏡（127）

SAM^2 さむ，えすえーえむ（scanning acoustic microscope）
＝超音波顕微鏡（141）

SEM せむ，えすいーえむ（scanning electron microscope）
＝走査型電子顕微鏡（127）

SI えすあい（international unit system）
　国際単位系の略称。フランス語に由来する。
＝国際単位系（71）

SIMS しむす，えすあいえむえす（secondary-ion mass spectrometry）
＝二次イオン質量分析法（171）

SOG 塗布法 えすおーじーとふほう（spin coating on glass）

　シラノール化合物の溶液を，絶縁膜の上に回転塗布（スピンコート）し，加熱処理してSiO$_2$膜とする。これをSOG膜と称し，層間絶縁膜などに用いられる。

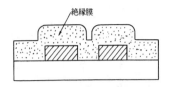
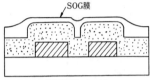
SOG塗布，キュア
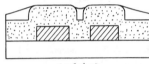
エッチバック

SOG 塗布法（＋エッチバック）

この SOG 膜によって，CVD で形成した絶縁膜に残存している段差部分を埋め込み平坦化にする。デバイス化途中におけるウェーハ表面の微小凹凸の平坦化（プラナリゼーション）の手法の1つである。

SPDT えすぴーでぃーてぃー (single point diamond turning)
　＝鏡面切削 (40)，ダイヤモンド切削 (131)

SREM えすあーるいーえむ (scanning reflection electron microscope)
　＝走査型反射電子顕微鏡 (127)

STEM えすてぃーいーえむ (scanning transmission electron microscope)
　＝走査型透過電子顕微鏡 (127)

STM えすてぃーえむ (scanning tunneling microscope)
　＝走査型トンネル顕微鏡 (127)

〔T〕

T 機能 てぃーきのう (tool function)
　＝工具機能 (62)

TEM てむ，てぃーいーえむ (transmission electron microscope)
　＝透過電子顕微鏡 (159)
　⇒走査型透過電子顕微鏡 (127)

TTV てぃーてぃーぶい (total thickness variation)
　電子デバイス用ウェーハの平坦度の評価項目の1つ。チャッキングしたウェーハ裏面（完全平坦面と仮定）もしくはこれに平行な平面を基準面とし，ウェーハ全面について，この基準面から厚み方向に測定した最高高さから最低高さまでの距離を TTV と呼ぶ。
　⇒LTV (262)

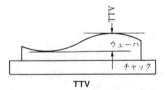

TTV

〔U〕

UPS ゆーぴーえす (ultraviolet photoelectron spectroscopy)
　＝紫外光電子分光法 (83)

〔V〕

V－平案内 ぶいひらあんない（V and flat guide）

砥石台，テーブルなどが摺動する案内面形状の1種。V形と平面により構成されている。
⇒案内面（7）

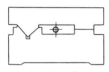

V－平案内[22]

Vブロック ぶいぶろっく（vee block, V-block）

円筒外面を持つ工作物の測定，けがき作業，加工などを行う時に，工作物が動かないように保持するためのV字形断面を持つ溝を切った直方体のブロック。通常は鋼または鋳鉄製でV面の角度は90°である。
⇒けがき（50），トースカン（160）

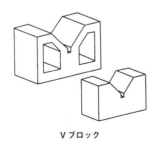

Vブロック

〔W〕

WA砥粒 だぶりゅえーとりゅう（white fused alumina）
＝白色アルミナ研削材（179）

〔X〕

X線回折法 えっくすせんかいせつほう（X-ray diffractmetry）

X線の波長は固体や液体の原子間隔と同程度であることから，これを結晶に照射すると結晶格子による回折現象を起こす。回折を起こすための結晶構造の幾何学的な関係式はBraggの条件として与えられており，物質の同定をはじめ結晶における原子配列の状態を知るための最も一般的な方法となっている。
⇒電子線回折（155）

X線顕微鏡 えっくすせんけんびきょう（X-ray microscope）

可視光より波長の短いX線を用いて，光学顕微鏡の特徴を生かしつつ，分解能向上を図った顕微鏡である。一般の光学レンズが使用できないため，斜入射を利用したミラーや，回折を利用したゾーンプレートを用いる方法が提案されている。

X線光電子分光法 えっくすせんこうでんしぶんこうほう（X-ray photoelectron spectroscopy）

高真空下の固体試料面に単色のX線（Al-Kα，Mg-Kαなど）を照射し，光電効果によって表面から放出される光電子の運動エネルギの分布状態を測定する方法である。これによって深さnm程度

の極表面の構成元素,原子内における価電帯のエネルギ構造,内殻準位における結合エネルギ,化学結合の状態など,表面に関する多くの情報が得られる。
= XPS (270)
⇒紫外光電子分光法 (83)

XRF えっくすあーるえふ (X-ray fluorescence analysis)
= 蛍光 X 線分析法 (50), XFA (270)

XFA えっくすえふえー (X-ray fluorescence analysis)
= 蛍光 X 線分析法 (50), XRF (270)

XPS えっくすぴーえす (X-ray photoelectron spectroscopy)
= X 線光電子分光法 (269)

付　録
巻末付図

表面粗さの定義

　以下は，表面粗さの定義に関連するふたつの規格すなわち JIS B 0601:2013 および JIS B 0671-2:2002 に基づいて記述している。よって，項目の番号や見出しも当該規格における表記をそのまま反映させている。なお，理解を助けるため，一部に編者による補足および図表の加筆を含んでいる。

＜関連規格Ⅰ＞
　JIS B 0601:2013 製品の幾何特性仕様（GPS）－表面性状：輪郭曲線方式－用語，定義及び表面性状パラメータ（抜粋）

3. 用語および定義
3.1　一般用語
3.1.1　輪郭曲線フィルタ（profile filter）
　輪郭曲線の波長成分を長波長成分と短波長成分とに分離するフィルタ。
　注記：粗さ曲線，うねり曲線及び断面曲線を測定するために，測定機では，3.1.1.1～3.1.1.3 に示す3種類のフィルタを用いる（図1参照）。これらは全て，JIS B 0632 に規定された振幅伝達特性をもつが，カットオフ値が異なる。

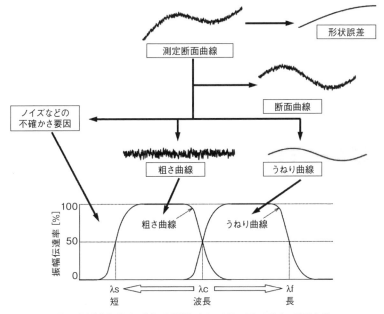

図1　粗さ曲線及びうねり曲線の伝達特性（JIS B 0601：図1に基づいて編者作成）

3.1.1.1 λs輪郭曲線フィルタ（λs profile filter）
粗さ成分とそれより短い波長成分との境界を定義するフィルタ（図1参照）。
3.1.1.2 λc輪郭曲線フィルタ（λc profile filter）
粗さ成分とうねり成分との境界を定義するフィルタ（図1参照）。
3.1.1.3 λf輪郭曲線フィルタ（λf profile filter）
うねり成分とそれより長い波長成分との境界を定義するフィルタ（図1参照）。
3.1.5 断面曲線（primary profile）
測定断面曲線にカットオフ値λsの低域フィルタを適用して得られる曲線（JIS B 0651）。
注記1：断面曲線は，断面曲線パラメータの評価の基礎となるものである。
注記2：測定断面曲線は，縦軸及び横軸からなる座標系において，基準線を基にして得られたディジタル形式の測定曲線である（JISB 0651参照）。
3.1.6 粗さ曲線（roughness profile）
カットオフ値λcの高域フィルタによって，断面曲線から長波長成分を遮断して得た輪郭曲線。この輪郭曲線は，意図的に修正された曲線である（図1参照）。
注記1：粗さ曲線用の帯域通過フィルタは，カットオフ値λs及びカットオフ値λcの輪郭曲線フィルタによって定義される［JIS B 0632の2.6（輪郭曲線の通過帯域）及び3.2（振幅伝達特性）参照］。
注記2：粗さ曲線は，粗さパラメータの評価の基礎となるものである。
3.1.7 うねり曲線（waviness profile）
断面曲線にカットオフ値λf及びλcの輪郭曲線フィルタを順次適用することによって得られる輪郭曲線。λf輪郭曲線フィルタによって長波長成分を遮断し，λc輪郭曲線フィルタによって短波長成分を遮断する。この輪郭曲線は，意図的に修正された曲線である。
3.1.9 基準長さ，lp, lr, lw（sampling length）
輪郭曲線の特性を求めるために用いる輪郭曲線のX軸方向長さ。
注記：粗さ曲線用の基準長さlr及びうねり曲線用の基準長さlwは，それぞれ輪郭曲線フィルタのカットオフ値λc及びλfに等しい。断面曲線用の基準長さlpは，評価長さlnに等しい。
3.1.10 評価長さ，ln（evaluation length）
輪郭曲線のX軸方向長さ。
注記1：評価長さは，一つ以上の基準長さを含む。
編者補足：関係規格により，基準長さlr，評価長さln及びカットオフ値λcは，表1に示すように区分されている。これらの値は，測定する表面の算術平均粗さRa等

表1 基準長さlr, 評価長さln及びカットオフ値λcの値の区分（関連規格に基づいて編者作成）

Ra μm	Rz, Rz1max μm	RSm mm	粗さ曲線の基準長さ lr (=λc) mm	粗さ曲線の評価長さ ln mm
$(0.006) < Ra \leq 0.02$	$(0.025) < Rz \leq 0.1$	$0.013 < RSm \leq 0.04$	0.08	0.4
$0.02 < Ra \leq 0.1$	$0.1 < Rz \leq 0.5$	$0.04 < RSm \leq 0.13$	0.25	1.25
$0.1 < Ra \leq 2$	$0.5 < Rz \leq 10$	$0.13 < RSm \leq 0.4$	0.8	4
$2 < Ra \leq 10$	$10 < Rz \leq 50$	$0.4 < RSm \leq 1.3$	2.5	12.5
$10 < Ra \leq 80$	$50 < Rz \leq 200$	$1.3 < RSm \leq 4$	8	40

により区分されている。

4. 輪郭曲線(断面曲線,粗さ曲線,うねり曲線)パラメータ
4.1 山及び谷の高さパラメータ
4.1.3 輪郭曲線の最大高さ (maximum height of profile)
　基準長さにおける輪郭曲線の山高さZpの最大値と谷深さZvの最大値との和(図2参照)。
断面曲線の最大高さPz,最大高さ粗さRz及び最大高さうねりWzがある。
　注記:ISO 4287:1984では,記号Rzは"十点平均粗さ"を指示するために使われていた。
　　　我が国を含む幾つかの国では,JIS B 0601:1994のRzを測定する表面粗さ測定機
　　　が使用されている。JIS B 0601:2013とJIS B 0601:1994による測定値の差が,無
　　　視できるほど小さいとは限らないので,既に発行されている文書情報及び図面を
　　　用いる場合には,注意しなければならない(附属書JA参照)。

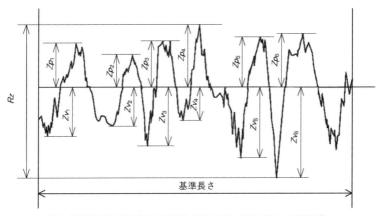

図2　輪郭曲線の最大高さ(粗さ曲線の例)(JIS B 0601:図8に基づいて編者作成)

4.2 高さ方向のパラメータ
4.2.1 輪郭曲線の算術平均高さ (arithmetical mean deviation of the assessed profile)
　基準長さにおける$Z(x)$の絶対値の平均。
　断面曲線の算術平均高さPa,算術平均粗さRa及び算術平均うねりWaがある(図3参照)。

$$Pa, Ra, Wa = \frac{1}{l}\int_0^l |Z(x)| dx$$

　ここに,lは,lp, lr又はlwである。

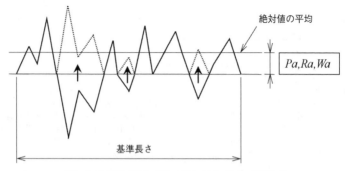

図3 Ra の求め方（JIS B 0601：1994：図2に基づいて編者作成）

4.2.2 輪郭曲線の二乗平均平方根高さ（root mean square deviation of the assessed profile）
基準長さにおける $Z(x)$ の二乗平均平方根。

断面曲線の二乗平均平方根高さ Pq，二乗平均平方根粗さ Rq 及び二乗平均平方根うねり Wq がある。

$$Pq,\ Rq,\ Wq = \sqrt{\frac{1}{l}\int_0^l Z^2(x)\,dx}$$

ここに，l は，lp，lr 又は lw である。

編者補足：二乗平均平方根高さ Pq，Rq 及び Wq は，それぞれの輪郭曲線における標準偏差の値とほぼ等しい。

4.3 横方向のパラメータ

4.3.1 輪郭曲線要素の平均長さ（mean width of the profile elements）
基準長さにおける輪郭曲線要素の長さ Xs の平均（図4参照）。

断面曲線要素の平均長さ PSm，組さ曲線要素の平均長さ RSm 及びうねり曲線要素の平均長さ WSm がある。

$$PSm,\ RSm,\ WSm = \frac{1}{m}\sum_{i=1}^{m} Xs_i$$

注記1：パラメータ PSm，RSm 及び WSm では，山及び谷と判断する最小高さ及び最小長さの識別が必要である。識別可能な最小高さの標準値は，Pz，Rz 又は Wz の10%とする。識別可能な最小長さの標準値は，基準長さの1%とする。この二つの条件を両方満足するように，山及び谷を決定した上で，輪郭曲線要素の平均長さを求める。

注記2：m は，基準長さ中の輪郭曲線要素の数を示す。

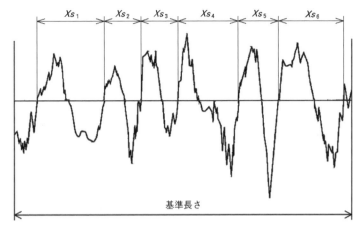

図4 輪郭曲線要素の長さ(JIS B 0601:図10に基づいて編者作成)

4.5 輪郭曲線の負荷曲線及び確率密度関数並びにそれらに関連するパラメータ
  注記:負荷曲線及び確率密度関数とそれに関するパラメータは,安定した結果を得るために,基準長さではなく評価長さによって定義する。

4.5.1 輪郭曲線の負荷長さ率(material ratio of the profile)
  評価長さに対する切断レベル c における輪郭曲線要素の負荷長さ $Ml(c)$ の比。
  断面曲線の負荷長さ率 $Pmr(c)$,粗さ曲線の負荷長さ率 $Rmr(c)$ 及びうねり曲線の負荷長さ率 $Wmr(c)$ がある。

$$Pmr(c),\ Rmr(c),\ Wmr(c) = \frac{Ml(c)}{ln}$$

4.5.2 輪郭曲線の負荷曲線(アボットの負荷曲線)[material ratio curve of the profile (Abott Firestone curve)]
  切断レベル c の関数として表された輪郭曲線の負荷長さ率の曲線(図5参照)。
  断面曲線の負荷曲線,粗さ曲線の負荷曲線及びうねり曲線の負荷曲線がある。
  注記:この曲線は,評価長さにおける高さ $Z(x)$ の確率と解釈することができる。

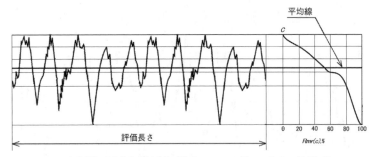

図5 輪郭曲線の負荷曲線(粗さ曲線の例)(JIS B 0601:図11に基づいて編者作成)

付属書JA(参考)十点平均粗さ

十点平均粗さは,対応国際規格(ISO 4287:1997)から削除された粗さパラメータであるが,我が国においては広く普及しているパラメータであるため,附属書に参考として記載する。

JA.1:十点平均粗さ(ten point height of roughness profile)Rz_{JIS}

カットオフ値 λc 及び λs の位相補償帯域通過フィルタを適用して得た基準長さの粗さ曲線において,最高の山頂から高い順に5番目までの山高さの平均と最深の谷底から深い順に5番目までの谷深さの平均との和(図6参照)。

注記:この規格による最大高さ粗さ Rz が,過去の技術資料などで用いられてきた十点平均粗さ Rz と紛らわしい場合には,注記などで違いを記述することが望ましい。

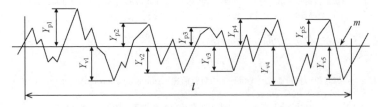

図6 Rz_{JIS} の求め方(JIS B 0601:1994:図4に基いて編者作成)

解説
5.3 用語及び定義について
5.3.1 データ処理の流れ

この規格によるデータ処理の流れをまとめると,図7のようになる。断面曲線から,断面曲線パラメータ及びモチーフ方式によってモチーフパラメータを,輪郭曲線に輪郭曲線フィルタを適用して,粗さパラメータ及びうねりパラメータを求める。これとは別に,転がり円うねり曲線から,転がり円うねりパラメータを求める。

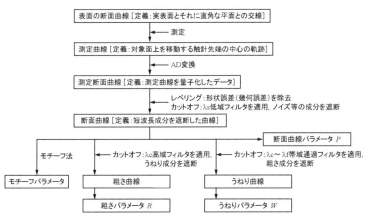

図7 粗さ曲線及びうねり曲線の伝達特性（JIS B 0601：解説図1に基づいて編者作成）

＜関連規格Ⅱ＞
JIS B 0671-2:2002 製品の幾何特性仕様（GPS）－表面性状：輪郭曲線方式：プラトー構造表面の特性評価－第2部：線形表現の負荷曲線による高さの特性評価（抜粋）

序文（抜粋）
この規格は，線形表現の負荷曲線によって，谷部分を除去するプロセスを経て求めたJIS B 0671-1 で定義の粗さ曲線を評価するためのパラメータについて規定する。この規格では，3層構造表面モデルによって，突出山部，コア部及び突出谷部を評価する。

1. 適用範囲
この規格は，粗さ曲線において，深くなればなるほど実体部分が増えることを表す負荷曲線［アボット（Abbott）の負荷曲線ともいう。］の線形表現を用いてパラメータを決定する方法について規定する。これらのパラメータが，機械的に強く接触した表面の挙動を評価するための支援になることが意図されている。

3. 定義
この規格で用いる主な用語の定義は，JIS B 0601 の 3.1（一般用語）及び次による。
3.1 粗さ曲線のコア部（roughness core profile）
高い突出部及び深い突出谷部を粗さ曲線から取り除いた曲線（図8参照）。
3.1.1 コア部のレベル差（core roughness depth）Rk
粗さ曲線のコア部の上側レベルと下側レベルとの差（図8参照）。
3.1.2 コア部の負荷長さ率（material portion）$Mr1$
突出山部と粗さ曲線のコア部とを分離する直線が負荷曲線と交わる点のパーセント単位の負荷長さ率。

3.1.3 コア部の負荷長さ率 (material portion) $Mr2$

突出谷部と粗さ曲線のコア部とを分離する直線が負荷曲線と交わる点のパーセント表示の負荷長さ率。

3.2 突出山部高さ (reduced peak height) Rpk

粗さ曲線のコア部の上にある突出山部の平均高さ。

備考：4. で述べる平均化の処理は，このパラメータに及ぼす異常に高い突起の影響を減らす。

参考：コア部から上に突出した部分を"突出山部"といい，JIS B 0601 の"山"の定義と区別する。

3.3 突出谷部深さ (reduced valley depth) Rvk

粗さ曲線のコア部の下にある突出谷部の平均深さ。

備考：4. で述べる平均化の処理は，このパラメータに及ぼす異常に深い谷底の影響を減らす。

参考：コア部から下にくぼんだ部分を"突出谷部"といい，JIS B 0601 の"谷"の定義及び JIS B 0671-1 で用いている用語"谷部分"と区別する。

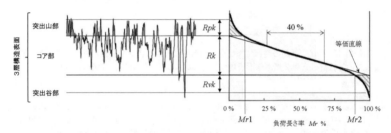

図8 Rk, $Mr1$ 及び $Mr2$ の求め方（JIS B 0671-2：図1を図2に基づいて編者作成）

(JIS B 0107、JIS B 0171、JIS B 0172、JIS B 0173、JIS B 0174、JIS B 0175、JIS B 0176-1〜4より抜粋)

付図(1)

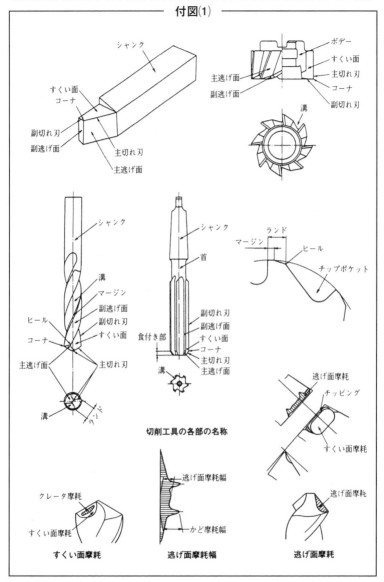

切削工具の各部の名称

付図(2)

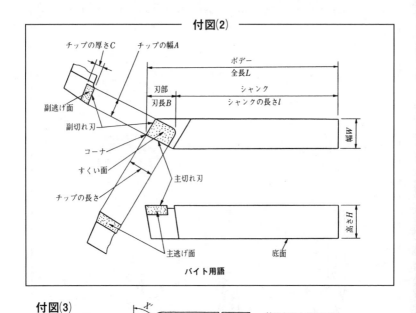

バイト用語

付図(3)

前切れ刃と横切れ刃

付図(4)

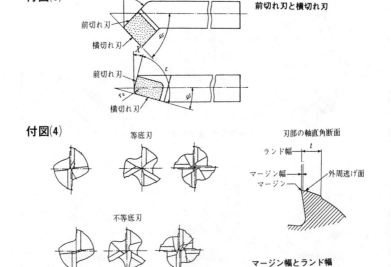

等底刃

不等底刃

刃部の軸直角断面

マージン幅とランド幅

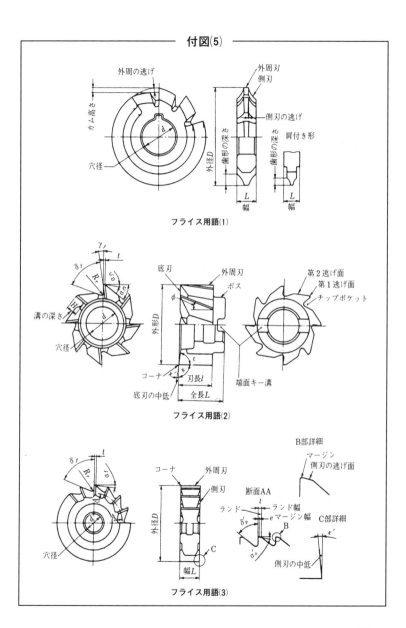

付図(5)(つづき)

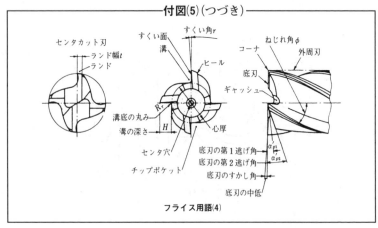

フライス用語(4)

付図(6)

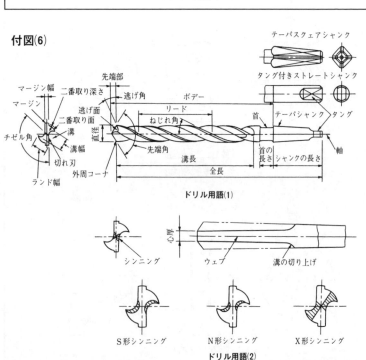

ドリル用語(1)

ドリル用語(2)

付図(7)

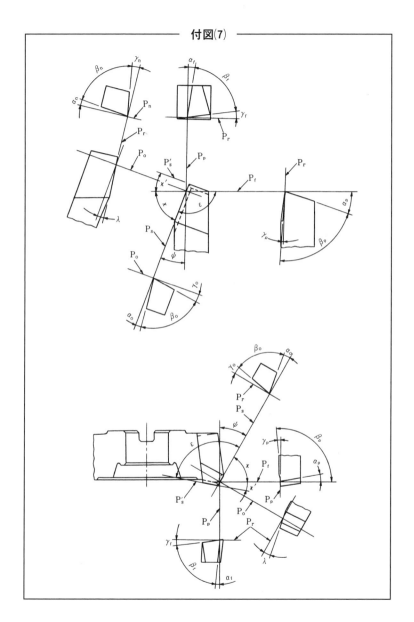

付図(7)(つづき)

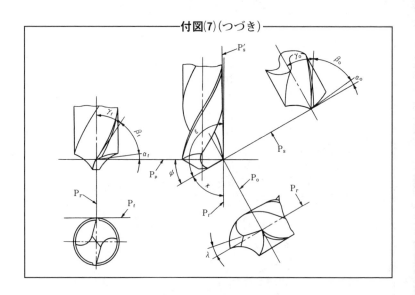

記号	用語	別名	記号	用語	別名
κ	切込み角		γ_f	横すくい角	ラジアルレーキ、中心方向すくい角
κ'	副切込み角		γ_p	バックレーキ	アキシャルレーキ、横方向すくい角
ϕ	アプローチ角		α_n	直角逃げ角	
ε	刃先角		α_o	垂直逃げ角	
λ	切れ刃傾き角		α_f	横逃げ角	
γ	すくい角		α_p	前逃げ角	
γ_n	直角すくい角		β_n	直角刃物角	
γ_o	垂直すくい角	真のすくい角	β_o	垂直刃物角	

付図(8)

名称	切削の状態			刃の左右	ねじれの左右	
平フライス	(駆動側)	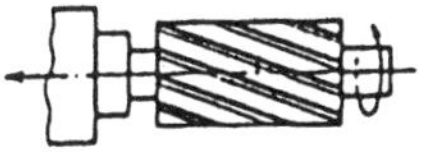	左回り	右刃・左刃の区別がない	右ねじれ	
		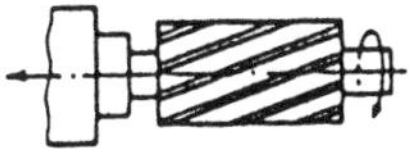	右回り		左ねじれ	
	(駆動側)	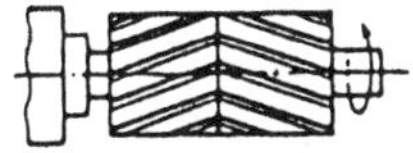	左回り		左ねじれ	右ねじれ
		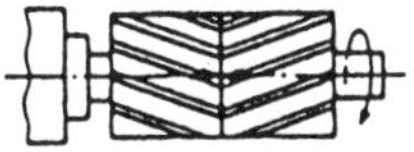	右回り		右ねじれ	左ねじれ
エンドミル	(駆動側)	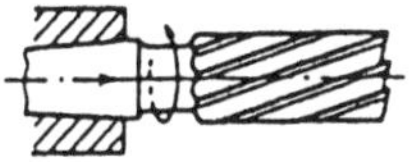	左回り	左刃	左ねじれ	
		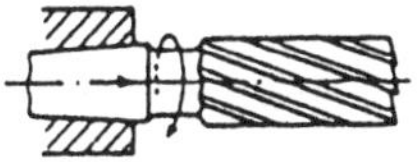	右回り	右刃	右ねじれ	
	(駆動側)	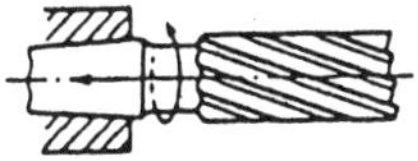	左回り	左刃	左ねじれ	
		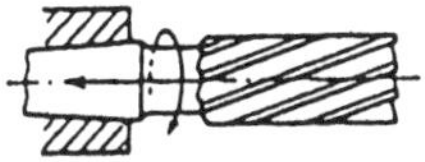	右回り	右刃	右ねじれ	

備考：1．右刃とは，駆動側からみて右回りに切削するものをいい，左刃とは，駆動側からみて左回りに切削するものをいう。
2．なじれの右左は，ねじの場合の右ねじ，左ねじと同様とする。

右ねじれ刃と左ねじれ刃

付図(9)

名称	切削の状態		刃の右左
片角フライス	(駆動側)		右刃
			左刃
不等角フライス	(駆動側)		右刃
			左刃

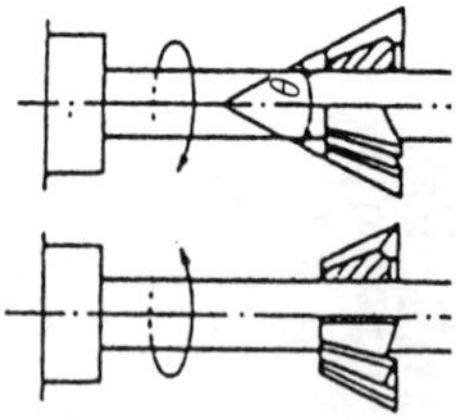

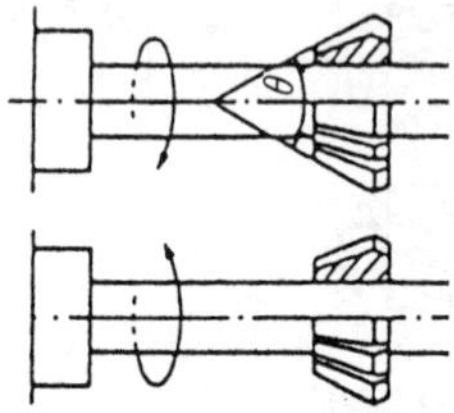

右刃と左刃

付図(10)

正面フライス

平フライス

側フライス

内丸フライス

外丸フライス

組み合わせ側フライス

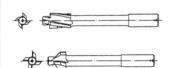
座ぐりフライス

角度フライス

両面取りフライス

ねじ切りフライス

コールドソー

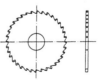
メタルソー

付図(11)

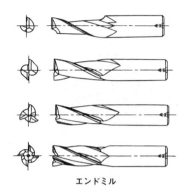

エンドミル

 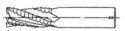

荒削りエンドミル

ボールエンドミル

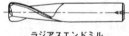

ラジアスエンドミル

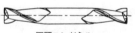

両頭エンドミル

強ねじれ刃エンドミル

シェルエンドミル

付図(12)

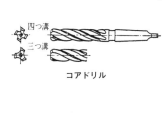
コアドリル

ルーマ形ドリル

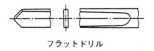
フラットドリル

半月形ドリル

ターゲットドリル

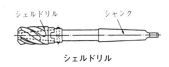
シェルドリル

油穴付きドリル

複溝ドリル

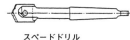
スペードドリル

ガンドリル

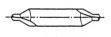
センタ穴ドリル

付図(13)

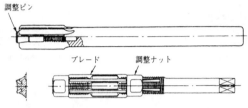

アジャスタブルリーマ

複溝ドリルリーマ　　　　ガンリーマ

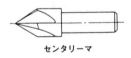

センタリーマ

フルート形

ホブ　　　シェルリーマ

ローズ形

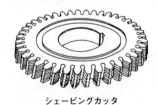
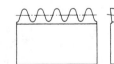

シェービングカッタ　　　ラックカッタ

付図(14)

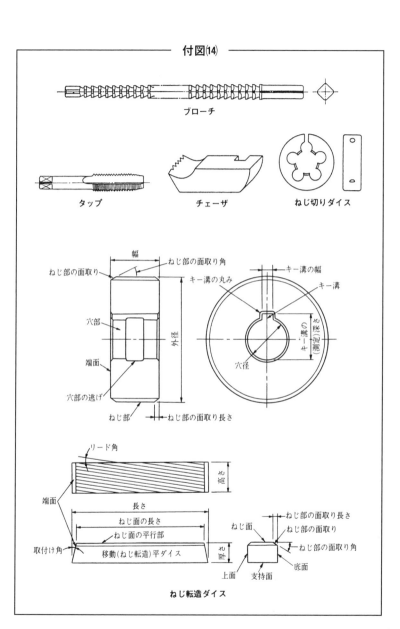

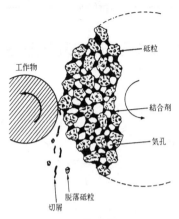

砥石 3 要素

(JIS B 6211-1〜16より抜粋)

付図(15)

1号平形砥石

7号両へこみ形砥石 $E \geqq \dfrac{T}{2}$

2号リング形砥石 $T \geqq W$

12号さら形砥石 $E \geqq \dfrac{T}{2}$

付図(15)(つづき)

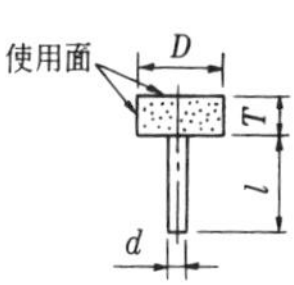

(1) 平形 (Wタイプ, WJタイプ)

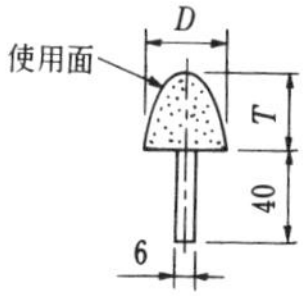

(2) 異形 (Aタイプ, AJタイプ)

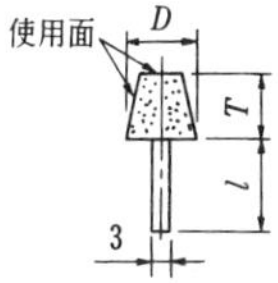

(3) 異形 (Bタイプ, BJタイプ)

(単位:mm)

軸付砥石

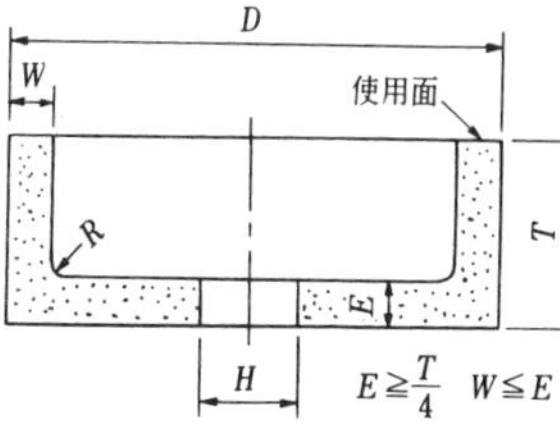

6号ストレートカップ形砥石　$E \geqq \dfrac{T}{4}$　$W \leqq E$

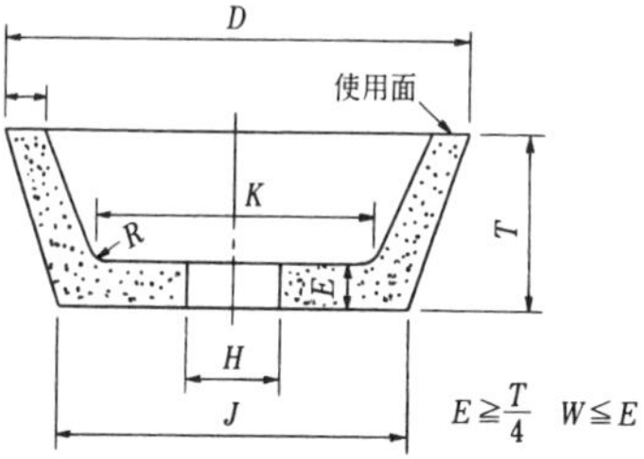

11号テーパカップ形砥石　$E \geqq \dfrac{T}{4}$　$W \leqq E$

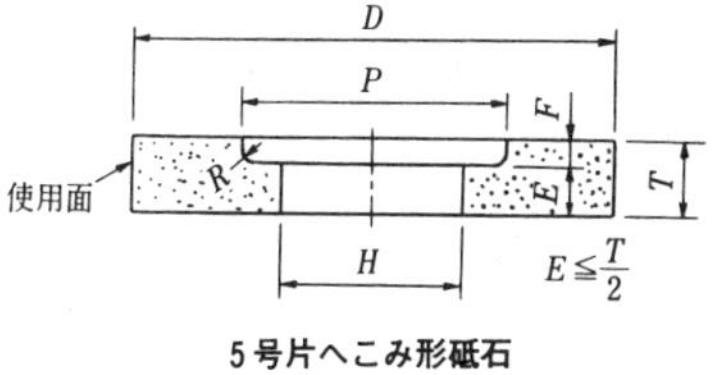

5号片へこみ形砥石　$E \leqq \dfrac{T}{2}$

備考：公差域欄で用いている線は，次の意味を表わしている。
太い実線：実体
細い実線：公差域
太い一点鎖線：基準直線，基準平面，基準軸線または基準中心面
細い一点鎖線：中心線および補足の投影面

	図示例	公差域
真直度	一定方向の真直度（三角りょうの場合）	0.1mmの間隔をもつ，互いに平行な二つの平面の間の空間。
平面度	一般の平面度	0.1mmの間隔をもつ，互いに平行な二つの平面の間の空間。
真円度		半径が0.03mmの差をもつ，同心の二つの円の中間部。これは，軸線に直角な任意の断面に「適用される。
円筒度		半径が0.1mmの差をもつ，同軸の二つの円筒の間の空間。
線の輪郭度		定められた幾何学的な輪郭線上のあらゆる点に中心をもつ，直径0.04mmの円を包絡する二つの曲線の中間部。
面の輪郭度		定められた幾何学的な輪郭線上のあらゆる点に中心をもつ，直径0.02mmの球で包絡される二つの曲面の空間。

	図示例	公差域
位置度	平面上の点の位置度	定められた正しい位置を中心とする直径0.03mmの円の内部。
平行度	直線部分の基準直線に対する縦方向の平行度（穴の軸線の場合）	基準直線に平行な0.05mmの間隔をもつ，互いに平行な二つの平面の間の空間。
直角度	直線部分の基準直線に対する直角度（穴の軸線を基準とする場合）	基準直線に直角に0.08mmの間隔をもつ，互いに平行な二つの平面の間の空間。
傾斜度	直線部分と基準直線が同一平面上にない場合の傾斜度（穴の円筒の軸線の場合）	基準直線に60°傾斜し，0.08mmの間隔をもつ，互いに平行な二つの平面の間の空間。
同軸度	円筒部分の軸線の同軸度	基準軸線と同軸の直径0.2mmの円筒内部の空間。
対称度	軸線の基準中心平面に対する一定方向の対称度	溝AおよびBの共通する基準中心平面を中心として0.08mmの間隔をもつ，互いに平行な二つの平面の間の空間。
振れ	半径方向の振れ（円筒面の場合）	矢の方向の測定平面内で，振れが0.1mmを超えないこと。

幾何公差の図示例とその公差域

(JIS B 0021(1998)より抜粋，また規格ではデータムを使っているが基準直線，基準面などの言葉に置き換えている)

超硬合金工具材料の呼び記号の付け方

(JIS B 4053:2013 より抜粋)

材料記号-(ダッシュ)に続けて使用分類記号を付ける。超硬合金HWの場合は,材料記号及び-(ダッシュ)を省略できる。

例　HW － P10 又は P10,　HC － K20

材料記号	材料の分類
HW	金属及び硬質の金属化合物から成り,その硬質相中の主成分が炭化タングステンであり,硬質相粒の平均粒径が1μm以上であるもの。一般に,超硬合金という。
HF	金属及び硬質の金属化合物から成り,その硬質相中の主成分が炭化タングステンであり,硬質相粒の平均粒径が1μm未満であるもの。一般に,超微粒超硬合金という。
HT	金属及び硬質の金属化合物から成り,その硬質相中の主成分がチタン,タンタル(ニオブ)の,炭化物,炭窒化物,窒化物であって,炭化タングステンの成分が少ないもの。一般に,サーメットという。
HC	上記の超硬合金の表面に炭化物,炭窒化物,窒化物(炭化チタン・窒化チタンなど),酸化物(酸化アルミニウムなど),ダイヤモンド,ダイヤモンドライクカーボンなどを,1層又は多層に化学的又は物理的に被覆させたもの。一般に被覆超硬合金という。

使用分類記号[※]	被削材	識別記号	識別色
P01～P50	鋼:鋼,鋳鋼(オーステナイト系ステンレスを除く。)	P	青
M01～M40	ステンレス鋼:オーステナイト系,オーステナイト/フェライト系,ステンレス鋳鋼	M	黄
K01～K40	鋳鋼:ねずみ鋳鉄,球状黒鉛鋳鉄,可鍛鋳鉄	K	赤
N01～N30	非鉄金属:アルミニウム,その他の非鉄金属,非金属材料	N	緑
S01～S30	耐熱合金・チタン:鉄,ニッケル,コバルト基耐熱合金,チタン及びチタン合金	S	茶
H01～H30	高硬度材料:高硬度鋼,高硬度鋳鉄,チルド鋳鉄	H	灰

注[※]　使用分類記号の数字は01,05,10,15…と5飛びに大きくなる。小さいほど工具材料の耐摩耗性が高く高速切削向き,大きいほど工具材料の靱性が高く高送り切削向き。

参考文献

本辞典編集にあたり,超硬工具協会「超硬工具用語集」,JIS,および下記の文献から図を転載させていただきました。

1) 中村宣夫:光学素子加工技術'93,I-4 研削・研磨,日本オプトメカトロニクス協会
2) 精密工学会編:新版精密工作便覧,p.586,コロナ社(1992)
3) 佐藤敬一:特殊加工,p.227,養賢堂(1981)
4) 松井正己,田牧純一:精密機械,54-5,p.876(1988)
5) 砥粒加工研究会編:研削・研磨技術用語辞典,p.91,工業調査会(1972)
6) 砥粒加工研究会編:研削・研磨技術用語辞典,p.33,工業調査会(1972)
7) 伊東 誼,岩田一明:フレキシブル生産システム,p.39,日刊工業新聞社(1984)(図 Gebr.Heller 社製システム)
8) 中山一雄:切りくず形状の幾何学,精密機械,38-7,p.592(1972)
9) 日本機械学会編:機械工学便覧-B2,加工学・加工機器,p.127(1984)
10) 増沢隆久:ワイヤ放電研削による極細工具の加工,日本塑性加工学会誌,29-335,p.1275(1988)
11) 新版計量技術ハンドブック,p.692(表 2.14),p.693(図 2.22),コロナ社(1987)
12) 津村喜代治:基礎精密測定,p.153,(図 1),共立出版(1994)
13) 田中義信,津和秀夫,井田直哉:精密工作法(上)p.33,共立出版(1989)
14) S. Kalpakjian:Manufacturing Engineering and Technology (2nd ed.), Addison-Wesley (1992)
15) 東芝機械マシニングセンタ研究会編:知りたい FMS と MC,p.35,ジャパンマシニスト社(1986)
16) 工作機械副読本(改訂 7 版),p.121,ニュースダイジェスト社(1984)
17) 狩野勝吉:データで見る切削加工の最先端技術,p.423,工業調査会(1992)
18) 精密工学会編:新版精密工作便覧,p.142,コロナ社(1992)
19) 基礎切削加工学,p.210,211,共立出版(1992)
20) 精密工学会編:研削工学,p.13,オーム社(1987)
21) 工業教育研究会編:図解機械用語辞典,日刊工業新聞社(1968)
22) 応用機械工学,1988 年 6 月号,p.75,大河出版(1988)
23) 末津芳文:先端機械工作法,p.65(図 3.20),共立出版(1992)
24) 砥粒加工研究会編:研削・研磨技術用語辞典,p.103,工業調査会(1972)
25) 木本康雄,矢野彰成,杉田忠彰:マイクロ加工,共立出版
26) 森勇蔵ほか:精密機械,51-5,p.1033(1985)
27) Tool and Manufacturing Engineers Handbook (SME)
28) Y. Namba et al., Ann. CIRP, 26-1, p.325 (1977)
29) 日本規格協会:転がり軸受の選び方・使い方,p.6(1977)
30) 青山藤詞郎:静圧軸受,p.17,工業調査会(1990)
31) H. Opitz: Modern Productions Technik, Verlag W. Grudet Essen, p.252 (1970)
32) 青山藤詞郎:静圧空気軸受と静圧空気案内,機械設計,288,p.38(1984)
33) 自動制御用語辞典,p.301,オーム社(1969)
34) 工程管理ハンドブック,p.384,日刊工業新聞社(1992)
35) 機械工学辞典,p.205,朝倉書店(1988)

36) 機械工学辞典, p.888, 朝倉書店 (1988)
37) 精密工学会編：新版精密工作便覧, p.1384, コロナ社 (1992)
38) 精密工学会編：新版精密工作便覧, p.193, コロナ社 (1992)
39) 精密工学会編：新版精密工作便覧, p.1388, コロナ社 (1992)
40) 日本機械学会編：CAE と CAM, p.79, 技報堂出版 (1988)
41) 大久保歯車工業提供
42) 和井田製作所提供
43) 牧野フライス精機カタログより
44) Dittel 社カタログより
45) 米・ガードナ社カタログより
46) Elb 社カタログより

欧 文 索 引

A

Abbe's error　アッベの誤差 ……………… 4
abrasion transformation　研磨変態 … 60
abrasive cloth　研磨布 ……………… 58
abrasive cut-off　研削切断 …………… 53
abrasive disc　研磨ディスク ………… 58
abrasive flow machining　粘弾性流動研磨 …………………………………… 175
abrasive flow polishing　粘弾性流動研磨 …………………………………… 175
abrasive grain　砥粒 ………………… 162
abrasive grain cutting edge　砥粒切れ刃 …………………………………… 163
abrasive grain depth of cut　砥粒切込み深さ ……………………………… 162
abrasive grain volume percentage　砥粒率 ………………………………… 163
abrasive jet machining　アブレシブジェット加工 ……………………………… 5
abrasive machining　砥粒加工 ……… 162
abrasive machining　重研削 ………… 95
abrasive material　研磨材 …………… 57
abrasive paper　研磨紙 ……………… 58
abrasive processing　砥粒加工 ……… 162
abrasive stick　スティック砥石 …… 110
abrasive tool　砥粒加工工具 ………… 162
abrasive tool　研磨工具 ……………… 57
abrasive water jet machining　アブレシブウォータージェット加工 ………… 5
abrasive wear　アブレシブ摩耗 ……… 5
acceleration pickup　加速度ピックアップ …………………………………… 30
accumulation　切残し量 ……………… 43
accuracy　精度 ……………………… 116
acoustic emission　アコースティックエミッション ………………………………… 3
acoustic microscope　超音波顕微鏡 … 141
adaptive control　適応制御 ………… 151
additive manufacturing　積層造形法　117
adhesive strength　接着強さ ……… 122
adhesive wear　凝着摩耗 …………… 39
adjustable reamer　アジャスタブルリーマ …………………………………… 4
advanced ceramics　ニューセラミックス …………………………………… 170
advanced ceramics　ファインセラミックス …………………………………… 198
aerosol deposition　エアロゾルデポジション ……………………………… 13
aerostatic bearing　静圧空気軸受 …… 114
aerostatic bearing　静圧軸受 ……… 114
aerostatic slideway　静圧空気案内 … 114
agglomerated particle　凝集粒子 …… 39
air chuck　空圧チャック …………… 45
alignment of axes　同軸度 ………… 160
alloy tool steel　合金工具鋼 ………… 62
alumina　アルミナ …………………… 7
alumina　酸化アルミニウム ………… 80
alumina abrasive　アルミナ質研削材 … 7
alumina abrasive　電融アルミナ …… 156
alumina-zirconia abrasive　アルミナジルコニア研削材 ……………………………… 7
aluminum oxide　酸化アルミニウム … 80
angle head　アングルヘッド ………… 7
angle milling cutter　角度フライス … 28
angle of repose　安息角 ……………… 7
angular grinding　アンギュラ研削 …… 7
angular-type grinder　アンギュラ形研削盤 …………………………………… 7
angular-type grinding machine　アンギュラ形研削盤 ……………………………… 7
approach angle　アプローチ角 ……… 5
approach angle　横切れ刃角 ……… 233

A

apron　エプロン ……………… 14
arbor support　アーバ支え ……… 5
area of chip section　切削断面積 … 118
area of chip section　切りくず断面積[1] ……………………………………… 41
area of contact　接触面積 ………… 121
area of cutting cross-section　切削断面積 ……………………………………… 118
ark height　アークハイト ……… 3
Arkansas oil stone　アーカンサスオイルストーン ……………………… 3
artificial abrasive　人造研削材 …… 102
artificial abrasive grain　人造研磨材 … 103
artificial abrasive grain　人造砥粒 … 103
artificial emery abrasive　人造エメリー研削材 ……………………… 102
artificial grinding stone　人造研磨石 …………………………………………… 103
artificial grinding stone　人造砥石 … 103
artificial grinding wheel　人造研磨石 …………………………………………… 103
artificial grinding wheel　人造砥石 … 103
aspect ratio　アスペクト比 ……… 4
atomic force microscope　原子間力顕微鏡 …………………………… 56
attrition　摩滅 ……………………… 222
Auger electron spectroscopy　オージェ電子分光 ……………………… 20
auto loader　オートローダ ……… 21
auto-collimator　オートコリメータ …… 21
automatic abrasive processing technology　自動研磨技術 ………………… 89
automatic acceleration and deceleration　自動加減速 ……………… 89
automatic control　自動制御 …… 90
automatic control restrictor　自動調整絞り …………………………………… 90
automatic copying lathe　自動倣い旋盤 ……………………………………… 92
automatic guided vehicle　無人搬送車 …………………………………………… 225
automatic head changer　自動ヘッド交換装置 ………………………… 93

automatic lathe　自動旋盤 ……… 90
automatic multiple spindle lathe　多軸自動旋盤 ……………………………… 133
automatic pallet changer　自動パレット交換装置 ……………………… 92
automatic polishing technology　自動研磨技術 ………………………… 89
automatic programming　自動プログラミング ………………………… 92
automatic size control　定寸加工[2] …… 151
automatic sizing equipment　自動定寸装置 ……………………………… 91
automatic tool changer　自動工具交換装置 ……………………………………… 90
automatic warehouse system　自動倉庫 …………………………………………… 90
automatic wheel balancer　自動バランス装置 ………………………… 92
automatic wheel balancing equipment　自動バランス装置 ……………… 92
automatic wheel changer　自動砥石交換装置 ………………………… 92
automatic wheel wear compensator　砥石摩耗自動補正装置 ……………… 158
automatic work changer　自動工作物交換装置 ………………………… 90
average grain distance　平均砥粒間隔 …………………………………………… 210
axial rake　アキシャルレーキ ……… 3
axle lathe　車軸旋盤 ……………… 94

B

back lapping　バックラッピング …… 182
back rake　バックレーキ ………… 183
back taper　バックテーパ ………… 182
back wedge　後くさび …………… 11
backing　基材 ……………………… 37
backlash　バックラッシ …………… 182
bakelite [bonded] wheel　レジノイド [研削] 砥石 …………………… 244
balance　平衡度 …………………… 210
balance cylinder　バランスシリンダ … 186

balance weight　釣合いおもり ……… 149
balance weight　バランスウェイト … 185
balancing　バランシング ……………… 185
balancing weightt　バランスウェイト　185
ball endmill　ボールエンドミル ……… 218
ball finishing　バニシ仕上げ ………… 183
ball honing　球面ホーニング ………… 39
ball lapping　球面ラッピング ……… 39
ball lapping machine　鋼球ラップ盤… 62
ball screw　ボールねじ ……………… 218
ball-nose endmill　ボールエンドミル … 218
band sawing machine　金切り帯のこ盤
　…………………………………………… 34
bar feed attachment　バーフィード装置
　…………………………………………… 184
bar stand　バースタンド……………… 180
bar work　バー作業…………………… 180
bar work　棒材作業 …………………… 214
bare wafer　ベアウェーハ …………… 210
barrel finishing　バレル仕上げ ……… 187
barrel finishing　バレル研磨 ………… 187
barrel finishing　バレル加工 ………… 187
base　ベース …………………………… 212
bearing　軸受 …………………………… 86
bed　ベッド ……………………………… 212
bed-type milling machine　ベッド形フライス盤　……………………………………… 212
bedway grinder　案内面研削盤………… 8
beilby layer　ベイルビー層…………… 212
Belag　ベラーグ ……………………… 213
belt grinder　ベルト研削盤 ………… 213
belt grinder　ベルトサンダ ………… 214
belt grinder　ベルト研磨機 ………… 213
belt grinding　ベルトグラインディング
　…………………………………………… 213
belt grinding　ベルト研削 …………… 213
belt grinding　ベルト研磨 …………… 213
belt grinding machine　ベルト研削盤
　…………………………………………… 213
belt grinding machine　ベルトサンダ
　…………………………………………… 214
belt grinding machine　ベルト研磨機
　…………………………………………… 213

belt sander　ベルト研削盤 …………… 213
belt sander　ベルトサンダ …………… 214
belt sander　ベルト研磨機 …………… 213
belt sanding　ベルト研磨 …………… 213
bench drilling machine　卓上ボール盤
　…………………………………………… 132
bench grinding machine　卓上研削盤
　…………………………………………… 132
bench lathe　卓上旋盤 ………………… 132
bench milling machine　卓上フライス盤
　…………………………………………… 132
bench turret lathe　卓上タレット旋盤
　……………………………………………… 132
bevel gear generator　傘歯車歯切り盤
　……………………………………………… 29
bevel gear grinding machine　傘歯車研削盤　………………………………………… 29
bevel lead　食付き部 ………………… 45
bias buff　バイアスバフ ……………… 177
bias feed　バイアス送り ……………… 177
bias mop　バイアスバフ ……………… 177
black silicon carbide abrasive　黒色炭化珪素研削材 …………………………………… 71
blade　ブレード[1] ……………………… 207
blade　ブレード[2] ……………………… 207
blade　ブレード[3] ……………………… 207
blade　ブレード[4] ……………………… 207
blade　切断砥石 ……………………… 122
blast cleaning　研掃 …………………… 56
blast polishing　ブラスト研磨 ……… 202
blasting　吹付け加工 ………………… 199
blasting　噴射加工 …………………… 209
block gauge　ブロックゲージ………… 208
blocking shell　はりつけ皿 ………… 186
blocking tool　はりつけ皿 ………… 186
body　ボデー ………………………… 216
body clearance　二番取り面 ………… 172
bond　結合剤 …………………………… 51
bond tail　ボンドテール …………… 219
bonded abrasive　固定砥粒 …………… 71
bonded abrasive-machining　固定砥粒加工　………………………………………………… 72
bonding agent　結合剤 ………………… 51

B

bonding material 結合剤	51
boring 中ぐり	167
boring bar 中ぐり棒	167
boring machine 中ぐり盤	167
boron carbide 炭化ほう素	136
bowl feed polishing 液中ポリシング	13
brazed tool ろう付け工具	246
breakage 欠け[1]	28
breaking down 脱落	133
bridge-column machining center 門形マシニングセンタ	229
Brinel hardness ブリネル硬さ	205
broach ブローチ	208
broaching machine ブローチ盤	208
broarch sharpener ブローチ研削盤	208
brown alumina abrasive 褐色アルミナ研削材	32
brush finishing ブラシ仕上げ	203
brush tool ブラシ工具	202
BUE 構成刃先	68
buff バフ	183
buffing バフ加工	184
buffing バフ研磨	184
buffing バフ仕上げ	185
buffing composition バフ研磨剤	185
buffing compound バフ研磨剤	185
buffing machine バフ研磨機	184
buffing machine バフレース	185
buffing wheel バフ	183
building block system ビルディングブロック方式	197
built-in motor ビルトインモータ	197
built-up edge 構成刃先	68
bulk density かさ比重	30
burn 焼け	230
burn mark 研磨焼け	60
burn mark 焼け	230
burnishing バニシ仕上げ	183
burnishing action バニシ作用	183
burnishing machine バニシ盤	183
burr ばり	186
bushing ブシュ	200

C

cam grinding カム研削	35
camshaft grinding machine カム研削盤	35
camshaft lathe カム軸旋盤	35
capillary restrictor 毛細管絞り	228
car lathe 車輪旋盤	94
carbon tool steel 炭素工具鋼	137
carriage 往復台	18
carriage キャリッジ	39
carriage travel 往復台移動量	18
carrier キャリア	38
carrier ケレ	52
carrier 回し金	224
catalyst assisted polishing 触媒利用研磨	100
catch plate 回し板	223
cathode luminescence カソードルミネセンス	30
cemented carbide 超硬合金	142
cementing strength 接着強さ	122
center センタ	124
center drill センタ穴ドリル	125
center grinding attachment センタ研削装置	125
center hole grinder センタ穴研削盤	125
center hole grinding センタ穴研削	124
center hole grinding machine センタ穴研削盤	125
center hole lapping machine センタ穴ラップ盤	125
center lathe 普通旋盤	200
center punch センタポンチ	125
center reamer センタリーマ	125
center through coolant センタスルークーラント	125
center work センタ作業	125
centering 心たて	103
centering microscope 心出し顕微鏡	103
centerless grinding 心無し研削	104

centerless grinding　センタレス研削 ………………………………… 125
centerless grinding machine　心無し研削盤 ………………… 104
centerless grinding machine　センタレス研削盤 ………………… 125
centerless lapping machine　心無しラップ盤 ………………… 105
centrifugal barrel finishing machine　遠心バレル研磨機 …………… 16
ceramic bonded wheel　ビトリファイド［研削］砥石 ……………… 193
ceramic grain　セラミック砥粒 ……… 123
ceramic grinding wheel　セラミック砥石 …………………………… 123
ceramic plate　セラミックスプレート ………………………………… 122
ceramics　セラミックス ………… 122
ceria　酸化セリウム ……………… 80
cerium oxide　酸化セリウム ………… 80
cermet　サーメット ……………… 79
chain broaching machine　チェーンブローチ盤 ……………… 138
chamfer　食付き部 ……………… 45
chamfered corner　面取りコーナ …… 227
chamfering　面取り^1 ………………… 227
chamfering　面取り^2 ………………… 227
chaser　チェーザ ………………… 138
chatter　びびり ………………… 193
chatter mark　びびりマーク ………… 194
chatter mark　びれ ……………… 197
chatter vibration　びびり振動 ……… 194
chemical affinity　親和性 ………… 106
chemical burn　化学焼け ………… 27
chemical etching　化学研磨法 ……… 27
chemical mechanical polishing　ケミカルメカニカルポリシング ……… 52
chemical solution　ケミカルソリューション ……………………… 52
chemical vaper deposition　化学蒸着法 …………………………… 27
chemo mechanical polishing　ケモメカニカルポリシング ………… 52
chip　切りくず ………………… 40
chip breaker　チップブレーカ ……… 139
chip breaker　ニック ……………… 172
chip control　切りくず処理 ………… 41
chip conveyor　チップコンベヤ ……… 139
chip curl　切りくずカール ………… 41
chip flow angle　切りくず流出角 …… 42
chip former　チップフォーマ ……… 139
chip length　切りくず長さ^2 ………… 42
chip packing　切りくずづまり ……… 42
chip pocket　チップポケット^1 ……… 139
chip pocket　チップポケット^2 ……… 140
chip thickness　切りくず厚さ ……… 41
chip width　切りくず幅^2 …………… 42
chipping　欠け^2 ………………… 28
chipping　チッピング^1 …………… 139
chipping　チッピング^2 …………… 139
chipping　欠け^1 ………………… 28
chisel edge　チゼルエッジ ………… 139
chisel edge angle　チゼル角 ……… 139
chromium oxide　酸化クロム ……… 80
chuck　チャック ………………… 140
chuck block　チャックブロック ……… 140
chuck work　チャック作業 ………… 140
circular inter polation　円孤補間 …… 15
circular oscillation　円心揺動 ……… 16
circular sawing machine　金切り丸のこ盤 ………………………… 34
circular table　円テーブル ………… 16
CL　カソードルミネセンス ………… 30
classification　分級 ……………… 209
classifier　分級機 ……………… 209
clean room　クリーンルーム ……… 48
cleaning　洗浄 ………………… 124
cleaning with alkaline solution　アルカリ洗浄 ……………………… 6
cleanness　清浄度 ……………… 116
clearance　逃げ面 ……………… 170
clearance angle　逃げ角 ………… 170
clearing　つや出し砂目ぬき ……… 149
cleavage　へき開 ……………… 212
climb grinding　下向き研削 ……… 88
closed loop system　閉ループ系 …… 212

C

closed-loop control クローズドループ制御 ················ 49
cloud くもり ················ 45
cloud ヘイズ ················ 210
cluster クラスタ ················ 46
coarse grain 粗流 ················ 129
coarse tooth 荒刃 ················ 6
coated abrasive 研磨布紙 ················ 58
coated abrasive belt 研磨ベルト ················ 59
coated abrasive machining 研磨布紙加工 ················ 59
coated cemented carbide コーティド超硬 ················ 71
coated cemented carbide 被覆超硬合金 ················ 194
coated film polishing 研磨フィルム ················ 58
coated film polishing 研磨フィルム ················ 58
coated high-speed steel コーティドハイス ················ 71
coated high-speed steel 被覆高速度工具鋼 ················ 194
cold circular saw コールドソー ················ 73
cold machining 低温切削 ················ 150
collet コレット ················ 73
collet chuck コレットチャック ················ 74
colloid コロイド ················ 74
colloidal silica コロイダルシリカ ················ 74
column コラム ················ 73
column travel コラム移動量 ················ 73
combination grain size 混合粒度 ················ 75
combination milling cutter 組み合わせ側フライス ················ 45
combined drill and countersink センタ穴ドリル ················ 125
compound コンパウンド ················ 75
computerized numerical control コンピュータ数値制御 ················ 75
concave milling cutter 内丸フライス ················ 11
concavity angle すかし角 ················ 108
concentration コンセントレーション[1] ················ 75
concentration コンセントレーション[2] ················ 75
concentration 集中度 ················ 96
concentricity 同心度 ················ 160
conditioning plate 修正板 ················ 95
conditioning ring 修正リング ················ 95
conditioning ring 摩耗リング ················ 223
conditioning ring type polishing machine 修正輪形研磨機 ················ 95
conductive diamond 導電性ダイヤモンド ················ 160
constant circumferential speed control 周速一定制御 ················ 96
constant cutting depth processing 定寸加工[1] ················ 151
constant-feed honing 定切込みホーニング ················ 150
constantpressure grinding 定圧研削 ················ 150
constant-pressure honing 定圧ホーニング ················ 150
constant-pressure processing 定圧加工 ················ 150
contact arc 接触弧 ················ 121
contact arc length 接触弧長さ ················ 121
contact area of grinding wheel 砥石接触面 ················ 158
contact length 接触長さ ················ 121
contact stiffness 接触剛性 ················ 121
contact stiffness of wheel 砥石接触剛性 ················ 157
contact wheel コンタクトホイール ················ 75
contamination 汚染 ················ 20
contamination コンタミ ················ 75
contamination free コンタミネーションフリー ················ 75
continuous cutting 連続切削 ················ 245
continuous dress grinding 連続ドレッシング研削 ················ 245
continuous dressing 連続ドレッシング ················ 245
continuous path control 輪郭制御 ················ 242
continuity of scratch line 目通り性 ················ 227

contour grinding 輪郭研削 ………… 242
contour grinding machine 輪郭研削盤
  ……………………………………… 242
contour sawing machine 金切り帯のこ盤
  ………………………………………… 34
contouring 輪郭削り ………………… 241
contouring grinding コンタリング研削
  ………………………………………… 75
contouring machining コンタリング加工
  ………………………………………… 75
control 制御…………………………… 115
control force grinding 力制御研削 … 138
control unit 制御盤 …………………… 115
controlling board 制御盤 …………… 115
conventional [abrasive] [grinding] wheel
  一般 [砥粒] 砥石 ……………………… 9
conventional milling 上向き削り …… 12
conventional milling アップカット …… 4
conversational CNC 対話形CNC …… 132
convex milling cutter 外丸フライス… 129
coolant 研削液 ………………………… 52
coolant device クーラント装置 ……… 47
coolant device 研削油剤装置 ……… 56
coolant through spindle クーラントスルースピンドル ……………………………… 47
cooling 冷却 ………………………… 242
coordinate measuring machine 三次元 [座標] 測定機 ……………………… 81
copy grinding 倣い研削 …………… 169
copy grinding machine 倣い研削盤 169
copy milling machine 倣いフライス盤
  ……………………………………… 169
copy shaping machine 倣い形削り盤
  ……………………………………… 168
copying 倣い削り …………………… 168
copying lathe 倣い旋盤 …………… 169
copying principle 母性原理 ………… 216
core diameter 心厚 [フライス] …… 101
core drill コアドリル ………………… 60
corner コーナ ………………………… 72
corner radius コーナ半径 …………… 72
corundum コランダム ………………… 73
counter balance カウンタバランス … 27

counter bore 座ぐりフライス ……… 77
counter weight バランスウェイト … 185
coupling カップリング ……………… 33
coupling 継手 ………………………… 148
coverage カバレージ ………………… 34
crack クラック ………………………… 46
crack 割れ …………………………… 251
cradle-type work head 搖動形主軸台
  ……………………………………… 232
crank journal grinding machine クランクジャーナル研削盤 …………………… 47
crankpin grinding machine クランクピン研削盤 ……………………………… 47
crankshaft grinding machine クランク軸研削盤 ……………………………… 47
crater クレータ ………………………… 48
crater クレータ摩耗 ………………… 48
crater wear クレータ摩耗…………… 48
cratering クレータ摩耗 ……………… 48
creep-feed cylindrical grinding クリープフィード円筒研削 …………………… 48
creep-feed grinding クリープ [フィード] 研削 ………………………………… 48
creep-feed surface grinding クリープフィード平面研削 ……………………… 48
criss-cross pattern 綾目 ……………… 5
critical pressure 臨界圧力 ………… 241
cross feed ピックフィード …………… 192
cross feed 横送り …………………… 232
cross hatch 綾目 ……………………… 5
cross hatch クロスハッチ …………… 49
cross hatch angle 交差角 [交叉角]
  ………………………………………… 66
cross rail クロスレール ……………… 49
cross rail travel クロスレール移動量 49
cross slide 切込み台 ………………… 43
cross slide クロススライド ………… 49
cross slide 横送り台 ………………… 232
cross-feed device 切込み装置 ……… 43
cross-sectional area of chip 切りくず断面積[2] ……………………………………… 42
cross-sectional area of uncut chip 切りくず断面積[1] ……………………………… 41

C

English	Japanese	Page
crow track	クロートラック	50
crowning	クラウニング	46
crowning device	クラウニング装置	46
crows-foot	クロートラック	50
crush dressing	クラッシュドレッシング	46
crush forming	クラッシュフォーミング	46
crushing	クラッシング	46
crushing device	クラッシ装置	46
cryogenic machining	低温切削	150
crystalline alumina	結晶アルミナ	52
curve generator	カーブジェネレータ	35
curvic coupling	カービックカップリング	34
custom macro	カスタムマクロ	30
cut-off	切断	122
cut-off grinding	切断研削	122
cut-off grinding	研削切断	53
cutoff wheel	切断砥石	122
cutter arbor	カッタアーバ	32
cutter arbor	アーバ	4
cutter compensation	ノーズR補正	176
cutter grinder	カッタ研削盤	32
cutter grinding	工具研削	63
cutter grinding machine	カッタ研削盤	32
cutter head	カッタヘッド	33
cutter spindle	カッタスピンドル	33
cutter sweep	溝の切り上げ	225
cutting	切断	122
cutting [切削]動力計		119
cutting	切削[加工]	117
cutting edge	切れ刃	44
cutting edge angle	切込み角	43
cutting edge blunting	切れ刃のつぶれ	44
cutting edge density	切れ刃密度	44
cutting edge inclination	切れ刃傾き角	44
cutting edge roundness	切れ刃の丸み	44
cutting edge wear	切れ刃摩耗	44
cutting face	すくい面	109
cutting fluid	切削油剤	120
cutting force	切削力	121
cutting force	切削抵抗	119
cutting heat	切削熱	120
cutting monitor	切削監視装置	117
cutting off	突切り	149
cutting power	切削動力	119
cutting ratio	切削比	120
cutting resistance	切削抵抗	119
cutting speed	切削速度	118
cutting stiffness	切削剛性	118
cutting temperature	切削温度	117
cutting torque	切削トルク	120
cutting width	切削幅	120
cutting-off [grinding] wheel	切断砥石	122
cycle time	サイクルタイム	76
cylinder [grinding] wheel	リング形砥石	242
cylindrical cutter	平フライス	197
cylindrical gear grinding machine	円筒歯車研削盤	17
cylindrical grinding attachment	円筒研削装置	16
cylindrical lapping	円筒ラッピング	17
cylindricity	円筒度	17

D

English	Japanese	Page
damaged layer	変質層	214
damping coefficient	減衰係数	56
damping ratio	減衰比	56
datum	データム	152
dead center	デッドセンタ	152
dead center	止まりセンタ	161
deburring	ばり取り	186
deburring device	ばり取り装置	187
defect	欠陥	51
deflection	曲がり[1] [ねじ加工]	221
deformation texture	加工異方性	28
degree of hardness	結合度	51
deionized water	脱イオン水	133

demagnetizer 脱磁装置 ·················· 133
deposition 溶着 ························· 231
depressed center wheel with fabric reinforcement レジノイドオフセット［研削］砥石 ······················ 244
depth of crater クレータ摩耗深さ ··· 49
depth of cut 切込み ····················· 42
depth of cut 切込み深さ ················ 43
dial and digital calliper ノギス ········ 175
diamond ダイヤモンド ··················· 130
diamond abrasive ダイヤモンド砥粒 131
diamond coated abrasive ダイヤモンド研磨布紙 ···························· 131
diamond compound ダイヤモンドコンパウンド ································· 131
diamond dresser ダイヤモンドドレッサ ··· 131
diamond paste ダイヤモンドペースト ··· 131
diamond pellet ダイヤモンドペレット ··· 131
diamond slurry ダイヤモンドスラリー ··· 131
diamond turning ダイヤモンド切削 ··· 131
diamond wheel ダイヤモンドホイール ··· 131
diamond wire ダイヤモンドワイヤ工具 ··· 132
diamond-like carbon ダイヤモンドライクカーボン ······························ 131
dicing ダイシング ······················ 130
die grinding 金型研削 ··················· 33
die manufacturing 金型加工 ··········· 33
die milling 型彫り ······················· 31
die polishing 金型研磨 ················· 33
die sinking 型彫り ····················· 31
die sinking electric discharge machining 形彫り放電加工 ···················· 31
differential gear mechanism 差動歯車装置 ······································· 77
differential interference microscope 微分干渉顕微鏡 ····························· 194
difficult-to-cut material 難削材 ········ 170

difficult-to-grind material 難研削材料 ··· 170
difficult-to-machine material 難削材 ··· 170
dig 砂目 ································· 111
dimensional accuracy 寸法精度 ······ 114
dimensional instrumentation 寸法計測 ··· 113
dimensional measurement 寸法計測 ··· 113
dimensional tolerance 寸法公差 ······ 114
dimple ディンプル[1] ···················· 151
dimple ディンプル[2] ···················· 151
disc grinding ディスク研削 ············ 151
disc wheel ディスク砥石 ············· 151
disc-type micrometer 歯厚マイクロメータ ······································· 177
disengage angle ディスエンゲージ角 ··· 150
dish［grinding］wheel さら形砥石 ··· 80
dispersion 分散 ························ 209
dividing head 割出し台 ··············· 250
double recessed［grinding］wheel 両へこみ形砥石 ···························· 240
double-colummn planer 門形平削り盤 ··· 229
double-column machining center 門形マシニングセンタ ····················· 229
double-corner rounding milling cutter 両面取りフライス ····················· 241
double-disc grindipg 両面研削 ········ 240
double-disc surface grinding machine 対向二軸平面研削盤 ····················· 130
double-disc surface grinding machine 両頭平面研削盤 ························ 240
double-end endmill 両頭エンドミル ··· 240
double-housing planning machine 門形平削り盤 ···························· 229
double-side lapping 両面ラッピング ··· 241
double-sided lapping machine 両面ラップ盤 ····································· 241
double-sided lapping machine 両面研磨盤 ··· 240

double-sided polishing machine 両面研磨盤 ………… 240
dove tail あり溝 ………… 6
down grinding 下向き研削 ………… 88
down-cut grinding 下向き研削 ………… 88
down-cut grinding ダウンカット ………… 132
down-cut milling 下向き削り ………… 88
down-cut milling ダウンカット ………… 132
dresser ドレッサ ………… 164
dressing ドレッシング ………… 164
dressing 目直し ………… 227
dressing interval ドレス間隔 ………… 164
dressing interval ドレッシング間隔 ………… 164
dressing interval 目直し間隔 ………… 227
dressing interval 目直し間寿命 ………… 227
dressing interval 砥石寿命 ………… 157
dressing lead ドレスリード ………… 164
dressing lead ドレッシングリード ………… 164
dressing speed ドレッシング速度 ………… 164
dressing speed 目直し速度 ………… 227
dressing stick 目直しスティック ………… 227
dressing wheel 目直し車 ………… 227
drill ドリル ………… 163
drill chuck ドリルチャック ………… 164
drill grinder ドリル研削盤 ………… 163
drill grinding machine ドリル研削盤 ………… 163
drill pointing 工具研削 ………… 63
drill sleeve ドリルスリーブ ………… 163
drill socket ドリルソケット ………… 164
drill spindle ドリルスピンドル ………… 163
drill spindle head ドリルヘッド ………… 164
drilling 穴あけ ………… 4
drilling きりもみ ………… 44
drilling ドリル加工 ………… 163
drilling machine ボール盤 ………… 218
driving plate 回し板 ………… 223
dry cutting 乾式切削 ………… 36
dry etching ドライエッチング ………… 161
dry finishing 乾式仕上げ ………… 36
dry grinding 乾式研削 ………… 36
dry lapping 乾式ラッピング ………… 36
dry machining 乾式加工 ………… 36
dry machining ドライ加工 ………… 161
dry run ドライラン ………… 161
dulling 目つぶれ ………… 226
dummy やとい[1] ………… 230
dwell ドウェル ………… 159
dynamic stiffness 動剛性 ………… 160
dynamometer 動力計 ………… 160

E

early fracture 初期欠損 ………… 99
economical cutting speed 経済切削速度 ………… 50
eddy current displacement sensor 渦電流式変位センサ ………… 11
edge chip エッジチップ ………… 14
edge finishing エッジ仕上げ ………… 14
edge polish エッジポリッシュ ………… 14
edge rounding だれ ………… 135
edge rounding ふちだれ ………… 200
edge shape 縁形 ………… 200
edge-runout 外周振れ ………… 26
effective cutting edge 有効切れ刃 ………… 230
elastic wheel エラスチック砥石 ………… 15
elastic wheel 弾性砥石 ………… 137
electrical discharge machining 放電加工 ………… 214
electrochemical grinding 電解複合研削 ………… 154
electrochemical grinding machine 電解研削盤 ………… 154
electro-discharge and electrochemical machining 放電・電解複合加工 ………… 215
electro-discharge grinding 放電研削 ………… 214
electrolytic abrasive lapping 電解複合ラッピング ………… 155
electrolytic abrasive polishing 電解砥粒研磨 ………… 154
electrolytic deburring 電解ばり取り ………… 154
electrolytic dressing 電解ドレッシング ………… 154
electrolytic grinding 電解研削 ………… 153
electrolytic grinding machine 電解研削盤

………………………………… 154	………………………………… 16
electrolytic honing　電解ホーニング… 155	[external] cylindrical grinding　円筒研削
electrolytic lapping　電解ラッピング… 155	………………………………… 16
electrolytic polishing　電解研磨 …… 154	external cylindrical grinding machine
electromagnetic chuck　電磁チャック	円筒研削盤………………………… 16
………………………………… 155	external grinding　外面研削 ……… 27
electron beam polishing　電子ビームポリ	external honing　外面ホーニング …… 27
シング……………………………… 155	external shape lapping　外形ラッピング
electron diffraction　電子線回折 …… 155	………………………………… 25
electron probe micro-analysis　電子プロー	externally pressurized air bearing　静圧
ブマイクロアナリシス …………… 155	空気軸受 ………………………… 114
electrophoretic phenomenon　電気泳動	externally pressurized oil bearing　静圧
………………………………… 155	油軸受 …………………………… 114
electroplated tool　電着工具 ………… 156	
electroplating　電着…………………… 156	**F**
(electrostatic) capasitive displacement	
sensor　静電容量型変位センサ …… 116	face　すくい面 …………………… 109
embedding　埋込み ………………… 11	face cutting　正面削り …………… 98
emery　エメリー …………………… 15	face grinding　正面研削 …………… 98
emulsion　乳剤………………………… 172	face grinding device　端面研削装置… 138
encoder　エンコーダ ……………… 15	face lathe　正面旋盤 ……………… 99
end cutting angle　副切込み角 …… 199	face mill　正面フライス ………… 99
end cutting angle　前切込み角 ……… 220	face mill grinding attachment　正面フライ
end cutting edge　底刃 …………… 128	ス研削装置………………………… 99
end cutting edge　前切れ刃 ………… 220	face milling cutter　正面フライス …… 99
end cutting edge　すかし角 ……… 108	face plate　面板 …………………… 227
end gash　ギャッシュ ……………… 38	face turning　正面削り …………… 98
end point detection　終点検出 ……… 96	face wear　すくい面摩耗 ………… 109
end relief angle　前逃げ角 ………… 221	facing　正面削り …………………… 98
endless abrasive belt　エンドレス研磨	fail safe function　フェイルセーフ機能
ベルト……………………………… 17	………………………………… 199
endmill　エンドミル ……………… 17	fatigue crack　疲労き裂 …………… 197
engage angle　エンゲージ角 ……… 15	feed　送り …………………………… 18
engage angle　食い付き角 ………… 45	feed force　送り分力 ……………… 19
engine lathe　普通旋盤 …………… 200	feed function　送り機能 …………… 19
equivalent chip thickness　等価切りくず	feed gear box　送り変換歯車箱……… 19
厚さ………………………………… 159	feed mark　送りマーク …………… 20
equivalent grinding wheel diameter	feed motion　送り運動 …………… 19
等価砥石直径 …………………… 159	feed per revolution　送り量 ……… 20
etch back　エッチバック法………… 14	feed per stroke　送り量 …………… 20
etching　エッチング ……………… 14	feed per tooth　送り量 …………… 20
extension socket　ドリルソケット …… 164	feed rate　送り速度 ………………… 19
external cylindrical grinder　円筒研削盤	feed rate　送り ……………………… 18

F

feed rate override　送り速度オーバライド ･･････ 19
feed shaft　送り軸 ･････････････････ 19
feed speed　送り速度 ･･････････････ 19
feedback control　フィードバック制御 ･････････････ 198
feed-forward control　フィードフォワード制御 ･･････････････ 198
feeler gauge　すきまゲージ ････････ 108
felt buff　フェルトバフ ････････････ 199
felt mop　フェルトバフ ････････････ 199
felt wheel　フェルトバフ ･･････････ 199
fiber optic radiation thermometer　光ファイバ式放射温度計 ･･･････････････ 189
field ion microscope　電界イオン顕微鏡 ･･･････････････ 153
field-assisted finishing　複合研磨加工 ･･･････････････ 200
field-assisted machining　複合加工 ･･･ 200
film finishing　フィルム研磨 ･･･････ 198
filter　濾過装置 ･･･････････････････ 246
final lapping　仕上げラッピング ････ 83
final polishing　仕上げ研磨 ････････ 82
fine boring machine　精密中ぐり盤 ･･･ 116
fine grinding　精研削 ･････････････ 116
finger mop　ユニットバフ ････････ 231
finish grinding　仕上げ研削 ････････ 82
finished surface　仕上げ面 ･････････ 82
finished surface roughness　仕上げ面粗さ ･･･････････････ 83
finishing　仕上げ削り ･････････････ 82
finishing allowance　仕上げ代 ･･････ 82
finishing allowance　研磨代 ････････ 58
finishing characteristic　研磨性能 ････ 58
finishing media　研磨メディア ･･････ 60
finishing pressure　研磨圧［力］ ･････ 57
finishing rate　研磨率 ･････････････ 60
finishing ratio　研磨比 ････････････ 58
finishing removal rate　研磨能率 ････ 58
finishing tangential force　研磨力 ････ 60
finishing temperature　研磨温度 ･････ 57
finishing temperature　研磨熱 ･･･････ 58
finishing tool　研磨工具 ･･･････････ 57

five face machining center　五面加工機 ･･････････････ 72
fixed abrasive　固定砥粒 ･･････････ 71
fixed grain　固定砥粒 ･････････････ 71
fixed-abrasive machining　固定砥粒加工 ･･･････････････ 72
fixture　取付け具 ････････････････ 162
fizeau interferometer　フィゾー干渉計 198
flaking　剥離 ･･･････････････････ 179
flange　フランジ ････････････････ 204
flange through coolant　フランジスルークーラント ･･･････････････････ 204
flank　逃げ面 ･･･････････････････ 170
flank build-up　逃げ面付着物 ･･････ 171
flank wear　逃げ面摩耗 ･･･････････ 171
flank wear width　逃げ面摩耗幅 ････ 171
flap wheel　フラップホイール ･･････ 203
flaring-cup［grinding］wheel　テーパカップ形砥石 ･･･････････････････ 152
flat control　平面管理 ････････････ 211
flat cutting edge　さらい刃［フライス］ ･････････････ 79
flat drag　さらい刃［バイト］ ･･････ 79
flat drill　フラットドリル ･････････ 203
flatness　平坦度 ････････････････ 210
flatness　平面度 ････････････････ 211
flatness　曲がり³［ブローチ］ ･････ 221
flatness measuring instrument　平面度測定器 ･･･････････････････ 211
flatness tester　平面度測定器 ･･････ 211
flaw　きず ････････････････････ 38
flaw in finishing　磨ききず ･･･････ 224
flexibility　なじみ ･･････････････ 168
flexible manufacturing cell　フレキシブルマニュファクチャリングセル ･･････ 206
flexible manufacturing system　フレキシブルマニュファクチャリングシステム ･･････････････････ 206
flexible transfer line　フレキシブルトランスファライン ･････････････････ 205
float polishing　フロートポリシング ･･･ 209
floating nozzle method　フローティングノズル法 ･･････････････････ 208

fluid retrictor　流体絞り	239
flute length　溝長	225
fluting　溝削り	224
follow rest　移動振れ止め	10
force flow　力の流れ	138
forced vibration　強制振動	39
form accuracy　形状精度	50
form grinding　総形研削	127
form grinding　成形研削	115
form milling cutter　総形フライス	127
form milling cutter with constant profile　二番取りフライス	172
form turning　総形削り	127
formed cutter　総形フライス	127
form-relieved milling cutter　二番取りフライス	172
fracture　欠け[1]	28
fracture　破砕	180
fracture toughness　破壊靭性	178
fracturing　欠損	52
fracturing　工具欠損	63
fracturing　工具破損	65
free grinding　自由研削	95
free hand grinding　自由研削	95
free-machining material　快削材料	25
friability　破砕性	180
friction　摩擦	221
friction angle　摩擦角	222
front wedge　前くさび	220
fused alumina　溶融アルミナ	232
fuzzy control　ファジー制御	198

G

gap eliminator　ギャップエリミネータ	38
garnet　ガーネット	34
gash lead　リード	238
gauge　ゲージ	51
gear cutting　歯切り	178
gear cutting machine　歯切り盤	179
gear grinding　歯車研削	179
gear grinding machine　歯車研削盤	180
gear hob　ホブ	216
gear hobbing machine　ホブ盤	217
gear honing　歯車ホーニング	180
gear lapping　歯車ラッピング	180
gear lapping machine　歯車ラップ盤	180
gear planer cutter　ラックカッタ	235
gear shaving　歯車シェービング仕上げ	180
general purpose machine tool　汎用工作機械	189
generating motion　創成運動	128
generation grinding　創成研削	128
geometrical depth of cut　設定切込み深さ	122
geometrical tolerance　幾何公差	37
glazing　目つぶれ	226
glazing　非晶質化	191
gloss　光沢度	70
gloss　光沢	70
gloss　つや	149
grade　結合度	51
grade of hardness　結合度	51
grade test　結合度試験	51
grain size　粒径	239
grain size　粒度	239
grain size distribution　粒度分布	239
grease lubrication　グリース潤滑	47
greaseless buffing composition　非油脂性棒状バフ研磨剤	195
greaseless buffing compound　非油脂性棒状バフ研磨剤	195
greaseless polishing composition　非油脂性棒状バフ研磨剤	195
greaseless polishing compound　非油脂性棒状バフ研磨剤	195
green rouge　青棒	3
green silicon carbide abrasive　緑色炭化珪素研削材	241
grindability　被研削性	190
grinder　研削盤	55
grinding　研削［加工］	52
grinding accuracy　研削［加工］精度	52

G

grinding allowance 研削代	53
grinding allowance 研磨代	58
grinding attachment for helical flute ヘリカル研削装置	213
grinding burn 研削焼け	55
grinding center グラインディングセンタ	46
grinding crack 研削割れ	56
grinding energy 研削エネルギ	52
grinding fluid 研削油剤	55
grinding fluid 研削液	52
grinding force 研削抵抗	53
grinding force ratio 研削抵抗比	54
grinding force ratio 分力比	210
grinding heat 研削熱	54
grinding machine 研削盤	55
grinding mark 研削条痕	53
grinding material abrasive 研削材	53
grinding power 研削動力	54
grinding ratio 研削比	55
grinding robot 研磨ロボット	60
grinding spark 研削火花	55
grinding speed 研削速度	53
grinding stiffness 研削剛性	53
grinding stock removal rate 研削能率	55
grinding stone ［研削］砥石	54
grinding stone 砥石	156
grinding streak 研削条痕	53
grinding surface temperature of workpiece 工作物研削面温度	68
grinding temperature 研削温度	52
grinding temperature at wheel contact area 砥石研削点温度	157
grinding temperature of grain at grinding point 砥粒研削点温度	163
grinding test using single point cutting edge ［model］ 単粒研削	138
grinding too 砥石	156
grinding tool ［研削］砥石	54
grinding tool dynamometer ［切削］動力計	119
grinding viscosity 研削粘性	54
grinding wheel ［研削］砥石	54
grinding wheel 砥石	156
grinding wheel life 砥石寿命	157
grinding wheel surface 砥石作業面	157
grinding wheel surface 砥石作用面	157
grinding wheel wear 砥石摩耗	158
grindstone ［研削］砥石	54
grindstone 砥石	156
gripping strength of grain 砥粒保持力	163
grit blasting グリット噴射	47
groove grinding 溝研削	224
grooving 溝削り	224
grooving 目切	226
grooving wear 境界摩耗	39
ground surface roughness 研削仕上げ面粗さ	53
ground surface roughness 研削面粗さ	55
ground white layer 研削白層	55
group control system 群管理システム	50
guide way 案内面	7
guide-way grinding machine 案内面研削盤	8
gun barrel drill 半月形ドリル	188
gun drill ガンドリル	36
gun reamer ガンリーマ	36

H

hack sawing machine 金切り弓のこ盤	34
hand finishing 手磨き	153
hand lapping 手ラッピング	153
hand lapping ハンドラッピング	188
hand of cut 切削勝手	117
hand of tool バイトの勝手	177
hardness 結合度	51
hardness 硬さ	31
hardness 硬度	71
hardness test 結合度試験	51
hardness tester 硬さ試験機	31
hardness tester 硬度計	71
haze くもり	45

haze ヘイズ	210
head stock ヘッドストック	212
head stock 主軸台	96
heavy grinding 重研削	95
heel ヒール	197
helical flute ねじれ刃	174
helical tooth ねじれ刃	174
helix angle ねじれ角	174
high economy cutting speed 経済切削速度	50
high-efficiency grinding 高能率研削	71
high-helix endmill 強ねじれ刃エンドミル	40
high-reciprocation grinding ハイレシプロ研削	178
high-speed cutting 高速切削	69
high-speed grinding 高速研削	69
high-speed machining 高速切削	69
high-speed steel 高速度工具鋼	70
high-speed steel ハイス	177
hobbing ホブ切り	216
holizontal spindle surface grinding machine with a reciprocating table 横軸角テーブル形平面研削盤	233
holizontal spindle surface grinding machine with a rotary table 横軸回転テーブル形平面研削盤	233
hone ホーン	219
honed edge ホーニング刃	216
honing ホーニング［加工］	216
honing machine ホーニング盤	216
honing stick ホーニング砥石	216
honing stone ホーニング砥石	216
horizontal boring machine 横中ぐり盤	233
horizontal force 水平分力	107
horizontal machining center 横形マシニングセンタ	232
horizontal milling machine 横フライス盤	234
horizontal spindle grinding head 横砥石頭	233
hot machining 高温切削	60
hybrid bearing ハイブリッド軸受	178
hydration polishing ハイドレーションポリシング	177
hydraulic power chuck 油圧チャック	230
hydraulic power unit 油圧ユニット	230
hydroabrasion 液体ホーニング	13
hydrodynamic bearing 動圧軸受	159
hydrodynamic effect 動圧効果	159
hydrodynamic polishing 非接触ポリシング	192
hydroplane polishing ハイドロプレーンポリシング	178
hydrostatic bearing 静圧軸受	114
hydrostatic bearing 静圧油軸受	114
hydrostatic coupling 静圧カップリング	114
hydrostatic guideway 静圧案内	114
hydrostatic guideway 静圧油案内	114
hydrostatic screw 静圧ねじ	115

I

idle time アイドルタイム	3
impact test 衝撃試験	98
impregnated dresser インプリドレッサ	10
inclination angle 傾斜角	50
included angle 刃先角	180
independent chuck 単動チャック	137
index 割出し	250
index head 割出し台	250
［indexable］insert スローアウェイチップ	113
［indexable］insert 刃先交換チップ	180
indexing attachment 割出し装置	250
indexing gear mechanism 割出し歯車装置	251
inductive displacement sensor 渦電流式変位センサ	11
industrial robot 産業用ロボット	81
infeed device 切込み装置	43
infeed grinding インフィード研削	10
infeed grinding 送り込み研削	19

infeed rate 送り込み速度	19
infeed rate 切込み速度	43
infeed rate 切込み送り	43
infeed speed 切込み送り	43
infrared spectroscopy 赤外分光法	117
inherent restrictor 自成絞り	87
initial hole イニシャルホール	10
initial wear 初期摩耗	99
inner diameter cutting 内周刃切断	166
in-process measurement of dimension インプロセス寸法計測	10
inprocess measuring system 機内計測装置	38
inserted tool 植刃工具	11
inside blade cutter 内周刃砥石	166
instrumentation 計測	50
integral spindle motor ビルトインモータ	197
interferometer 干渉計	36
interlocking side milling cutter 組み合わせ側フライス	45
internal centerless grinding 心無し内面研削	105
internal cooling grinding 通液研削	147
internal cooling grinding 液通研削	14
internal cylindrical grinding 内面研削	166
internal cylindrical grinding machine 内面研削盤	166
internal damaged layer 内部変質層	166
internal grinder 内面研削盤	166
internal grinding 内面研削	166
internal grinding attachment 内面研削装置	166
internal honing 内面ホーニング	167
internal plunge grinding 内面プランジ研削	167
internally cooled grinding 液通研削	14
international unit system 国際単位系	71
interrupted cutting 断続切削	137
ion beam machining イオンビーム加工	8
ion beam polishing イオンビームポリシング	9
ion etching イオンエッチング	8
ion implantation イオン打ち込み法	8
ion plating イオンプレーティング	9
ion scattering spectroscopy イオン散乱分光法	8
ion sputtering イオンスパッタ	8
iron oxide 酸化鉄	81
iron oxide ベンガラ	214

J

jet lubrication ジェット潤滑	83
jig ジグ	85
jig やとい^2	230
jig 取付け具	162
jig boring machine ジグ中ぐり盤	86
jig grinding machine ジグ研削盤	86
joint 継手	148

K

kerf width カーフ幅	35
key seater キーシータ	38
key seater キー溝盤	38
knee ニー	170
knee-type milling machine ひざ形フライス盤	190
Knoop hardness ヌープ硬さ	172
knurling ローレット切り	248

L

land ランド	237
land width ランド幅	238
lap 定盤^2	98
lap ラップ定盤	236
lap ラップ［工具］	236
lap 荒ずり皿	6
lapped surface 研磨面	60
lapping ラッピング	235
lapping 研磨［加工］	57

L

lapping abrasive　ラップ材	236
lapping burn mark　ラップ焼け	236
lapping compound　ラップ剤	236
lapping compound　研磨剤	57
lapping film　ラッピングフィルム	235
lapping fluid　油性ラップ液	230
lapping force　ラップ力	236
lapping length　ラップ長	236
lapping machine　ラップ盤	236
lapping oil　油性ラップ液	230
lapping plate　ラップ定盤	236
lapping plate　ラップ［工具］	236
lapping pressure　ラッピング圧力	235
lapping tape polishing　テープポリッシュ	152
laser　レーザ	242
laser Doppler vibrometer　レーザドップラ振動計	244
laser machining　レーザ加工	243
laser measurement　レーザ計測	243
laser measurement system　レーザ測長システム	244
laser processing　レーザ加工	243
laser processing machine　レーザ加工機	243
laser scanning micrometer　レーザスキャンマイクロメータ	244
lateral shearing interferometer　ラテラルシアリング干渉計	236
lathe　旋盤	126
lathe dog　ケレ	52
lathe dog　回し金	224
lead　リード	238
lead screw　送りねじ	19
leading edge　リーディングエッジ[2]	238
leading edge of land　リーディングエッジ[1]	238
leading part　食付き部	45
least command increment　最小移動単位	76
least input increment　最小設定単位	76
leather buff　皮バフ	36
left hand cut　左刃	192
left hand helical tooth　左ねじれ刃	192
lens lapping machine　レンズ研磨機	245
lens polishing machine　レンズ研磨機	245
level　水準器	106
leveling　レベル出し	244
limit of error　確度	27
line bar　中ぐり棒	167
line bar　ラインバー	235
linear ball guide　リニアボールガイド	238
linear encoder　リニアエンコーダ	238
linear interpolation　直線補間	146
linear motor　リニアモータ	238
linear oscillation　直線揺動	146
lip height　リップハイト	238
liquid honing　リキッドホーニング	238
liquid honing　液体ホーニング	13
liquid jet machining　液体ジェット加工	13
live center　回転センタ	26
live center　ライブセンタ	235
loader　ローダ	246
loading　目づまり	227
long scratch line pattern　ヘアライン	210
longitudinal feed　縦送り	134
loose abrasive　遊離砥粒	230
loose buff　ばらバフ	185
loose mop　ばらバフ	185
lost motion　ロストモーション	246
lower lap　下定盤	88
lower lap　下ラップ	88
lower plate　下定盤	88
lower plate　下皿	88
lower polisher　下ポリッシャ	88
lower tool　下定盤	88
lower tool　下ラップ	88
lower tool　下皿	88
lower tool polishing　下向き研磨	88
lubricant　潤滑剤	97
lubricating system　潤滑装置	97
lubrication　潤滑	97

M

machinability 被削性 ･････････････････ 190
machinability index 被削性指数 ･････ 191
machinability rating 被削性指数 ･････ 191
machinability ratio 被削性指数 ･････ 191
machine tool 工作機械 ･････････････ 67
machine tool [和製英語 mother machine]
　マザーマシン ･･････････････････････ 221
machined surface 仕上げ面 ････････ 82
machining 切削 [加工] ･･････････････ 117
machining 機械加工 ････････････････ 37
machining accuracy 加工精度 ･･･････ 28
machining allowance 仕上げ代 ･････ 82
machining cell 加工セル ･･･････････ 28
machining center マシニングセンタ
　････････････････････････････････････ 222
macro scratch マクロスクラッチ ･････ 221
magic mirror inspection 魔鏡検査 ･･･ 221
magnesia [grinding] wheel マグネシア
　[研削] 砥石 ････････････････････････ 221
magnetic abrasive 磁性研磨材 ･･･････ 87
magnetic abrasive 磁性砥粒 ･･････････ 87
magnetic abrasive finishing 磁気研磨法
　････････････････････････････････････ 84
magnetic barrel machine 磁気バレル
　研磨機 ･････････････････････････････ 84
magnetic bearing 磁気軸受 ･････････ 84
magnetic chuck 磁気チャック ･･･････ 84
magnetic float polishing 磁気浮揚研磨法
　････････････････････････････････････ 85
magnetic separator 磁気分離機 ･････ 85
magneto-pressed polishing tool 磁気吸引
　研磨工具 ･･･････････････････････････ 83
main spindle 主軸 ････････････････ 96
major cutting edge 主切れ刃 ･･･････ 96
major flank 主逃げ面･･････････････ 97
making amorphous 非晶質化 ･････ 191
makyou inspection 魔鏡検査 ･･･････ 221
malachite green 青竹 ････････････････ 3
man-made abrasive 人造研削材 ･････ 102
man-made diamond 人造ダイヤモンド･･･ 103
manufacturing cell 加工セル ･･･････ 28

manufacturing milling machine 生産フラ
　イス盤･････････････････････････････ 116
margin マージン･･････････････････ 222
margin width マージン幅･･････････ 222
marking けがき [罫書き] ･･････････ 50
marking-off けがき [罫書き] ･･･････ 50
marking-off pin けがき針 ･･････････ 50
marking-out けがき [罫書き] ･･･････ 50
mass finishing バレル仕上げ ･･････ 187
mass finishing バレル研磨 ･･･････ 187
mass finishing バレル加工 ･･･････ 187
master screw 親ねじ ････････････････ 23
master worm 親ウォーム ･･････････ 23
master worm wheel 親ウォームホイール
　････････････････････････････････････ 23
mat finish [ing] つや消し仕上げ ･･･ 149
maximum inclination angle 最大傾斜角
　････････････････････････････････････ 76
maximum operating speed 最高使用
　周速度 ････････････････････････････ 76
mean grain size 平均粒 [子] 径 ･････ 210
measurement 計測･･･････････････ 50
measurement 測定･･･････････････ 128
measuring microscope 測定顕微鏡･･･ 128
mechanical impedance 機械インピーダン
　ス ･････････････････････････････････ 37
mechanical polishing 機械的研磨法･･･ 37
mechanically driven tailstock 機動
　心押台 ････････････････････････････ 38
mechano-chemical lapping メカノ
　ケミカルラッピング ････････････････ 226
mechano-chemical machining メカノ
　ケミカル加工･････････････････････ 226
mechano-chemical polishing メカノ
　ケミカルポリシング ････････････････ 226
mechano-chemical polishing メカノ
　ケミカル研磨･････････････････････ 226
media メディア[1] ･･･････････････ 227
media メディア[2] ･･･････････････ 227
medium finishing 中仕上げ ･･･････ 141
mesh size 粒度 ･････････････････ 239
metal bonded wheel メタルボンド
　ホイール･･････････････････････････ 226

metal cutting machine tool　工作機械 ………………………………………… 67
metal sawing machine　金切りのこ盤 ………………………………………… 34
metal slitting saw　メタルソー …… 226
metallographical microscope　金属顕微鏡 ………………………………………… 45
micro crack　マイクロクラック ……… 220
micro scratch　マイクロスクラッチ … 220
micro truing　マイクロツルーイング … 220
micro-blast machinig　マイクロブラスト加工 ………………………………… 220
microgrit　微粉 …………………… 194
micrometer　マイクロメータ ………… 220
mill　シェルエンドミル ……………… 83
milling　転削 ……………………… 155
milling cutter　フライス ……………… 201
milling head arbor　アーバ ………… 4
milling machine　フライス盤 ………… 202
minimum quantity lubrication (MQL) machining　セミドライ加工 ……… 122
minor cutting edge　副切れ刃 ……… 199
minor flank　副逃げ面 ……………… 200
mirror cutting　鏡面切削 …………… 40
mirror finishing　鏡面仕上げ ………… 40
mirror grinding　鏡面研削 …………… 40
mirror polishing　鏡面研磨 …………… 40
mirror surface　鏡面 ……………… 40
miscellaneous function　補助機能 …… 215
mixed mesh size　混合粒度 ………… 75
modal analysis　モード解析 ………… 228
modal parameter　モーダルパラメータ … 228
modall analysis　モーダル解析 ……… 228
mode of vibration　振動モード ……… 104
modular tool　モジュラ工具 ………… 228
modular-type machine tool　モジュラ形工作機械 ……………………………… 228
Mohs hardness　モース硬度 ………… 228
mold manufacturing　金型加工 ……… 33
mono abrasive grain　単結晶砥粒 …… 136
mono-crystalline diamond　単結晶ダイヤモンド ………………………………… 136
mono-crystalline fused alumina　解砕形アルミナ研削材 …………………… 25
mop　バフ ………………………… 183
morse taper　モールステーパ ……… 229
motioncopying processing　定寸加工[1] … 151
mounted point　軸付砥石 …………… 86
mounted wheel　軸付砥石 …………… 86
multi tool grinding　マルチホイール研削 ………………………………………… 223
multi-band saw　マルチブレードソー ………………………………………… 223
multi-blade　マルチブレード ………… 223
multi-blade saw　マルチブレードソー ………………………………………… 223
multi-blade wheel　マルチブレードホイール ……………………………………… 223
multipoint dresser　多石ドレッサ …… 133
multi-purpose machine tool　多能工作機械 ……………………………………… 135
multispindle drilling machine　多軸ボール盤 …………………………………… 133
multi-wheel grinding　マルチホイール研削 ……………………………………… 223
multi-wire saw　マルチワイヤソー … 223
mutual lapping　すり合わせ ………… 113
mutual lapping　共ずり ……………… 161

N

nano-polycrystalline diamond　ナノ多結晶ダイヤモンド ………………………… 168
narrow guide　ナローガイド ………… 169
natural abrasive　天然研削材 ……… 156
natural abrasive　天然研磨材 ……… 156
natural abrasive grain　天然砥粒 …… 156
natural whetstone　天然砥石 ………… 156
NC lathe with multi spindle　多軸NC旋盤 ………………………………………… 133
NC lathe with opposed spindles　対向主軸台形NC旋盤 …………………… 130
near-dry machining　セミドライ加工 … 122
negative rake　ネガティブレーキ …… 173
neural network　ニューラルネットワーク ………………………………………… 172

N

newton gauge ニュートン原器	172
nick ニック	172
non-metallic layer ベラーグ	213
nonwoven polishing pad 研磨不織布	59
normal clearance angle 直角逃げ角	147
normal grinding force 法線研削抵抗	214
normal grinding force component 研削抵抗法線分力	54
normal rake 直角すくい角	147
normal relief angle 直角逃げ角	147
normal wedge angle 直角刃物角	147
nose コーナ	72
nose wear 先端摩耗	126
notch wear 境界摩耗	39
number of active grains in grinding zone 同時研削砥粒数	160
number of flutes 溝数	225
number of simultaneous controllable axes 同時制御軸数	160
numerical control 数値制御	107

O

oblique cutting 傾斜切削	50
octagonal ring dynamometer 八角リング動力計	182
offset オフセット量	22
oil air lubrication オイルエア潤滑	17
oil hole drill 油穴付きドリル	5
oil mist lubrication オイルミスト潤滑	18
oil-mist lubrication equipment 噴霧給油装置	210
oil-type lapping solution 油性ラップ液	230
open loop system 開ループ系	27
open-loop control オープンループ制御	22
open-side planer 片持ち形平削り盤	32
open-sided planing machine 片持ち形平削り盤	32
operation panel 操作盤	127
operation planning 作業設計	77
optical contour measuring instrument 光学式形状測定機	61
optical flat オプチカルフラット	22
optical microscope 光学顕微鏡	61
optical polishing 光学研磨	61
optical standard gauge 光学原器	61
optical-type contour grinding machine 光学倣い研削盤	61
optical-type profile grinding machine 光学倣い研削盤	61
optional block skip オプショナルブロックスキップ	22
optional stop オプショナルストップ	22
orange peel オレンジピール	23
ordinary tooth 普通刃	201
orifice restrictor オリフィス絞り	23
orthogonal clearance 垂直逃げ角	106
orthogonal clearance angle 垂直逃げ角	106
orthogonal cutting 二次元切削	171
orthogonal rake 真のすくい角	106
orthogonal rake 垂直すくい角	106
orthogonal wedge angle 垂直刃物角	107
oscillation 搖動[運動]	232
oscillation [motion] オシレーション[運動]	20
Oskar-type lapping machine オスカー式研磨機	20
outer corner 外周コーナ	26
outer diameter blade 外周刃砥石	26
outer diameter grinding wheel 外周刃砥石	26
outer diameter saw 外周刃切断	26
outer shape lapping 外形ラッピング	25
over arm オーバアーム	21
over travel オーバトラベル	22
overcut 過切削	30
override オーバライド	22
over-run オーバラン	22

oxidation film 酸化皮膜	81	PL フォトルミネセンス	199
oxide film 酸化皮膜	81	plain bearing すべり軸受	112

P

pad パッド	183	plain milling cutter 平フライス	197
pad conditioning パッドコンディショニング	183	planarization プラナリゼーション	203
		plane lapping 平面ラッピング	212
pad dressing パッドドレッシング	183	plane lapping machine 平面ラップ盤	212
pallet パレット	187	plane polishing machine 平面ラップ盤	212
parabolic interpolation 放物線補間	215	planer プレーナ	207
parallel lathe 普通旋盤	200	planer 平削り盤	196
parallelism 平行度	210	planetary motion 遊星運動	230
part program パートプログラム	183	planing 平削り	196
parting 切断	122	planing machine 平削り盤	196
peeling 皮むき	36	plano miller プラノミラー	204
peening ピーニング	193	plasma etching プラズマエッチング	203
peening intensity ピーニングインテンシティ	193	plastic anisotropy 加工異方性	28
		plastic flow 塑性流動	128
percentage of bond 結合剤率	51	platen プラテン[1]	203
peripheral and end milling 端面削り	138	platen プラテン[2]	203
peripheral cutting edge 外周刃	26	ploughing 掘起し	217
peripheral milling 外周削り	25	plowing 掘起し	217
peripheral speed 周速度	96	plunge [cut] grinding プランジ[カット]研削	204
permanent magnetic chuck 永磁チャック	13	point angle 先端角	126
photo luminescence フォトルミネセンス	199	point to point control 位置決め制御	9
		polarization microscope 偏光顕微鏡	214
physical vapor deposition 物理蒸着法	201	polished surface 研磨面	60
pieced buff とじバフ	160	polisher ポリッシャ	218
pieced mop とじバフ	160	polisher 磨き皿	224
piezoelectric device 圧電素子	4	polishing バフ加工	184
pilot パイロット	178	polishing バフ研磨	184
pin-hole ピンホール	197	polishing バフ仕上げ	185
pink alumina abrasive 淡紅色アルミナ研削材	136	polishing つや出し	149
		polishing ポリシング	218
pit ピット	193	polishing 磨き	224
pitch ピッチ[1]	192	polishing abrasive finishing 研磨[加工]	57
pitch ピッチ[2]	193	polishing cloth 研磨クロス	57
pitch ピッチ[3]	193	polishing composition バフ研磨剤	185
pitching ピッチング	193	polishing compound バフ研磨剤	185
pivot drill ルーマ形ドリル	242	polishing compound ポリシ剤	218

polishing compound　スラリー	112
polishing compound　研磨剤	57
polishing film　ラッピングフィルム	235
polishing for visual quality　加飾研磨	30
polishing for visual quality　装飾研磨	128
polishing lathe　バフ研磨機	184
polishing lathe　バフレース	185
polishing machine　バフ研磨機	184
polishing machine　バフレース	185
polishing machine　ラップ盤	236
polishing material　研磨材	57
polishing mop　バフ	183
polishing pad　研磨パッド	58
polishing pad　ポリシングパッド	218
polishing robot　研磨ロボット	60
polishing sheet　ポリシングシート	218
polishing temperature　研磨熱	58
polishing tool　研磨工具	57
polising tool　磨き皿	224
poly-crystalline [alumina] grain　多結晶砥粒	132
pore　気孔	37
porosity　気孔率	37
porous restrictor　多孔質絞り	132
porous type wheel　多孔質砥石	132
position detector　位置検出器	9
position sensor　位置検出器	9
positioning accuracy　位置決め精度	9
positive rake　ポジティブレーキ	215
post processor　ポストプロセッサ	216
powder jet deposition　パウダージェットデポジション	178
precipitated silica　微粉子珪酸	197
precision　精密さ	116
precision grinding　精密研削	116
preparatory function　準備機能	98
press finishing　バニシ仕上げ	183
pressure copying processing　定圧加工	150
Preston's principle　プレストンの法則	207

primary motion　主運動	96
primary particle　一次粒子	9
principal force　主分力	97
process planning　工程設計	70
profile grinding　輪郭研削	242
profile grinding　総形研削	127
profile grinding　プロファイル研削	209
profile grinding　成形研削	115
profile grinding machine　輪郭研削盤	242
profile modification attachment　歯形修正装置	178
profile-bore bearing　非真円動圧軸受	191
program controlled lathe　プログラム制御旋盤	208
program controlled lathe　プロコン旋盤	208
programmable controller　プログラマブルコントローラ	207
programmable tailstock　プログラマブルテールストック	208
pure water　純水	98

Q

| quill　クイル | 45 |

R

R.P.Hoffmann-type lapping machine　ホフマン式研磨機	217
race-way grinder　軸受溝研削盤	86
race-way grinding machine　軸受溝研削盤	86
rack cutting machine　ラック歯切り盤	235
rack shaping machine　ラック歯切り盤	235
rack-type cutter　ラックカッタ	235
radial drilling machine　ラジアルボール盤	235
radial flap wheel　フラップホイール	203

radial rake　ラジアルレーキ ・・・・・・・・・・・ 235
radial rake　横すくい角 ・・・・・・・・・・・・・・・・ 233
radial wheel wear　半径摩耗・・・・・・・・・・ 188
radiation thermometer　放射温度計・・・ 214
radius endmill　ラジアスエンドミル ・・・ 235
radius grinding attachment　半径研削装
　置 ・・・・・・・・・・・・・・・・・・・・・・・・・・・・・・・・・・・・・・・ 188
radius truing device　半径修正装置・・・ 188
rake angle　すくい角 ・・・・・・・・・・・・・・・・・・・ 108
rake face　すくい面 ・・・・・・・・・・・・・・・・・・・・ 109
ram　ラム ・・・・・・・・・・・・・・・・・・・・・・・・・・・・・・・・ 237
Raman spectroscopic analysis　ラマン
　分光分析 ・・・・・・・・・・・・・・・・・・・・・・・・・・・・・・ 237
ram-type grinding head　ラム形砥石頭
　・・ 237
rapid prototyping　ラピッドプロト
　タイピング ・・・・・・・・・・・・・・・・・・・・・・・・・・・・ 236
rapid traverse　早送り ・・・・・・・・・・・・・・・・ 185
rapid-feedrate override　早送りオーバ
　ライド ・・・・・・・・・・・・・・・・・・・・・・・・・・・・・・・・・・ 185
reamer　リーマ・・・・・・・・・・・・・・・・・・・・・・・・・・ 239
recessed chuck　リセスチャック ・・・・・ 238
recessed one side wheel　片へこみ形砥石
　・・ 31
recessed tool　リセス皿 ・・・・・・・・・・・・・・・・ 238
recessing　溝削り・・・・・・・・・・・・・・・・・・・・・・ 224
red lead　鉛丹 ・・・・・・・・・・・・・・・・・・・・・・・・・・・・ 16
redress life　目直し間寿命 ・・・・・・・・・・・・ 227
redress life　砥石寿命 ・・・・・・・・・・・・・・・・・ 157
reduction sleeve　ドリルスリーブ ・・・・・ 163
reference position return　レファレンス
　点復帰 ・・・・・・・・・・・・・・・・・・・・・・・・・・・・・・・・・・ 244
reference position return　原点復帰・・・ 56
reflection electron microscope　反射電子
　顕微鏡 ・・・・・・・・・・・・・・・・・・・・・・・・・・・・・・・・・・ 188
regenerative chatter　再生びびり ・・・・・・ 76
regular alumina abrasive　褐色アルミナ
　研削材 ・・・・・・・・・・・・・・・・・・・・・・・・・・・・・・・・・・・ 32
regulating〔grinding〕wheel　調整砥石
　・・ 144
regulating wheel　調整車 ・・・・・・・・・・・・・ 144
regulating wheel head　調整車頭 ・・・・・・ 144
regulating wheel lower slide　調整車下部
　滑り台・・・・・・・・・・・・・・・・・・・・・・・・・・・・・・・・・・ 144
regulating wheel slide　調整車台 ・・・・・・ 144
regulating wheel spindle　調整車軸 ・・・ 144
regulating wheel truing device　調整車
　修正装置 ・・・・・・・・・・・・・・・・・・・・・・・・・・・・・・ 144
regulating wheel upper slide　調整車台
　・・ 144
reinforced〔grinding〕wheel　補強砥石
　・・ 215
releasing　脱落・・・・・・・・・・・・・・・・・・・・・・・・・ 133
relief　逃げ面 ・・・・・・・・・・・・・・・・・・・・・・・・・・・ 170
removal process　除去加工 ・・・・・・・・・・・・ 99
repeatability　繰返し精度 ・・・・・・・・・・・・・・ 47
re-sharpening　再研削・・・・・・・・・・・・・・・・・・ 76
residual stock removal　切残し量・・・・・・ 43
residual strain by machining　加工歪み
　・・ 29
residual stress　残留応力 ・・・・・・・・・・・・・・・ 82
resinoid cutting-off wheel　レジノイド
　切断砥石 ・・・・・・・・・・・・・・・・・・・・・・・・・・・・・・ 244
resinoid〔bonded〕wheel　レジノイド
　〔研削〕砥石 ・・・・・・・・・・・・・・・・・・・・・・・・・・・ 244
resinoid〔grinding〕wheel　レジノイド
　〔研削〕砥石 ・・・・・・・・・・・・・・・・・・・・・・・・・・・ 244
rest　振止め ・・・・・・・・・・・・・・・・・・・・・・・・・・・・・ 207
rest blade　刃受け ・・・・・・・・・・・・・・・・・・・・・ 178
resultant cutting force　合成切削力・・・ 68
retainer ring　リテーナリング ・・・・・・・・ 238
reticulation　目切 ・・・・・・・・・・・・・・・・・・・・・・ 226
return to machine datum　原点復帰
　・・ 56
revolution mark　回転マーク・・・・・・・・・・・ 26
right hand cut　右刃 ・・・・・・・・・・・・・・・・・・・ 224
right hand helical toot　右ねじれ刃 ・・・ 224
rigid honing　リジッドホーニング ・・・・・ 238
ring〔grinding〕wheel　リング形砥石
　・・ 242
rinse　リンス・・・・・・・・・・・・・・・・・・・・・・・・・・・・ 242
Rockwell hardness　ロックウェル硬さ
　・・ 246
roll cam　ロールカム ・・・・・・・・・・・・・・・・・・ 247
roll cone　ロールコーン ・・・・・・・・・・・・・・・ 247
roll grinding　ロール研削 ・・・・・・・・・・・・・ 247

R

roll grinding machine　ロール研削盤 …………………………………… 247
roll off　だれ ………………………… 135
roll off　ふちだれ …………………… 200
roll turning lathe　ロール旋盤 ……… 247
rolling　ローリング ………………… 247
rolling bearing　転がり軸受 ………… 74
rolling element bearing　転がり軸受 …………………………………… 74
rolling guide way　転がり案内 ……… 74
rose alumina abrasive　淡紅色アルミナ研削材 ……………………………… 136
rotary barrel machine　回転バレル研磨機 …………………………………… 26
rotary barrel machine　過流バレル研磨機 …………………………………… 36
rotary barrel machine　流動バレル研磨機 ………………………………… 239
rotary diamond dresser　ロータリダイヤモンドドレッサ ………………… 246
rotary dresser　ロータリドレッサ …… 246
rotary encoder　ロータリエンコーダ …………………………………… 246
rotary table　回転テーブル ………… 26
rotary table　ロータリテーブル ……… 246
rotating table　回転テーブル ……… 26
rotating table　ロータリテーブル …… 246
rotation test　回転試験 ……………… 26
rough cut [ting]　粗削り ……………… 6
rough finish [ing]　粗仕上げ ………… 6
rough grinding　粗研削 ……………… 6
rough grinding　粗研削 …………… 128
rough grinding tool　荒ずり皿 ……… 6
rough lapping　粗ラッピング ………… 6
rough polishing　粗研磨 …………… 128
roughing　荒ずり ……………………… 6
roughing　ラフィング ……………… 237
roughing endmill　荒削りエンドミル … 6
roughing endmill　ラフィングエンドミル …………………………………… 237
roughness profile　粗さ曲線 ………… 6
rounded corner　丸コーナ ………… 223
roundness　真円度 ………………… 101
roundness measuring machine　真円度測定機 ……………………………… 101
rubber [bonded] wheel　ゴム砥石 … 72
rubber cutting-off wheel　ゴム切断砥石 …………………………………… 72
rubbing　上滑り ……………………… 12
rubbing　ラビング^1 ……………… 237
rubbing　ラビング^2 ……………… 237
rubbing compound　ラビングコンパウンド ……………………………… 237
run out　振れ ……………………… 205
run-out test of face　面ぶれ試験 …… 228
Rutherford backscattering spectroscopy　ラザフォード後方散乱分光法 ……… 235

S

saddle　サドル ………………………… 78
sand blasting　サンドブラスト ……… 82
sand blasting　砂吹 ………………… 111
sanding disc　研磨ディスク ………… 58
satin finish　サテンフィニッシュ …… 77
satin finish [ing]　しゅす仕上げ …… 97
satin finished surface　梨地 ……… 168
satin finishing　梨地仕上げ ………… 168
sawing　切断 ………………………… 122
sawing　のこ引き …………………… 175
scaling　皮むき ……………………… 36
scanning Auger microscope　走査型オージェ電子顕微鏡 ……………… 127
scanning electron microscope　走査型電子顕微鏡 ……………………… 127
scanning reflection electron microscope　走査型反射電子顕微鏡 ………… 127
scanning transmission electron microscope　走査型透過電子顕微鏡 …… 127
scanning tunneling microscope　走査型トンネル顕微鏡 ……………… 127
scraper　スクレーパ ………………… 109
scraping　きさげ [仕上げ] ………… 38
scratch　スクラッチ ………………… 109
scratch　砂目 ……………………… 111
screw cutting　ねじ切り …………… 173

S

screw thread cutting ねじ切り	173
screw thread micrometer ねじマイクロメータ	174
scriber けがき針	50
scribing けがき［罫書き］	50
scribing スクライビング	109
scribing block トースカン	160
scrole chuck スクロールチャック	109
secondary particle 二次粒子	171
secondary-ion mass spectrometry 二次イオン質量分析法	171
segment [grinding] wheel セグメント［研削］砥石	117
self dressing 自生作用	87
self dressing 自生発刃	87
self sharpening 自生作用	87
self sharpening 自生発刃	87
self-diagnosis function 自己診断機能	87
self-excited chatter vibration 自励びびり振動	100
self-excited vibration 自励振動	100
semi-closed loop control セミクローズドループ制御	122
semi-dry lapping 半乾式ラッピング	187
sequence control function シーケンス制御機能	86
sequence number シーケンス番号	87
servo motor サーボモータ	78
setting depth of cut 設定切込み深さ	122
setting stock removal 設定研削量	122
sewed buff 縫いバフ	172
shank シャンク	95
shank-type milling cutter シャンクタイプフライス	95
shaper 形削り盤	30
shaper シェーパ	83
shaping machine シェーパ	83
sharpness 尖鋭度	123
shaving cutter シェービングカッタ	83
shear angle せん断角	125
shear plane せん断面	126

shear zone せん断域	125
shedding 目こぼれ	226
shell drill シェルドリル	83
shell endmill シェルエンドミル	83
shell reamer シェルリーマ	83
shellac [bonded] wheel シェラック砥石	83
shift plunge grinding シフトプランジ研削	94
shot blast [ing] ショットブラスト	100
shot peening ショットピーニング	100
shoulder milling 端面削り	138
shower cleaning シャワー洗浄	95
sialon サイアロン	76
side and face milling cutter 側フライス	36
side clearance angle 横逃げ角	234
side cutting edge 側刃	128
side cutting edge 横切れ刃	233
side gash ギャッシュ	38
side grinding head 横砥石頭	233
side milling 側面削り	128
side milling cutter 側フライス	36
side rake 横すくい角	233
side-runout test 面ぶれ試験	228
silica シリカ	100
silica 二酸化珪素	171
silicate [bonded] wheel シリケート砥石	100
silicon carbide 炭化珪素	136
silicon carbide abrasive 炭化珪素質研削材	136
silicon dioxide 二酸化珪素	171
sine bar chuck サインバーチャック	77
single block シングルブロック	102
single–crystal [abrasive] grain 単結晶砥粒	136
single-point [diamond] dresser 単石［ダイヤモンド］ドレッサ	137
single-point diamond turning ダイヤモンド切削	131
single-point tool バイト	177
single-purpose machine tool 単能工作機	

S

械	137
single-side lapping 片面ラッピング	32
single-side lapping machine 片面研磨盤	31
single-side polishing machine 片面研磨盤	31
sintered abrasive 焼結砥粒	98
sintered diamond compact ダイヤモンド焼結体	131
sintered metal high speed steel 粉末ハイス	210
sintered metal high speed steel 粉末高速度工具鋼	210
sisal buff サイザルバフ	76
sisal mop サイザルバフ	76
size effect 寸法効果	113
sizing 定寸加工^2	151
skiving スカイビング加工	107
slab milling 外周削り	25
slant bed スラントベッド	112
slicing スライシング	112
sliding bearing すべり軸受	112
sliding guideway すべり案内	112
slitting 溝削り	224
slot grinding 溝研削	224
slotter スロッタ	113
slotter 立削り盤	134
slotting 立削り	134
slotting attachment スロッティングアタッチメント	113
slotting machine 立削り盤	134
slurry ラップ剤	236
slurry 研磨剤	57
slurry lapping compound スラリー	112
smoothing 砂かけ	110
smoothing スムージング	112
smoothing tool 砂かけ皿	111
soluble-type vehicle ソリューブルタイプ研磨剤	129
spade drill スペードドリル	112
spark out スパークアウト	111
spark-out grinding スパークアウト研削	111
special-purposed machine tool 専用工作機械	126
specific cutting force 比切削抵抗	192
specific cutting resistance 比切削抵抗	192
specific energy 比エネルギ	189
specific grinding energy 比研削エネルギ	190
specific grinding force 比研削抵抗	190
speed stroke grinding スピードストローク研削	111
speed test 回転試験	26
spherical oscillation 球心揺動	39
sphericity 真球度	102
spindle スピンドル	111
spindle head travel 主軸頭移動量	97
spindle nose 主軸端	97
spindle override 主軸オーバライド	96
spindle stock 主軸台	96
spindle through coolant スピンドルスルークーラント	111
spindle-speed function 主軸機能	96
spiral bevel gear generator 曲がりば傘歯車歯切り盤	221
spiral bevel gear grinding machine 曲がりば傘歯車研削盤	221
splash cover スプラッシュカバー	111
spline shaft grinder スプライン研削盤	111
spline shaft grinding machine スプライン研削盤	111
spot facing 座ぐり	77
sprash guard ひまつよけ	195
spray cleaning スプレー洗浄	112
sputter etching スパッタエッチング	111
sputtering スパッタリング	111
square 直角定規	147
square table 角テーブル	27
squareness 直角度	147
staggered tooth 千鳥刃	140
start hole イニシャルホール	10
static stiffness 静剛性	116

S

steady rest　固定振止め	72
step feed　ステップ送り	110
step feed grinding　ステップ送り研削	110
step gauge　ステップゲージ	110
stereo microscope　実体顕微鏡	89
stick slip　スティックスリップ	109
stitched mop　縫いバフ	172
stock allowance　仕上げ代	82
stock amount　リーマ代	239
stock removal in finishing　研磨量	60
stock removal rate　削除率	77
stock removal rate　除去率	99
stocker　ストッカ	110
straight bevel gear generator　すぐば傘歯車歯切り盤	109
straight bevel gear grinding machine　すぐば傘歯車研削盤	109
straight cup wheel　カップ形砥石	33
straight cut control　直線切削制御	146
straight edge　ストレートエッジ	110
straight edge　直定規	146
straight flute　直刃	146
straight tooth　直刃	146
straight [grinding] wheel　平形砥石	196
straight [grinding] wheel recessed on both sides　両へこみ形砥石	240
straightness　真直度	103
straightness　曲がり^2 [バイト，ドリル]	221
strain gage（米）　ひずみゲージ	191
strain gauge（英）　ひずみゲージ	191
strain hardening　歪み硬化	192
strength of abrasive bond　砥粒保持力	163
stroke　行程	70
structure　組織	128
sub-land combined drill and reamer　複溝ドリルリーマ	200
sub-land drill　複溝ドリル	200
successive cutting-point spacing　連続切れ刃間隔	245
suede-type polishing pad　スエードタイプ研磨パッド	107
sun gear　サンギア	81
super abrasive grain　超砥粒	145
super abrasive wheel　超砥粒ホイール	146
super abrasive wheel　超砥粒砥石	145
super alloy　超耐熱合金	145
super finisher　超仕上げ盤	143
super finishing　超仕上げ	143
super finishing machine　超仕上げ盤	143
super finishing stick　超仕上げ砥石	143
super-finishing stone　超仕上げ砥石	143
surface contour measuring instruments　輪郭形状測定機	241
surface gauge　トースカン	160
surface grinding　平面研削	211
surface grinding machine　平面研削盤	211
surface grinding machine with a horizontal grinding wheel spindle and a reciprocating table　横軸テーブル往復形平面研削盤	233
surface groove compensation　表面絞り	196
surface honing　平面ホーニング	212
surface integrity　サーフェスインテグリティ	78
surface lapping　平面ラッピング	212
surface layer temperature of workpiece　工作物表層温度	68
surface plate　定盤^1	98
surface profile　実表面の断面曲線	89
surface roughness　表面粗さ	195
surface roughness curve　表面粗さ曲線	195
surface roughness measuring instruments　表面粗さ測定器	195
surface roughness tester　表面粗さ測定器	195
surface roughness tester　表面粗度計	196
surface waviness　表面うねり	196
surface-active agent　界面活性剤	26
surfactant　界面活性剤	26
suspension　サスペンション	77
swarf　切りくず	40

S

swing　振り　　　　　　　　　　204
swing over table　振り　　　　　　204
swivel grinding head　旋回砥石頭　123
swivel wheel head　旋回砥石台　　123
swivel work head　旋回工作主軸台　123
swiveling table　旋回テーブル　　123
synthetic diamond　人造ダイヤモンド　103
system-fitted machine tool　システム適応形工作機械　　　　　　　　　87

T

table　テーブル　　　　　　　　153
table travel　テーブル移動量　　153
table traverse type grinding machine　テーブルトラバース形研削盤　　153
tactile measuring instruments　触針式形状測定機　　　　　　　　　99
tail stock　テールストック　　　153
tailstock　心押台　　　　　　　102
tailstock barrel　心押軸　　　　101
tailstock spindle　心押軸　　　　101
tangential grinding force　接線研削抵抗　　　　　　　　　　　121
tangential grinding force component　研削抵抗接線分力　　　　　　　54
tangential-feed centerless grinding　タンジェンシャルフィード研削　　136
tap　タップ　　　　　　　　　　133
taper cup [grinding] wheel　テーパカップ形砥石　　　　　　　　　　152
taper grinding　テーパ研削　　　152
taper turning　テーパ削り　　　152
target drill　ターゲットドリル　132
Taylor's equation　工具寿命方程式　64
temper color　テンパカラー　　156
temperature drift　温度ドリフト　23
texturing　テクスチャリング　　152
thead milling machine　ねじフライス盤　　　　　　　　　　　　174
thermal capacitance　熱容量　　175
thermal crack　サーマルクラック　79
thermal crack　熱き裂　　　　　174

thermal inertia　熱慣性　　　　174
thermal shock　熱衝撃　　　　　175
thermal stiffness　熱剛性　　　175
thermally assisted bonding　溶着　231
thermally assisted machining　高温切削　　　　　　　　　　　　　60
thermography　サーモグラフィ　79
thickness gauge　シックスネスゲージ　88
thickness gauge　すきまゲージ　108
thread chasing attachment　ねじ切り装置　　　　　　　　　　　　173
thread cutting　ねじ切り　　　173
thread cutting die　ねじ切りダイス　173
thread cutting lathe　ねじ切り旋盤　173
thread grinding　ねじ研削　　　174
thread grinding machine　ねじ研削盤　　　　　　　　　　　　174
thread lapping　ねじラッピング　174
thread milling cutter　ねじ切りフライス　　　　　　　　　　　　174
thread rolling die　ねじ転造ダイス　174
threading tool　ねじ切りバイト　173
three-dimensional cutting　三次元切削　　　　　　　　　　　　　81
through spindle coolant　スルースピンドルクーラント　　　　　　113
throughfeed grinding　スルーフィード研削　　　　　　　　　　113
throughfeed grinding　通し送り研削　160
thrust force　背分力　　　　　　178
tilting chuck　可傾式チャック　　28
tip　チップ　　　　　　　　　　139
tipped tool　付刃工具　　　　　148
titanium carbide　炭化チタン　　136
tolerance　公差　　　　　　　　66
tool　工具　　　　　　　　　　　62
[tool] breakage　工具破損　　　65
tool chip contact length　切りくず接触長さ　　　　　　　　　　　　41
tool diameter offset　工具径オフセット　　　　　　　　　　　　　63
tool dynamometer　動力計　　　160
tool failure　工具損傷　　　　　64

tool fracture　欠損 ·················· 52
tool fracture　工具欠損 ············· 63
[tool] fracture　工具破損 ··········· 65
tool function　工具機能 ············· 62
tool grinder　工具研削盤 ············ 63
tool grinding　工具研削 ············· 63
tool grinding machine　工具研削盤 ··· 63
tool holder　ツールホルダ ········· 149
tool holder　バイトホルダ ········· 177
tool length offset　工具長オフセット ··· 65
tool life　工具寿命 ················· 64
tool life curve　工具寿命曲線········· 64
tool life equation　工具寿命方程式 ··· 64
tool magazine　工具マガジン········· 65
tool maker's microscope　工具顕微鏡
　·································· 64
tool offset　工具位置オフセット ······· 62
tool path　工具経路 ················· 63
tool post　刃物台 ·················· 185
tool preset　工具プリセット ········ 65
tool room lathe　工具旋盤 ··········· 64
tool rotating cutting method　転削 ··· 155
tool slide　刃物送り台 ············· 185
tool steel　工具鋼 ·················· 64
tool wear　工具摩耗 ················· 66
tool wear by pressure adhesion　圧着分離
　損傷································ 4
tooling　ツーリング ··············· 149
tool-in-hand system　工具系基準方式
　·································· 63
tool-in-use system　作用系基準方式 ··· 79
tooth face　すくい面 ··············· 109
top beam　トップビーム ············ 161
total profile　測定断面曲線 ········· 128
toughness　靭性[1] ················ 102
toughness　靭性[2] ················ 102
transfer machine　トランスファマシン
　································· 161
transmission electron microscope　透過電
　子顕微鏡 ························· 159
traverse feed　トラバース送り量 ···· 161
traverse feed per revolution　トラバース
　送り量··························· 161

traverse feed rate　トラバース速度 ··· 161
traverse grinding　トラバース研削 ··· 161
treated wheel　処理砥石 ············ 100
triangulation method　三角測量法 ··· 80
tripoli　トリポリ ·················· 162
trouble diagnosis　故障診断 ·········· 71
true rake　真のすくい角············· 106
true rake　垂直すくい角············· 106
trueness　正確さ ·················· 115
truing　形直し ····················· 31
truing　ツルーイング ··············· 149
truing plate　すり合わせ皿··········· 113
truing tool　すり合わせ皿 ··········· 113
tumbling　タンブリング ············ 138
tungsten carbide　炭化タングステン
　································· 136
turning　旋削[加工] ··············· 123
turning center　ターニングセンタ ····· 135
turning machine　旋盤 ············· 126
turret　タレット ·················· 135
turret lathe　タレット旋盤 ··········· 135
two-dimensional cutting　二次元切削
　································· 171
two-lap lapping machine　二面ラップ盤
　································· 172
Twyman effect　トワイマン効果 ······ 164

U

ultrafine particle　超微粒子 ············ 146
ultraheavy grinding　超重研削 ······ 143
ultrahigh-speed grinding　超高速研削
　································· 143
ultraprecision [diamond] lathe　超精密
　旋盤······························ 145
ultraprecision [diamond] turning machine
　超精密旋盤 ······················ 145
ultraprecision cutting　超精密切削 ··· 144
ultraprecision grinding　超精密研削 ··· 144
ultrasonic abrasive machining　超音波砥
　粒加工 ··························· 142
ultrasonic cleaning　超音波洗浄 ······ 142
ultrasonic lapping　超音波ラッピング

U

･･････････････････････････････････	142
ultrasonic machine 超音波加工機 ･･･	141
ultrasonic machining 超音波加工 ･･･	141
ultrasonic polishing 超音波研磨 ･･････	142
ultrasonic transducer 超音波振動子 ･････････････････････････････････････	142
ultrasonic vibration cutting 超音波振動切削 ･･････････････････････････････	142
ultrasonic vibration cutting 超音波振動切断 ･･････････････････････････････	142
ultrasonic vibration dicing 超音波振動切断 ･･････････････････････････････	142
ultrasonic vibration grinding 超音波振動研削 ･････････････････････････････	142
ultrasonic vibration slicing 超音波振動切断 ･･････････････････････････････	142
ultrasonic-assisted coolant 超音波援用クーラント ･･･････････････････････	141
ultraviolet photoelectron spectroscopy 紫外光電子分光法 ･････････････････	83
undeformed chip thickness 切削厚さ ･･････････････････････････････････	117
undeformed-chip 未変形切りくず ･･･	225
undeformed-chip length 切りくず長さ[1] ････････････････････････････････	42
undeformed-chip thickness 切取り厚さ ･････････････････････････････････	43
undeformed-chip thickness 来変形切りくず厚さ ････････････････････････	225
undeformed-chip width 切りくず幅[1] ･････････････････････････････････	42
unit buff ユニットバフ ････････････	231
universal chuck ユニバーサルチャック ･･････････････････････････････････	231
universal chuck 連動チャック ･･････	246
universal grinding machine 万能研削盤 ･･･････････････････････････････	188
universal head ユニバーサルヘッド ･･･	231
universal milling attachment ユニバーサルアタッチメント ･･･････････････	231
universal milling machine 万能フライス盤 ･････････････････････････････	189
universal profile projector 万能投影機 ････････････････････････････････	188
universal tool grinder 万能工具研削盤 ････････････････････････････････	188
universal tool grinding machine 万能工具研削盤 ･････････････････････････	188
universal tool milling machine 万能工具フライス盤 ･･････････････････････	188
unloader アンローダ ･･･････････････	8
unweaven-type polishing pad 不織布タイプ研磨パッド ･･････････････････	200
up-cut grinding 上向き研削 ･･･････	12
up-cut grinding アップカット ･････	4
up-cut milling 上向き削り ･･･････	12
up-cut milling アップカット ･････	4
upper lap 上ラップ ･････････････	11
upper lapping plate 上定盤 ･･･････	10
upper plate 上皿 ･･･････････････	12
upper polisher 上ポリッシャ ･･････	11
upper tool 上ラップ ････････････	11
upper tool 上皿 ･･･････････････	12
upper tool 上ポリッシャ ･････････	11
upper tool polishing 上向き研磨 ･････	13
upright drilling machine 直立ボール盤 ･･･････････････････････････････	146

V

vacuum chuck 真空チャック ･･･････	102
vacuum pin chuck 真空ピンチャック ･････････････････････････････････	102
Van der Waals' force ファンデルワールス力 ･････････････････････････････	198
vapor blasting 液体ホーニング ･････	13
vernier ノギス ･･････････････････	175
vertical boring machine 立中ぐり盤	134
vertical force 垂直分力 ････････････	107
vertical lathe 立旋盤 ･････････････	134
vertical machining center 立形マシニングセンタ ･･････････････････････	134
vertical milling attachment バーチカルアタッチメント ･･･････････････････	181
vertical milling machine 立フライス盤 ･･････････････････････････････	135

vertical shaper 立削り盤 ……………… 134
vertical slide 上下滑り台 ……………… 98
vertical spindle surface grinding machine with a rotary table 立軸回転テーブル形平面研削盤 ……………… 134
vibration cutting 振動切削 ……………… 104
vibration finishing process 振動仕上げ加工 ……………… 103
vibration mode 振動モード ……………… 104
vibratory barrel machine 振動バレル研磨機 ……………… 103
vice バイス ……………………………… 177
vice 万力 ……………………………… 224
Vickers hardness ビッカース硬さ … 192
vitrified [bonded] wheel ビトリファイド[研削]砥石 ……………… 193
vitrified [grinding] wheel ビトリファイド[研削]砥石 ……………… 193
volume of material removed 研削量 ……………………………………… 56
volume of material removed 除去量 ……………………………………… 99

W

wafer ウェーハ ……………………… 10
waster やとい¹ ……………………… 230
water jet machining ウォータージェット加工 ……………………………… 11
water-base lapping vehicle 水溶性ラップ液 ………………………………… 107
water-immiscible cutting fluid 不水溶性切削油剤 ……………………… 200
waterproof abrasive cloth 耐水研磨布 ……………………………………… 130
waterproof abrasive paper 耐水研磨紙 ……………………………………… 130
water-soluble cutting fluid 水溶性切削油剤 ……………………………… 107
water-soluble cutting oil 水溶性切削油剤 ……………………………… 107
water-soluble grinding fluid 水溶性研削油剤 ……………………………… 107

waviness うねり ……………………… 11
waviness profile うねり曲線 ………… 11
wax ワックス …………………………… 250
waxless mounting ワックスレスマウンティング ……………………………… 250
waxless polish ワックスレスポリッシュ ……………………………………… 250
wear 摩耗 ……………………………… 222
wear flat area 摩耗平坦面積 ………… 223
wear flat plane 摩耗平坦面 ………… 223
wearout failure 終期破損 ………… 95
web taper ウェブテーパ …………… 11
web thickness 心厚［ドリル］……… 100
web thinning シンニング …………… 106
web [core] ウェブ …………………… 11
wedge くさび ………………………… 45
wedge before the blade 前くさび … 220
wedge behind the blade 後くさび … 11
welded tool 溶接工具 ………………… 231
wet cuttting 湿式切削 ……………… 88
wet grinding 湿式研削 ……………… 88
wet lapping 湿式ラッピング ………… 89
wet machining ウェット加工 ……… 11
wet machining 湿式加工 …………… 88
wet mechanochemical processing 湿式メカノケミカル加工 ……………………… 89
wettability ぬれ ……………………… 172
wheel balancing stand 砥石バランス台 ……………………………………… 158
wheel depth of cut 砥石切込み深さ ……………………………………… 156
wheel dressing device 砥石修正装置 ……………………………………… 157
wheel guard 砥石覆い ……………… 156
wheel head 砥石頭 …………………… 158
wheel head column 砥石コラム …… 157
wheel peripheral speed 砥石周速度 157
wheel profile wear 輪郭摩耗 ……… 242
wheel speed 砥石速度 ……………… 158
wheel spindle 砥石軸 ………………… 157
wheel spindle stock 砥石台 ………… 158
wheel surface characteristic 砥石面性状 ……………………………………… 158

wheel surface topography　砥石面トポグラフィ ……………………………………… 158
wheel truing device　砥石修正装置 … 157
wheel wear　砥石減耗 ……………… 157
wheel wear　砥石損耗 ……………… 158
wheel wear rate　砥石減耗率 ……… 157
wheel working surface　砥石作業面 ……………………………………… 157
wheel working surface　砥石作用面 ……………………………………… 157
whirling test　面ぶれ試験 ………… 228
white alumina abrasive　白色アルミナ研削材 ……………………………… 179
white light interferometer　白色干渉計 ……………………………………… 179
width of cut　切削幅 ………………… 120
width of flank wear land　逃げ面摩耗幅 ……………………………………… 171
wiper insert　さらい刃 ［フライス］ … 79
wire electrical discharge machiing　ワイヤ放電加工 ………………………… 249
wire saw　ワイヤソー ……………… 249
work　加工物 ………………………… 29
work　工作物 ………………………… 67
work affected layer　加工変質層 …… 29
work damaged layer　加工変質層 … 29
work hardening　加工硬化 ………… 28
work head　ワークヘッド ………… 249
work material　被削材 ……………… 190
work peripheral speed　工作物速度 … 68
work rest　ワークレスト …………… 250
work rest blade　支持刃 …………… 87
work saddle　ワークサドル ……… 249
work speed　工作物速度 …………… 68
work spindle　ワークスピンドル …… 249
work support blade　支持刃 ……… 87
work table　ワークテーブル ……… 249
working accuracy　加工精度 ……… 28
workpiece　加工物 …………………… 29
workpiece　工作物 …………………… 67
workpiece measurement device　ワーク計測装置 …………………………… 249
workpiece temperature　工作物温度 ……………………………………… 67

X

X-ray fluorescence analysis　蛍光X線分析法 ……………………………… 50

Y

yawing　ヨーイング ………………… 231

Z

zeta potential　ゼータ電位 ………… 117
zirconia　ジルコニア ………………… 100
zirconia　酸化ジルコニウム ………… 80
zirconium oxide　酸化ジルコニウム … 80
zone plate ［interferometer］　ゾーンプレート ［干渉計］ ……………………… 129

数字

3D printer　3Dプリンタ …………… 113
8-shape motion lapping　8の字ラッピング ………………………………… 182

γ

γ-alumina　γ-アルミナ …………… 36

〈改訂版〉切削・研削・研磨用語辞典

定価：7,000円＋税＜検印省略＞

1995年12月15日　初版第1刷発行
2016年 8月31日　改訂版1刷発行

　　　　　　Ⓒ編　者　公益社団法人 砥粒加工学会
　　　　　　　発行者　小林　大作
　　　　　　　発行所　日本工業出版株式会社
　　　　　　　　　　　本社　〒113-8610　東京都文京区本駒込6-3-26
　　　　　　　　　　　TEL：03-3944-1181　FAX：03-3944-6826
　　　　　　　　　　　http://www.nikko-pb.co.jp
　　　　　　　　　　　e-mail：info@nikko-pb.co.jp

ISBN978-4-8190-2813-4 C3553 ¥7000E
乱丁・落丁はお取り替えいたします。